水利水电工程压力管道

——2020年全国水利水电工程埋地钢管学术会议文集

中水北方勘测设计研究有限责任公司　主编

黄河水利出版社

·郑州·

内 容 提 要

本书收集了有关水利水电工程压力管道，尤其是回填钢管在新规范、新材料、新技术应用方面的文章，并对新的结构计算方法进行了探讨。全书分回填钢管、其他管道、岔管、材料及工艺等4部分，共47篇文章。其中，回填钢管23篇，其他管道9篇，分岔管8篇，材料及工艺7篇。

本书可供水利水电工程压力管道设计、研究、制造、安装的技术人员学习参考。

图书在版编目(CIP)数据

水利水电工程压力管道：2020年全国水利水电工程埋地钢管学术会议文集/中水北方勘测设计研究有限责任公司编. —郑州：黄河水利出版社，2020.10

ISBN 978-7-5509-2844-2

Ⅰ.①水… Ⅱ.①中… Ⅲ.①水力发电站-压力管道-文集 Ⅳ.①TV732-53

中国版本图书馆CIP数据核字(2020)第199593号

出 版 社：黄河水利出版社　　网址：www.yrcp.com

地址：河南省郑州市顺河路黄委会综合楼14层　　邮政编码：450003

发行单位：黄河水利出版社

发行部电话：0371-66026940、66020550、66028024、66022620(传真)

E-mail：hhslcbs@126.com

承印单位：广东虎彩云印刷有限公司

开本：889 mm×1 194 mm　1/16

印张：21.5

字数：617千字　　印数：1—1 000

版次：2020年10月第1版　　印次：2020年10月第1次印刷

定价：128.00元

水利水电工程压力管道

——2020年全国水利水电工程埋地钢管学术会议文集

主办单位：中国水力发电工程学会水工及水电站建筑物专业委员会

承办单位：中水北方勘测设计研究有限责任公司

协办单位：天津市水力发电工程学会

水利水电工程压力管道信息网

武汉大学水资源与水电工程科学国家重点实验室

天津市久盛通达科技有限公司

编　委　会

前 言

为了促进水利水电工程压力管道(特别是回填钢管,亦称埋地钢管)结构设计和工程实践的发展,交流水利水电工程压力管道近年来在设计、科研及施工方面的科技成果,由中国水力发电工程学会水工及水电站建筑物专委会、中水北方勘测设计研究有限责任公司、天津市水力发电工程学会、水利水电工程压力管道信息网、武汉大学水资源与水电工程科学国家重点实验室、天津市久盛通达科技有限公司等共同组织,拟于2020年11月在天津召开"2020年全国水利水电工程埋地钢管学术会议"。交流水利水电工程压力管道建设的成功经验及教训,同步出版本会议文集,对进一步提高我国在压力管道设计、科研、施工和运行管理方面的技术水平具有重要的现实意义。

本届会议文集共收编论文47篇,分为回填钢管、其他管道、岔管、材料及工艺等四部分。本文集紧紧围绕我国现阶段的水利水电工程建设项目,系统地整理了近年来在压力管道的理论研究、工程设计、施工技术、材料选型、规范修编等方面取得的丰硕成果,全面总结了我国近年来压力管道特别是回填钢管的建设经验,这些宝贵的技术信息对进一步提高我国压力管道的发展水平将起到很好的促进作用。

在长距离、复杂地基和高地震区的输水管道设计、施工、新材料和新工艺的研究等方面,我国取得了丰硕的成果,其中水工隧洞、PCCP管、钢管成为引调水工程的主要输水结构型式。比如复式万向型波纹管伸缩节+明钢管(或钢衬钢筋混凝土管)组合新技术的应用,解决了掌鸠河引供水工程和牛栏江—滇池补水工程输水钢管过小江区域活动断裂带的关键技术问题,也已经作为滇中引水工程中通过高地震活动断裂带的主要工程措施。随着高水头、大管径输水管道的逐渐应用,传统的地面明钢管布置形式或回填PCCP管道已经难以适应工程建设的需要,回填钢管成为最终选择。为此近年来许多单位对大管径回填钢管的设计方法、管道与土体相互作用、钢管环变形以及抗外压稳定问题开展了大量的研究,取得了丰富的成果。此外,在超高水头、小直径高压钢管的材料及制作成型工艺、高压阀门的选择等方面做了有益的探索,对长距离引调水工程管道系统中的水力学问题也取得了相当多成果。

在我国近年建设的许多大型水电站和抽水蓄能电站中,地下埋藏式钢管仍然是主要的压力管道结构形式,如国内的乌东德、白鹤滩地下电站以及海外的莫赫曼德、SK等水电站。而且,随着水利水电工程建设规模的不断增大,引水发电系统岔管的HD值也愈来愈高。在广大工程技术人员的共同努力下,无论是钢岔管还是钢筋混凝土岔管设计、施工,都取得了前所未有的成就。在水电站地下埋藏式月牙肋钢岔管设计原则与方法、应力控制标准、体型参数选择、监测资料分析及有限元回归分析等方面取得了丰硕的成果,《地下埋藏式月牙肋岔管设计规范》NB/T 35110—2018 已经颁布实施,已经为地下埋藏式钢岔管的设计提供了有益的指导。

以上成果的取得,不仅为水利水电工程压力管道专业的技术进步提供了坚实的理论基础和丰富的工程实践经验,而且可为新一轮的水利水电工程压力钢管设计规范的修编提供参考依据,值得我们进一步总结、分析和交流。因此,有理由相信本文集对于提高我国水利水电工程压力管道的设计、研究、施工和运行水平,推动我国水电工程技术标准的国际化将起到重要的促进作用。

在文集的编制过程中得到了全国各水利水电工程设计、施工、科研院所等相关单位以及诸多专家的大力支持,在此对他们表示衷心的感谢!

囿于我们在文集组编上的经验和技术水平等因素,加上出版过程中时间的紧迫性,本文集可能尚存在不少错误,敬请广大读者批评指正。

本文集编委会
2020 年 8 月

目 录

回填钢管

其他钢管

岔　管

材料及工艺

回填钢管

水利水电工程回填钢管结构设计方法

伍鹤皋[1]　石长征[1]　王小毛[2]　吴小宁[2]

(1. 武汉大学 水资源与水电工程科学国家重点实验室,湖北 武汉　430072;
2. 长江勘测规划设计研究有限责任公司,湖北 武汉　430010)

摘　要　随着我国水利水电事业的发展,长距离引水发电工程和引调水工程增多,回填钢管的应用也逐渐增多。但我国水利水电行业中尚无回填钢管的相关设计方法,目前回填钢管的设计主要参考给排水等行业的规范。然而,其他行业的管道在结构安全度、荷载、荷载组合、管道敷设的地形地质条件等多方面与水利水电行业管道存在较明显的差异,因此针对水利水电工程的特点形成一套回填钢管的设计方法至关重要。主要介绍《水利水电工程压力钢管设计规范》即原 SL 281—2003 规范修编版本中的回填钢管结构设计方法,具体包括允许应力、工况及荷载组合、管道强度计算、抗外压稳定计算、刚度计算、抗滑稳定计算等,重点介绍相关方法和系数的选择依据,以及与给排水行业规范的异同,以期为水利水电行业设计工作者应用回填钢管设计方法提供参考。

关键词　回填钢管;安全系数;荷载组合;结构设计

随着我国水电开发重点向金沙江、澜沧江和怒江上游转移,以及水资源空间分布与社会经济发展不协调问题突出,长距离引水和调水管线在水利水电工程中应用逐渐增多。这些引调水管线通常具有流量大、线路长的特点,合理选择输水管道的型式,对工程的安全性和经济性至关重要。长管线输水工程采用较多的一种管道结构为预应力钢筒混凝土管(PCCP),但 PCCP 管近年来频繁发生渗漏和爆管事故,不仅影响输水,还可能引发次生灾害[1-2]。因此,近年来回填钢管在长距离引调水管线中的应用开始增多。此类管道施工时沿管线开挖管槽,在进行钢管安装后直接回填土石料,其结构简单,施工方便快速,维护工作量小,经济性好,适合在长距离调水工程和引水式电站中采用。

回填钢管在城市管网中已有广泛的应用,但在水利水电工程领域应用还相对较少[3],目前规模较大的回填钢管主要应用在水电站工程,例如新疆雅玛渡水电站,管径 4.0 m,最大内水压力 2.27 MPa;老挝南梦 3 水电站,管径 1.6~1.78 m,最大设计水头 635.6 m[4-5]。尽管已有工程实践,但我国现行的水利水电行业规范中还没有相关设计理论,上述管道设计只能参考苏联、日本、美国等国家的输油、输气、给排水等行业规范中的设计方法。不同行业管道的安全度,考虑的主要荷载均存在差异,并且水利水电行业中的管道规模一般远大于输油、输气、给排水管道,地质条件也更复杂,其他行业回填钢管设计理论能否适用于水利水电行业大 HD 值管道还尚待研究。

鉴于回填钢管在水利水电行业中的发展潜力,《水电站压力钢管设计规范》(SL 281—2003)[6]在修编的过程中将回填钢管的设计作为重要的修编内容,形成了适用于水利水电工程的回填钢管设计方法。该规范的应用范围也扩展至水利工程,规范也相应更名为《水利水电工程压力钢管设计规范》。本文将主要介绍水利水电工程领域回填钢管结构设计方法,具体包括允许应力、工况及荷载组合、管道强度计算、抗外压稳定计算、刚度计算、抗滑稳定计算等,以期为水利水电行业设计工作者应用回填钢管设计方法提供参考。

一、设计标准

(一)结构计算理论和要求

在回填钢管的设计中,Spangler 理论目前在国际上广泛应用,水利规范回填钢管的结构计算也同样采用该理论,与国际通行做法保持一致,也有利于将来水利规范应用于海外工程。Spangler 理论对管周土压力的假定如图 1 所示,管道和管底为均布土压力,管道两侧回填土对管道的侧向土压力呈抛物线分布。在上述荷载的作用下,管道呈现椭圆变形,且假定管道的竖向直径减小量等于水平直径的增大量[7]。

水利规范中,回填钢管的结构计算大致可以按以下几个步骤进行:①根据锅炉公式初步估算管壁所需的厚度;②考虑土压力、水压力、地面荷载等,对管壁进行强度验算,要求管壁的环向应力和综合应力满足允许应力的要求;③进行管壁的抗外压稳定校核,安全系数取为 2.0;④计算钢管的变形,校核管道的刚度,当内防腐为水泥砂浆的回填管最大竖向变形不应超过管径的 2%~3%,当内防腐为延性良好的涂料的回填管最大竖向变形不应超过管径的 3%~4%;⑤对管道进行抗浮验算,抗浮安全系数不应小于 1.1。以上为管道断面设计的一般过程,除此之外,还应根据管道的布置情况,确定管道是否设置镇墩,并验算镇墩的稳定性。

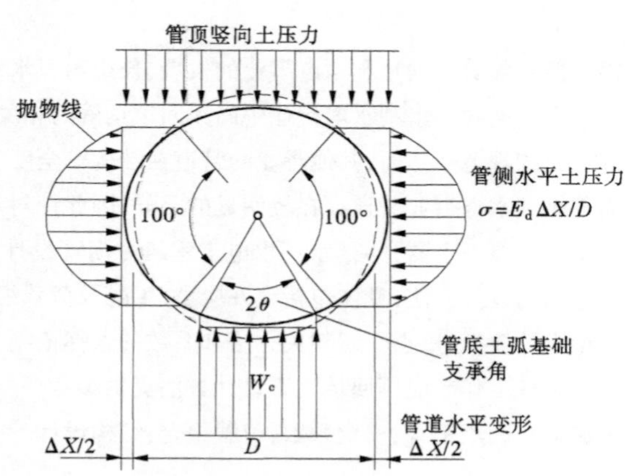

图 1 回填管外围土压力分布示意图

(二)允许应力

允许应力在回填钢管断面设计中至关重要,回填钢管设计沿用了 SL 281—2003 规范的单一安全系数方法,确定的回填钢管允许应力见表 1。从表 1 中可以看出,回填钢管的基本荷载组合的允许整体膜应力与明钢管相同,其他允许应力介于明钢管和地下埋管之间,与这几类管道的安全度相符。

表 1 水利水电工程压力钢管允许应力

应力区域		膜应力区		局部应力区			
荷载组合		基本	特殊	基本		特殊	
应力类型		整体膜应力		局部膜应力	局部膜应力+弯曲应力	局部膜应力	局部膜应力+弯曲应力
允许应力	明钢管	$0.55\sigma_s$	$0.7\sigma_s$	$0.67\sigma_s$	$0.85\sigma_s$	$0.8\sigma_s$	$1.0\sigma_s$
	地下埋管	$0.67\sigma_s$	$0.9\sigma_s$	$0.8\sigma_s$	$0.9\sigma_s$	$0.9\sigma_s$	$1.0\sigma_s$
	坝内埋管	$0.67\sigma_s$	$0.8\sigma_s$ $0.9\sigma_s$	$0.8\sigma_s$	$0.9\sigma_s$	$0.9\sigma_s$	$1.0\sigma_s$
	回填管	$0.55\sigma_s$	$0.8\sigma_s$	$0.75\sigma_s$	$0.9\sigma_s$	$0.9\sigma_s$	$1.0\sigma_s$

除与同一个规范中不同管型的允许应力相比之外,本节也将回填钢管允许应力取值与其他规范进行了对比。在目前回填钢管设计常参考的规范中,日本《水门铁管技术基准》[8]、美国 ASCE 手册 No. 79《Steel Penstocks》(2th Edition)2012 版[9],以及美国水行业协会 AWWA 手册 M11[10]也同样采用了单一安全系数法,有明确的允许应力和安全系数。表 2 列出了各规范中回填钢管的允

许应力规定。另外针对不同强度的钢材，具体计算了回填钢管不同应力区的允许应力，详见表3。从表中数据来看，水利规范的允许应力取值膜应力区接近日本规范，局部应力区接近美国 ASCE 手册的规定。总体而言，水利规范回填钢管允许应力的取值与国外规范也相当。

表2　各规范允许应力

应力区域	膜应力区		局部应力区			
荷载组合	基本	特殊	基本		特殊	
应力类型	整体膜应力		局部膜应力	局部膜应力+弯曲应力	局部膜应力	局部膜应力+弯曲应力
日本规范	$0.55\sigma_s$	$0.83\sigma_s$	$0.75\sigma_s$	$0.75\sigma_s$	$0.94\sigma_s$	$0.94\sigma_s$
ASCE No. 79	$\frac{\sigma_b}{2.4}$	$\frac{1.33}{2.4}\sigma_b$	$\frac{1.5}{2.4}\sigma_b$	$\frac{1.5}{2.4}\sigma_b$	$\frac{1.5\times1.33}{2.4}\sigma_b$	$\frac{1.5\times1.33}{2.4}\sigma_b$

注：日本规范钢材屈强比若超过0.77，则基本允许应力为抗拉强度/2.35。

表3　常用钢材允许应力

钢材	应力区域	膜应力区		局部应力区			
	荷载组合	基本	特殊	基本		特殊	
	应力类型	整体膜应力		局部膜应力	局部膜应力+弯曲应力	局部膜应力	局部膜应力+弯曲应力
Q235	水利规范	129	188	176	212	212	235
	日本规范	129	195	176	176	220	220
	ASCE No. 79	154	205	231	231	235	235
Q355	水利规范	195	284	266	320	320	355
	日本规范	195	295	266	266	332	332
	ASCE No. 79	196	260	294	294	355	355

CECS 规范[11]采用可靠度理论，在对满水工况管壁进行强度校核时，折算应力或等效应力不应超过钢材的强度设计值。在计算折算应力和等效应力时，涉及多类分项系数。针对一般设计时起控制作用的等效应力，表4列出了 CECS 规范各荷载的分项系数、结构重要性系数、材料系数等，并根据各系数估算 CECS 规范的安全系数取值范围，计算中假定焊缝系数为1。从表中可以看出，由于各荷载的分项系数、组合系数、折减系数不同，对应的安全系数也有差别，其中水压力的安全系数最高，自重、水重和土压力的安全度相当。这主要是因为给排水行业内水压力荷载分项系数为1.4，即使考虑可变作用组合效应系数0.9后，系数也达到1.26。由于给排水行业管道的压力一般不高，采用较大的荷载分项系数一般不会产生明显的影响。若水利水电行业钢管套用该标准，在压力较高时，可能会给设计带来困难。另外，CECS 规范管壁环向弯矩的计算公式中没有考虑水压力一项，而是采用弯矩折减系数对水压力的复圆效应加以考虑，其取值范围为0.7~1.0，该系数和水压力的大小、管周土体参数相关。因此，CECS 规范管道结构总体的安全度与管道的直径、内压、土压力、土的综合模量等有关。

表 4　　CECS 规范主要荷载及分项系数

荷载类型	荷载分项系数	荷载可变作用组合系数	弯矩折减系数	应力折减系数	结构重要性系数	材料系数	安全系数
水压力	1.4	0.9	—	—	1.1	1.1	1.52
自重	1.2	—	0.7~1.0	—	1.1	1.1	1.02~1.45
水重	1.2	—	0.7~1.0	—	1.1	1.1	1.02~1.45
土压力	1.27	—	0.7~1.0	—	1.1	1.1	1.08~1.54
温度	1.4	0.9	—	—	1.1	1.1	1.52

内水压力在管壁引起均匀的环向拉应力，竖向土压力等外荷载会在管壁产生弯曲应力，因此，根据水利规范的规定，管道应力属于局部膜应力加弯曲应力，其安全系数为 1/0.9=1.11。CECS 规范中水压力和温度荷载的安全系数较大，目前设计中普遍采用 0.7 的弯矩折减系数，其他荷载对应的安全系数基本上接近 1.0，综合考虑这些因素，水利规范和 CECS 规范的安全度不会有太大差别。

二、工况及荷载组合

（一）工况及荷载组合

水利规范中回填钢管的计算工况及相应的荷载组合详见表 5。其中，正常运行工况、特殊运行工况、水压试验工况和充水工况主要用于校核结构的强度，放空工况主要用于校核管道的稳定和刚度。与国内外规范相比，水利规范更全面地考虑各类荷载，例如，正常运行工况，管道在满水状态下，CECS 规范考虑了管道的自重和水重，然而放空工况，CECS 规范不考虑外水压力，而日本规范正好相反；美国规范仅要求对内水压力作用下的管道强度进行校核。结合水利水电工程实际，正常运行工况不考虑水重、放空工况不考虑外水压力都是不合适的，因此，水利规范回填钢管设计时对水重、外水压力荷载等都进行了全面的考虑。

表 5　　回填钢管结构分析的计算工况与荷载组合

<table>
<tr><th rowspan="2">序号</th><th rowspan="2" colspan="2">荷载</th><th colspan="2">基本荷载组合</th><th colspan="5">特殊荷载组合</th></tr>
<tr><th>正常运行工况</th><th>放空工况</th><th>特殊运行工况</th><th>水压试验工况</th><th>施工工况</th><th>充水工况</th><th>备注</th></tr>
<tr><td rowspan="3">1</td><td rowspan="3">内水压力</td><td>正常运行水位最高压力[a]</td><td>√</td><td>—</td><td>—</td><td>—</td><td>—</td><td>—</td><td>—</td></tr>
<tr><td>最高运行水位的最高压力[a]</td><td>—</td><td>—</td><td>√</td><td>—</td><td>—</td><td>—</td><td>—</td></tr>
<tr><td>水压试验最高压力</td><td>—</td><td>—</td><td>—</td><td>√</td><td>—</td><td>—</td><td>—</td></tr>
<tr><td>2</td><td colspan="2">钢管结构自重</td><td>√</td><td>√</td><td>√</td><td>√</td><td>√</td><td>√</td><td>—</td></tr>
<tr><td>3</td><td colspan="2">钢管内的满水重</td><td>√</td><td>—</td><td>√</td><td>√</td><td>—</td><td>—</td><td>—</td></tr>
</table>

续表 5

序号	荷载	基本荷载组合		特殊荷载组合				备注
		正常运行工况	放空工况	特殊运行工况	水压试验工况	施工工况	充水工况	
4	钢管充水、放水过程中,管内部分水重	—	—	—	—	—	√	—
5	由温度变化引起的力	√	—	√	—	√	√	—
6	土压力	√	√	√	√	√	√	—
7	地下水压力	—	√	—	—	—	—	—
8	地面临时堆积荷载或地面车辆荷载[b]	√	√	√	—	√	√	—
9	施工荷载	—	—	—	—	√	—	—
10	管道放空时,管内外气压差(通气孔面积和气压差可按附录 A.6 计算)	—	√	—	—	—	—	—

注:a 为正常运行水位和最高运行水位的最高压力见“5　水力计算”;b 为地面临时堆积荷载和地面车辆荷载不同时计算,两者取大值参与计算。

(二)荷载计算

回填钢管设计中考虑的水压力、温度变化、地下水压力、施工荷载等参考水利水电行业相关规范确定;管顶土压力参考 CECS 规范,采用棱柱荷载,即管顶以上土柱产生的压力;车辆荷载可参考桥梁交通行业规范确定。上述荷载计算中需要注意的是,内水压力的确定与 CECS 规范有较大差别,需根据管道应用的工程类型为水利工程还是水电工程,按规范要求进行相应的水力计算后确定。

三、管道断面结构计算

(一)管壁厚度初估

回填钢管的管壁厚度的初步估算按锅炉公式进行,考虑管道的设计内水压力,允许应力取明钢管整体膜应力对应的允许应力,即 0.55 倍屈服强度,并同时考虑 2 mm 的锈蚀厚度。对于内压较小的管段,按内压确定的管壁厚度,与直径相比可能比较薄,需同时考虑制作、运输、安装等因素所需的刚度条件确定最小壁厚。

(二)强度验算

管壁的应力包括环向应力和轴向应力。环向应力 σ_θ 为内水压力引起的环向拉应力 $\sigma_{\theta p}$ 和土压、水重、地面车辆荷载或雪荷载引起的弯曲应力 σ_{b1} 之和。内水压力引起的环向拉应力根据锅炉公式进行计算。土压力、地面车辆荷载及雪荷载引起的弯曲应力可按式(1)~式(2)计算。

$$\sigma_{b1} = \frac{6M_1}{t^2} \tag{1}$$

$$M_1 = \frac{K_1 \cdot F_v \cdot r + K_2 \cdot (G_w + G_{st}) \cdot r}{1 + 24K \dfrac{p}{E_s}\left(\dfrac{r}{t}\right)^3 + 0.732 \dfrac{E_d}{E_s}\left(\dfrac{r}{t}\right)^3} \tag{2}$$

式中 σ_{b1}——管顶回填土压力、地面车辆荷载或地面堆积荷载及管内水重在管底引起的环向弯曲应力；

F_v——管顶竖直方向的荷载，等于管顶回填土压力与地面车辆荷载引起的压力或地面堆积荷载之和；

G_w、G_{st}——单位长度管道内水重和管道自重；

r——管道内半径；

t——扣除锈蚀厚度的管壁厚度；

E_d——管侧土的综合变形模量；

E_s——钢材的弹性模量；

p——所求应力处的最大水压；

K_1、K_2——管顶竖直方向荷载 F_v 和管道自重及管内水重的弯矩系数，与管底支承角有关。

钢管管壁的轴向应力主要考虑泊松效应、温度作用和地基不均匀沉降。由于地基不均匀沉降等引起的管轴线方向的应力，可按弹性地基梁计算确定。管内充水时，管道的应力可参考满水工况进行，各公式中内水压力取为0。在计算得到管壁的环向应力和轴向应力后，可计算得管道的综合应力。管壁的环向应力和综合应力均应满足允许应力的要求，若不满足，则需增加壁厚。

钢管应力的计算中，与CECS规范相比，差别仅在于各荷载在管壁引起的弯矩的计算。CECS规范中考虑了管道自重及管内水重的不利影响并且通过乘以弯矩折减系数 φ（取值0.7~1.0）来间接考虑内压的有利影响，但是实际设计过程中，φ 取值多少较为合理，规范中没有进行详细说明。Spangler应力公式[式(3)]给出了管顶土压及地面车辆或堆积荷载作用下管底环向弯曲应力，该公式考虑了内水压力的影响，而未考虑管道自重和管内水重。水利规范参考式(3)，在弯矩的计算公式中直接考虑内水压力的影响，推导得到了修正后的管底环向应力计算公式[式(2)]。对比水利规范和CECS规范，对水利规范也可定义弯矩折减系数，详见式(4)。当支承角等于90°时，$K=0.096$，内压 $P=1$、2、3、4、5 MPa时，计算得到的 λ 随 r/t 的变化曲线见图2所示。

$$\sigma_b = \frac{6K_1 G_v E_s tr}{E_s t^3 + 24Kpr^3} \tag{3}$$

$$\lambda = \frac{1 + 0.732 \dfrac{E_d}{E_p}\left(\dfrac{r_0}{t_0}\right)^3}{1 + 0.732 \dfrac{E_d}{E_p}\left(\dfrac{r_0}{t_0}\right)^3 + 24K \dfrac{p}{E_p}\left(\dfrac{r_0}{t_0}\right)^3} \tag{4}$$

从图2可以看出，在其他条件相同时，内压越大，弯矩折减系数 λ 越小，可见内压越大，对管道的复圆效果越明显，对减小弯矩越有利。随着 r/t 的增大，λ 呈现减小趋势，说明管道刚度越小，内压复圆的效果越明显。当 r/t 值超过100之后，管道刚度对 λ 的影响逐渐变小。随着 E_d 的增大，相同内压和 r/t 条件下，λ 的值随之增大，说明回填土变形模量越小，管道在内压下的复圆越明显。

目前采用CECS规范进行计算时，大多采用了0.7的固定折减系数。然而，内水压力对弯矩的影响，是随着压力的大小、管侧土综合变形模量变化的，折减系数取值范围0.70~1.0是否对各种情况均适用，还有待分析。目前给排水行业管径不大、内压不高、埋深不大的情况下，常见的 r/t 值多在50~70范围内。当 $r/t=50$、$P=1$ MPa、$E_d=5$ MPa时，λ 为0.7，在CECS规范规定的弯矩折减系数范围内。当 E_d 取1 MPa时，实际设计中需要的管壁厚度较厚，因而采用的 r/t 可能更小一些，λ 应超过0.5，与0.7接近。因此，对于给排水行业内压较低的管道，直接采用弯矩折减系数，大致可以体现内压的作用。但从图 2 中可看出,随着管侧土综合变形模量的变化,内压对弯矩的折减系数 λ 有较大的变化范围。例如 $E_d = 1$ MPa,$r/t = 50$ 时,内压 2 MPa 对应的 λ 可达到 0.34,明显小于 CECS 规范规定的范围。因此对于内压较高的管道,宜直接在弯矩计算公式中考虑内压的影响,水利规范的计算方法更能反映水压力的影响。

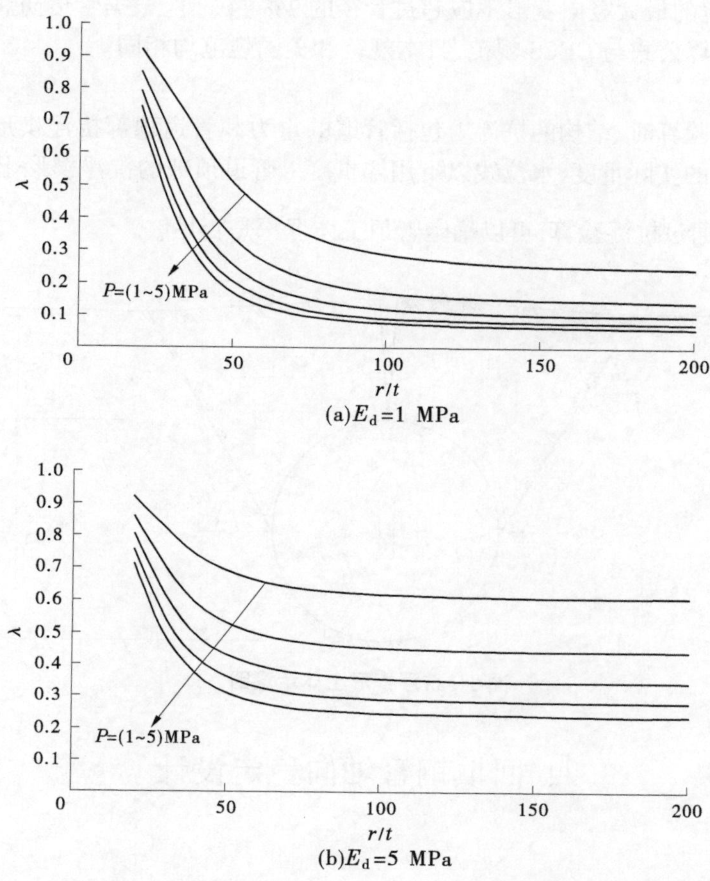

图 2　内水压力引起的弯矩折减系数 λ 随 r/t 的变化曲线

(三)稳定验算

回填钢管抗外压稳定计算时,假定管周作用均匀的外压力,该外压力与管顶处外压相等。回填管在不设加劲环时,水利规范管壁抗外压稳定的公式采用日本藤田博爱氏提出的公式,日本规范和我国给排水规范均采用该公式。该公式由两项组成,一项为管壁的抗力效应,一项为土体的抗力效应。在管壁不满足抗外压稳定要求时,可增加管壁厚度,提高回填土变形模量,也可以设置加劲环。回填管在设置加劲环后,其管壁抗外压稳定的计算见式(5),该公式在光面管临界外压计算公式基础上引入系数 λ 来反映加劲环的影响。代入系数 λ 的计算式后,式(5)的第一项即为 Mises 公式。

管道是否设置加劲环,要根据具体情况来确定。根据实践经验,在内水压力不高、覆土不深,结构计算由稳定控制时,对管径大于 1.6 m 的管道,一般考虑设置加劲环,以提高管壁的临界压力,增加结构抗失稳能力,从而减小管壁厚度。对内水压力较高的管道,管壁厚度往往由强度计算控制。在这种情况下,不设加劲环同样能满足抗外压稳定的要求。同时,加劲环影响范围较小,在直管段的刚度计算中不起作用。虽然设置加劲环可以增加管道的刚度,有利于控制施工中产生的变形,但增加了加劲环的制作和焊接的工作量,也给防腐操作带来很大的不便。因此,对内压较高,覆土较深的长距离大口径输水钢管,宜将管周回填土压密实以提高土壤的抗力,而不设置加劲环。

$$p_k = \frac{E_s}{12(1-\nu_s^2)}\left(\frac{t}{r}\right)^3(n^2-1)\lambda + \frac{E_d}{2(n^2-1)(1+\nu_d)} \tag{5}$$

(四)刚度验算

刚度验算时,管道的最大竖向变形不应超过管径的2%~4%,应根据管道防腐的柔性确定。管道最大竖向变形的计算公式与CECS规范、日本规范和美国规范均相同。

(五)抗浮验算

回填钢管的抗浮验算时,结构的抗浮力包括管道的重力和管道顶部抗浮楔形土体的重力。计算时水位线以上用土的实际重度,水位线以下用浮重度。管道顶部的抗浮楔形土体见图3,滑动面角度 $\theta_s = 45 + \frac{\varphi}{2}$ 。通过抗浮验算,可以确定管顶土体埋深是否足够。

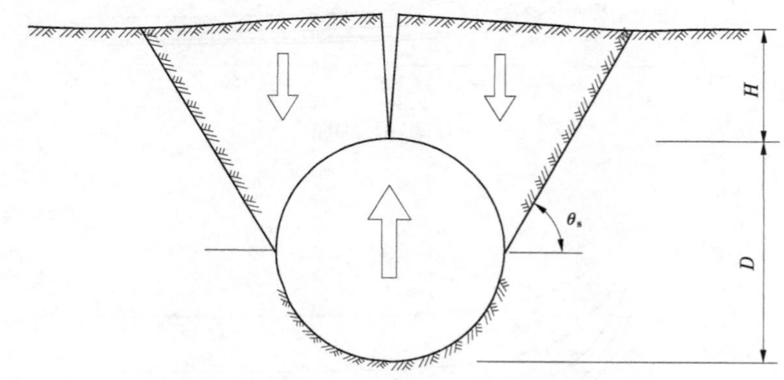

图3　抗浮楔形土体示意图

四、回填钢管轴向稳定设计

(一)基本原理

管线中一些特殊的管段,例如阀门、闷头、渐变段和转弯等,在管道承受内压的情况下,会产生管轴向力,另外温度变化、泊松效应也会引起管轴向力,轴向力的存在就会引起管道的轴向稳定问题。与其他类型压力管道不同,回填管埋于土体之中,管道和土体之间存在摩擦力,能在一定程度上限制钢管在管轴线方向的滑移,是管道所受轴向力的阻力。如图4所示,管道在与土体产生滑移的长度内,管周假定分布均布的摩擦力,从管道自由端所受约束最小,该断面上管道的轴向变形最大。随着管道向土内延伸,土体的阻力逐渐累积,越来越大,管道的轴向变形越来越小,当这个长度达到某个数值时,管道不再发生轴向伸缩,管道进入锚固段。自由端至锚固段起点的管段称之为过渡段。过渡段管道可以发生伸缩,不存在温度应力和泊松应力,土体对管道有摩擦力。锚固段管道轴向位移受到限制,土体对管道没有摩擦力,但管道内将产生温度应力和泊松应力。根据上述原理,可对设置伸缩节的管道进行轴向稳定分析,摩擦阻力与管道所受其他力的合力平衡,是分析管道轴向稳定的关键。

(二)镇墩设置判别条件

当管道为整体式时,管道两端有镇墩约束,中间管段上由于钢管转弯、变径、温度变化等引起的轴向力由管土之间的摩擦力平衡,钢管虽然在轴向会产生一定的位移,但由于回填土的约束,管道仍可保证稳定,此时在转弯处可不设置镇墩。当管道为分段式,在钢管转弯一侧或者两侧设有伸缩节时,伸缩节处可视为自由端,可以伸缩,管道与土体之间便存在摩擦力。图5给出了伸缩节至镇

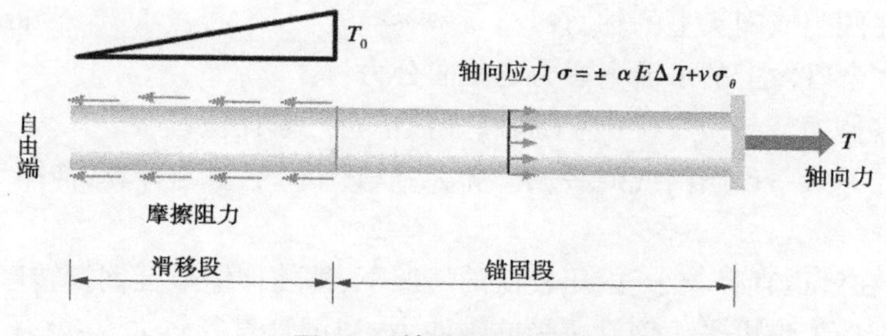

图 4　回填管受力分析图

墩管段的受力示意图。该段管道上所受的力包括：钢管自重、伸缩节对管道的力、钢管转弯处的不平衡水压力、离心力，其他可能的荷载有管道变径处的轴力、阀门处轴力等。钢管承受轴向力之后，管道从伸缩节处开始与土体产生滑移，假设钢管足够长，当滑移段钢管和土体之间的摩擦力与管道所受的轴向力平衡时，此时钢管的长度即为钢管依靠土体摩擦力维持轴向稳定的临界长度。若实际钢管长度小于此临界长度，则需要设置镇墩以帮助钢管稳定；若实际钢管长度超过临界长度，则钢管超出临界长度的部分不与土体发生相对滑移，进入锚固段，此时可不设镇墩。在工程设计中，考虑一定的安全系数后，不设镇墩的钢管临界长度可按式(6)计算。

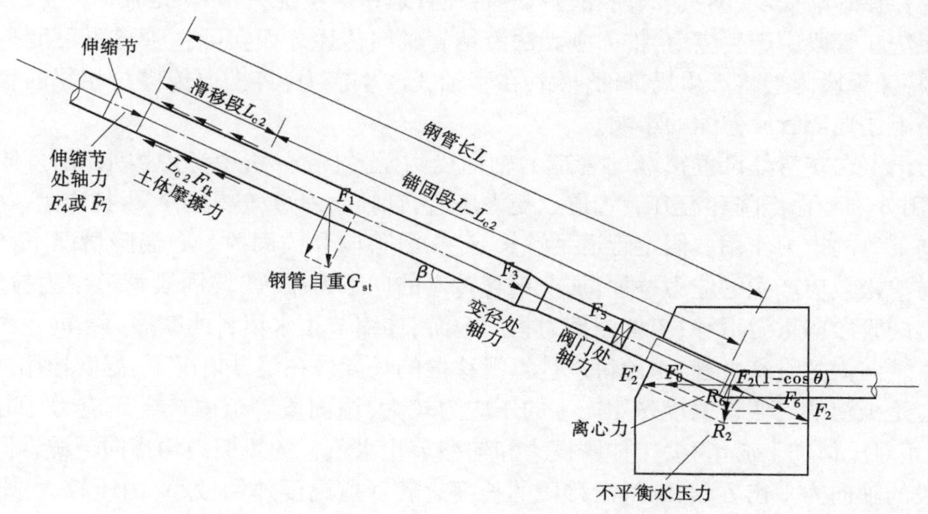

图 5　镇墩一侧钢管受力示意

$$L_{c1}\geqslant K_{sl}\sum F/(F_{fk}-K_{sl}F_1) \tag{6}$$

$$\sum F=F_2(1-\cos\theta)(\text{或 }F_5)+F_3+F_4(\text{或 }F_7)+F_6(1-\cos\theta) \tag{7}$$

式中　L_{c1}——伸缩节至钢管转弯处的距离；

K_{sl}——抗滑稳定性安全系数，可取 1.5；

F_{fk}——管道单位长度内管周摩擦力；

θ——钢管在水平面或立面的转角；

F_1——伸缩节至钢管转弯处单位长度钢管自重沿管轴线的分力；

F_2——钢管转弯处的由水压力引起的轴向推力；

F_3——钢管直径变化处的轴力；

F_4——套筒式伸缩节处的轴向力，由端部水推力和止水填料摩擦力组成；

F_5——作用在阀门或闷头上的轴力；

F_6——作用在弯管段上的水流离心力的轴向分力；

F_7——波纹管伸缩节各向变位产生的轴力(数值由厂家提供)。

由于钢管转弯处一般不设阀门或闷头，F_2 和 F_5 取其中一个参与计算；伸缩节根据其型式选择 F_4 或 F_7 参与计算。

根据上述公式，在管道直径较小、内压较低的情况下，即使伸缩节至钢管转弯处的距离较小，钢管和回填土之间的摩擦力也可平衡钢管所受的轴向力；当钢管直径较大、内水压力较高，钢管所受管轴向力较大时，伸缩节至钢管转弯处距离需要较长才能保证有足够的摩擦力抵抗管道所受的轴向力。

(三)镇墩的抗滑稳定计算

当钢管转弯处设置镇墩时，镇墩和伸缩节之间的管段，在轴线方向可近似认为一端固定一端自由。对于过渡段，可根据管道滑动力等于摩擦力的原则来确定过渡段的长度。比较镇墩至伸缩节的距离与过渡段长度，可判断管道与土体之间的相对运动状况，从而可对管道进行进一步受力分析，进而计算镇墩一侧管道对镇墩的轴向作用力。

管线中存在的渐变段、闷头、阀门和转弯等将在管道中产生推力，如果是轴向完全约束的管段，上述推力无法在管段中产生应力，推力则无法沿钢管轴向传递。而实际上管道不可能是完全约束的，在上述特殊管段附近将产生局部的伸缩，在管轴线产生应力，将推力传递给相邻的管段。在计算中可忽略上述局部管段伸缩的影响。

图6给出了在转弯处设置镇墩的管道的轴向受力示意图，分析中考虑内水压力，伸缩节的作用，温度作用分别考虑温降和温升。管道承受内压后，管轴向缩短，管轴向产生拉应力。管道转弯，管段受到向下游的推力作用。假定管道足够长，存在滑移段和锚固段。在温降情况下，管道收缩，温度作用与泊松效应产生的应力叠加，加上钢管转弯的向下游推力，锚固段管道中为拉应力；管道靠近伸缩节的管段向下游滑移，土体摩擦力指向上游，伸缩节止水填料的摩擦力指向上游。对滑移段可以建立轴向力的平衡方程，由此可以计算滑移段的长度。在温升情况下，温度作用产生的应力与泊松效应是抵消的。假设温度作用产生的压应力较大，锚固段管道内产生压应力，如图6(b)所示，则钢管相对土体向上游滑移，土体摩擦力和伸缩节止水填料的摩擦力均指向下游。同样也可以建立滑移段的轴向力平衡方程，求解滑移段的长度。若管道温度作用较小，内压较大，则有可能管道仍相对土体向下游滑移，此时各力的方向如图6(b)所示，但温度应力仍为压应力。

参考上述分析，针对图5所示的钢管，钢管可滑移的长度 L_{c2} 可按式(8)计算，式中 A_s 为钢管横截面面积，L 为镇墩至伸缩节的实际距离。当钢管实际长度小于钢管可滑移长度时，整段钢管处于滑移状态，钢管对镇墩的轴向力可用钢管所受其他轴向力减去摩擦力得到，见式(9)；当钢管的实际长度大于钢管可滑移长度时，管道中存在滑移段和锚固段，钢管对镇墩的作用力等于钢管转弯处的由水压力引起的轴向推力、作用在弯管段上的水流离心力的轴向分力以及温度应力和泊松应力产生的轴力的合力。计算得到钢管对镇墩的力之后，便可对镇墩进行抗滑稳定分析，具体计算与明钢管镇墩类似，差别在于回填钢管的镇墩存在土体对镇墩的摩擦力和土压力。

$$L_{c2} = \frac{1}{F_{fk}}[(\pm \alpha E_s \Delta T + \nu_s \sigma_{\theta p})A_s + F_1 L + F_3 + F_4(\text{或 } F_7) + F_5] \tag{8}$$

当 $L \leqslant L_{c2}$ 时，

$$T_i = F_1 L + F_2(\text{或 } F_5) + F_3 + F_4(\text{或 } F_7) + F_6 - F_{fk} L \tag{9}$$

当 $L > L_{c2}$ 时，

$$T_i = F_2 + F_6 - (\pm \alpha E_s \Delta T + \nu_s \sigma_{\theta p})A_s \tag{10}$$

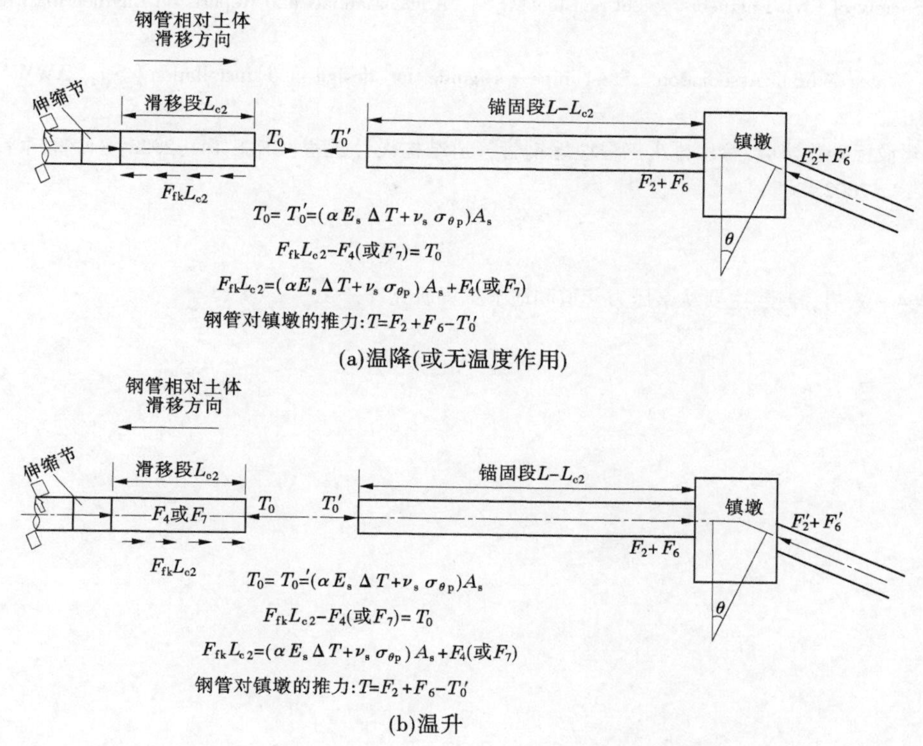

(a)温降(或无温度作用)

(b)温升

图6　回填管典型轴向受力示意图

(四)结论

通过上述介绍可以看出,在吸收借鉴其他行业回填钢管设计规范计算方法和经验的基础上,水利水电行业回填钢管形成了一套比较完整的结构计算方法。该设计方法充分考虑水利水电行业压力管道规模较大、内压较高、地质条件复杂等特点,具有一定的行业特色,例如,计算荷载充分考虑了管内水重、地下水压力等荷载,内水压力的计算遵循水利水电工程的相关规定;定量计算内压复圆效果;轴向稳定计算考虑管道坡度等。该方法虽然借鉴了比较成熟的 CECS 规范,但进行了不少改进,由于目前尚未进入实施阶段,还未得到充分的检验,其中仍可能存在不足之处,有待在后续的工程应用中不断改进完善。

参考文献

[1] 胡少伟. PCCP 在我国的实践与面临问题的思考[J]. 中国水利, 2017(018):25-29.

[2] 杨辉琴.长距离输水工程采用大口径 PCCP 管的安全防护对策[J].水利水电技术,2019,50(12):138-143.

[3] 石长征, 伍鹤皋, 袁文娜. 柔性回填钢管的设计方法与实例分析[C]//第八届全国水电站压力管道学术会议. 成都, 2014.

[4] 张崇祥. 回填管布置与设计[C]//水电站压力管道——第六届全国水电站压力管道学术会议论文集. 北京:中国水利水电出版社, 2006:214-218.

[5] 罗加谦, 张崇祥. 回填式高水头压力钢管设计实践与研究[J]. 水力发电, 2006(11):57-59.

[6] 中华人民共和国水利部.水电站压力钢管设计规范(附条文说明):SL 281—2003[S].北京:中国水利水电出版社,2003.

[7] Watkins R K, Spangler M G. Some characteristics of the modulus of passive resistance of soil: a study in similitude [J]. Highway Research Board Proceeding, 1958,(37):576-583.

[8] 日本水門鉄管協会. 水門鉄管技術基準[S]. 2007.

[9] Ameriacan Society of Civil Engineers. Steel penstocks [S]. ASCE Manuals and Reports on Engineering Practice No. 79, 2012.
[10] American Water Works Association. Steel pipe - a guide for design and installation [S]. AWWA Manuals M11, 2016.
[11] 中国工程建设标准化协会.给水排水工程埋地钢管管道结构设计规程:CECS 141:2002[S]. 北京:中国建筑工业出版社, 2002.

作者简介:

伍鹤皋(1964—),男,教授,主要从事压力管道和地下工程研究。

大直径回填钢管管-土相互作用和承载机理研究

石长征　伍鹤皋　于金弘　施慧丹

（武汉大学 水资源与水电工程科学国家重点实验室，湖北 武汉　430072）

摘　要　近年来国内重大引调水工程建设迅猛，回填钢管在长距离管线中的应用也逐渐增多。针对大型引调水工程大直径回填钢管，采用有限元方法，考虑管-土之间接触传力，对内压、土压力等荷载作用下的管道变形、管周土压力分布等展开了研究，研究表明：考虑实际的管-土相互作用后，回填钢管的变形接近椭圆变形，管周土压力的分布与爱荷华公式的假定存在一定差别；内水压力对回填钢管具有复圆效果，对管周土压力的影响较小；埋深越大，作用在管道上的土压力越大，管周土压力分布越不均匀；回填钢管外包钢筋混凝土后，能大幅减小传递给回填钢管的土压力，也同时承担了部分内水压力，混凝土结构设计时需同时考虑内压和外压。

关键词　回填钢管；管-土相互作用；土压力；内压；埋深；外包混凝土

水是自然环境的基础，对维持生态系统的稳定发挥着重要的作用，同时又属于战略性经济资源，它早已成为综合国力的重要组成部分[1]。近年来国内重大引水和调水工程建设迅猛，使得长距离引调水管线的应用不断增多，这种引调水管线通常线路长，流量大，造价较高。随着社会经济的发展，出于安全、经济和节约用地的考虑，原先设计一般置于地面的明钢管被埋设于地下，成为回填钢管。回填钢管施工时开挖管槽，钢管直接敷设在管槽内，不设置支墩，钢管安装完成后直接回填土石料，结构简单，施工方便快速，维护工作量小，经济性好，能够恢复原来的植被，保护生态环境。回填管应用于长距离输水管道，具有较高的综合效益[2]。

回填钢管在水利水电工程中已有一定的应用，但水利水电行业中尚无回填钢管的结构设计规范，现有工程多参考国内给排水行业的《给水排水工程埋地钢管管道结构设计规程》（CECS 141：2002）、日本《水门铁管技术基准》等规范进行设计。但上述规范制定较早，主要适用于管径小、内压低、埋深浅的管道，对大直径、高内压、大埋深回填钢管的适用性尚待深入研究。

对回填钢管而言，土体既是荷载，又对管道提供抗力，钢管和土体组成了联合承载体，承载机理复杂，且受力特性受施工条件、管材、周围土的性质等众多因素的影响[3-4]。20 世纪初，A. Marston 等学者进行了一系列研究，提出了 Marston-Spangler 理论。Spangler 和 Watkins[5]假定管道竖向和水平变形相等，并将管顶和管底土压力简化为均匀分布，管侧土压力简化为抛物线分布，如图 1 所示，其中 D 为管径；P 为管顶土压力；W_c 为单位管长上的荷载；E' 为土体反力模量；σ_x 为管腰处的水平土压力；Δx 为管道水平或竖向直径变化量；α 为土弧基础中心角，并根据该模型推导出计算柔性管道变形的爱荷华公式，该理论作为分析回填钢管受力的基础，至今仍在广泛使用。

然而上述计算方法基于管道的小变形假定，管道的刚度和计算工况对土压力的分布和大小没有影响，但实际上随着高水头回填钢管高强钢的广泛应用，大直径回填钢管通常都具有较大的柔性，管土之间存在较明显的相互作用，影响管周土压力的分布。因此，考虑管-土相互作用影响的管周土压力分布一直是研究的热点和难点，不乏有很多学者对其有广泛而长期的研究。Shmulevich[6]试验结果表明管顶土压力并非均匀分布，径向和切向土应力近似呈抛物线分布；黄崇伟[7]认

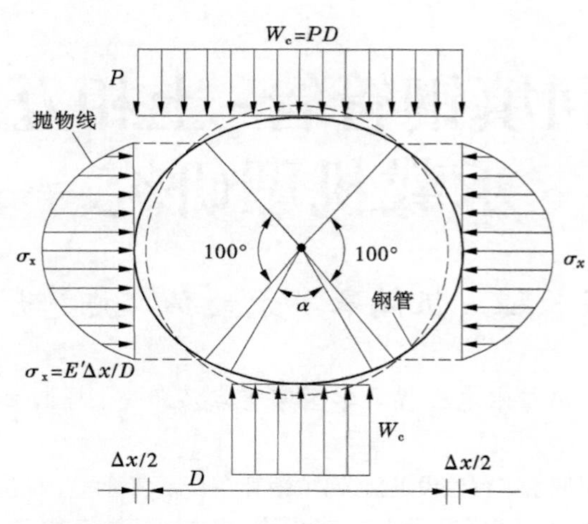

图1 爱荷华公式推导假设条件

为解析计算理论并不能完全表示管土相互作用特征，而有限元计算结果与实测值更为吻合；周正峰[8-10]通过对小直径回填钢管进行有限元分析得到管顶和管侧土压力大致呈抛物线分布；Tian[11]认为管顶土压力在管道顶部存在波谷，将顶部到两侧土压力均简化为抛物线分布，变形计算结果更为精确；Li[12-13]提出了针对沟槽侧壁倾斜状态下的管顶土压力解析计算方法；李永刚[14]通过土箱试验发现小直径的回填钢管管道顶部土压力最大，往两侧逐渐减小，呈上凸曲线分布。

根据上述研究，回填钢管承受的土压力目前尚无统一的结论。因此，本文采用有限元方法，更为真实地考虑钢管和土体之间的相互作用，分析不同因素对管道承载特性的影响，以期为回填钢管的设计提供有益的参考。

一、有限元计算模型

本文结合某发电引水回填钢管建立有限元模型，其管道断面示意图如图 2 所示。钢管内径 4.1 m，管顶覆土 2.75 m，沟槽底宽 8.5 m，深 6.85 m，底部设置 50 mm 厚水泥稳定砂砾。根据上述工程资料，建立有限元模型如图 3 所示。模型以管道中心为坐标原点，x 轴沿水平方向指向管腰，y 轴沿竖直方向，z 轴沿管轴线方向。钢管采用 4 节点壳单元 SHELL181 模拟，土体采用 8 节点实体单元 SOLID185 模拟，模型沿管轴线方向取 2 m，总计 22 470 个节点和 19 704 个单元。模型中管道与周围填土，回填土与原状土之间建立接触单元以考虑界面之间的传力。

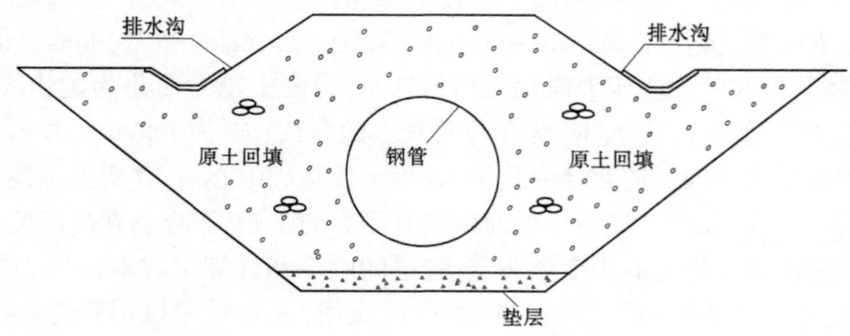

图2 回填钢管断面示意图

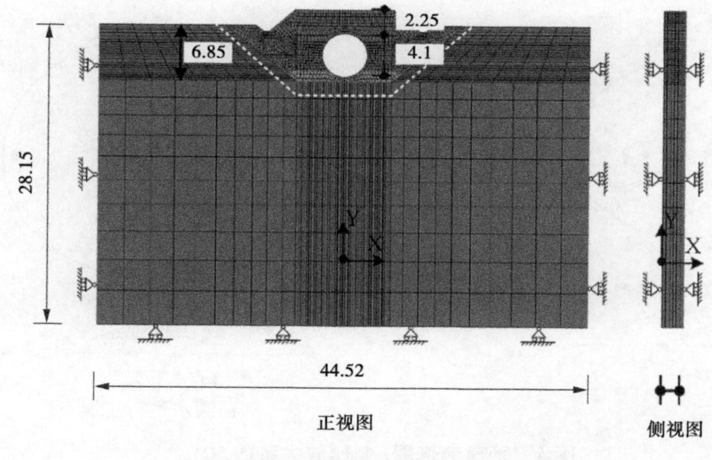

(a) 有限元模型示意图 (单位:m)

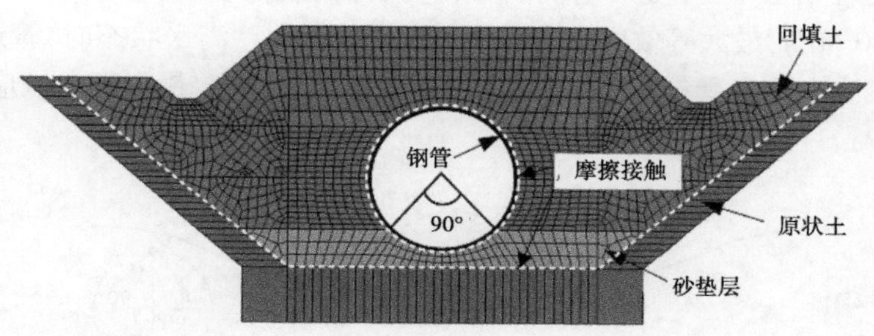

(b) 局部有限元模型放大示意图

图 3 回填钢管有限元模型图

计算中,模型前后及左右端面施加沿法向的位移约束,底部施加全约束,顶面自由。管道中心设计内水压力取 3.36 MPa,钢管采用 Q345 钢材,管壁厚度取 44 mm,不考虑地面车辆、温度等荷载。钢材弹性模量 2.06×10^5 MPa,泊松比 0.3,密度 7 850 kg/m^3;回填土变形模量 7 MPa,泊松比 0.35,密度 2 100 kg/m^3;原状土变形模量 30 MPa,泊松比 0.35。钢材采用理想弹塑性模型,土体采用弹塑性模型,服从 Drucker-Prager 屈服准则。不同材料接触界面采用库仑摩擦模型模拟传力关系,钢管和回填土之间摩擦系数取 0.3,回填土和原状土之间摩擦系数取 0.577。

二、管土相互作用分析

根据有限元模型计算结果,本节将从管土接触状态、管道变形与土体位移、管周土压力等方面对大直径回填钢管的管土相互作用的基本规律进行研究。

(一)管道应力和变形

在管空和满水运行工况下,钢管的变形如图 4 所示。从图中可以看出,在管空情况下,管道发生了明显的椭圆化变形,最大水平变形量 21 mm,最大竖向变形量为 21 mm,水平变形量与竖向变形量十分接近,与爱荷华公式的假定相符。满水工况管道除承受上方土压力外,还有内水压力作用,内水压力可使管道发生径向膨胀,故钢管有一定复圆,管道变形有所减小,管道变形曲线仍呈现椭圆形,但管道最大水平变形量 11 mm,最大竖向变形量为 6 mm,两者相差较大,与爱荷华公式的假定有较大出入。

管空状态、满水运行状态下钢管内表面的环向应力和等效应力沿管周变化曲线如图 5 所示。

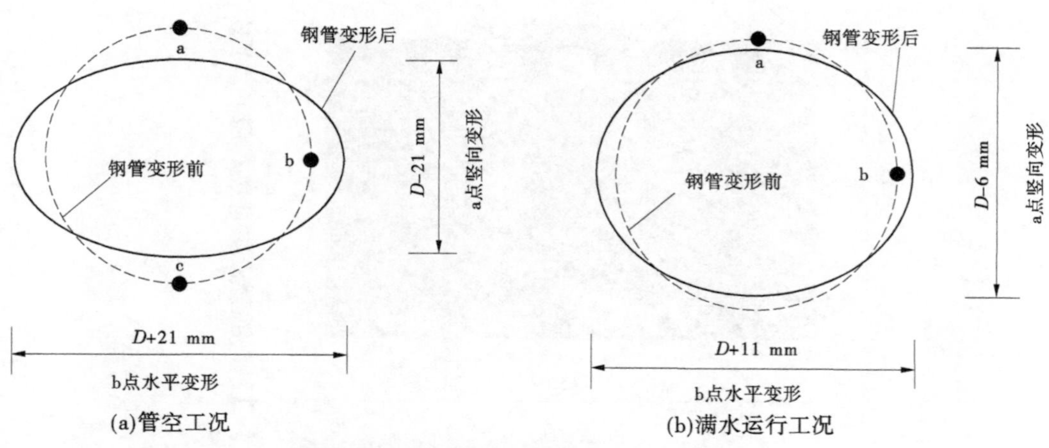

(a)管空工况　(b)满水运行工况

图4　管道变形图(变形放大系数50)

管空状态下,钢管承受管顶土压力,变形呈椭圆形,管腰处内表面受压,管顶和管底位置内表面受拉,最大环向拉应力40 MPa,最大等效应力39 MPa,应力并不大。满水状态时,管道承受内水压力向外膨胀,管壁沿厚度方向均呈受拉状态,最大应力位置出现在管底,最大环向拉应力174 MPa,最大等效应力为154 MPa。

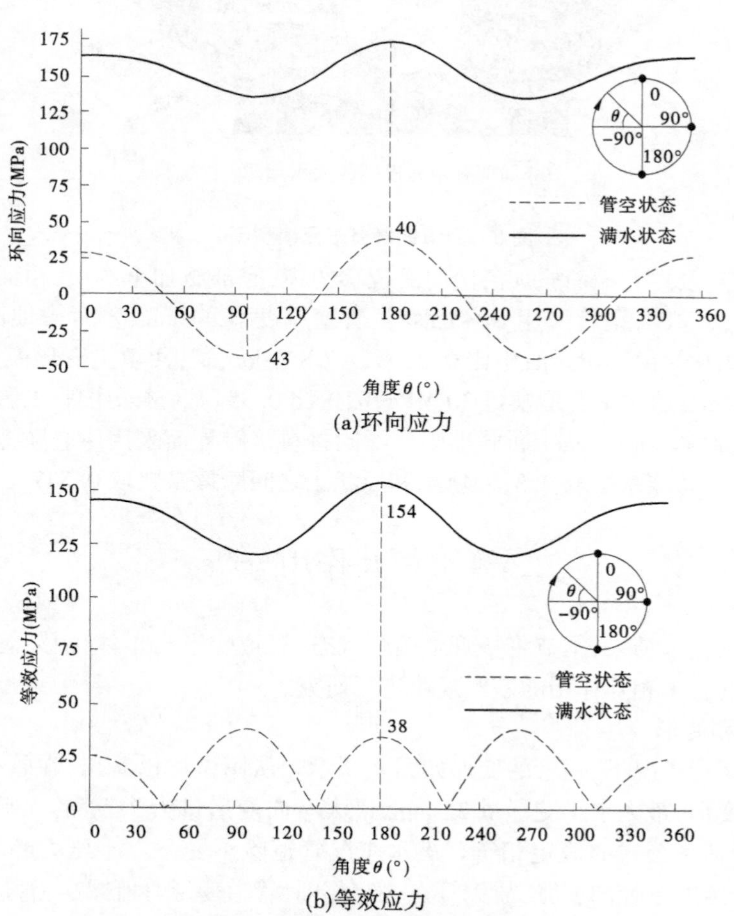

(a)环向应力

(b)等效应力

图5　管道应力沿管周变化曲线

(二)回填土体位移

管道变形与管周回填土体的变形密切相关,为研究回填钢管管-土相互作用,整理出沟槽内填土位移矢量图如图 6 所示。从图中可以看出,管空状态时回填土最大位移的位置发生于管顶正上方填土与管顶交界处,最大位移量为 73 mm,该位移包含了土体的沉降位移。管顶土体位移分布并未出现分层现象,管顶位置土体位移量最大,且位移量从管顶位置向两侧逐渐减小,呈现正"U"型分布,管顶覆土沿钢管向管腰两侧滑移。满水状态时,因管道承受内水压力而向外膨胀,管腰以下土体位移变化较小,但管顶土体被管道向上顶起,土体从管顶向两侧管腰滑移,管道上方土体位移量呈现倒"U"型分布,位移略小于管空状态时的位移,最大位移量为 67 mm。从管周土体位移来看,土体发生了不均匀沉降以及沿管道的滑移,必将使管顶土压力的分布偏离均匀分布。

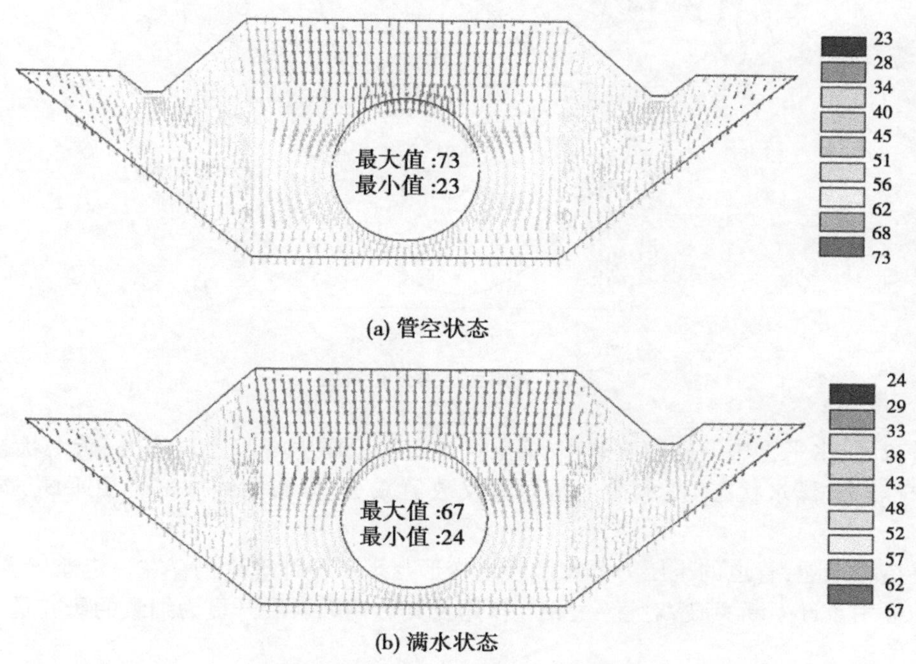

(a) 管空状态

(b) 满水状态

图 6 沟槽内填土位移矢量图 (单位:mm)

(三)管周土压力分布

管周土压力是回填钢管结构设计的基础,也是研究的热点问题。目前的设计理论假设管顶竖向土压力均匀分布于管道上方管径范围内,土压力大小根据管顶土柱重计算,管腰外侧水平土压力假定呈抛物线分布,其数值大小与管道变形和土体反力模量相关。本节根据管土间的接触压力和摩擦应力,通过换算得到作用在管道上任意一点的竖向土压力和水平土压力。管空状态和满水状态下的管周土压力分布如图 7 所示。

从图中可以看出,管空状态下管顶和管底竖向土压力虽然并非均匀分布,仅管顶-30°~30°范围内和管底 150°~210°范围内的土压力大小差别并不大,可大致简化为均匀分布。比较管空状态和满水状态的竖向土压力,内水压力作用于管道后,管道向上顶托土体,管顶的土压力比管空状态有所增大,且越靠近管顶土压力增加越多;另外由于水重的影响,管底土压力的大小也比管空状态有一定增大。管空状态和满水状态下管顶土压力最大值分别为 55. 2 kPa 和 64. 3 kPa,但平均值仅为 43. 3 kPa 和 47. 3 kPa,小于棱柱荷载计算值 57. 8 kPa。这是由于管道两侧土体对管顶土体具有顶托作用,另外管顶土体不均匀沉降,使得相邻土柱之间还存在摩擦力,也减小了作用在管道顶部的土压力。

对于水平土压力,管空时的土压力分布大致接近抛物线分布,当管道内作用水压力后,管道水

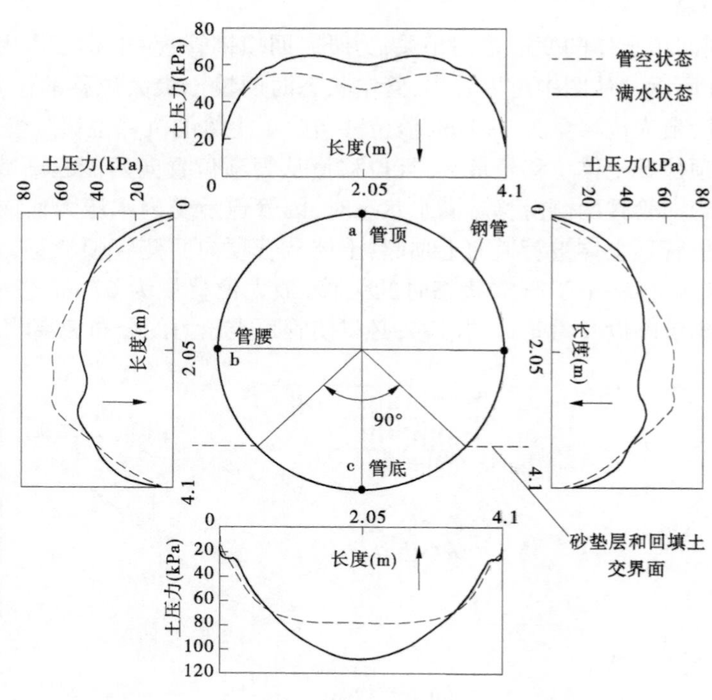

图7 管周土压力分布曲线

平向变形量减小,水平土压力也相应减小,管空状态水平土压力峰值为60 kPa,满水状态水平土压力峰值为50 kPa。满水状态时,水平土压力不仅数值减小,分布曲线中部也更平缓,向矩形分布靠近。

从上述结果来看,管道的土压力分布和管道变形与现有设计理论仍存在一定差异,特别是目前回填钢管的应用条件不断突破,对管-土相互作用及其影响因素展开更为细致的研究是有必要的。

三、内压敏感性分析

有别于给排水工程,内水压力是水利水电工程中回填钢管的重要荷载,且大型工程的内水压力通常较高。为了解在不同等级内水压力作用下,回填钢管的受力特性,本节在第2节计算条件的基础上,分别计算了内水压力为0.5、1.0、2.0、3.0、4.0、5.0MPa时钢管的受力特性。

(一)管道变形

管道水平和竖向的最大相对变形量及其比值随内压变化的曲线如图8和图9所示,水平或竖向最大相对变形量指直径水平或竖向变化量与管道内径的比值。从图中可以看出,钢管的变形随着内压的不断增加而减小,相比而言,竖向变形受内压的影响更为明显,这主要是因为内压引起的管道竖向膨胀,而土压力使管道竖向压缩,两者的变形趋势相反。虽然内压作用下管道在水平向也要发生膨胀,但受到竖向变形减小的影响,水平相对变形仍然随内压的增大呈现减小的趋势,但当内压大于3 MPa之后,管道的水平变形随内压的增加基本无变化。当内水压力小于1 MPa时,管道水平和竖向变形比值接近1,管道的变形假定与爱荷华公式的假定吻合较好,而内压较大时,两者差别较大。

(二)管周土压力

不同内压作用下,管周土压力的分布如图10所示。不同内压作用下,管周土压力的分布曲线

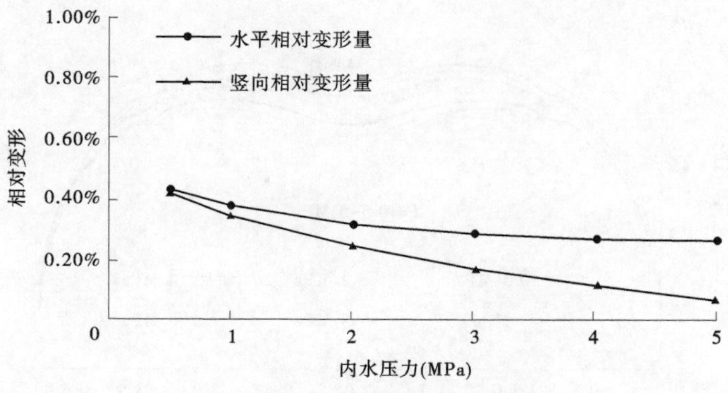

图 8　管道变形随内压变化曲线

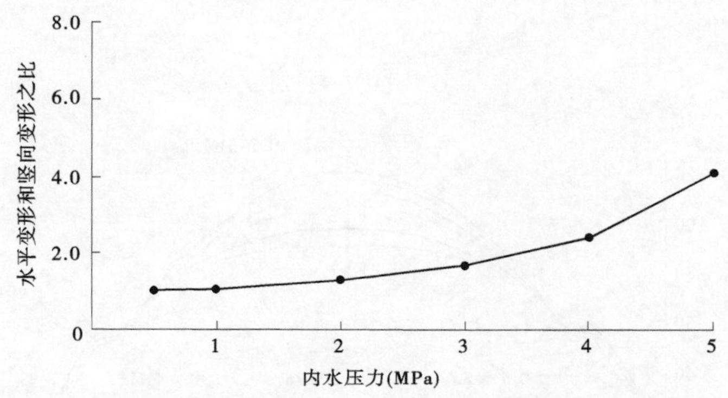

图 9　管道水平变形和竖向变形比随内压变化曲线

形状相同,管顶附近的竖向土压力随内压的增加而略有增加;管底附近的竖向土压力随内压的增加越来越“凸”;由于管道水平位移的减小,管腰附近水平土压力随着内压的增加而减小,管侧水平土压力的分布随着内压的增加由“凸”逐渐变“凹”。内水压力对管周土压力的影响相对较小,其影响范围主要集中在管顶、管底和管腰附近局部区域。

根据不同内压作用下管道的变形和管周土压力分布情况,内水压力主要影响管道的变形,减小管道的椭圆变形,进而使得钢管管顶和管底的弯矩减小,当内压小于 1 MPa 时,其影响较小,可以忽略,但随内压增大,其影响越明显,计算中不能忽略。

四、埋深敏感性分析

管顶填土深度是管顶土压力的重要影响因素,本节计算了管径 4.1 m、管壁厚度 44 mm,内水压力 3.36 MPa 情况下,管顶覆土深度 H 分别为 1、2、3、5、7、9 m 时,回填钢管的变形和管周土压力分布情况。

(一) 管道变形

不同管顶覆土深度条件下,管空状态和满水状态管道的变形模式相同,管道变形后大致呈椭圆形,水平最大相对变形量 Δ_x 与竖向最大相对变形量 Δ_y 随埋深的变化曲线如图 11、图 12 所示。

根据图 11 可以看出,钢管变形随埋深的增加而增加,管空状态时,在埋深小于 5 m 时,变形量增长速度较快,当埋深大于 5 m 后,变形量增长速度减小;满水状态时,随埋深的增加水平和竖向变形量近似线性增加。管空状态下,水平变形量和竖向变形量几乎相等,此规律几乎不受埋深的影

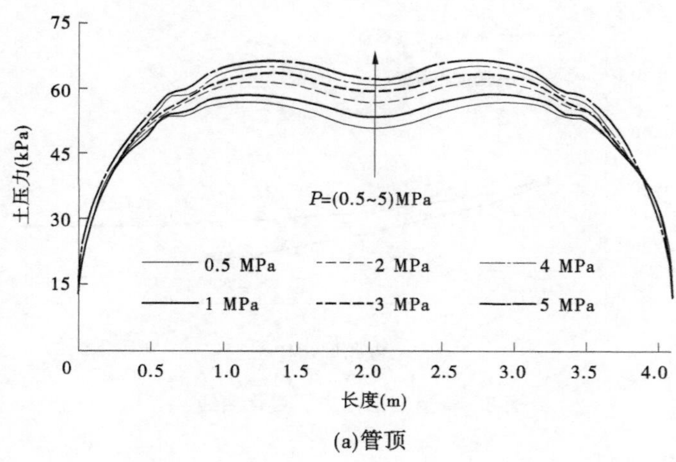

(a)管顶

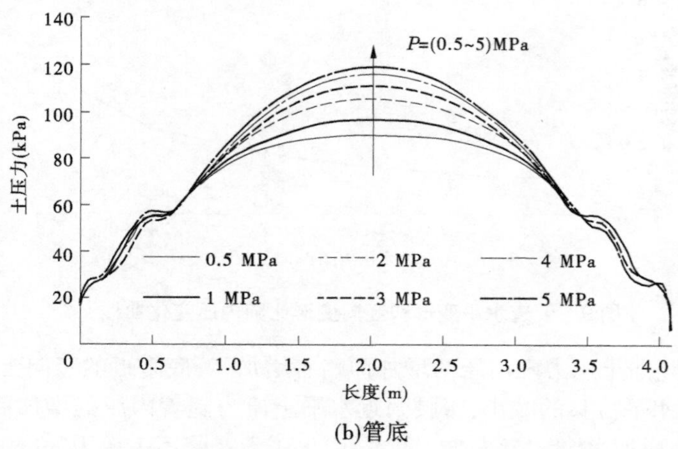

(b)管底

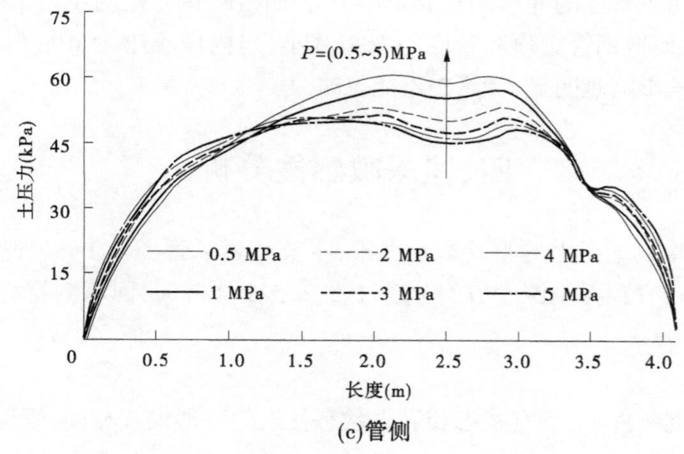

(c)管侧

图 10　不同内压下管周土压力分布曲线

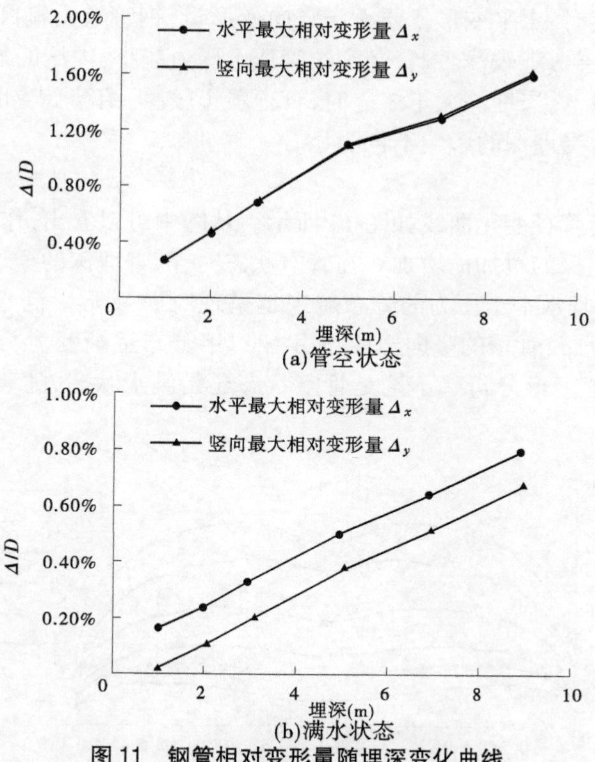

图 11　钢管相对变形量随埋深变化曲线

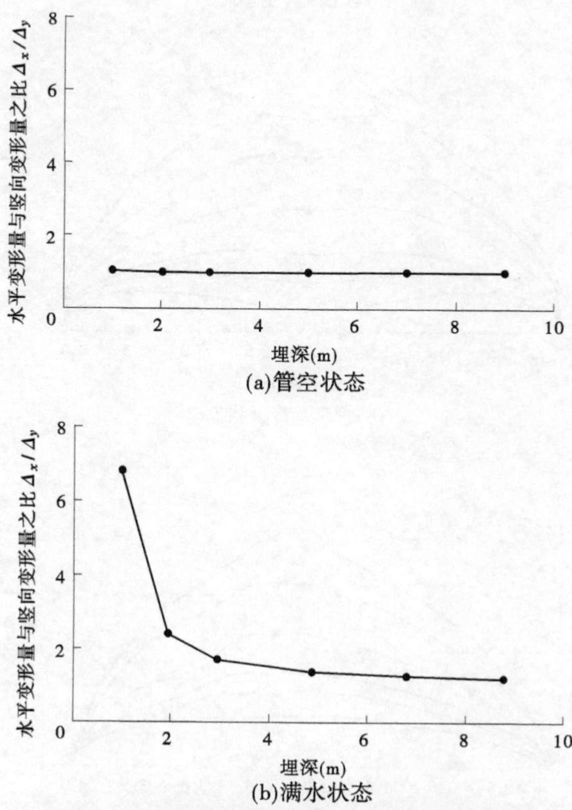

图 12　钢管水平变形与竖向变形比随埋深变化曲线

响。当钢管受到内压作用时，水平变形量要大于竖向变形量，钢管有由椭圆形向圆形变化的趋势。当埋深小于 3 m 时，因上层覆土较浅，钢管受到的管顶土压力较小，内压的复圆效果比较明显，水平变形为竖向变形的 2 倍以上；当埋深大于 3 m 时，管顶覆土较厚，钢管受管顶土压力较大，此时水平变形量与竖向变形量之比受埋深的影响不再明显。

（二）管周土压力

不同埋深下土压力沿管径变化曲线如图 13 所示。从图中可以看出，作用在管道上的竖向土压力和水平土压力均随着埋深的增加而增加。在管空状态时，随着埋深的增加，竖向土压力的分布越来越呈现“凹”字形分布，且水平土压力的分布越来越呈现“凸”字形。满水状态时，管顶和管底竖向土压力大致呈抛物线分布，管顶的竖向土压力由“凹”字分布逐渐变为“凸”字分布，管底的竖向土压力则越来越呈现“凸”字形分析。不论是管空状态还是满水状态，随着埋深的加大，管周土压力的不均匀度均在增大。

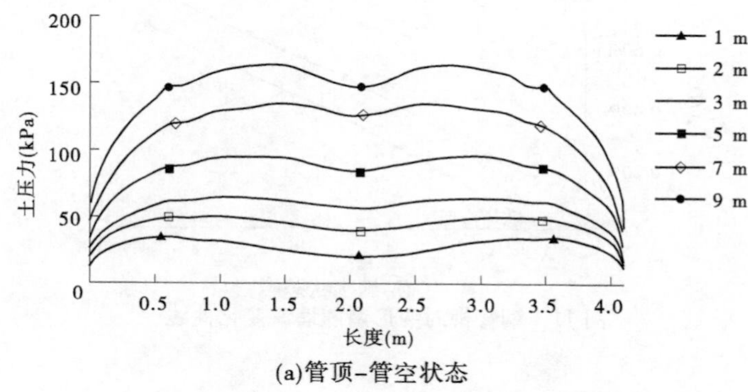

(a)管顶-管空状态

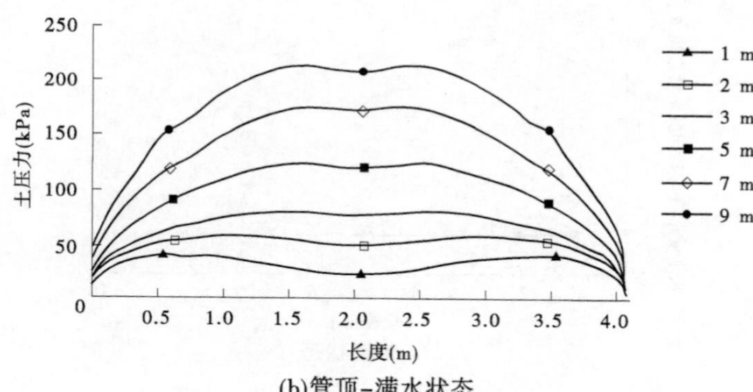

(b)管顶-满水状态

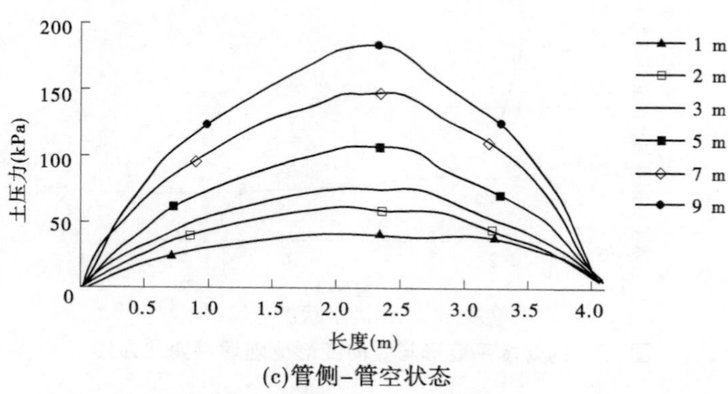

(c)管侧-管空状态

图 13　不同埋深下土压力沿管径变化曲线

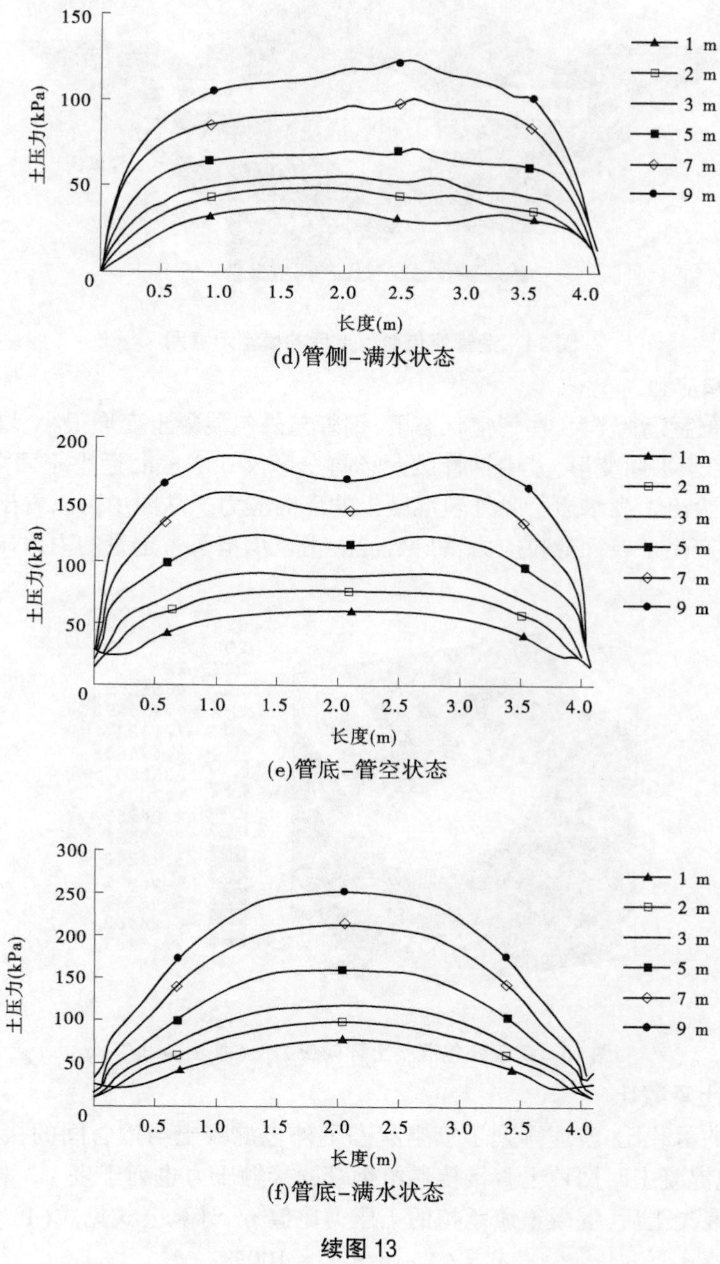

(d)管侧-满水状态

(e)管底-管空状态

(f)管底-满水状态

续图 13

五、钢管外包混凝土

当地基条件较差,或者管道埋深较大,抗外压稳定性较难满足时,可以在钢管外包裹钢筋混凝土,以解决不均匀沉降和抗外压稳定问题。对于此类情况,设计中常假定钢管承担所有内水压力,而混凝土仅承担土压力。实际上,管道和外包混凝土组成了联合受力体,混凝土也会承担一定的内水压力,为此,本节在钢管外设置了 75 cm 厚的混凝土进行了相关计算,以了解管道和混凝土的承载特性,为结构设计提供参考。沟槽内管道、混凝土和回填土的有限元网格如图 14 所示,计算中,钢管和混凝土、混凝土和回填土之间均考虑接触摩擦作用。

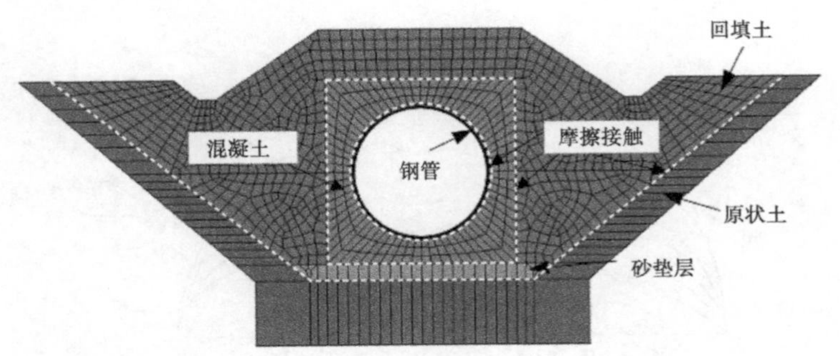

图 14　钢管外包混凝土后的模型示意图

(一)管道变形和应力

因外包混凝土弹性模量较大,在管空状态下,钢管与外包混凝土变形很小,增加内水压力后,产生了少量竖向变形和水平向变形,其中钢管最大竖向变形仅 0.7 mm,远小于回填钢管不包混凝土时的变形量。图 15 给出了满水运行时外包混凝土的环向应力。从图中可以看出,在施加内水压力后,外包混凝土环向产生了较大的拉应力,可见,混凝土也承担了一定量的内水压力。

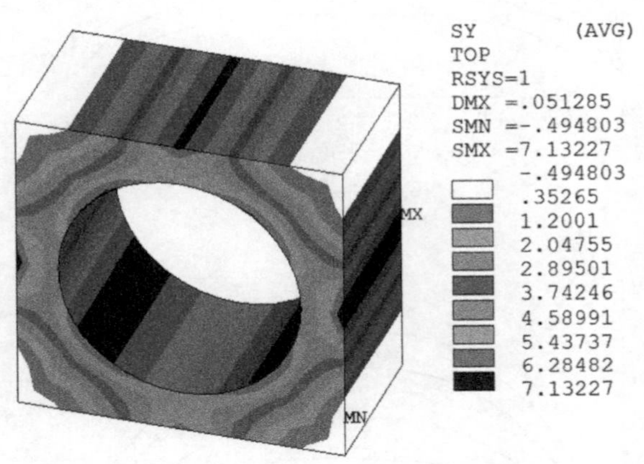

图 15　钢管外包混凝土环向应力　(单位:MPa)

(二)外包混凝土承载比

为了解混凝土的承载比,整理得到了管空状态下外包混凝土与钢管间的接触压力,详见表 1。同时,将钢管不外包混凝土时回填土直接传递给钢管的接触压力也列于表 1。根据上述结果,可以计算得到钢管外包混凝土后,混凝土所承担的土压力比值 η ,计算公式见式(1)。

$$\eta = (1 - p/p_0) \times 100\% \tag{1}$$

其中,p 和 p_0 分别表示在管空状态时,由混凝土传递给钢管的接触压力以及回填土传递给钢管的接触压力,该比值可大致反映出外包混凝土分担外压的比例大小。管道各截面位置混凝土的承载比详见表 1。从表中数据可以看出,在管空状态时,混凝土可以承担由四周回填土传来的 50%~70%的外压,钢管承担的外压大幅减小,有利于钢管维持在外压作用下的稳定性。

为了解钢管外包混凝土承担内压的情况,整理出了满水状态下钢管外包混凝土和不包混凝土时钢管的 Mises 应力,详见表 2。根据计算结果,可以计算得到外包混凝土在满水状态下,承担内水压力的比例 λ ,具体计算方法见式(2)。

$$\lambda = (1 - \sigma/\sigma_0) \times 100\% \tag{2}$$

表 1　　管空状态时钢管接触面间接触压力

角度(°)(右上 $\frac{1}{4}$ 圆周)	回填土时钢管压力(kPa)	外包混凝土钢管(kPa)	混凝土承载比 η (%)	角度(°)(右下 $\frac{1}{4}$ 圆周)	回填土时钢管压力(kPa)	外包混凝土钢管压力(kPa)	混凝土承载比 η (%)
0	47.1	13.8	70.7	90	64.3	29.5	54.1
30	57.3	17.6	69.3	120	71.7	28.8	59.8
60	61.5	20.7	66.3	150	78.5	27.4	65.1
90	64.3	29.5	54.1	180	77.9	21.2	72.8

其中，σ 和 σ_0 分别表示在满水状态下，外包混凝土后钢管的等效应力和无外包混凝土时钢管的等效应力，该比值可大致反映出外包混凝土承担内压的比例大小。钢管各截面混凝土承载内压比例也列于表 2。从表中数据来看，在线弹性分析时，60%~70%的内水压力由混凝土承担，因而混凝土在满水状态时会承受较大的拉应力导致混凝土开裂。因此，回填钢管外包混凝土后，混凝土的设计不能仅考虑外压，还必须考虑内压的影响，必须进行配筋设计，才能保证混凝土能继续承担内外荷载。当内压较高时，可在钢管与混凝土之间上半周设置软垫层，以减小内水压力外传，避免混凝土开裂带来的问题。

表 2　　满水状态时钢管接触面间接触压力

角度(°)(右上 $\frac{1}{4}$ 圆周)	回填土时钢管应力(kPa)	外包混凝土钢管应力(kPa)	混凝土承载比 η (%)	角度(°)(右下 $\frac{1}{4}$ 圆周)	回填土时钢管应力(kPa)	外包混凝土钢管应力(kPa)	混凝土承载比 η (%)
0	145.18	43.28	70.2	90	121.98	42.85	64.9
30	143.40	46.18	67.8	120	124.11	45.84	63.1
60	133.66	46.08	65.5	150	142.37	46.01	67.7
90	121.98	42.85	64.9	180	153.96	43.25	71.9

六、结　　论

(1)回填钢管在管空状态下，钢管基本呈现椭圆变形，钢管竖向直径变化量与水平直径变化量大致相等，与爱荷华公式的假设相吻合，但管周土压力分布与公式的假设有一定差别。

(2)回填钢管在满水运行时，内水压力有一定复圆效果，使管道的变形减小，但对管周土压力的影响并不明显；对于本文的算例，当内水压力在 1 MPa 以下时，内水压力对管道变形和土压力的影响可以忽略。

(3)回填钢管的埋深直接影响作用在管周的土压力，随埋深的增大，管周土压力除增大外，其不均匀度也在增大。

(4)回填钢管外包混凝土可以有效地减小作用在钢管之上的土压力，有助于钢管结构的稳定，但设计时应注意作用在钢管上的内水压力也可外传至外包混凝土，混凝土结构设计时应同时考虑内外压。

(5)回填钢管存在明显的管-土相互作用，随着设计条件的变化，管道的变形和管周土压力均要产生相应的变化，但目前的设计理论尚不能真正考虑管-土相互作用。在管径不大、内压较低、埋深较浅的情况下，设计理论与有限元结果吻合较好，对大管径、高内压和大埋深的管道建议同时采用有限元方法或模型试验方法加以研究。

参 考 文 献

[1] 余兴奎，何士华，高飞．云南省水资源利用效率评价[J]．中国农村水利水电，2012(3):87-90.

[2] 石长征，伍鹤皋，袁文娜．柔性回填钢管的设计方法与实例分析[C]// 水电站压力管道——第八届全国水电站压力管道学术会议论文集．中国四川成都，137-148.

[3] 赵龙飞．交通荷载作用下埋地管道变形特性研究[D]．郑州大学，2017.

[4] 刘全林．地埋管道与土相互作用分析及其计算方法的研究[D]．同济大学岩土工程，2002.

[5] Watkins R K. NON-ELASTIC BEHAVIOR OF BURIED PIPES[C]// Pipelines 2001: Advances in Pipeline Engineering & Construction. San Diego, California, USA. 23-32.

[6] Shmulevich I, Galili N, Foux A. Soil stress distribution around buried pipes[J]. Journal of Transportation Engineering, 1986, 112(5): 481-494.

[7] 黄崇伟．沟埋式输油管道管土相互作用分析[J]．公路工程，2011，36(2)：164-168.

[8] 周正峰，凌建明，梁斌．输油管道土压力分析[J]．重庆交通大学学报(自然科学版)，2011，30(4)：794-797.

[9] 周正峰，凌建明，梁斌，等．机坪输油管道荷载附加应力分析[J]．同济大学学报(自然科学版)，2013，41(8)：1219-1224.

[10] 周正峰，苗禄伟，梁斌．输油管道土压力影响因素有限元分析[J]．中外公路，2014，34(5)：48-53.

[11] Tian Y, Liu H, Jiang X, et al. Analysis of stress and deformation of a positive buried pipe using the improved Spangler model[J]. Soils and foundations, 2015, 55(3): 485-492.

[12] Li L, Dubé J, Zangeneh-Madar Z. Estimation of total and effective stresses in trenches with inclined walls[J]. International Journal of Geotechnical Engineering, 2012, 6(4): 525-538.

[13] Li Li, Dubé, Jean-Sébastien, Aubertin M. An Extension of marston's solution for the stresses in backfilled trenches with inclined walls[J]. Geotechnical and Geological Engineering, 2013, 31(4): 1027-1039.

[14] 李永刚．埋地管道周围土压力分布规律的试验研究[D]．河南工业大学，2017；

作者简介：

石长征(1983—)，女，讲师，主要从事压力管道和结构抗震研究。

埋地钢管整体稳定及结构分析

许　艇　王景涛　林德金

（中水北方勘测设计研究有限责任公司，天津　300222）

摘　要　回填式埋管较多应用于油气管道，在水利水电行业属于一种新型的管道布置及结构型式，具有结构简单、施工方便和保护环境等优势。本文基于斐济南德瑞瓦图（Nadarivatu）水电站压力钢管设计，对工程埋地钢管进行整体稳定性及结构分析，通过 AUTOPIPE 计算验证选用钢材及布置方案的可行性，又通过改变镇墩及管径等边界条件分析相关因素对压力钢管稳定的影响。最终证明柔性回填管设计的经济合理性，可为其他类似工程提供参考。

关键词　埋地钢管；整体稳定性；AUTOPIPE

回填式埋管在水利水电行业属于一种新型的管道布置和结构型式，管顶填土达到一定深度后、受外界温度的影响减弱，钢管沿线除布置少量的镇墩外，无须布置伸缩节及支墩，具有明显的经济优势[1]；同时，回填土石后管道沿线地表能够很好地恢复植被，有利于生态环境的保护[2]。

近年来，回填式埋管在越来越多水电工程中得到应用，国内外众多工程师与学者也总结了相关的理论及工程经验[3-5]。

本文基于斐济南德瑞瓦图（Nadarivatu）水电站压力钢管设计，对不同钢管应力及位移等进行了计算，并分析了镇墩设置的合理性及管径对应力情况的影响。当前电站已正常运行多年，验证了本设计方案的可行性，也可为类似水电站埋地钢管设计提供参考，具有较大的推广价值。

一、工程概况

斐济群岛共和国南德瑞瓦图（Nadarivatu）水电站距离首都苏瓦约 300 km，工程主要包括拦河坝、引水系统、电站厂房、132 kV 开关站和输变电线路系统等。

其中引水系统包括引水隧洞及压力钢管，引水流量 15 m^3/s。压力钢管总长约 1 460 m，管径为 2.25 m，最大静水头 347 m，最大设计水头 397.46 m。

按照当地环保部门的要求，压力钢管不得对环境和植被产生大的破坏，需采用回填式布置。为最大限度地减小管线的纵向坡度、进场交通便利，管线沿冲沟的坡面布置，全长 1 460 m 的管道，仅引水隧洞出口阀下游 20 m 的起始段为明管，其余部位均为回填管。回填管管顶填土最小厚度为 1.6 m，受外界温度的影响减弱，钢管沿线未设置伸缩节。其中，桩号 0+130—0+440 m 约 350 m 长管线纵坡为 27°，桩号 0+730—0+890 m 约 170 m 长管线纵坡为 16°，桩号 1+250—1+381 m 约 140 m 长管线纵坡为 18°，其余管段纵坡均为小于 15°的缓坡。管轴垂直、水平转弯半径均按 3 倍管径 6.75 m 考虑。

最终方案压力钢管沿线共设置两个镇墩，桩号为 PP0+430.000 m 和 PP1+379.596 m，分别位于引水隧洞出口阀下游 15 m 的转弯段处及距陡坡顶点 40 m 处中间镇墩。

二、分析方法

（一）分析方法

目前国际通用的管道应力分析软件有 CAESAR Ⅱ及 AUTOPIPE，埋地理论有 L. C. Peng 理论及 ALA（American Lifelines Alliance）理论[6]。

L. C. Peng 理论由于对土壤参数的处理过于简单且其应用有一定的局限性，只在 CAESAR Ⅱ中被采用，当前 ALA 理论正逐渐获得更多工程师的认可和应用[7]。AUTOPIPE 由于其对土壤参数的处理更精确更合理，在埋地管道应力分析中比 CAESAR Ⅱ应用更为广泛。

AUTOPIPE 为管道系统设计所开发，包括静态和动态条件下管线应力的计算。除包含 25 种管道规范以外，AUTOPIPE 还具有美国机械工程师协会（ASME）、欧洲、英国标准、美国石油协会（API）、国际电气制造业协会（NEMA）、美国国家标准学会（ANSI）、美国土木工程师学会（ASCE）、美国钢结构学会（AISC）、UBC 和 WRC 标准以及其他设计规范的相关规定，从而可为整个系统提供全面的分析。

（二）采用规范

埋地钢管设计参考以下规范：

（1）ASCE Manuals and Reports on Engineering Practice No. 79-Steel Penstocks（ASCE No. 79）。

（2）AWWA Manual of Water Supply Practices M11-Steel Water Pipe：A Guide for Design and Installation（AWWA M11）。

（3）ASME B31. 3："Process Piping-ASME Code for Pressure Piping, B31"（B31. 3）。

三、整体稳定性及结构分析

（一）相关参数

1. 钢材允许应力

根据管线布置，对应不同的部位采用 ASTM A517 高强钢及 16MnR 低合金钢两种不同钢材。参考 ASCE No. 79 中相应规定，两种材料各工况下对应允许应力如表 1。

表 1　　允许应力要求

材料	A517	16MnR	16MnR
壁厚	<65 mm	>16 mm	≤16 mm
抗拉强度，S_t（MPa）	795	490	510
屈服强度，S_y（MPa）	690	325	345
ASCE 79 中要求			
允许应力，S（MPa）	331	204	213

2. 材质及壁厚

压力钢管由厂房岔管镇墩向上游共包含 10 个直管段及 20 个弯管段，弯管段编号 PC01～PC20。经过计算，对各直线段及转弯段选用材料及对应壁厚见表 2、表 3（表中数值均已考虑 1 mm 锈蚀厚度）。

表 2　压力钢管直线段材料及管壁厚度

直线段	桩号（m）	长度（m）	材料	管壁厚(mm)
Bifurc～WT2	0+000～0+172	172	A517	22
WT2～WT3	0+172～0+222	50	A517	20
WT3～PC-04	0+222～0+274	52	A517	18
PC-04～WT5	0+274 ～0+366	92	A517	16
WT5～ANC1	0+366～0+435	69	A517	14
ANC1～PC-06	0+435～0+578	143	16MnR	22
PC-06～PC-08	0+578～0+755	177	16MnR	20
PC-08～WT9	0+755～0+830	75	16MnR	18
WT9～PC-10	0+830～0+892	62	16MnR	16
PC-10～Portal	0+892～0+1 394	502	16MnR	14

表 3　压力钢管转弯段材料及管壁厚度

转弯点	弯曲长度（m）	材料	管壁厚(mm)
PC-01	3.71	A517	26
PC-02	1.57	A517	28
PC-03	5.14	A517	24
PC-04	0.53	A517	18
PC-05	7.23	A517	16
PC-06	3.39	16MnR	26
PC-07	3.04	A517	22
PC-08	0.65	16MnR	24
PC-09	2.07	16MnR	20
PC-10	0.74	16MnR	18
PC-11	0.82	16MnR	18
PC-12	0.66	16MnR	16
PC-13	0.35	16MnR	14
PC-14	0.53	16MnR	16
PC-15	0.71	16MnR	16
PC-16	0.53	16MnR	16
PC-17	0.35	16MnR	14
PC-18	0.35	16MnR	14
PC-19	0.37	16MnR	14
PC-20	2.19	16MnR	22

3. 回填土参数

根据不同回填土材料属性,选取回填土参数见表 4。

表 4　回填土材料属性

项目	回填土(上限值)	回填土(下限值)
有效容重(N/mm^3)	2.00×10^{-5}	1.85×10^{-5}
内摩擦角(°)	35	25
黏聚力(MPa)	0	0

根据不同开挖段在 AUTOPIPE 中定义不同土体参数及埋深，根据桩号对应不同段钢管上部回填土埋深见表 5。

表 5　不同桩号对应埋深

桩号	钢管上部回填土埋深(m)
0+000—0+040	4.6
0+035—0+172	6.9
0+172—0+350	2.5
0+350—1+367	1.7

(二)荷载及工况

计算中考虑以下荷载：

(1)内水压力。计算中考虑最大设计水头 397.46 m，在压力钢管由对应不同钢管段对应不同高程施加对应内水压力荷载。

(2)覆土荷载。根据表 4、表 5 中对应参数，根据不同埋深对不同段钢管施加覆土荷载。

(3)温度荷载。工程所在区最低运行温度 $T_1=10$ ℃，钢管安装温度 $T_2=40$ ℃，最大温差为 30 ℃。在 AUTOPIPE 中对钢管施加由 T_2 降至 T_1 极端情况下温度荷载。

(三)稳定及结构分析

1. 应力分析

(1)环向应力。根据计算结果，由于内压引起的环向应力最大值出现于 PC05 弯管下部(桩号 0+410 m)，最大应力值为 256 MPa，根据 ASCE No. 79 中相关规定，未超过环向应力 331 MPa 的允许值，应力比为 0.77(计算应力值与允许应力值的比值，后同)。

(2)纵向应力。纵向应力最大值出现于 PC10 弯管下部(桩号 0+892 m)，对应最大应力值为 120 MPa，应力比为 0.59，未超过允许应力值 204 MPa 要求。

环向应力及纵向应力比最大值云图见图 1、图 2 所示。

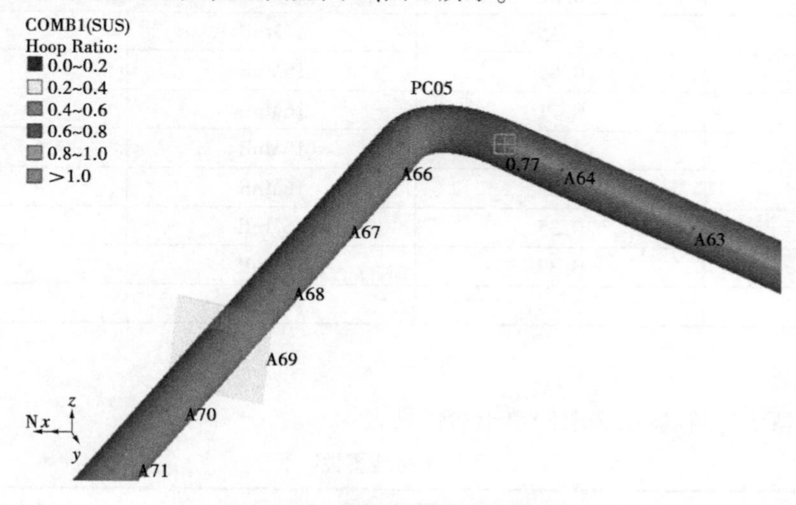

图 1　PC05 弯管处环向应力比云图

(3)等效应力。等效应力最大值出现于 PC10 弯管下部，对应最大应力值为 191 MPa，应力比为 0.93，未超过 16 MnR 允许应力值 204 MPa 的要求。整体模型应力比云图见图 3。

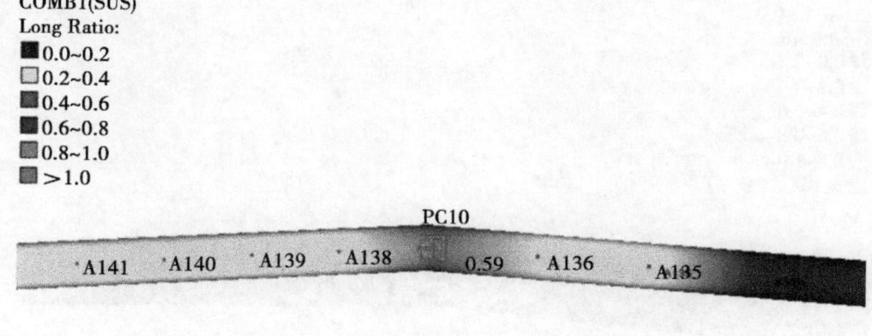

图 2　PC10 弯管处纵向应力比云图

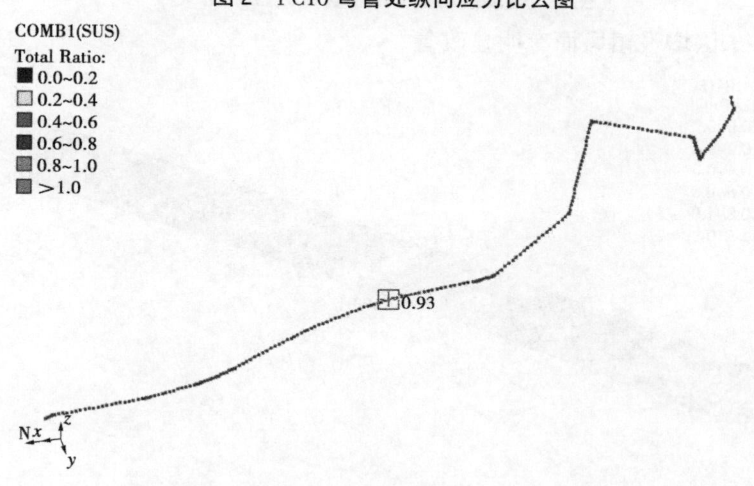

图 3　整体模型总应力比

2. 位移分析

压力钢管沿线各方向最大位移计算结果见表 6。

表 6　最大位移计算结果

项目	最大位移(mm)	位置
沿管轴水平向	15.84	PC04 弯管上游点
径向位移	36.36	PC04 弯管中点

径向最大位移与管径比为 1.6%,发生于弯管段处。由于内水压力作用,沿管轴线方向位移最大值为 15.84 mm,此时产生的位移与应力会与钢管与周边土摩擦而抵消。

(四)相关性分析

1. 镇墩影响分析

原方案等效应力比最大值位于 PC10 转弯段,将 PC10 处增加镇墩后,计算结果如图 4 所示。

增设镇墩后,PC10 转弯处等效应力比由 0.93 降至 0.69,但最大应力处由 PC10 转弯处变为上游 PC13 转弯处(桩号 1+039 m),此处等效应力比由原方案 0.89 增至 0.93(见图 5)。可知增设镇墩可改善局部受力情况,但由于压力钢管整体管线较长,对应最大应力处会相应转移至临近转弯

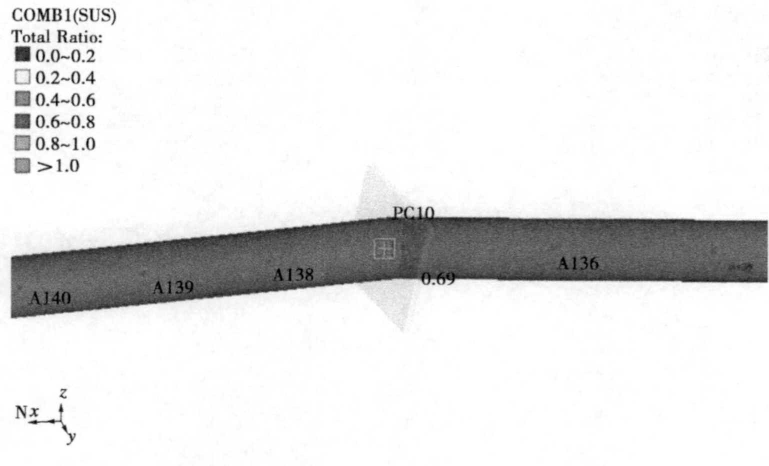

图4　增设镇墩后PC10转弯处应力比

处，整体受力情况并未因增设镇墩而有明显改善。

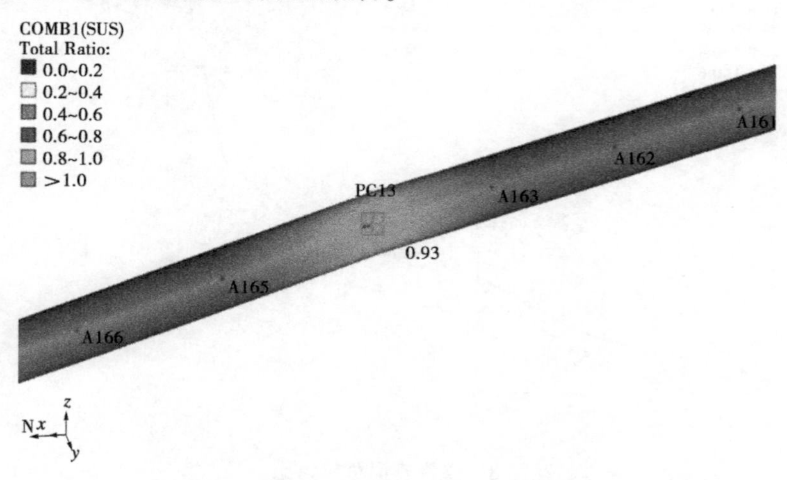

图5　增设镇墩后最大应力比（PC13转弯处）

2. 管径影响分析

原设计方案压力钢管直径2 250 mm，将钢管管径分别扩大及缩小20%范围，分析管径变化对钢管整体应力情况的影响。计算得出应力比结果如图6所示。

当管径增大时，对应应力比均随管径增大而增大，且当管径超过1.1倍原管径时，压力钢管最大等效应力超过允许应力值。当管径减小时，环向应力随管径减小而减小，但纵向应力及等效应力与钢管变化率呈非线性关系，但当小于0.9倍管径时，应力比均随管径减小而减小。

四、结　　语

由上述分析可得出如下结论：

（1）当前埋管及镇墩布置、根据不同钢管段采用不同材质、不同壁厚方案可以满足钢管结构稳定，埋地钢管应力及位移均能满足设计需求。

（2）工程采用整体柔性设计思路，高应力区普遍位于弯管处，在弯管处增设镇墩可改善局部受力，但相应高应力区会随之转移，不一定对钢管整体稳定有所改善。

（3）针对本工程，管径增大时，钢管应力与管径正相关；当管径减小时，应力与管径呈非线性关

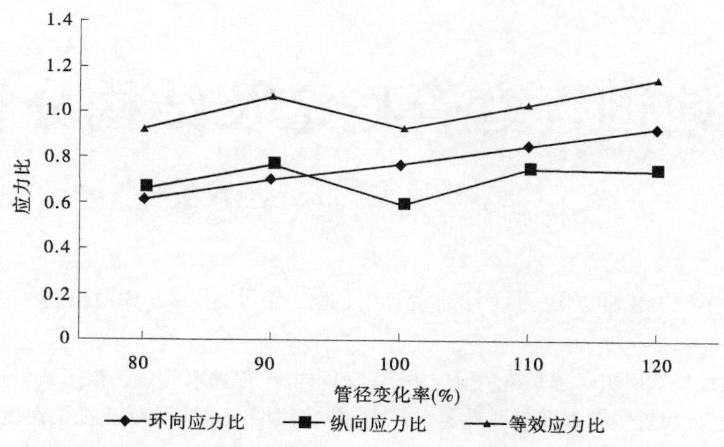

图6 不同管径下应力比

系。实际情况下由于管径变化后对应周边覆土压力变化及钢管本身壁厚及材质的差异性,对钢管应力影响将由多方因素共同决定。

由于结构简单、施工方便、降低工程造价、加快施工进度、保护环境等优点,回填式埋地钢管已经逐渐在水电工程领域得到了应用。随着我国对水电工程环境保护的日益重视,以及回填管优良的经济性,其应用机会将越来越多,具有较大的发展潜力。

参考文献

[1] 石长征,伍鹤皋,袁文娜. 柔性回填钢管的设计方法与实例分析[C]//第八届全国水电站压力管道学术会议论文集,2014:137-148.

[2] 张崇祥. 回填管布置与设计[C]//贵州省科学技术协会. 第六届全国水电站压力管道学术论文集. 贵州省科学技术协会:贵州省科学技术协会,2006:235-239.

[3] 李坤,陈锐,周亚峰,等. 德罗电站浅埋式引水压力钢管设计[J]. 中国水利,2016(20):48-50,53.

[4] 罗加谦,张崇祥. 回填式高水头压力钢管设计实践与研究[J]. 水力发电,2006(11):57-59,62.

[5] 张忠辉,林德金,彭小川. 高水头水电站埋藏式压力钢管设计综述[J]. 水利水电工程设计,2014,33(3):1-3,59.

[6] 张连来,霍志欣. AutoPIPE 在输油埋地管道中的应用[J]. 管道技术与设备,2013(4):12,14.

[7] 解宝卿. AUTOPIPE 在立管分析中的应用[J]. 河南科技,2013(6):9.

作者简介:

许艇(1989—),男,工程师,主要从事水工设计研究工作。

埋地钢管弯管稳定及结构分析

杨柳荫　许　艇　林德金

(中水北方勘测设计研究有限责任公司,天津　300222)

摘　要　近年来,浅埋式回填管越来越多地应用于水利水电工程输水管线。该形式管道布置通常通过在水平和竖向弯管处设置镇墩来抵制不平衡水推力,并在镇墩间采用伸缩节抵消温度等作用的影响。斐济南德瑞瓦图(Nadarivatu)水电站压力钢管设计中,在长度约1 450 m长的压力管道中,仅在两个竖向弯管前设置了镇墩,其余水平及竖向弯管均未布置镇墩。采用三维有限元计算对工程厂房前的弯管进行分析,论证弯管不设镇墩的可行性,为其他类似工程设计提供参考。

关键词　埋地钢管;柔性管;弯管;镇墩

回填式浅埋管一般应用于输油、输气和给排水管道,而应用于水电工程压力钢管的,在国际范围内仅有数例[1]。回填式浅埋管的布置一般需要在转弯处和过长的直管中间设置镇墩,以抵抗不平衡水推力,直管段长度超过150 m时按构造需要设置混凝土镇墩,镇墩间或镇墩下游侧设置伸缩节以承担施工期及运行期间部分轴向变形及径向变形。如德罗水电站浅埋式压力钢管,在转弯及过长的直管段设置镇墩[2];广大学者也对埋地柔性管道变形等进行了研究[3]。与传统的明管形式相比,回填式埋管取消了钢管外包混凝土及支墩等结构,而直接用级配骨料回填、压实,通过压力钢管外包一定厚度的传力层,将钢管的受力均匀传给周边的回填土上,形成完整的、复杂的受力结构。

本文基于斐济南德瑞瓦图(Nadarivatu)水电站压力钢管设计,对未设镇墩的厂房前弯管在浅埋式回填条件下的应力及位移等进行了验算。当前电站已正常运行多年,验证了本设计方案的可行性,也可为类似水电站埋地钢管设计提供参考,具有较大的推广价值。

一、研究背景

斐济群岛共和国南德瑞瓦图(Nadarivatu)水电站工程位于斐济Viti Levu岛中南部,距离Nadi机场135 km,距离首都苏瓦约300 km。工程主要包括拦河坝、引水系统、电站厂房、132 kV开关站和输变电线路系统。工程的主要作用是拦河蓄水发电。

引水系统包括进水口建筑物、引水隧洞、调压井、压力管道和岔管等主要建筑物,引水流量为15 m^3/s。压力管道总长约1 450 m,管道直径为2.25 m,仅引水隧洞出口阀下游20 m的起始段为明管,其余部位均为回填管。钢管沿线分别采用ASTM A517高强钢及16 MnR低合金钢两种不同钢材。压力管道出口设分岔管,分别为两台机组供水,岔管结构型式为非对称Y型的月牙肋岔管。

回填管管顶填土最小厚度为1.6 m,沿线未设置伸缩节。最终方案压力钢管沿线共设置2个镇墩,桩号为PP0+430.000和PP1+379.596,分别位于引水隧洞出口阀下游15 m的转弯段处及距陡坡顶点40 m处的中间镇墩。

初期方案布置下,靠近厂房的弯管处设有镇墩,由于水头较高,镇墩承担巨大的内水压力。根据结构分析,钢管外包混凝土需要配置4层ϕ32@150钢筋,施工难度非常大。但弯管靠近岔管及厂房,其不平衡水推力对岔管结构及厂房造成极大威胁。因此,需对取消靠近厂房镇墩进行研究,以在保证岔管及厂房安全的情况下解决压力钢管施工的后顾之忧。

近厂房弯管编号为 PC-01,对应水平偏转角度为 31.5°,对应剖面图如图 1 所示。

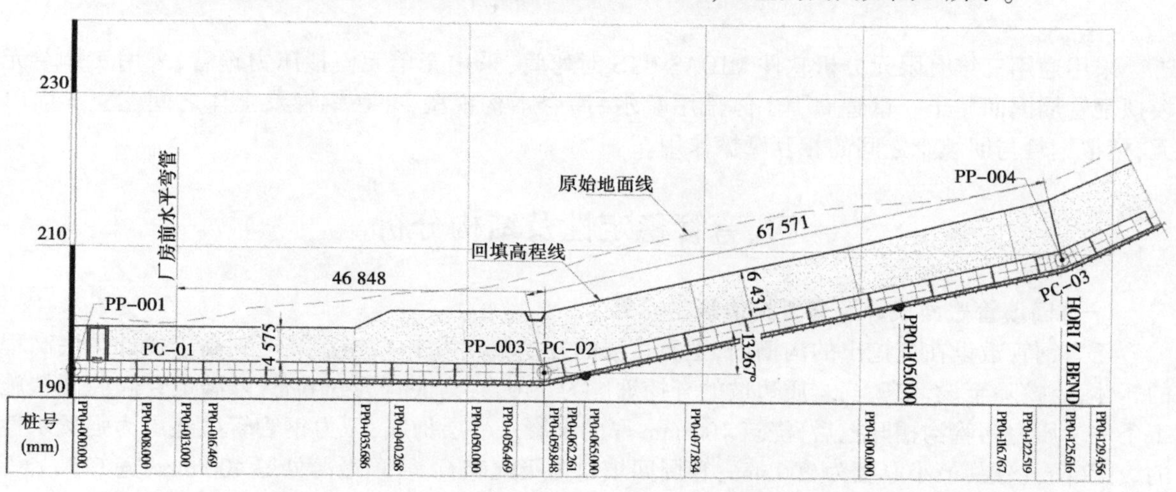

图 1　弯管纵剖图

二、分析方法

(一)计算原理

参照给排水工程埋地钢管设计规程[4],应首先确定管道结构分析模型。根据管道结构刚度与管周土体刚度的比例 α_s 来判别属于刚性管道或柔性管道。

对于柔性管道,对管道铺设方向改变处进行抗滑稳定验算,可采用重力式支墩、镇墩及桩基等抗滑措施。或者,采用钢管管道与土壤间的摩擦力抗滑,当周围土与钢管之间的摩擦力大于地基反力,钢管不会发生过大位移。

(二)计算公式

(1)圆形管道结构与管周土体刚度的比值 α_s 按下式确定:

$$\alpha_s = \frac{E_p}{E_d}\left(\frac{t}{r_0}\right)^3 \tag{1}$$

式中　E_p——管材的弹性模量,MPa;

E_d——管侧土的变形综合模量,MPa;

t——圆管的管壁厚,mm;

r_0——圆管结构的计算半径,即自管中心至管壁中的距离,mm。

(2)管道单位长度摩擦力标准值 F_{fk} 按下式计算:

$$F_{fk} = \frac{\pi}{2}\mu_s\gamma_s D_1\left(H_s + \frac{1}{3}H_s + \frac{D_1}{2}\right) + \frac{\pi\mu_s\gamma_w}{4}(D_1 - 2t_0)^2 \tag{2}$$

式中　μ_s——钢管管道与土壤间的摩擦系数,根据试验确定;

γ_s——土的有效重度,kN/m^3;

D_1——管外壁直径,m;

H_s——管顶至设计地面的覆土高度,m;

γ_w——水的有效重度,kN/m^3;

t_0——管壁计算厚度,m,取 $t_0 = t - 0.002$。

三、计算方法

采用通用三维有限元分析软件 MIDAS GTS 对弯管,采用壳单元模拟压力钢管,采用实体单元模拟钢管周围回填土。钢管周围土体采用摩尔-库仑本构模型,并在钢管及土体之间建立界面单元,模拟钢管与回填土之间的相互摩擦作用。

四、弯管稳定性及结构分析

(一)回填管截面设计及弯管抗滑稳定验算

压力钢管敷设在开挖出的沟槽内,土质边坡的开挖坡度为 1∶1,当沿线遇到高于设计沟底高程的岩体,需挖除至设计高程,岩质边坡的开挖坡度为 1∶0.5;沟底宽为 3.6 m,以满足管侧腔回填施工条件。压力钢管沟槽开挖后,浇筑 100 mm 厚的混凝土垫层护底;压力钢管管底垫层为强透水性的级配碎石垫层,最小厚度为 200 mm;管周回填料为级配碎石,管顶最薄处厚 400 mm,宽 1.5 m,管侧级配碎石回填坡度为 1∶1,管周回填的级配碎石层应能均匀地把压力钢管的受力传到周边的回填土上;以上部位的回填料采用开挖料,在级配碎石与开挖料和土质边坡间铺设土工布。管槽回填完毕后,表层铺设 300 mm 厚的碎石护层;钢管顶部填土最小埋深为 1.6 m。回填管截面如图 2。

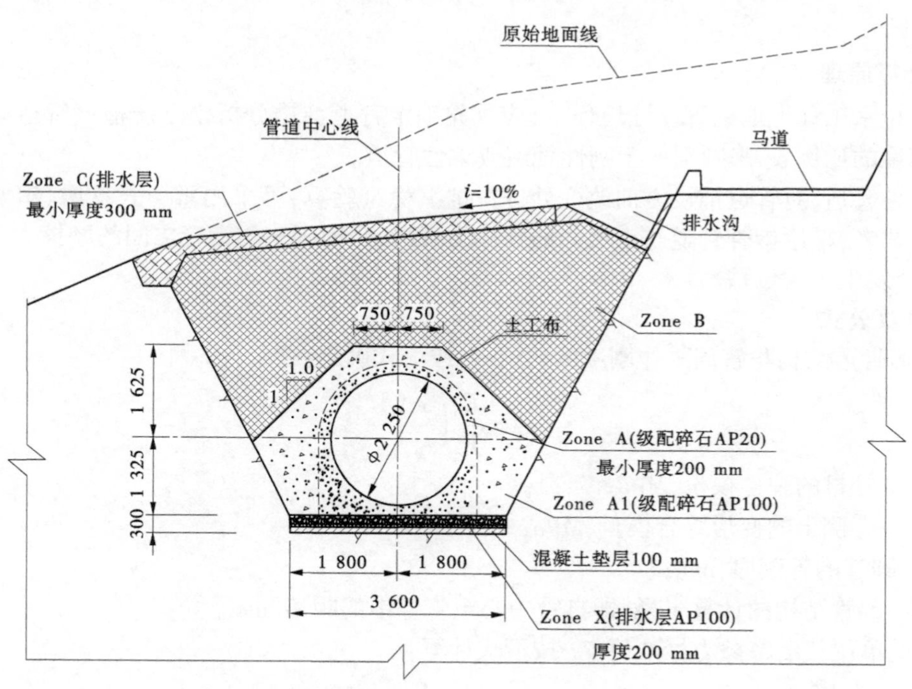

图 2 回填管断面图 (单位:mm)

本工程压力钢管为柔性管道,PC-01 弯管前支管管道与土体间摩擦力为 9 892 kN,对应管轴方向作用合力为 7 618 kN,抗滑稳定安全系数为 1.3。

(二)相关参数

根据地质相关资料,模型中相关材料及参数见表 1。

表1　　材料参数表

编号	材料	弹性模量（kN/m²）	泊松比	容重（kN/m³）	黏聚力（kN/m²）	内摩擦角（°）
1	钢材	2.06×10^{8}	0.3	77	—	—
2	混凝土(C10)	1.75×10^{7}	0.167	24	—	—
3	Zone A	8.27×10^{3}	0.15~0.20	20	0	32.5
4	Zone A1	1.38×10^{4}	0.15~0.20	20	0	32.5
5	Zone B	1.37×10^{4}	0.15~0.20	20	0	32.5
6	Zone X	2.07×10^{4}	0.15~0.20	20	0	32.5
7	围岩	5.00×10^{3}	0.35	21	0	27.0

根据对应工况水位，钢管最大内水压力为 4 MPa；弯管段壁厚 36 mm，直管段壁厚 32 mm，加劲肋壁厚 22 mm；管道与回填土之间摩擦系数为 0.4。

(三)模型及边界条件

1. 模型建立

按照图 3 中断面对各部位进行建模及网格划分，对围岩及回填土材料选取 3D 实体单元，对钢管选取壳单元，对回填土及管道间建立相应界面层。为保证计算精度，对局部网格进行加密处理。同时为减小模型范围对计算结果的影响，将弯管段上下游所接直管段各延伸大于 10 倍钢管直径以上距离。最终模型中划分单元数量约为 50 万个，整体及钢管段网格模型如图 3 所示。

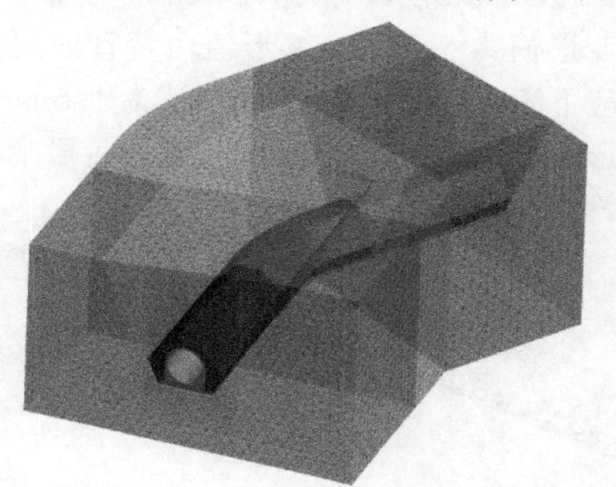

(a)PC-01 弯道段整体有限元网格

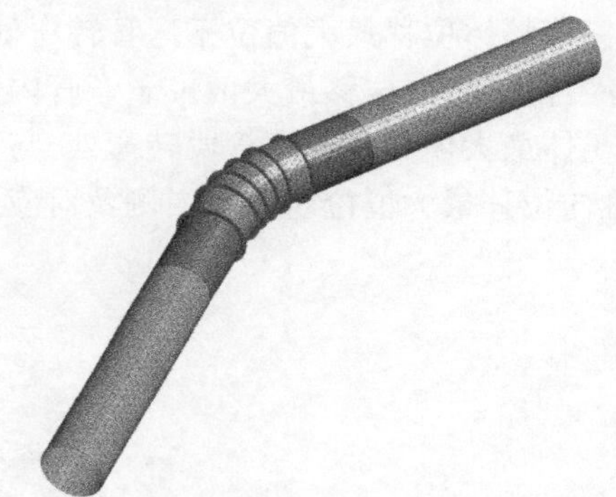

(b)PC-01 弯管段钢管网格

图 3　整体及钢管有限元网格

2. 约束及荷载

在模型底面施加全约束，在侧面施加 x 及 y 向约束。

整体模型施加重力荷载，并在钢管内考虑最大内水压力为 4 MPa。

五、计算过程及结果

为关注内水压力下钢管及周围回填土受力及变形情况，采用施工阶段进行模拟。首先，计算重力作用下钢管及回填覆土初始应力场，并对初始状态相对位移进行清零；其次，在钢管自重和回填覆土荷载的基础上施加对应内水压力，并提取施加内水压力后对应的位移及应力。

(一)应力分析

压力钢管 VON-MISES 应力值为 226 MPa(见图 4),依据 ACSE NO. 79 规范[5],小于正常运行工况下允许应力 331 MPa 要求。且由于弯管段设置加劲肋及对应离心力所用,弯管处应力范围为 95~143 MPa,小于直管段钢管应力水平。

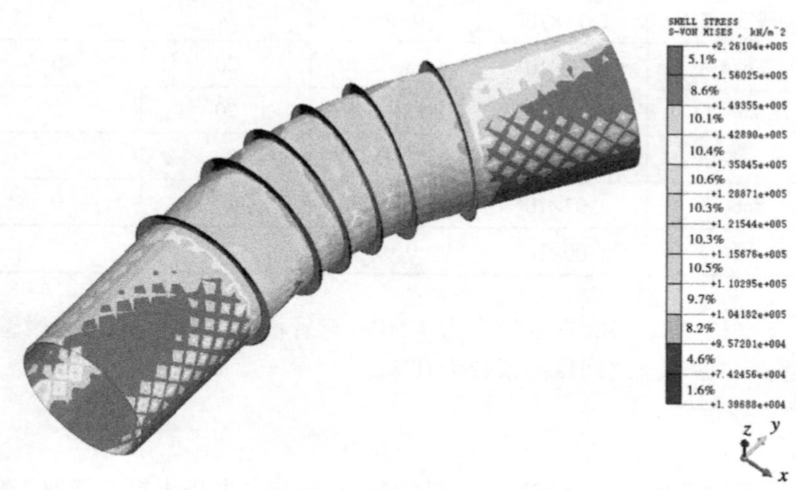

图 4　压力钢管应力云图

(二)位移分析

压力钢管段及周围土体整体及 y 向位移云图如图 5 及图 6 所示。根据计算结果可知:

压力钢管整体位移最大值位于弯管转弯处,最大变形值为 5. 3 mm,变形值由弯管处向直管两端逐渐递减;沿管轴向位移最大值位于弯管内侧及对应下游直管段外侧,最大位移为 1. 6 mm。

周围土体最大值亦位于弯管段转弯处,与钢管变形值相当;由于内水压力导致弯管段离心力作用,沿管轴向位移最大值位于弯管内侧及对应下游直管段外侧。

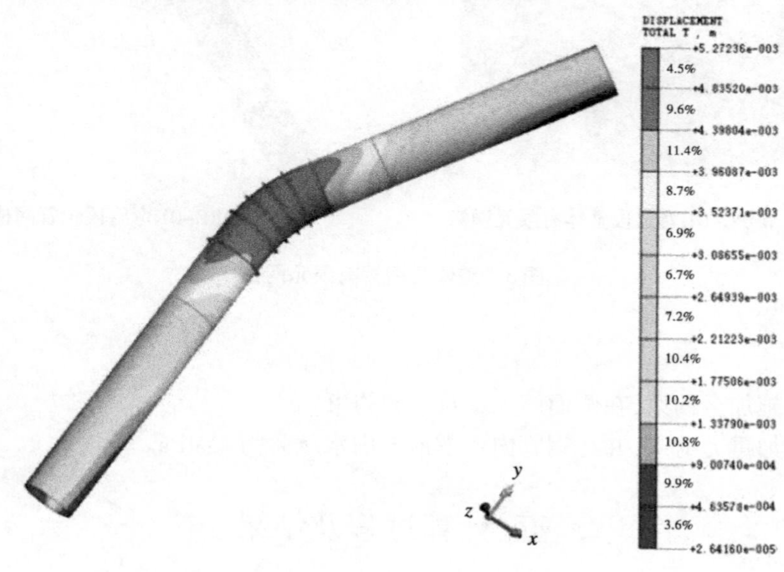

(a) 压力钢管整体位移云图

图 5　压力钢管位移云图

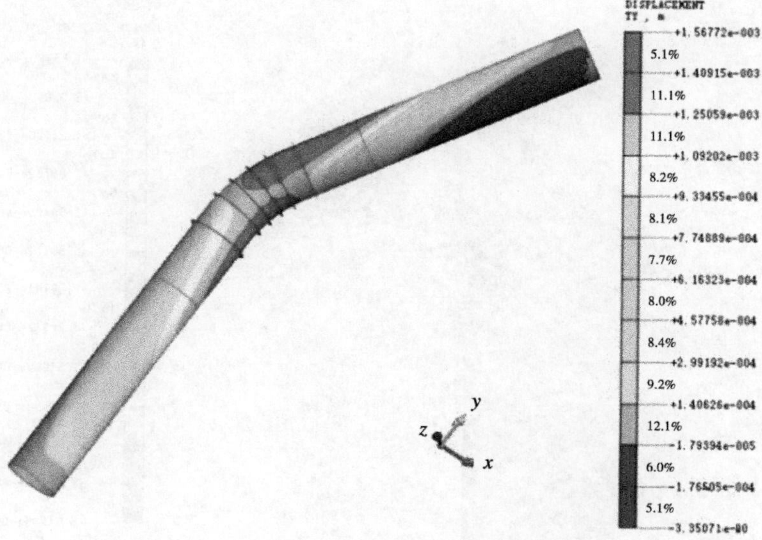

(b) 压力钢管 y 向位移云图

续图 5

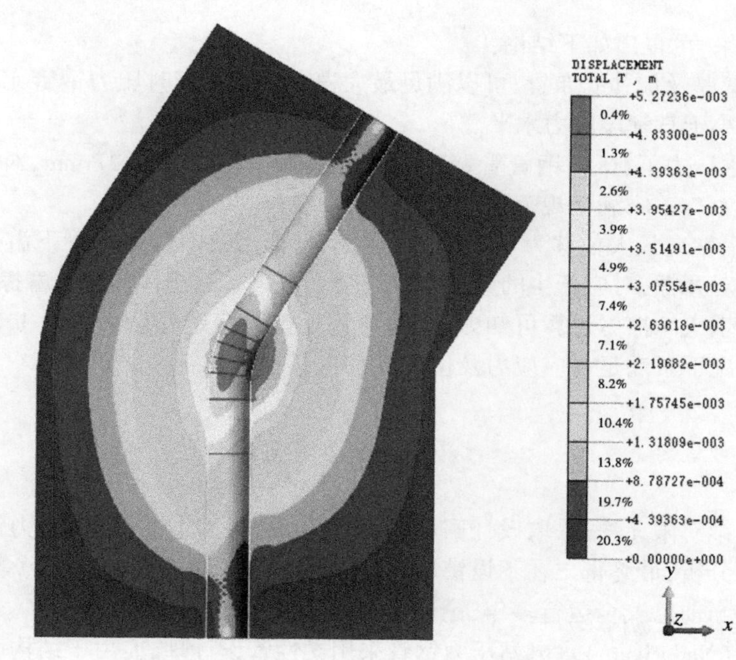

(a) 土体剖面整体位移云图

图 6　围岩及回填土位移云图

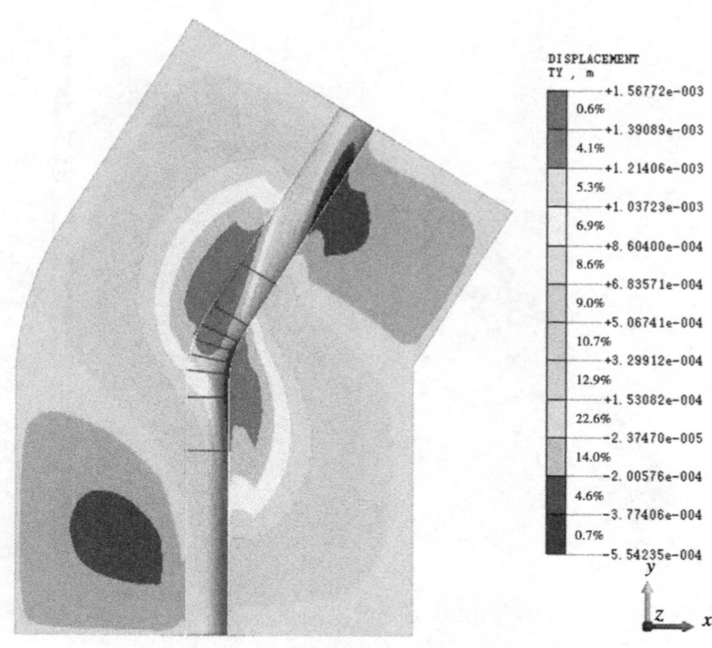

(b) 土体剖面 y 向位移云图

续图 6

(三)结论

根据前文结果,可得出如下结论:

(1)弯管的壁厚及加劲肋布置,可以满足最大内水压力运行时压力钢管允许应力要求,且转弯段整体应力水平小于直管段应力水平。

(2)最大内水压力下,压力钢管管壁及回填土最大位移值为 5.27 mm,对应径向位移为 5.24 mm,对应变形率为 0.2%,满足规范中对于变形的要求。

(3)弯管段沿轴向最大位移为 1.6 mm,发生于弯管上游内侧及弯管下游外侧处,此时钢管与土体之间发生相对摩擦,对应产生的应力及位移会通过钢管与土体间相互摩擦而抵消。

根据管周回填土摩擦力计算可知,近厂房弯管处抗滑稳定安全系数为 1.3,但经过分析,该转弯段不设镇墩情况下可满足对应应力及位移要求。

六、结　　语

本文采用三维有限元法,采取设计回填断面及分区布置,对进厂房前压力钢管转弯段选取控制工况进行了模拟分析,最终得出在不设镇墩情况下弯管对应应力及相应位移等能够满足稳定要求的结论。本工程当前已安全运行多年,论证了本布置方案的可行性。

南德瑞瓦图(Nadarivatu)水电站压力钢管采用柔性管设计理念,由于结构简单、施工方便、降低工程造价、加快施工进度等优点[6],回填式埋地钢管理念在水利工程领域将越来越多,具有较大的推广价值。

参　考　文　献

[1] 石长征,伍鹤皋,袁文娜. 柔性回填钢管的设计方法与实例分析[C]//第八届全国水电站压力管道学术会议论文集,2014:137-148.

[2] 李坤,陈锐,周亚峰,等. 德罗电站浅埋式引水压力钢管设计[J]. 中国水利,2016(20):48-50,53.

[3] 夏连宁. 埋地柔性管道环向变形计算探讨[J]. 给水排水,2016,52(7):101-107.
[4] 中国工程建设标准化协会. 给排水工程埋地钢管管道结构设计规程:CECS 141:2002[S]. 北京:中国建筑工业出版社, 2001.
[5] ASCE Manuals and Reports on Engineering Practice No. 79-Steel Penstocks(Second Edition)[S]. American Society of Civil Engineers,2012.
[6] 罗加谦,张崇祥. 回填式高水头压力钢管设计实践与研究[J]. 水力发电,2006(11):57-59,62.

作者简介:

杨柳荫(1992—),女,工程师,主要从事水工设计工作。

回填式压力钢管的设计与思考

——新疆某引水式电站设计实践

王景涛　李东昱　杨柳荫

（中水北方勘测设计研究有限责任公司，天津　300222）

摘　要　与明钢管相比，回填式压力钢管具有很多优点，且往往比明钢管更经济，管线越长经济性越明显，利于快速施工而且更为环保；这种管道布置形式在市政和石化行业广泛应用，在我国西北地区许多中小型水电工程中也有成功的实例。

关键词　回填；沟埋管；压力钢管设计

回填式压力管道是市政供水管道和石化管道最为常见的结构形式，由于现行的水利和水电压力钢管设计规范中并没有明确的计算规定，因此在水利水电行业尚未得到广泛应用。新疆某引水式电站引水管道在设计过程中，参考水电行业已经完工建设完成的工程案例，结合在新疆水电工程的设计经验，管线布置采用回填式压力管道，本文简要介绍（沟埋）回填式压力钢管的设计，谨供参考。

一、工程概况

新疆某水利工程在河水引入灌溉渠道前利用引水线路落差发电，引水发电系统由压力前池、压力钢管及电站厂房等部分组成；厂房为引水式地面厂房，安装 3 台混流立式机组，设计引用流量 16.2 m^3/s，总装机 19.6 MW。

工程地处新疆北部，该区域气温变化极大，夏季最高温度达 40.5 ℃，冬季极端温度最低-31.4 ℃，瞬时最大风速达到 40 m/s，该区域最大冻土深度 1.2 m；引水线路范围内地形较为平缓，场地较开阔，管道沿线覆盖层较薄，厚度多在 1.5~3 m，下伏岩体为凝灰质含砾细砂岩，中等至弱透水性，地下水位埋深大于 20 m。

二、压力管道布置

本工程压力管道在布置上有回填式钢管（沟埋）和明钢管两种形式可选。回填管及明管各有优缺点：

（1）明管暴露在空气中，一般适用于引水式地面厂房，明管在运行中方便检查和维护，必要时可以更换。明管受力明确，结构分析成果可信，不易发生由于外压而失稳的事故。

（2）与明钢管相比，回填管的优点是管线可以基本取直缩短长度，可少设镇墩、伸缩节，取消支座，钢管的温度应力大大减小，降低造价；而且工程完工后能够恢复原来植被，保护生态环境。总体来讲，回填管适合布置在坡度较缓的地形和土质地基的管槽开挖。回填管的缺点则是外壁防腐要求较高，后期维护困难。综合考虑本工程的气候、实际地形地质条件及总体布置情况，引水管线最终确定采用回填式布置。

本工程压力管道线路自压力前池至电站厂房大体呈直线布置,每隔 140~200 m 设一座镇墩,共设置 9 座镇墩,在主管镇墩下游侧设置伸缩节。厂房后边坡顶部经 8 号镇墩空间转弯后接斜坡管段,在斜管段末端的水平段上经两级月牙肋岔管接入厂房。

压力管道线路全长 1 285 m,主管管径 2.8 m,支管管径 1.2 m;1 号镇墩与 8 号镇墩之间管段采用浅埋回填管,管道底部全程设置现浇混凝土垫座,回填管总长度约 1 200 m;其他部位如镇墩部位、斜管段及下平段为外包混凝土钢管道,按明管设计。

根据工程区域的最大冻土深度,确定回填管的最小埋深为 1.2 m,回填管段的典型断面见图 1。

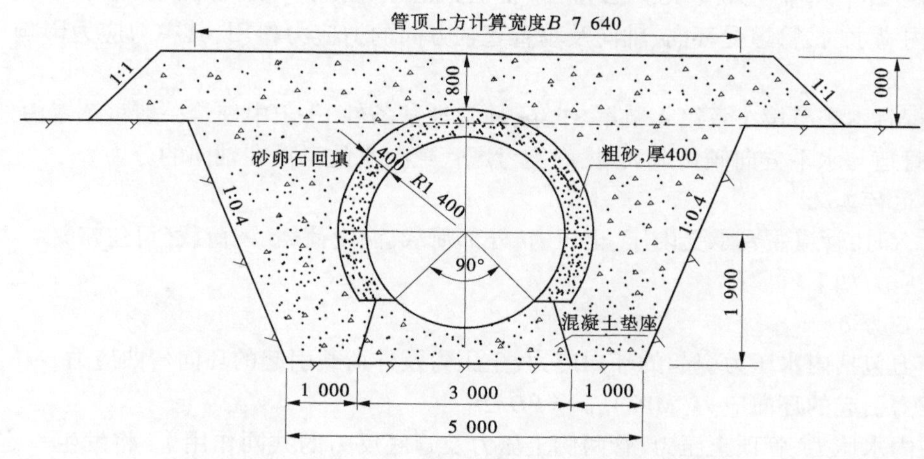

图 1　回填管典型断面示意图　(单位:mm)

三、回填式压力管道设计

(一) 设计依据

鉴于国内 SL、DL 压力钢管设计规范中没有土中埋管的计算方法,而日本规范(水门铁管技术基准 1993)中关于土中埋管计算规定比较详尽,因此主管 1 号—8 号镇墩段回填管段的设计主要依据日本水门铁管技术基准(1993),并参考美国规范 ASCE 79 2012 和 AWWA M11 2004 以及国内给排水相关规程进行设计。

(二) 设计工况选择

回填管设计,主要考虑的工况及各工况计算采用的荷载组合见表 1。

表 1　计算工况及荷载组合

荷载	工况 1 (正常运行)	工况 2 (管内充水)	工况 3 (施工工况 *)	工况 4 (检修放空 *)
最大内水压力 P_1	√			
土压力	√	√	√	√
外部荷载	√	√	√	√
雪荷载 W_{SN}	√	√		√
温度应力	√			
泊松比引起的应力	√			
管内水重		√		
检修时最大内外压差 P_2				√

施工工况及检修放空时须进行抗外压稳定验算

(1)影响管壁厚度的主要因素是内水压力引起的环向应力。

(2)根据工程区域水文气象资料及覆土情况,管顶覆土土压力计算不考虑水的影响。

(3)管顶雪荷载,按最大积雪厚度 0.35 m 计,经计算雪荷载约相当于覆土荷载的 1%,故雪荷载可略去不计。

(4)回填土内摩擦角取 30°,重度 18.5 kN/m³。

(5)施工或放空期间管顶的汽车或推土机荷载,参考美国规范 AWWA M11 表 6-3,1.2 m 厚覆土的公路 HS-20 汽车荷载取 1 953 kg/m² 即 0.019 MPa,本次计算取 0.02 MPa。

(6)管内满水时,管道受环向、轴向及垂直管轴方向的剪应力作用,其中剪应力影响很小,可忽略不计。

(7)根据日本规范第 1 章第 4 节第 31 条,通常地基条件下,土中埋管一般可不考虑地震作用。

(8)当管道与水平方向倾角过大时,尚需考虑管道及水的自重在轴向的分力。

1. 正常运行工况

管道运行时,管道主要承受内压、土压力、外部荷载、温度荷载、雪荷载(可忽略)。

钢管的应力如下:

1)环向应力 σ_1

环向应力包括内水压力引起的环向应力、土压力及外荷载引起的环向弯曲应力。

内水压力引起的环向应力(MPa),$\sigma_r = PD/2t$。

管道在内水压力、管顶土压力、管两侧土压力及管底反力的共同作用下,将发生一定的屈曲变形,变形值 $\Delta X_1 = 2K \cdot W \cdot r_m^4/(EI+0.061 \cdot e' \cdot r_m^3+2KPr_m^3]$。

土压力及外荷载引起的环向弯曲应力 $\sigma_{b1} = 6M_1/t^2$。

管底处产生的弯矩(N·mm/mm),$M_1 = K_1 W r_m^2 - 0.083 e' \Delta X_1 r_m - K_1 P \Delta X_1 r_m$。

土压力计算采用 Marston-Spangler 公式。

环向应力 $\sigma_1 = \sigma_r + \sigma_{b1}$,根据公式计算的 σ_{b1} 可能为负值,合成时采用其绝对值。

2)轴向应力 σ_2

轴向应力 σ_2 包括温度荷载 σ_t、平面应变引起的轴力 σ_p 和自重的轴向分量 σ_b。

$$\sigma_2 = \sigma_t + \sigma_p + \sigma_b$$

其中:

$$\sigma_t = \alpha E(t_1 - t_2)$$

$$\sigma_p = \nu \sigma_r$$

$$\sigma_b = (q_s + q_w) \cdot \sum L_i \cdot \sin\alpha$$

垂直于管周方向的剪力(根据经验,剪力可忽略不计)根据第四强度理论,等效应力按剪切变形能量理论计算。

$$\sigma_{eq} = \sqrt{\sigma_1^2 + \sigma_2^2 - \sigma_1 \sigma_2}$$

2. 充水工况

管内充水时,管道主要承受土压力、外部荷载、管内水重、雪荷载(忽略)。

管道在内水压力、管顶土压力、管两侧土压力及管底反力的共同作用下,将发生一定的屈曲变形,变形值 $\Delta X_2 = (2K \cdot W \cdot r_m + 2K_0 \gamma W r_{m^2})/(EI/\ r_m^3 + 0.061 \cdot e' \cdot r_m^3]$。

土压力及外荷载引起的环向弯曲应力 $\sigma_{b2} = 6M_2/t^2$。

管底处产生的弯矩(N·mm/mm),$M_2 = K_2 W r_m^2 + K_2 \gamma W r_m^3 - 0.083 e' \Delta X_1 r_m$。

3. 施工和检修放空工况

施工或管道检修放空时,管道主要承受土压力、外部荷载,此外还应考虑放空引起的内外压力差。此时主要计算管道的水平向屈曲变形和环向弯曲应力。

管道放空时,应进行抗外压稳定验算。临界屈曲压力采用藤田博爱公式(CECS141—2002 也采用这个公式):

$$p_k = \frac{E_s}{12(1-\nu_s^2)} \cdot \left(\frac{t}{r_m}\right)^3 \cdot (n^2-1) + \frac{\beta r_m}{2(n^2-1)}$$

管道的设计内外压差,日本规范为 0.02 MPa,美国规范为 6.48 psi,约合 0.045 MPa,设计时检修放空期间的最大真空压力按 0.1 MPa 考虑。

管道的外压稳定安全系数,根据日本规范第 20 条,钢管的设计条件:对于抗外压设计,作用在管壁上的 1.5 倍外压所产生的应力不应超过管壁和加劲肋的临界屈曲压力。我国规范 SL 281—2003 及 CECS:2002 外压稳定安全系数均取 2。

(三)设计参数

根据电站调保计算的结果,考虑水锤压力之后的压力钢管末端的最大内水压力为 204.85 m,据此绘制压力钢管的水力梯度线;由水力梯度线,得到各计算管段的计算参数统计见表 2。

表 2　　回填管各计算管段特性表

序号	桩号	管道倾角(°)(下降为正)	内水压力(MPa)	覆土厚度(m)
管段 1	0+220.46	7.53	0.41	1.20
管段 2	0+357.73	-4.42	0.39	1.20
管段 3	0+504.62	0	0.47	1.20
管段 4	0+692.13	5.1	0.73	1.20
管段 5	0+867.92	6.51	1.02	1.20
管段 6	1+042.69	6.51	1.32	1.20
管段 7	1+206.43	12.08	1.75	1.20

(四)计算成果

根据各工况的分析结果,各计算管段所需壁厚见表 3。

表 3　　回填管各计算管段特性表

管段编号	起止桩号	管道倾角(°)(下降为正)	内水压力(MPa)	覆土厚度(m)	计算壁厚(mm)	实取壁厚(mm)	钢材
管段 1	0—0+223.96	7.53	0.41	1.20	12	14	Q345R
管段 2	0+223.96—0+361.23	-4.42	0.39	1.20	12	14	Q345R
管段 3	0+361.23—0+506.67	0	0.47	1.20~1.60	14	16	Q345R
管段 4	0+506.67—0+695.63	5.1	0.73	1.20	12	14	Q345R
管段 5	0+695.63—0+869.97	6.51	1.02	1.20	12	14	Q345R
管段 6	0+869.97—1+004.74	6.51	1.32	1.20	12	14	Q345R
管段 7	1+004.74—1+212.12	12.08	1.75	1.20	14	16	Q345R

(1)根据试算比较,管顶外荷载对钢管环向弯曲应力影响较大;设计中除放空期考虑外荷载,其他工况未考虑外荷载;因此运行和充水期,管道沿线附近应避免交通和堆载,如有交通要求,应考

虑在管槽上方铺设钢板等措施解决。

(2)管顶覆土的土压力与覆土深度和管槽宽度成正比,如能减小管顶位置开槽宽度,可有效减小钢管环向弯曲应力,根据计算情况,要求除镇墩部位外,其他部位管槽开挖不能超过4 m。

(3)管顶覆土原则上按1.2 m厚考虑,对3号—4号镇墩之间深挖方段,考虑加大壁厚至16 mm,可允许适当的超填,经计算,超填后最大厚度不允许超过1.6 m。安全起见,管身设置加劲环以增大钢管的刚度,增强钢管的抗外压稳定性,标准管节按3 m计,每节管身设置两道加劲环,壁厚与所在管壁一致,但不大于16 mm,环高150 mm,间距2 m。

四、管道回填及防腐

管沟回填厚度为管顶以上1.2 m,除管周0.4 m范围内采用粗砂回填外,其他部分应采用砂卵石回填,利于排水且避免产生冻土。为避免地基不均匀沉降,回填管段底部设连续混凝土管座,支承角为90°。

回填管需考虑防腐措施,管壁内壁采用无溶剂环氧煤沥青防腐涂料两道,干膜厚度均为125 μm;外壁采用无溶剂环氧煤沥青冷缠带,厚度500 μm。

五、结　　语

(1)水利水电工程中的回填管多属柔性管道,当管节足够长时(经测算,对应本工程为100 m左右),在运行期管道与土体之间的摩擦力可以抵消温度、平面应变引起的轴向应力(泊松效应)、自重分量引起的轴向应力,而本工程大多数管段长度都大于100 m,理论上可取消1号—7号镇墩位置的伸缩节;考虑到新疆地区的气候特点,在施工期管道回填之前,为避免昼夜温差以及日照温度梯度导致的不利影响,安全起见仍在1号—7号镇墩下游侧设置伸缩节。

(2)回填管的优势是运行期避免了明管所需要承受的日照、大风以及地震等不利荷载,沟埋式断面在开挖断面可控的情况下可以利用土体的拱效应减薄壁厚,但带来的风险是 D/t 值可能较大(150~300);石化及市政行业采用的管道 D/t 值往往在100以内,故而水电工程的回填管的设计的侧重点与这两个行业有所不同。

(3)不同地区的自然条件不同,回填管的设计需要重点考虑的问题也各不相同;如新疆地区温差大、日照强、降水少且多为砂砾石土,必须重视施工期温度应力的影响;南方地区温差较小但降雨多地下水影响大,必须重视防渗排水和防腐蚀等。

参 考 文 献

[1] 日本闸门钢管协会. 水门铁管技术基准[S]. 1993.

[2] 罗加谦,回填式高水头压力钢管设计实践与研究[J]. 水力发电, 2006, 11: 57-62.

[3] 石长征. 柔性回填钢管的设计方法与实例分析[C]//水电站压力管道——第八届全国水电站压力管道学术会议. 北京:中国水利水电出版社,2014: 123-134.

[4] 周兵,王作民. 埋地压力钢管国内外设计规范的比较[J]. 特种结构, 2005, 09: 第3期22卷: 43-44.

作者简介:

王景涛(1980—),男,高级工程师,主要从事水工结构及水电站压力管道设计。

承插式涂塑钢管的选择与应用

王从水　王浯龙

（天津市久盛通达科技有限公司，天津　301600）

摘　要　随着我国城镇化建设的迅速发展，城市管道不断增加，供水管网延伸至城市的每个角落。供水管网的可靠性、安全性、卫生性对整个城市都有着重要的意义。目前城市供水管网大都采用球墨铸铁管道，具有安装方便、使用寿命长、维护技术成熟等优点。但是球墨铸铁管内壁粗糙、输水阻力大、易结垢，因而导致水质差，达不到国家规定的饮用水标准的要求。钢管在20世纪60年代初就在全球范围内推广使用，广泛应用于输送石油、天然气、自来水等领域。具有安全可靠、使用寿命长、无泄漏、内壁光滑、输送阻力小、不易结垢、水质好等优点。普通的钢管采用焊接、法兰、沟槽等连接方式，其成本高、技术复杂，在输、配水管网中大量推广有一定难度。针对以上两种管材的优缺点，将两者的优点融合，开发研制出了承插柔性接口钢管管道。在保留钢管优点的基础上，延续了球墨铸铁管柔性承插接口的优势，并将两者的安装连接尺寸相同采用相同的T型胶圈，实现两种管材的相互安装连接，充分满足了工程的需要。

关键词　埋地钢管；承插柔性接口；承插式涂塑钢管；管材；规范标准

一、国内输水管道种类及比较

（一）输水管材

国内的输水管材主要形式如图1所示。

(a)球墨铸铁管　(b)钢管　(c)塑料管　(d)玻璃钢管　(e)PCCP管

图1　国内的输水管材种类

（二）各种管道性能优缺点

输水管材的原则要求是：强度高、耐压韧性好、卫生性能好、价格低、使用寿命长、柔性接口、安全性高。各种管道性能缺点见表1。

表 1　各种管道性能优缺点

输水管道	性能
球墨铸铁管	强度高、耐压、施工方便、抗震性好、使用寿命长、接口密封性好、柔性连接。但质量重、水流阻力大、易结垢、大口径管材价格过高
涂塑钢管	强度高、韧性好、抗震性好、耐压、耐腐性好、内壁光滑、水流阻力小、价格合理。但施工时接口需焊接。
塑料管	重量轻、耐腐性好、内表面光滑、水流阻力小、柔性连接。但强度低、耐高压性能差、有儒性变化、管材易老化
预应力钢筒混凝土(PCCP)管	强度高、刚性好、接口密封性好、抗震性好、柔性连接。但重量重、运输安装不方便,安全方面有待商榷

注:数据来源《城市供水统计年鉴》。

(三)各种输水管道占市场比例

国内的输水管道种类如图 2 所示。

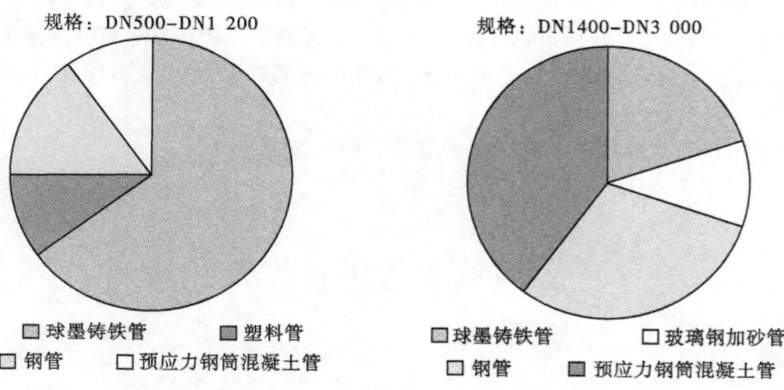

图 2　国内的输水管道种类

(四)涂塑钢管与球墨铸铁管价格比较

球墨铸铁管在中国输水管材使用中占有很大的比例,下面对涂塑钢管和球墨铸铁管进行比较。

首先从经济方面比较,球墨铸铁管为 6 m 一支,钢管一般为 12 m 一支(可根据工程需要调节钢管长度,最长达到 18 m 一支),总体长度钢管比球墨铸铁管可节省 11‰的管线长度,同时可节省一半的胶圈,以 DN1200 管材为例,三元乙丙胶圈每支 656 元,以 30 km 管线长度做对比,球墨铸铁管使用胶圈 5 000 支,钢管需用 2 500 支,可节省胶圈费用 164 万元。价格比较见表 2。

表 2　涂塑钢管与球墨铸铁管价格比较　单位:元/t

管道	DN600	DN700	DN800	DN 1 400
球墨铸铁管	544	693	860	2 568
涂塑钢管	474	543	684	1 874

注:球墨铸铁管 DN600~DN900 的 3 700 元/t,DN1 000 以上 4 200 元/t;螺旋钢管 3 300 元/t。

(五)承插式涂塑钢管与焊接涂塑钢管价格比较

以规格 DN600 为例,见表 3。

表 3　承插式涂塑钢管与焊接涂塑钢管价格比较

项目	承插连接	焊接
加工费	600 元/支	焊费 600 元/支(24in×25 元)
吊车费	15 元/支(3 人每天安装 100 支,8 t 吊车每天 1 500 元	375 元/支(3 人每天焊接 4 支,8 t 吊车每天 1 500 元)
承插连接密封圈	61 元/支	—
合计	676 元/支	975 元/支

注:DN600 口径钢管共 52 000 m,从以上价格对比看出钢管承插连接相比焊接加工费用每支节省 299 元,共节省 130 万元;而焊接连接会破坏接口防腐,即便大口径现场可以修复也达不到出厂质量要求。

(六)内衬环氧树脂与内衬水泥砂浆运行成本比较

涂塑钢管内涂环氧树脂,内壁光滑,粗糙系数为 0.008 6,内衬水泥砂浆,粗糙系数为 0.013,采用 2 支 DN1 400 的涂塑钢管,其管道的总运行流量为 35.2 万 m^3/d,管线长度 30 km。局部水头损失按照沿程损失的 20%计算,管线总水头损失为 19.2 m,采用 2 支 DN1 400 水泥砂浆内衬的管道,其管道的总运行流量为35.2 万 m^3/d,管线长度 30 km,局部水头损失按照沿程损失的 20%计算,管线总水头损失为 43.9 m。两者相差 24.69 m,即 0.25 MPa。如果水泥砂浆内衬的管道粗糙系数按照 0.012 计算和粗糙系数取 0.008 6 的光滑内壁管道相比较,两者也要相差即 0.18 MPa。每小时用电节省 580 kW。

580 kW×1.4 元×24 h×365 d=7 113 120 元

综上涂塑钢管相比内衬水泥砂浆每年的运行费用可节省 7 113 120 元。

管道沿程水头损失可按下式计算:

$$h_f = \lambda \frac{L}{d_i} \frac{v^2}{2g}$$

式中　λ——摩阻系数;

L——管道长度,m;

d_i——管道的计算内径,m;

v——平均流速,m/s;

g——重力加速度,9.81 m/s^2。

(七)内衬环氧树脂与内衬水泥砂浆卫生性能比较

涂塑钢管外防腐涂聚乙烯粉末,内涂环氧树脂,环氧树脂衬里为管道提供一种防腐层,并且提高了水的流速,对水质没有影响。环氧树脂内衬的使用相比管道结构修复和更换更加经济和有效。在《给水涂塑复合钢管》(CJ/T 120—2016)行业标准中明确规定,卫生性能符合 GB/T 17219 的规定,达到国家饮用水标准。也就是说涂塑钢管完全可以做到从水源地到水厂到用户的过程,而内衬水泥砂浆的管道只能从水源地到水厂,不但达不到饮用水标准而且饮用水里的一些元素还会和水泥砂浆产生化学反应、这时饮水可降低管道表面的机械强度,如图 3 所示。

(八)管件比较

因钢管采用的是焊接技术,管件是可以按照标准随意切割焊接的,从而满足任何条件的管道工程的需要,如图 4 所示。

(九)运输费用比较

大口径的输水管材物流费用是非常高的,承插式钢管的生产设备可以搬到项目所在地生产,这样可以节省大量的物流费用,这是其他管材做不到的。

(a)内衬环氧树脂

(b)内衬水泥砂浆

图3　内衬环氧树脂与内衬水泥砂浆

图4　不同切割方式的管件

(十)环保方面比较

球墨铸铁高耗能,高污染,在政府大力治理环境污染的大背景下,很多球管厂家已经停产。球管资源越来越紧张,这给其他输水管材提供了巨大的发展空间。

(十一)小结

与其他管材相比,如塑料管、玻璃钢管、PCCP管、金属管是一个非常成熟的管材领域,金属管(包括钢管、铸铁管等)有变化的是连接方式,新型连接方式的出现是对旧的连接方式的补充和发展。

二、涂塑钢管的承插连接技术

本文的钢管连接技术是把球墨铸铁管的承插技术移植到钢管上,采用与球墨铸铁管相同尺寸的T型胶圈实现钢管的承插连接。承插式T型胶圈连接的加工方式是用自制研发的设备碾压加工钢管一端成承口，再把另一端加工成插口，实现连接。如图 5 所示。

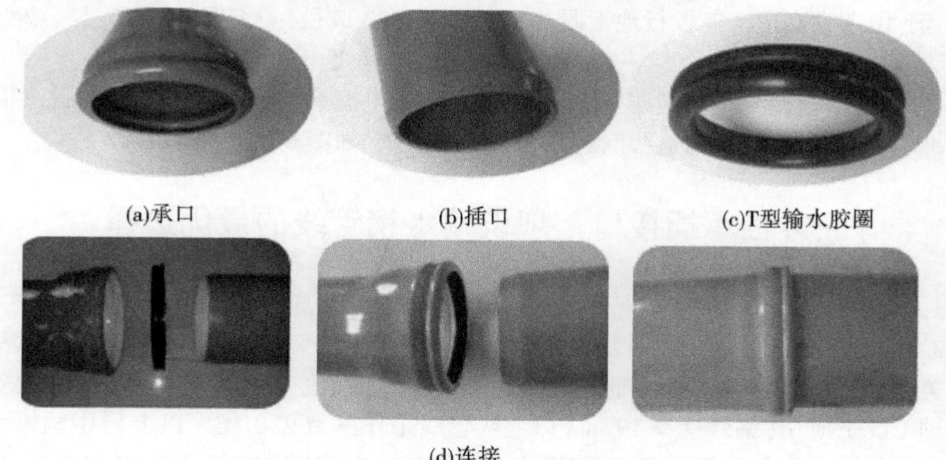

(a)承口　(b)插口　(c)T型输水胶圈

(d)连接

图 5　涂塑钢管的承插连接技术

三、涂塑钢管承插连接与涂塑钢管其他连接方式比较

以前钢管连接方式主要有焊接、法兰连接、沟槽连接(见图 6)。

(a)焊接

(b)法兰连接

(c)沟槽连接

图 6　钢管连接方式

焊接相比承插连接，现场连接主要为沟底对接焊，大口径钢管圆度问题，对口难度较大，而沟底空间狭小使操作和焊接更加困难(一般情况下 2 m 口径一个对接焊需耗 1 d 工时)，质量工期难以保证。输水钢管的主要失效形式即为焊缝开裂，现场焊接会破坏钢管的防腐层。而承插式钢管连

接采用 T 型胶圈连接，现场对接对防腐层不会造成损害，并且有较大的偏转角度，安装速度快，以两个工程为例：山东省高密市亚投行地下漏斗工程 DN1 400 口径，一天安装近 40 支。新疆塔城区沙湾县海子湾水库工程 DN600 口径一天安装 100 支，安装速度可达到焊接的 20 倍。

法兰连接和沟槽连接同样也是连接问题，需要增加配件安装，安装速度慢，成本高并且螺栓易腐蚀，造成小零件引发大问题，而这些问题至今也无法解决，如图 6 所示。

四、柔性承插接口是埋设输水钢管线的最优选择

在中国，球铁管、塑料管（如大口径 PVC 管）、玻璃钢管和预应力钢筋混凝土管、预应力钢筒混凝土管（PCCP），几乎所有的埋设水管线都采用柔性接口连接，只有钢管线还采用对接焊接；在发达国家，如美国，埋设输水钢管线的首选连接，也已经进入了柔性接口时期，对接焊接已是高成本接口，只在苛刻工况下应用（钢管壁厚 19 mm 以上或管线工作压力 2. 8 MPa 以上）；中国输水钢管线采用现场对接焊接，现场条件复杂多变，结果这些焊接接口中总是会有部分接口，难以保证品质，就成为管线爆裂事故的最主要原因；为解决现场对接焊接带来的事故隐患，中国同行已开始关注输水钢管柔性接口，因此，完全有理由说，柔性接口是埋设水管线的最优选择，也一定是埋设输水钢管线的最优选择。

五、柔性接口在埋设钢管线中的作用是刚性焊接接口无法提供的

钢管承插式连接就是柔性接口，而焊接、法兰、沟槽连接为刚性接口，钢管承插式连接的作用是焊接、法兰、沟槽连接无法提供的。

柔性接口首先是一种接口，所以它必须具有所有接口都应有的基本功能，能将相邻的两个管子可靠地连接在一起；其次，因为是柔性的接口，这种接口在工作时，就可以有一定程度的相对移动、转动，借助它使钢管线从一个长径比非常之大、容易断裂的梁构件转变为不容易折断的链状构件，能够释放使埋设管线断裂的纵向应力。

实践中使埋设管线断裂的主要纵向应力有两个，一个是环境温度变化引起的伸缩应力，另一个是不均匀沉降引起的弯曲应力；中国输水钢管线的爆裂事故多数就是这两个应力造成的。以前钢管没有承插式柔性接口只有焊接等刚性接口这是造成钢管线接口处断裂的直接因素。

六、伸缩应力的释放及弯曲应力的释放

（一）伸缩应力的释放

当环境温度变化，材料就相应会伸缩，伸缩量的大小决定材料的伸缩特性和温度变化程度；对钢铁材料来说，它的线膨胀系数约为 0. 000 012；一个管子长为 6 m，不论其口径大小，如果环境温度变化 30 ℃，此时的长度变化是仅 2 mm 多；因此伸缩应力的释放对于柔性接口来说是微乎其微的，即使是温度变化 30 ℃，也只要接口能够给以 2~3 mm 的相对移动；但它的释放应力的作用倒不能小看，如果接口不能给这点相对移动，此时的纵向应力可达到 6 kg/mm^2 以上，这还只是一个理论上的平均值，如管线某些局部有特点、有缺陷，那这个纵向应力就要翻倍了。因为环境温差对钢管接口造成的伸缩应力的释放，柔性承插接口完全可以满足。

（二）弯曲应力的释放

正常情况下，埋设管线可看成是处在连续均匀地基上的长梁，得到地基均匀支持，不存在纵向弯曲应力；当遇到不均匀沉降，地基均匀支持状态破坏，在某些局部就会出现非常大的弯曲应力，这

个弯曲应力常常可以高于钢材的极限承载能力;如果管线的接口可以随地基的变动做相应的转动,使管线重新得到地基均匀支持,弯曲应力也就得到释放。

钢管柔性承插连接为链式连接完全能够满足因温差造成的伸缩应力的释放与地基沉降造成的弯曲应力的释放。

七、钢管各种承插连接技术的比较

国内钢管承插式连接有以下几种分别为:三角胶圈承插连接、O型胶圈承插连接和T型胶圈承插连接。虽然都是钢管承插式连接但安全可靠性大不相同,区分承插式连接的重要指标,就是接口处允许转角能力的不同,如图7~图9所示

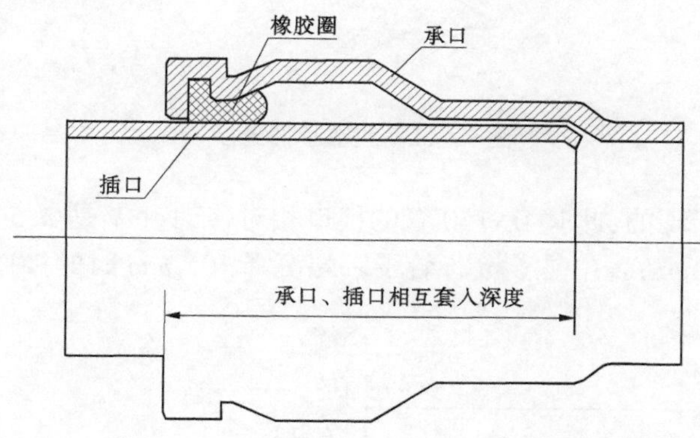

图7　T型胶圈承插连接

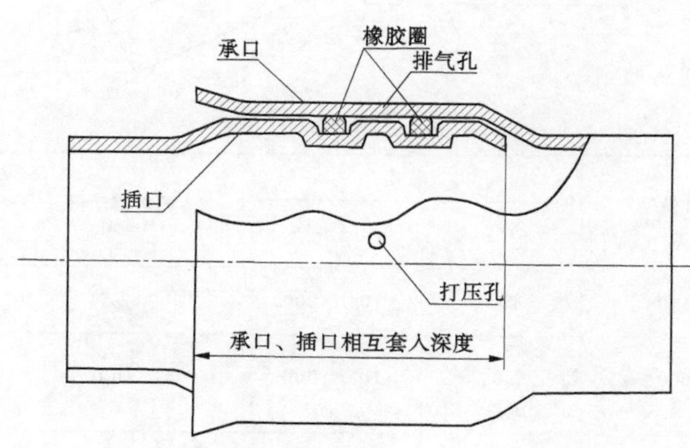

图8　O型胶圈承插连接

(一)大口径管线柔性接口必须有较高的允许转角能力

对小口径管线来说,发生一定不均匀沉降量时,接口相对移动量仍然不大,种种形式的柔性接口都能胜任工作;对大口径管线来说,因接口相对移动量随口径呈正比增大,同样沉降量时相对移动量要大得多,有些性能指标较低的柔性接口就不能胜任。

(二)同样的不均匀沉降量,接口相对移动量随管口径增大

从图10中可以看出,当一个管子的一端对另一端下沉一定量B时,不同口径的管,接口的转角θ是同样的,$\tan\theta$近似B/L;但接口的接口相对移动量X是不一样的,它同口径D成正比例关系;

如果设定一个管子的长度L为6 m,下沉量B为105 mm,大约相当半个手掌宽,这个量在软土

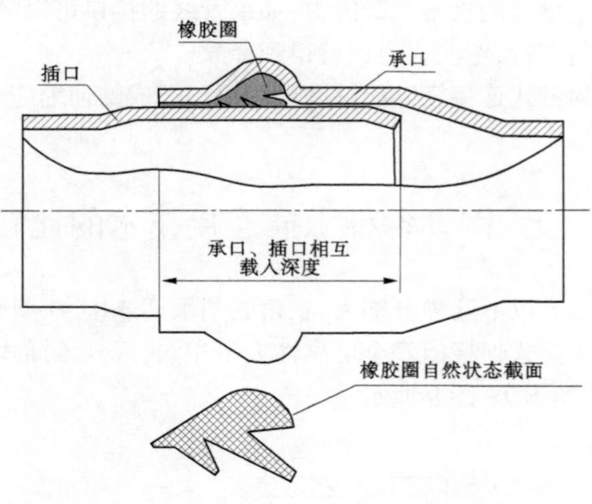

图 9　三角胶圈承插连接

地基上的管线是常常会出现的，此时 DN150 管的接口相对移动量 X 是 2.5 mm，而 DN2400 管的接口相对移动量 X 是 40.0 mm；表中是 6 m 长管子一端沉降 105 mm 时的接口变位。

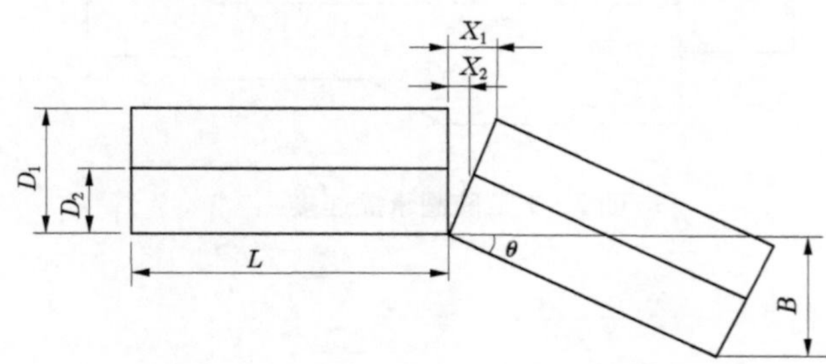

口径D (mm)	转角		相对移动量X (mm)
	(°)	tan θ	
150	1.0	105/6 000	2.5
600	1.0	105/6 000	10.0
2 400	1.0	105/6 000	40.0

图 10　接口相对移动量随管口径变化关系

(三)不同形式柔性接口适应不均匀沉降能力的解析

目前已有多种形式的柔性接口在供水工程中应用，它们的共同点，一般都为承插口方式，在承插口的环形间隙中压缩一个胶圈，由受压胶圈的反弹力完成接口的密封。

虽然都是柔性接口，但性能是有很大差别的。就适应不均匀沉降的能力来说，不同形式的柔性接口的允许转动角是不一样的；再从深一步看，虽然各个标准都列出了接口的允许转动角，但要注意的是即使列出允许转动角相同，实际上能力可以是不同的，因各个设计采用的富裕度是不同的；有的设计，其转动角的允许值仅仅取用实际极限能力的一半甚至更少，有很高的安全保证；但也有转动角允许值很接近极限能力的设计；有的设计甚至只有在标准边界条件时才能工作，一些不利条件出现时就会失效。

各种形式的柔性接口的能力是不一样的，若以 DN2 000 为代表，管子长设定为 6.0 m，有关标准对各种形式柔性接口的允许转角和相应的允许相对移动量、沉降量的规定汇总见表 4。

表 4　　柔性接口的允许转角和相应的允许相对移动量、沉降量

接口形式	卡内基连接（O 型胶圈）	三角胶圈连接	机械压紧式	承口滑入式（T 型胶圈）
允许转角（°）	0.5	1.0	1.5	2.0
相应不均匀沉降（mm）	52	105	157	210
相应接口允许相对移动量（mm）	17（20）	33（40）	50（60）	67（80）

注：表中括号中数字是 DN2400 时的相应允许相对移动量。

由表 4 中数值可见，卡内基柔性接口的适应不均匀沉降能力是非常低的；在软土地基地区，建设大口径供水管线时，一个管子对相邻管子沉降或偏移 100 mm，也就是半个手掌宽，是常常可以发生的，对 2.0 m 口径管线，此时相应接口移动量要达到 33 mm，而卡内基柔性接口的允许相对移动量只有 17 mm，所以对大口径管线，卡内基柔性接口不是可随意地使用的，素土管基是没有能力将每一个管子的不均匀沉降量控制在 52 mm，三角胶圈式接口应用也要小心（已有 PCCP 开发商提出，在标准修订时，加长大口径管的承插口长度，以提高允许转角）；允许转角较小的柔性接口管，接口实际相对移动量大于允许相对移动量，胶圈就会脱出接口；如一定要用这种接口，那必须同时认真精细地做好地基处理，将不均匀沉降量控制在相应量以下；通常情况下，选择有较高允许转角的柔性接口较地基处理更经济合理。从以上可以看出承口滑入式承插连接的允许转角能力是最强的。

（四）承口滑入式接口

如图 11 所示，这是近年在球铁管上迅速发展并采用的接口。通常将这种接口称 T 型接口，现美国球铁管销售中 95%以上是这种接口的球铁管。DN300 以下早在 20 世纪 50 年代就有应用，但口径大时有技术难度，从 DN300 发展到 DN2 000，用了 20 余年才完成。而我们承插式钢管目前最大已经可以生产到 DN2 600。

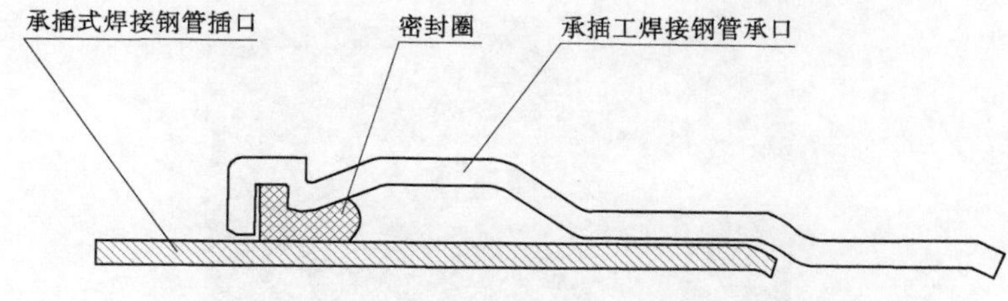

图 11　承口滑入式接口

（五）承插钢管连接构造及特点

这种接口，胶圈预先置于承口内，承口外端部同插口有很精密的配合，既保证胶圈能被关在承口内，又可使胶圈不受到过分的压缩；胶圈断面尺寸较大，承口做得较深，在各种不利条件叠加下仍能保证胶圈处于受压反弹状态，因此对不均匀沉降和高内压有极好的适应能力。

特点:承口不是向外张开而是向内收拢,所以接口发生转动或轴向位移时,胶圈不可能被挤出承口,且内压有使胶圈压缩量增大的倾向;这种接口只要安装合格,运行中难以找到使接口失效的理由。

允许转角:先进工业国标准、国家标准、我国产量最高球铁管公司的企业标准,都规定 DN1 600~DN2 000 接口的允许转角为 2.0°;为保证这个较高的允许转角能力,承口就做得较长,如 DN2 000 的 T 型接口,承口长度达 300 mm 以上。钢管依据工程设计需要,可加长或缩短承口长度,增加接口的转角能力满足工程需要的转角能力。从以上可以看出采用 T 型胶圈的承口滑入式承插连接技术,在各种承插连接技术中性能是最优异,最安全可靠的承插连接技术。

八、相关标准

标准是质量的保证,通过高标准能有效提高产品质量,标准助推创新发展,标准引领时代。

《给水涂塑复合钢管》(CJ/T 120—2016)已颁布实施,并编入《建筑给水金属管道工程技术规程》(CJJ/T 154)。

九、工程案例

拥有安全可靠的技术、优质的产品、可依的标准,还需要有各种工程案例才具备足够的说服力,如图 12~图 16 所示。各工程实例汇总见表 5。

图 12　山东省高密市亚行贷款地下漏斗区治理工程 DN1 400

图 13　新疆塔城区沙湾县海子湾水库工业供水水厂工程 DN600

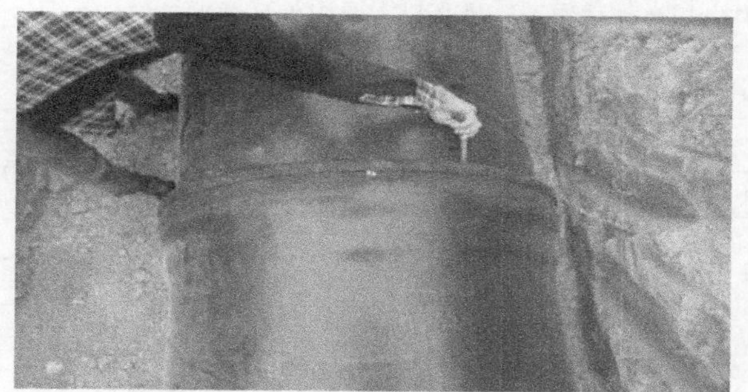

图 14　引黄济青工程 DN900

图15　福建省泰宁县自来水公司输水工程 DN200

图16　吴桥县2016年地下水超采综合治理试点农村生活用水置换项目 DN800

表5　各工程实例汇总

工程名称	规格
山东省高密市亚行贷款地下漏斗区治理工程	DN1 400
新疆塔城区沙湾县海子湾水库工业供水水厂工程	DN600
引黄济青工程	DN900
扬州国际化工园污水处理工程(地表安装)	DN600
山西省阳泉市自来水公司安全用水工程与球墨铸铁管连接	DN300
福建省泰宁县自来水公司输水工程	DN200
吴桥县2016年地下水超采综合治理试点农村生活用水置换项目	DN600~DN800
吉林省城市供水有限公司农安县自来水管项目	DN800
信阳市供水集团有限公司城区管网改造项目	DN200/DN300
河南省南阳市自来水公司小区给水主管网工程	DN80/DN200
河南省巩义市自来水公司城市给水主管管网工程	DN100/DN300
河南省濮阳市自来水公司小区新建道路给水管网	DN100/DN300
河南省西平县自来水公司小区城市给水管网工程	DN50/DN300
河南省鄢陵县自来水公司新建道路给水管网工程	DN200/DN400
河南省武陟县自来水公司新建给水管网工程	DN100/DN500
河南省漯河清泉水务有限公司小区新建道路给水管网	DN100/DN200
河南省商水县自来水公司城市给水管网	DN300

续表 5

工程名称	规格
河南省森源防静电服装有限公司厂区外围给水管网	DN100/DN200
河南省红旗煤业股份有限公司	DN200/DN300
河南省确山县自来水公司城区管网改造	DN100/DN400
江苏省滨海县水务公司城市管网改造	DN500/DN700
江苏省连云港市水务公司城市管网改造	DN300/DN500
宁化县翠城水务公司第二水源饮水工程	DN450
里运河宝应城区饮水工程	DN1400
湖北鄂州水厂工程	DN1600
天津咸阳路污水处理管网配套工程	DN2200(承插搭接焊)
天津东郊污水处理厂迁建管网配套工程	DN1000
武汉江夏区水务公司	DN800
港华集团华衍水务(安徽芜湖)	DN100
安徽祁门县阊源供水	DN100
南港 2018 年入户配套供水工程	DN300
印尼公辅项目	DN150~DN300
海东市乐都区市政配套给水工程	DN100~DN700
郑州市卫生学校迁建项目院区工程	DN100~DN250

十、承插式钢管现场安装示范及水压转角试验

承插式钢管现场安装示范及水压转角试验如图 17 所示。

图 17　承插式钢管现场安装示范及水压转角试验

作者简介：

王从水(1973—)，男，工程师，主要从事市政给排水工作。

长距离大口径输水工程管道的设计要点

张曼曼　李玉洁　连阳阳

（中国电建集团西北勘测设计研究院有限公司，陕西 西安　710065）

摘　要　长距离大口径输水管道广泛应用于城市供水中，管道设计时应结合工程实际合理选择输水线路，管径、管材的选择既要满足输水功能的需要，也要节省投资。为保证管道安全运行，做好管道的防护设计非常重要。

关键词　长距离；输水管道；管径；管材；防护设计

某输水工程以压力管道为主，有压隧洞为辅，采用有压输水方式，全长 38.5 km。工程主要由进水池、倒虹、管桥、压力管道、分水口、退水设施和出水池等组成。采用双线 DN3 400 压力管道布置，埋深不小于 2 m，单管输水流量 15 m^3/s，最大设计压力 1.6 MPa。本文结合长距离大口径输水工程探讨管道的设计要点。

一、合理选择输水线路

长距离输水管道应根据输水方式、地形、地质条件、交通运输等条件，经多方案比较后选择线路走向。在满足重力供水压力管道布设的条件下，按照输水线路最短、拆迁赔偿投资最省的原则布置管线，主要考虑以下因素。

（1）在满足工程总体布置、输水功能的前提下，输水线路尽量靠近各受水对象、力求顺直、最短，水头损失最小。

（2）尽量避免通过地形复杂地段以及人口、建筑物稠密区、天然气管线、高压线塔、人防军事设施和重点文物等，尽量减少拆迁，减少对当地生产、生活的影响，减少与地方建设的矛盾，尽量避免通过深挖和高填地段。

（3）输水线路、重点建筑物隧洞、倒虹、渡槽、水池应尽量避开滑坡、崩塌、沉陷、泥石流等不良地质地段，以及高地下水位和洪水淹没与冲刷地区，地震烈度活动断裂带。

（4）输水线路应尽量沿公路一侧布置，减少占用农田耕地，利于工程施工、管理及维修。隧洞洞线选择要便于施工支洞的布置。

（5）输水线路穿越河渠和铁路、公路时，应尽量采取正交的布置型式，受条件限制，其最小交叉角度不小于 30°。

二、合理确定输水管径

长距离输水工程中，管道投资占输水工程的比重较大，合理确定管道直径尤为重要。在各段管道流量已确定的条件下，各段管道管径的选择，应遵循的原则是在保证输水能力的前提下，力求管径最小，以节约管材和投资；同时又要求管内流速不宜过大，以减小水头损失和防止管内水锤压力过大，管内流速又不宜太小，以防止污物、泥沙的淤积。

按照规程[1]规定,输水管道设计流速范围在0.6~3.0 m/s。本工程输水管道流量由进水池至出水池为15~11.5 m^3/s。其中进水池至分水口1的单管流量为15 m^3/s;分水口1至分水口2的单管流量为13.5 m^3/s;分水口2至出水池的单管流量为11.5 m^3/s。输水管道流量变化不大,将不同流量的各段管径统一,经计算管道直径选择的范围为2.6~4.0 m。

根据进水池至出水池段控制点水位要求,进水池至出水池沿线的水头损失不应超过16.88 m,故选取管径3.2、3.4、3.6 m进行水头损失计算,比较管径,水力计算见表1。

表1 输水管道在设计工况下水力计算表

管径(m)	各管段长度(km)	单管流量(m^3/s)	平均流速(m^3/s)	单管沿程水头损失(m)	单管局部水头损失(m)	总水头损失(m)	备注
3.2	5.44	15	1.87	3.69	0.37	21.22	设计工况
	13.26	13.5	1.68	7.40	0.74		
	19.80	11.5	1.43	8.21	0.82		
3.4	5.44	15	1.65	2.75	0.27	15.80	
	13.26	13.5	1.49	5.51	0.55		
	19.80	11.5	1.27	6.11	0.61		
3.6	5.44	15	1.47	2.08	0.21	11.95	
	13.26	13.5	1.33	4.17	0.42		
	19.80	11.5	1.13	4.62	0.46		

经计算,在满足出水池控制点水位要求的情况下,选择输水管径为3.4 m。

三、合理选择输水管材

输水工程管道管材的选择对节省投资、方便施工、安全运行意义重大。管材选择应遵循的原则是需有良好的密封性;性能可靠,能够承受要求的内压和外荷载;来源有保证,管件配套方便,施工及安装方便;满足设计使用年限,维修工作量少;满足输水能力和水质保证要求,工程造价较低;满足现行的规程规范或行业标准。

本工程管道直径3.4 m,最大设计压力1.6 MPa。适合本工程大口径输水管道的特点,可选择的输水管材主要有钢管(SP)、预应力钢筒混凝土管(PCCP)和球墨铸铁管(DIP)。本文对这三种管材从技术性能、经济方面综合比较。

(一)管材性能比较

钢管(SP):特点是耐高压、耐振动、质量轻、具有良好的韧性,管道及管件极易加工,安装维修方便,单管长度大且接口方便,但耐腐蚀性差,管壁内外都需有防腐措施。根据规程[1]规定"对单条重要的大口径输水管道或地质条件较差、使用压力较高(1.0 MPa以上)时宜选用钢管。当穿越河流、铁路等时宜选择钢管"。钢管需要进行防腐处理,喷涂防腐涂料是将钢管内、外壁先进行除锈蚀处理,然后再进行喷涂防腐,一般为油漆类,并设置阴极保护措施。

近几年普遍采用内外涂塑复合钢管,其中内外涂塑的防腐工艺为,将钢管除锈后利用静电喷涂环氧树脂(EP)或聚乙烯(PE)等材料,通过高温固化在钢管内外形成牢固的塑性涂层,将钢管封闭于其中。该涂层具有极强的耐磨性能,表面光滑,可防止微生物滋生,使用年限达到50年以上。钢管能满足各种地形地质条件要求,安装、运输方便快捷,运行可靠,维护简单。

预应力钢筒混凝土管(PCCP):预应力钢筒混凝土管是一种钢筒、钢丝与混凝土构成的复合管材,具有高抗渗性、高密封性、高强度、抗震能力强、耐久性和耐腐蚀性能好、使用寿命长、管径使用范围大等特点。该管型同时具有钢管和预应力钢筋混凝土管的优点,可以承受较高的设计压力和外部荷载;造价比钢管低,承插接口为钢制,加工精度较高,密封性能好,管道渗漏小,安全可靠,施工安装简单快捷。该管材的缺点是管道重量较重,制造控制指标多,流程复杂、技术难度大,尤其是管芯裂缝问题、大口径承插口制造、防腐、工地夯填等质量环节多、控制难度大。

球墨铸铁管(DIP):具有钢管的柔性及铸铁管的耐腐蚀性,其强度比钢管大,延伸率高,使用寿命最长,管道承受压力较高,很少发生爆管、渗水和漏水现象,采用橡胶圈接口,柔性较好,对地基适宜性较强;运输安装快捷方便,施工工期短,可降低工程的安装费用;适用工作压力较高,防腐能力较钢管强,但仍需做防腐处理;有标准配件,适用于配件及支管较多的管段。球墨铸铁管的缺点是重量较钢管重,承受外部荷载性能较预应力钢筒混凝土管差,且价格较高。

从表2可以看出,本工程输水管道直径3.4 m,球墨铸铁管(DIP)在工程中应用的最大直径2.6 m,不适合本工程。

表2　钢管(SP)、内外涂塑复合钢管、PCCP管和球墨铸铁管(DIP)比较表

管材	技术性能	施工方面	管径及工作压力	经济
钢管(SP)	安装维修方便 耐腐蚀性差 需有较强的防腐措施	采用焊接接口 焊接要求高 重量轻,安装方便	任何	价格高
内外涂塑复合钢管	机械强度高 耐化学腐蚀性能好	焊接接口 焊接要求高 需现做二次涂塑防腐处理	任何	价格较高
PCCP管	防腐性能好 运行费用低 易有渗漏发生 运行管理不便	采用柔性承插式接口 施工速度快 自重大	DN600~DN4 000 0.4~2.0MPa	价格最低
球墨铸铁管(DIP)	管材强度高,承受内压较大 承插连接 对地基适应性强,安装快捷 耐腐蚀性较好,使用寿命长	接口采用承插连接 安装快捷方便,施工工期短	DN100~DN2 600 1.6~4.0 MPa	价格高

(二)经济方面比较

对钢管(SP)、内外涂塑复合钢管、PCCP管进行市场调研和询价,这3种管材的单价见表3。其中钢管为现场制作,综合单价包括管道的制作、内外壁防腐、安装和阴极保护;内外涂塑复合钢管和PCCP管为外购管材,综合单价包括管道的购买费用、安装及阴极保护。

表3　管径3.4 m各种管材单价表　　单位:万元/m

管材	价格			
	工作压力1 MPa	工作压力1.2 MPa	工作压力1.4 MPa	工作压力1.6 MPa
DN3 400　PCCP管	1.20	1.27	1.34	1.41
DN3 400 钢管(SP)(含防腐涂料)	1.73	2.01	2.16	2.31
DN3 400 内外涂塑复合钢管	1.48	1.71	1.82	1.94

从经济方面比较,PCCP 管价格最低,内外涂塑复合钢管次之,钢管(SP)费用最高。因此,优先选用 PCCP 管和内外涂塑复合钢管。

(三)管道规格及工作压力比较

目前 PCCP 管在长距离、大口径输水调水工程中国内主要工程实例详见表 4。

表 4　PCCP 管在输水工程中的应用实例统计表

序号	项目	规格	设计压力(MPa)	长度(km)
1	南水北调工程	DN4 000	0.8	110
2	山西万家寨引黄工程	DN3 000	0.6~1.0	36.5
3	辽宁大伙房输水工程	DN2 400~DN3 200	0.6~1.0	144
4	辽西北供水工程	DN3 200	1.6	920
		DN3 400	1.4	920
		DN3 600	1.2	920
		DN3 800	1.0	920
5	广州西江引水工程	DN3 600	0.6	51.6
6	吉林中部城市引松供水工程	DN4 000	0.8	20.975
7	鄂北水资源配置工程	DN3 800	0.4~0.8	45.56
8	ABH 生态环境保护工程	DN3 000	0.6~1.2	55.18
9	引绰济辽工程	DN3 200	0.8~1.0	53.42
10	银川都市圈城乡西线供水	DN3 600	0.2~0.4	81.72
11		DN2 400	0.4~0.6	11
12	郑州牛口峪引黄工程	DN2 800	1.0	7.692
13	广西百色水库灌区工程	DN2 000~DN2 800	0.6~1.2	33.125
14	引江向尔王水库供水联通工程	DN2 400	0.3	4.2

从表 4 可以看出,在实际工程中,PCCP 管直径 DN3 000 及以上的输水管道设计压力一般都小于 1.2 MPa,最大为 1.6 MPa,只有在辽西北供水工程中应用。此外,南水北调工程直径 DN4 000 的 PCCP 管,设计压力为 0.8 MPa,因此,大口径 PCCP 适应的设计压力不宜过大。

综上所述,由于本工程输水线路内水压力较大,结合目前已建设成的大管径 PCCP 管的工程实例,考虑输水工程的重要性,推荐设计压力 1.2 MPa 以下选用 PCCP 管,1.2 MPa 以上选用内外涂塑复合钢管。

四、做好防护设计

为了输水管道安全运行,做好管道附属建筑物的设计与安全防护措施尤为重要。

水锤的防护。水锤是压力管道系统防护的重要内容,在长距离输水管道中,流速变化是经常出现的,管道中流速变化时,致使管道中水的压力升高或降低,在压力低于水的汽化压力时,水柱就被拉断,出现断流空腔,在空腔处的水流弥合时将产生强烈的撞击,管道中的水升压,形成水锤。由于突然停电或事故停泵所产生的水锤往往较大,水锤压力值可达到设计压力的 1.5~3 倍。一般采取技术工程措施加以防护,在水泵出口处设置超压泄压阀等形式以防止水锤危害。

空气阀井的布置。一般认为输水管道每隔0.5~1 km距离设置进气排气阀。进气排气阀的位置,应根据管道纵断面高程情况确定或经水锤防护计算确定。根据本工程管道布置情况,空气阀间距设置约为750 m。

连通阀井的布置。为提高输水管道系统的可靠性,使输水干管任何一段发生故障时管道通过的事故用水量不少于70%设计水量的要求,同时为了便于管道分段检修退水等条件,应在二根主管之间设置连通管,在每根连通管处的主管上下侧设置2个闸阀, 共4个闸阀,以达到分段检修目的。输水管线应沿线设置连通阀连通。

检修阀井的布置。为便于管道检修需要,设置检修阀井1座。检修井内管线上设置DN3 400电动蝶阀及空气阀,满足主管的充水、退水时的进排气要求,另在主管电动蝶阀之间各设有DN2 000的退水管线,以便检修管道退水。

计量阀井的布置。本工程共设置2计量阀井,用于监控沿线管道是否有漏水,流量计采用DN 3 400超声波流量计,阀井内按照流量监测断面要求。

五、做好工程监测设计

为了保证输水管道的安全运行,应考虑设置必要的监测和控制系统。监测内容包括全线输水管道内、外水压力、覆土压力,管道底部垫层内土压力、管道应力应变等,以及沿线附属建筑物钢筋应力、基础沉降、基础应力、边坡变形、日常巡视检查等。

六、结　　语

在长距离、大口径输水管道工程设计中,管道投资占输水工程的比重较大,输水线路、管径、管材选择必须根据工程规模、工程的重要性、地形地质条件等进行经济比较综合分析确定,同时做好管道沿线附属建筑物的防护设计及安全措施,对确保输水管道安全运行非常重要。

参 考 文 献

[1] 中国工程建设标准化协会. 城镇供水长距离输水管(渠)道工程技术规程:CESC193:2005[S]. 北京:中国计划出版社,2006.
[2] 吴建刚. 浅谈长距离输水工程管道的设计[J]. 城镇供水,2020(1):82-84.

作者简介:
张曼曼(1963—),女,教授级高级工程师,主要从事水利水电工程设计工作。

高压长距离输水管道关键技术探讨

汪艳青　何　喻

（中水珠江规划勘测设计有限公司，广东 广州　510610）

摘　要　压力钢管在引调水工程中已获得广泛应用，但随着长距离、高压力、复杂地质地基的引调水工程越来越多，高压长距离输水管道、阀门在设计、制造方面尚存在诸多技术难题。云南省新平县十里河水库工程为高压长距离引调水工程，本文从管线布置方案、高压管道选材和制作工艺、阀门布置与选型等方面，提出了相应的解决措施和专题研究方向，供业内同行探讨、参考。

关键词　长距离输水；高压钢管；高压阀门

近年来，国内很多城镇快速发展，工业、农业、居民生活用水量剧增，但我国水资源时空分布不均，且部分城市周边水体受到不同程度的污染，为保证城市供水需求及供水安全，国家大力兴建跨地区、跨流域的长距离引调水工程，如南水北调工程、引江济淮工程、滇中引水工程、珠三角水资源配套工程等一大批引调水工程和地方性供水、灌溉工程。长距离输水管道一般为浅埋式管道，由于线路长，沿线地形、地质条件复杂，尤其是西部地区，地形起伏落差大，如云南元阳县南沙河灌溉管道工程灌溉钢管长度 2. 8 km，管径 1. 4 m，最大设计压力 4. 7 MPa，云南玉溪三湖补水应急工程加压泵站钢管长度 20 km，管径 1. 2 m，最大设计压力 4. 2 MPa；云南滇中引水工程倒虹吸管径 4. 17 m，最大设计压力 2. 09 MPa；贵州盘县朱昌河水库工程供水钢管管径 1. 2 m，双管供水，设计压力 4 MPa。但就目前所了解到的长距离输水工程中，单级输水设计压力尚未有超过 6. 3 MPa 的工程先例。

水利水电工程中的高压管道通常应用在引水冲击式电站工程中，如四川昭觉县的苏巴姑水电站，装设 2 台单机容量 26 MW 的冲击式机组，引水钢管长度 5. 65 km，管径 1 m，最大发电水头 1 175 m，为亚洲最高水头电站；云南维西县南极洛河水电站，装设 2 台单机容量 43 MW 的立轴冲击式机组，引水钢管直径 1. 6~1. 2 m，最大发电水头 1 092 m；广西桂林天湖水电站，装设 2 台单机容量 50 MW 的立轴冲击式机组，引水钢管长度 2. 3 km，管径 1 m，最大发电水头 1 074 m。

石油天然气行业的压力管道主要用于长距离的石油、天然气输送，国外天然气高压输送采用高钢级钢管呈强劲的发展趋势。20 世纪 50~60 年代最高压力为 6. 3 MPa，70~80 年代最高压力为 10 MPa ，90 年代已达 14 MPa。国外新建天然气管道的设计工作压力都在 10 MPa 以上[1]。如中俄原油管道二线工程，管道全长 942 km，管径 813 mm，最大设计压力 11. 5 MPa。我国西气东输一期工程，管径为 1 016 mm，设计压力为 11. 5 MPa。西气东输二线工程是我国距离最长、口径最大的输气管道，主干线 4 895 km，管径 1 219 mm，最大设计压力 12 MPa。

高压长距离输水管道与电站压力管道和石油天然气站间管道相比，管线阀门布置是关键，且阀型多、运行条件恶劣，需解决长距离管线的进气排气问题。水电站高压管道通常管径较大，管线短，且一般为单向顺坡，阀型少且简单，管道排气问题易解决；输油管道出于运行安全，首次充水排完气后设计上不再考虑运行期的进气排气问题，站间管线不设进气排气阀，这是与长距离输水管道设计理念的最大不同之处。

一、工程概况及方案对比分析

(一)工程概况

云南省新平县十里河水库工程主要承担新平县城及新化乡的人畜供水,以及坝址下游戛洒镇的农业灌溉任务。由枢纽工程和输水工程两部分组成。

枢纽工程为新建一座十里河水库,中型水库,总库容 1 064 万 m^3,正常蓄水位 1 947 m。水工建筑物由混凝土面板堆石坝、右岸溢洪道、右岸输水放空兼导流隧洞等组成。

输水工程由供水工程和灌溉工程组成。在一般情况下,当有足够的可利用输水地形高差时,宜优先选择有压重力流输水方式。供水工程输水干管虽具备重力流输水水头,但输水干管有 20 km 左右倒虹吸式跨越元江段,最低处管中心高程 475 m,静水头高达 1 300 m。为保证设计方案合理、运行安全和管道阀门及附属设备选用合理,供水工程进行了高压全重力流输水方案(管道最大设计内水压力 15 MPa)和多级减压再多级加压输水方案(管道最大设计内水压力 6.3 MPa)比选。

(二)输水方案

1. 高压全重力流输水方案(方案一)

供水工程从十里河水库取水,采用有压重力流+泵站加压管道输水,十里河水库蓄水后正常蓄水位为 1 947 m,供水受水点有两处,分别为近期受水点 1 555 m 高程的团结水库和远期受水点 2 015 m 高程的瓦白果水库,瓦白果水库需设加压泵站供水。本工程全线采用压力钢管,以浅埋回填管为主,设计流量 0.308 m^3/s,管径 D600~200 mm,供水管线平面长度 58.7 km(实际长度约 75 km)。由 1 根供水干管、1 根右支管、1 根左支管、2 个中间水池、2 个末端水池、1 个加压泵站组成,管线为树状布置。供水工程跨元江段为倒虹吸型式跨越,最低处管中心高程为 475 m,最大静水压力 1 300 m,考虑水锤后的设计内水压力值为 15 MPa,阀最大公称压力按 16 MPa 选取。

高压全重力流输水方案布置示意如图 1 所示。

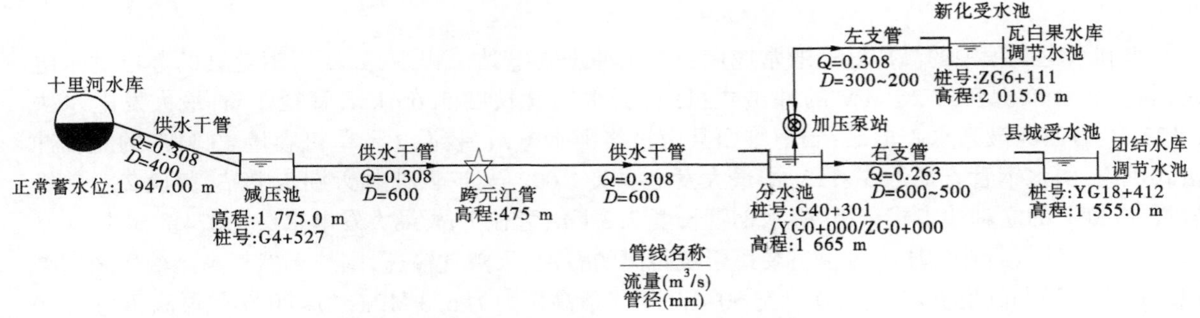

图 1　高压全重力流输水方案布置示意图

2. 多级减压再多级加压输水方案(方案二)

该方案在元江西侧输水管线最大静水压力为 500 m(高程 950 m)处设最下一级减压池,十里河水库 1 947 m—元江西侧 950 m 高程的输水管段设六级减压池,单级减压水头控制在 180 m 以内。元江西侧 950 m 高程—475 m 高程—元江东侧 825 m 高程输水管段为重力自流段,元江东侧 825 m 高程—受水点 1 555 m/2 015 m 高程为加压段,共设三级加压泵站。该方案管道和管道附件的最大设计内水压力考虑运行过程中可能产生的水锤压力后按照 6.3 MPa 设计。

多级减压再多级加压输水方案布置示意图如图 2 所示。

(三)输水方案选择

方案一能够充分利用天然水头,减少泵站数量,降低运行费用。但输水管道设计压力在国、内

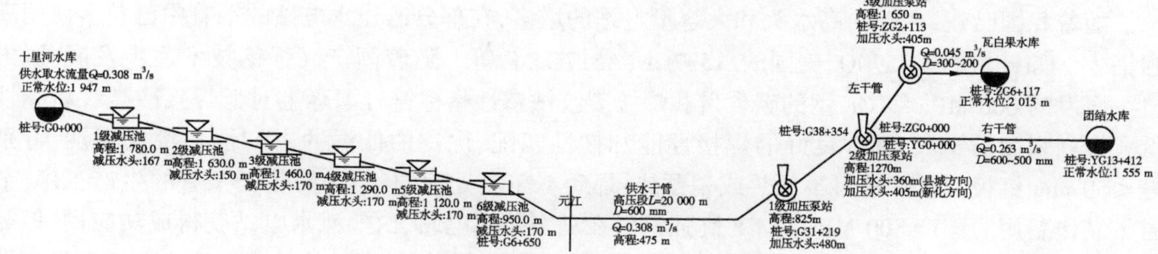

图 2　多级减压再多级加压输水方案布置示意图

外长距离输水管线工程甚至在石油天然气行业均无先例。高压钢管采用高强钢、压制成形技术制作在虽然理论上可行,但径厚比已远远超出规范限值;且厚壁钢管现场焊缝的质量问题难以保证。国内大口径高压球阀在石化行业已属常用,但应用到水利行业,由于输送介质不同,阀门密封性能的保证可能存在差异。高压进气排气阀、高压明管伸缩节等管道附件目前尚无 15 MPa 的制造经验,从工程运行角度来说风险极大,且管线充水、放水、分段检修操作程序复杂。总之,方案一管道内水压力超高,高压钢管、高压阀的设计、制造难度大,运行安全隐患大。

方案二受自动进气排气阀制造水平限制,通过在沿线设多个减压池和减压阀减压削减了天然水头,控制最大设计内水压力为 6.3 MPa,一方面是希望最大可能充分利用自然水头差,减少提水泵站的功率,达到最经济的目的;另一方面受管线自动进气排气阀的发展现状制约,避免运行期管内积聚的气体无法及时排出可能引起爆管事故。方案降低了设计难度及运行风险,输水管道、阀门的安全性相对较高,设计、制造依据在规范范围内,但跨元江后又须设多级加压泵站提水到受水点以满足供水需要,浪费了水能,增加了运行管理难度和运行费用。

从充分利用天然地形高差以及后期运行管理方便的角度出发,方案一为宜选方案,但需解决超高压长距离输水管道一系列的技术问题。

二、高压输水管道技术难题

本工程若采用高压全重力流输水方案,虽然 HD 值不是太高,但 15 MPa 的超高压力在国内引调水工程、电站工程甚至石油天然气工程中绝无仅有。本工程输水钢管属于长距离、超高压、小管径的输水管道工程,尚存在以下技术难题需要解决:

(1)高压管道材料选择,特别是高强钢的材质和焊接问题。

(2)高压钢管制作成型工艺选择。

(3)管道阀门布置选型,特别是高压进气排气阀、爆管阀等的型式选择。

(4)高压管道穿越断裂带工程措施。

三、钢材选择

国内长距离输水工程由于压力不太高,目前尚无使用高强钢的先例。600 MPa 级钢材在高水头电站和石油、天然气输水管道工程上已较成熟应用,800 MPa 级钢材也有研发并推广使用,但可焊性相对较差。

本工程低压段管道材质选用 Q345R,高压段钢管材质比选水利水电行业 600 MPa 级高强钢和石油、天然气行业的高强管线钢,结合焊接工艺评定做进一步比选确定。

（一）国产 600 MPa 级 CF 高强钢

随着我国已建、在建的高水头和大容量电站的增多，在部分已建水电站的钢管中已较多使用高强钢[2]。如日本的 SM570Q、美国的 A537CL、A517Gr. F 等。随着国产高强钢技术逐步发展，国内自主研发的 600 MPa 级 CF 钢的碳含量和焊接裂纹敏感性指标符合国际上对低焊接冷裂纹敏感性低合金高强度的要求，具有良好的焊接性能和韧性匹配、优良的低温冲击韧性和冷成型性，特别是≤50 mm 钢板具有焊前可不预热或稍预热、焊后不需热处理的特点，简化了钢管的生产工序，节省了制作费用。国产 800 MPa 级 CF 高强钢已在乌东德水电站、白鹤滩水电站获得成功应用，但需进行焊前预热、焊后热处理，焊接工艺复杂，且对于小直径管道，过高的热处理温度会破坏现场环缝处的内防腐层。国内部分水电站工程压力钢管使用国产 600 MPa 级 CF 高强钢情况见表 1[2]。

表 1　国内部分水电站工程压力钢管使用国产 600 MPa 级 CF 高强钢情况

序号	电站名称	最大作用水头(m)	钢管内径(m)	钢管材料	管壁厚度(mm)	管型	建成年份	备注
1	冶勒	700	3.4~2.2	Q345C、WDB620	22~70	地下埋管	2006	
2	瑞丽江一级	413	5.2~4.2	16MnR、WDB620	18~48	地下埋管	2008	中缅共建
3	宝泉抽蓄	864.5	3.5~2.3	WDB620、WH80Q	48	地下埋管	2008	
4	龙滩	400	10	16MnR、B610CF	18~52	地下埋管	2009	
5	构皮滩	257.3	8.0	B610CF	34~52	地下埋管	2009	
6	锦屏一级	250		16MnR、B610CF	24~44	地下埋管	2012	
7	锦屏二级	410	6.5~6.0	16MnR、WDB620	20~56	地下埋管	2012	
8	糯扎渡	336	8.8~7.2	ADB610D	40~56	地下埋管	2013	
9	向家坝	—	14.4~11.4	07MnMoVR	40~48	地下埋管	2015	

《水电站压力钢管设计规范》(NB/T 35056—2015)和即将修订发行的《水利水电工程压力钢管设计规范》(SL 281)中推荐的的 600 MPa 级高强钢有：压力容器用调质高强度钢 07MnMoVR(GB 19189)、低焊接裂纹敏感性高强度钢 Q500CF(YB 4137—2015)，代表的钢厂有舞钢 WDB620、宝钢 B610CF、湘钢 XDB620 等，其化学成分和力学性能分别见表 2、表 3。

（二）管线钢

随着输气、输油管道输送压力的不断提高，输送钢管也相应地迅速向高钢级发展。20 世纪 60 年代一般采用 X52 钢级，70 年代普遍采用 X60 钢级，近年来以 X70 为主，X80 也已开始试用。采用高压输送和选用高强度管材，可大幅度节约管道建设成本。

管线钢是从国外引进用于输送石油、天然气等管道所用的一类具有特殊要求的钢种，根据厚度和后续成型等方面的不同，可由热连轧机组、炉卷轧机或中厚板轧机生产，经螺旋焊接或直缝焊接形成大口径钢管。近年来,国产管线钢已研制成功并大规模批量生产,管线钢是高技术含量和高附加值的产品,管线钢生产几乎应用了冶金领域近 20 多年来的一切工艺技术新成就,具有高强度、高冲击韧性、低的韧脆转变温度、良好的焊接性能、优良的抗氢致开裂(HIC)和抗硫化物应力腐蚀开裂(SSCC)性能。

输送石油、天然气等管道常用的高强管线钢有 API Spec 5L 标准的 X65、X70、X80 等,对应的 GB/T 9711 标准为 L450、L485、L555,钢级分为 PSL1 和 PSL2。X70 的化学成分和与 600 MPa 级高强钢略有区别,X70 其化学成分和力学性能分别见表 2、3。

表 2　　部分 600 MPa 级高强钢化学成分　　(%)

牌号	C	Si	Mn	P	S	Cu	Ni	Cr	Mo	V	Nb	B	Pcm
07MnMoVR	≤0.09	0.15~0.4	1.2~1.6	≤0.02	≤0.01	≤0.25	≤0.4	≤0.3	0.1~0.3	0.02~0.06	—	≤0.002	≤0.2
Q500CFC	≤0.09	≤0.50	≤1.8	≤0.02	≤0.01	—	≤1.5	≤0.5	≤0.5	≤0.08	≤0.1	≤0.003	≤0.2
WDB620C	≤0.07	0.15~0.4	1.0~1.6	≤0.02	≤0.01	≤0.3	≤0.3	≤0.3	≤0.3	≤0.08	≤0.08	≤0.003	≤0.2
B610CF	≤0.09	≤0.4	0.6~1.6	≤0.015	≤0.007	≤0.25	≤0.6	≤0.3	≤0.4	0.02~0.06	—	≤0.002	≤0.2
L485M/X70M	≤0.12	≤0.45	≤1.7	≤0.025	≤0.015	—	—	—	—	—	—	—	≤0.25

注:①当淬火+回火状态交货时,WDB620 的碳含量上限为 0.14%;Q500CF 碳含量上限为 0.12%;②Pcm 为焊接裂纹敏感性指数(板厚≤50 mm);③淬火+回火交货时,WDB620 的 Pcm 最大值为 0.25%;④L485M/X70M 为 PSL2 钢级热机械轧制交货状态。

表 3　　部分 600 MPa 级高强钢力学性能

牌号	钢板厚度(mm)	拉伸试验(横向)			弯曲试验	夏比 V 型冲击试验(纵向)	
		屈服强度 R_{eL}(MPa)	抗拉强度 R_m(MPa)	断后伸长率 A(%)	弯曲 180° d=弯心直径 a=试样厚度	温度(℃)	冲击功吸收能量 k_{V2}(J)
07MnMoVR	10~60	≥490	610~730	≥17	$d=3a$	-20	≥80
Q500CFC	≤50	≥500	610~770	≥17	$d=3a$	0	≥60
WDB620C	≤80	≥490	620-750	≥17	$d=3a$	0	≥80
B610CFD	10~75	≥490	610-740	≥17	$d=3a$	-20	≥80
L485M/X70M	≤25	≥485	570~760	≥16	$d=2a$	-20	≥150

四、钢管成型工艺选择

国内钢管生产工艺目前主要有以下几种常见方式:

(1)卷板机卷制焊接钢管:生产的管径不小于 300 mm,单节长度一般为 2~3 m,厚壁小管成形较困难,生产效率低,环缝多,水利水电工程中较多采用。

(2)无缝钢管(SMLS):生产的钢管外径一般为 33.4~1 200 mm,壁厚不大于 200 mm,单节长度可达 10 m 以上。质量相对可靠,管径一般不大,适应于厚壁小管,无缝钢管外径偏差和厚度偏差较大,且 406 mm 以上直径的无缝钢管造价较高。

(3)螺旋缝埋弧焊管(SAWH):生产的钢管外径为 273~2 000 mm,壁厚不大于 20 mm,单节长度可达 12~18 m,石油天然气工业管线上大量应用。SAWH 管的生产厂家参差不齐,生产工艺简单,生产效率高,对于薄壁低压管道相对较经济。

(4)直缝埋弧焊管(SAWL):生产的钢管外径一般为508~1 422 mm,壁厚6~40 mm,单节长度可达12~18m,石油天然气工业管线上大量应用,水利行业长输管道基本未采用。SAWL的生产过程严格控制和保证,生产效率高,质量可靠,尤其适应于厚壁管。SAWL管按成型方式分为UOE、JCOE、RBE等多余种,以UOE、JCOE较为常用,两种管型造价相当。UOE工艺的成型精度较高,效率高、但模具贵,适用于标准规格、大批量生产;JCOE不需模具,成型精度略低,可生产非标尺寸,适用范围大。

(5)高频电阻焊管(HFW):生产的钢管外径一般为219.1~610 mm,壁厚4~19.1 mm,单节长度可达12~18 m,石油天然气工业管线上大量应用,生产过程严格控制和保证,生产效率高,质量可靠,尤其适应于小直径厚壁管。

本工程首次将石油、天然气管道钢管先进生产工艺引用到水利水电输水管道中,管径D500以下管道采用SMLS钢管或HFW钢管,管径D500及以上管道采用UOE或JCOE成型的SAWL钢管。

特别指出的是,对于高压段D600 mm管径的高强钢管段,最大厚度24 mm,径厚比为25,大大超出压力钢管设计规范对径厚比不小于48的规定,且基本达到了UOE或JCOE的加工极限,需对成型后钢管的力学性能进行检测,分析径厚比对材质性能的影响。

五、阀门布置与选型

本工程管道输水线路长,管线上设置的阀型多,高压阀选型、布置困难,部分阀门存在超规范使用。

(一)高压自动进气排气阀

根据规范《城镇供水长距离输水管(渠)道工程技术规程》(CECS 193—2005)规定:输水管道在坡度小于1‰时,宜每隔0.5~1.0 km设置进气排气阀。一般情况下,每隔1 km左右设置进气排气阀。若依据此规范要求,则需设置较多高压进气排气阀。

国内外个别厂家生产的PN100高压自动进气排气阀已在高水头引水式电站中有所应用,但未有长距离输水工程中使用PN63以上高压自动进气排气阀的实例。本工程输水线路长,进气排气阀压力大,数量多,根据国内外厂家的生产能力及使用业绩,自动进气排气阀最大选用规格为DN100-PN63。依然需要厂家研究DN100-PN63高压自动进气排气阀结构形式,确保其性能可靠、稳定,确保使用安全。

(二)高压手动进气排气阀

输水管道和输油管道设计理念截然不同。石油输送管道沿途不设排气阀,其运行关键是首次充水时采取相关手段排尽管内气体,运行过程中通过监测管道压力,找到集气位置进行排气处理,以确保输油时基本不夹气,设计上不考虑气体的影响。输水管道按规范要求,需设进气排气阀,以避免管道运行期间管口吸入气体、溶解气体和未排尽气体等易在管道内形成断塞流和弥合水锤,减小气体对管道结构和运行造成的安全影响。

本工程对排气设施结合了两个行业特点,采取了特殊设计方案。对于6.3 MPa以上的高压段无法设自动进气排气阀时,改用高压手动球阀替代自动进气排气阀,以实现高压管段检修工况充放水时的排气、补气功能。手动球阀最高压力16 MPa。运行期间阀关闭,不具备进气排气功能;需要进气排气时,人工打开球阀。此种设计已偏离长距离供水规范对排气阀的设置要求,需进行水力过渡计算,评估管道夹气风险。

手动进气排气阀理论上可行,实际操作非常不便。当管道放水检修时,运维人员需守在各个球阀处,待管内压力下降后逐个手动开启手动进气排气阀向管内补气;当管道检修完毕需充水时,运维人员需待水从球阀出口溢出后,再逐个手动关闭手动进气排气阀。此种操作非常麻烦,且极易造成误操作,使管内排气不干净,或高压开阀造成人员伤亡事故。手动进气排气阀的布置要需根据水力过渡计算确定,对手动进气排气阀操作运行需做专门规定。

(三)爆管关断阀布置与选型

本工程由于输水压力高,管线长,6.3 MPa 以上高压段又无自动进气排气阀,一旦爆管,产生的高压水流将对周边建筑物和人身安全造成很大影响。为防止管道爆管造成的事故扩大,故针对高压段在合适的位置安装爆管关断阀。当管道发生爆管事故时,爆管关断阀能监测到管后(前)压力迅速降低、流速增大,自动(无须供电)快速(可调)关闭阀门,切断上游来水;事故处理完成后需手动/电动开阀,恢复通水。

本工程在 1#减压池至县城方向的倒虹吸管段的上部坡段一定高程处设置 1 套 D600-PN40 爆管关断阀。为避免关阀时在阀后形成真空,在阀后配套设置真空补气阀。另外在倒虹吸上坡段设置多级自动止回阀,以防止爆管后引发的弥合水锤引起二次爆管事故。

爆管关断阀如果快速关阀,由于大高差将引起管内流速迅速加大,对管道造成巨大水锤冲击,易引发上游管道的二次爆管,故爆管关断阀需经过水力过渡过程计算确定关阀时间。

六、高压管线穿越断裂带布置结构型式

本工程管道高压段先后穿越麻栗树—南满断裂带、水塘—元江断裂带,麻栗树—南满断裂带位于元江右岸,断裂带宽度约 280 m,管道设计压力为 12 MPa,水塘—元江断裂带的管道位于元江河谷,断裂带宽度约为 200 m,管道设计压力高达 15 MPa。断裂带以左旋 3.7 mm/a 的速度发展,50 年设计周期内的变形可达 185 mm。两处断裂带均属于大断裂,宽度宽,管道压力又高,断裂带将成为高压管道运行的安全隐患,需研究该段高压管道的结构型式、布置方案,使结构适应潜在的活断层错动位移,提高输水管道运行的安全性。

为了适应活动断裂的变形,一般在过断层的局部管线上设置多个伸缩节来适应,但本工程 15 MPa 的压力,暂没有如此高压的万向伸缩节可选用。本工程在水工布置上调整管道与断层交叉角度,尽量垂直穿越,同时借鉴石油管道穿越断裂带设计方法,采用弹性敷设方式,局部加大管壁厚度,加大钢管镇墩间距,钢管敷设采用浅宽槽埋设,增加钢管柔性,也可以参照洞内明管的方式穿越,在外包混凝土与钢管间设弹性垫层,缓解断裂对钢管的破坏。以何种方式穿越将进行专题研究,研究高压管道穿越断裂带布置方案、结构型式,优化管道设计,增加钢管运行安全性。

七、结　语

云南省十里河水库工程输水管道工程将开启我国高压长距离输水管道建设的先河,高压管道的设计和高压阀的选型、布置等技术难题将在后续的相关专题研究中予以解决,并根据研究成果进一步优化设计方案,确保工程安全、可靠运行。

参　考　文　献

[1] 李鹤林,冯耀荣,霍春勇,等. 关于西气东输管线和钢管的若干问题[J]. 中国冶金, 2003,65(4): 36-40.
[2] 中华人民共和国国家能源局. 水电站压力钢管设计规范:NB/T 35056—2015[S]. 北京:中国电力出版社,2016.

作者简介:

汪艳青(1985—),女,高级工程师,主要从事水工金属结构和压力钢管设计工作。

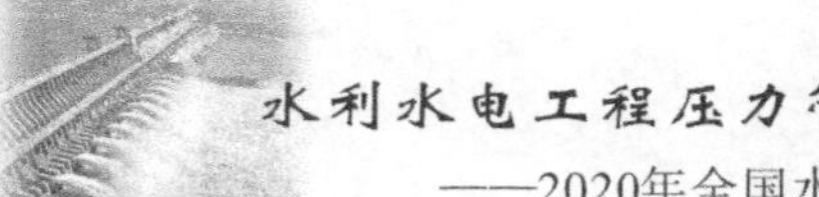

大变形埋地钢管安全评价及修复措施研究

伍鹤皋　于金弘　石长征

（武汉大学水资源与水电工程科学国家重点实验室，湖北 武汉　430072）

摘　要　针对某工程埋地钢管在施工过程中产生了大变形问题，采用有限单元法，分析了该钢管后续运行过程中应力与变形发展规律，提出了水压复圆法修复措施，并与传统的内撑复圆法进行了比较研究。结果表明：埋地钢管作为钢-土组合结构，施工过程不规范，回填土密实度过低，是导致钢管发生过大变形的主要原因；钢管发生塑性并不意味着结构开始破坏，仍有可能继续使用；大变形钢管的修复方法可采用内撑顶圆法或水压复圆法，内撑顶圆法在顶撑区易产生应力集中，而水压复圆法可以使钢管受力均匀，对未运行管道，若配合后期水压试验，水压复圆法更为方便；大变形钢管在投入运行前应详细检测焊缝及防腐措施，并在运行过程中做好安全监测。

关键词　埋地钢管；大变形；安全评价；修复措施；水压复圆法；内撑顶圆法

埋地钢管是一种由钢管和土体组成的联合承载体，其中钢管主要承担内水压力，防止水渗漏；管侧土体用来增加钢管刚度，维持钢管形状。目前国内埋地钢管设计时一般要求钢管的环变形（径向变形量与管径之比）控制在2%~4%以内[1]，但在管道施工过程不规范、地面超载等情况下，钢管易发生较大变形，甚至超出规范要求。钢管作为柔性薄壁结构，当发生大变形后，相关安全判据较为缺乏，荷载作用下发展趋势难以把握，易产生失稳、断裂等破坏，严重影响管道的长期安全稳定运行。

目前埋地钢管的结构设计理论依旧是以弹性力学分析结果为基础，并采用较高的安全系数。Spangler 试验表明，当环变形为 20%时，管底近乎平直，但为安全起见，设计时最大允许环变形常在5%以下，其安全系数达到 4 以上[2]。实际上，钢管发生较大变形并导致局部进入塑性状态并不可怕，因为钢材超过弹性极限后还能继续承担应力，只是应变较大且产生了部分不可恢复的塑性变形，致使其他部位钢材承受更大的应力，进而提高整个结构的承载能力[3]。因此，在保证安全的前提下，考虑塑性变形的影响，能够合理利用材料承载特性，并带来显著的经济效益，这也是未来结构设计的发展趋势。国内外对于大变形埋地管道的研究较少，并且规范中也未明确说明具体的处理措施，例如：《给水排水管道工程施工及验收规范》（GB 50268—2008）中规定对于管道变形超出设计要求的埋地钢管应挖出管道，并会同设计单位研究处理[4]。实际工程中钢管变形过大的原因通常是管周土体不密实，导致土体反力模量过低[5-6]。目前对大变形埋地钢管常见的处理方式为整体开挖、顶圆、重新回填或是局部开挖、顶圆、土体注浆加固[6]。

本文以某个发生大变形的埋地钢管工程为例，采用有限单元法研究了当前状态下（不加处理）钢管在运行期间的变形及应力发展规律，以及为保证管道的长期安全稳定运行，探讨了大变形埋地钢管的修复措施。本文在传统的千斤顶支撑顶圆的基础上，根据内水压力能够使钢管部分复圆的原理，创新性地提出了水压复圆法，这为后续相关问题的处理提供了一种新的解决思路。

一、工程概况

某工程为双线埋地钢管，钢管间距 1 m，管材采用 Q235 钢材，总长度约为 1 145 m，管径均为

3.6 m,壁厚 18 mm,间隔 2 m 设置加劲环,工作压力 0.4 MPa。管顶覆土高度 2.5 m,砂垫层厚 0.3 m,沟槽开挖深度 6.4 m,沟槽侧壁坡度 1:0.2。工程完工后进行变形复测,结果显示部分管段变形过大,超出规范要求。钻孔复勘结果表明沟槽内的回填土及垫层密实度较低,均达不到设计要求。如图 1 所示,通过查看施工照片并与现场施工人员交流得知,钢管施工过程不规范,例如:施工过程中钢管没有设置内支撑,回填之前钢管已有部分变形;回填土质量及回填过程都没有严格按设计要求进行,导致回填土不密实甚至钢管与土体存在脱空现象;钢管上方荷载过大,常有重型车辆通过,甚至采用振动碾来压实土体,部分现场施工照片如图 1 所示。现场实测钢管环变形在 9%以内波动,远超规范要求 2%~4%;钢管环向应力达到 246 MPa,大于钢材设计屈服强度,故若严格按照规范要求,钢管变形和应力均不满足。

(a)砂垫层不密实

(b)钢管内部无支撑

图 1　管道施工现场照片

考虑到该工程投资巨大且工期紧张,若完全更换钢管重新施工并不现实,需根据钢管实际情况进行处理。若直接根据设计要求判断,钢管局部已达到屈服状态,但实测钢管变形均为缓慢过渡,不存在局部超量塑性变形,考虑到 Q235 钢材具有优良的伸长率,钢管若处于塑性状态,尚有足够的塑性储备。查阅钢材出厂产品质量证明书,钢板屈服强度为 300 MPa,抗拉强度为 430 MPa;加劲环的屈服强度为 355 MPa,抗拉强度为 465 MPa,伸长率均在 30%左右。可见,该钢管虽然处于大变形状态,但实际上大部分区域应力水平仍处于弹性阶段,即使产生少部分塑性区,其塑性也在发展的初期,还有相当的塑性储备。

管道在后续运行过程中,还会经历内水压力、真空及车辆等荷载作用,存在变形和应力大幅增加的可能性,并且管周松散的土体是个长期的安全隐患。经综合考虑,决定先采用数值模拟方法,研究当前状态下钢管在后续运行期间的变形及应力发展规律,并对钢管安全进行综合性评价,然后探讨下一步处理措施。

二、模型建立及理论基础

(一)有限元模型

本文采用有限元软件 ABAQUS 建立计算模型。模型主要由钢管、加劲环、回填土和原状土组成,宽 44.6 m,高 24.3 m,轴向长度取 2 m,如图 2 所示。钢管采用壳单元 S4 模拟,土体采用实体单元 C3D8 模拟。模型底部、前后及左右端面施加沿法向的位移约束,顶面自由。钢材弹性模量 2.06×10^5 MPa,泊松比 0.3,密度 7 850 kg/m^3,并根据钢材出厂实测数据,钢管和加劲环的屈服强度分别取 300 MPa 和 355 MPa,抗拉强度分别取 430 MPa 和 465 MPa。钢材采用随动强化塑性本构模型,土体采用线性 Drucker-Prager 屈服准则,土体材料参数根据现场勘测确定详见表 1。管-土、土-土(沟槽侧壁)交界面均考虑设置接触,管-土间的摩擦系数取 0.25,土-土间的摩擦系数根据内摩擦角确定[1, 7-8]。

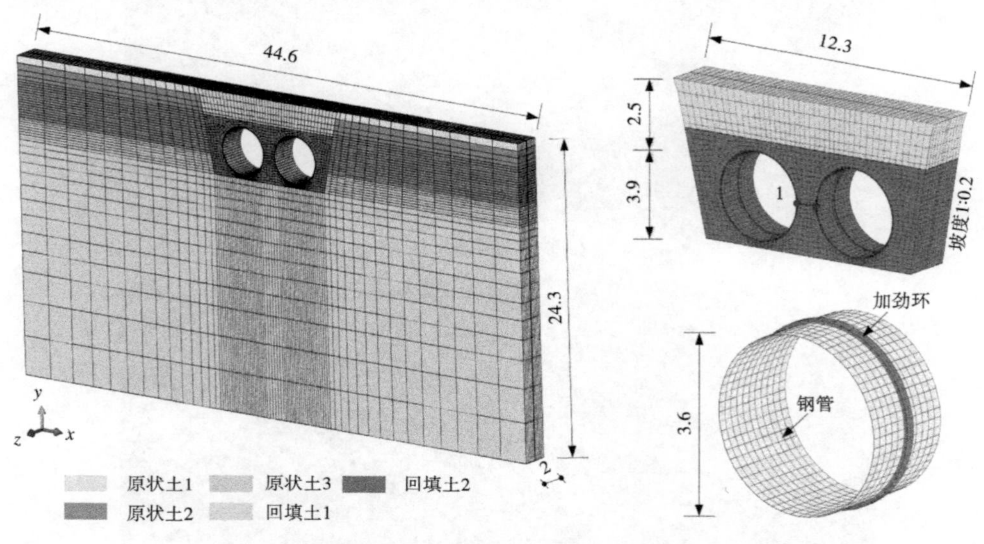

图 2 有限元模型 (长度单位:m)

表 1 土体力学参数

土体种类	变形模量(MPa)	泊松比	黏聚力(kPa)	内摩擦角(°)	密度(kg/m^3)
原状土 1	9.18	0.20	—	—	1 940
原状土 2	15.00	0.25	300	20	2 090
原状土 3	18.00	0.30	500	30	2 400
回填土 1	2.70	0.18	10	10	1 800
回填土 2	1.80	0.20	5	4	1 800

(二)材料本构模型

钢材采用线性随动硬化塑性本构模型,该模型在达到屈服应力后,应力和应变都可以继续增加,此时应力是塑性应变的函数,如果卸载后再次加载,材料的屈服应力会提高。由于岩土类材料的屈服与体积变形或静水应力状态有关,故土体本构模型采用线性 Drucker-Prager 准则,该准则考虑了静水压力对屈服与强度的影响,还考虑了岩土类材料剪胀性的影响[9]。线性 Drucker-Prager

准则的屈服面如图 3(a)所示,其表达式见式(1);塑性势面如图 3(b)所示,其表达式为式(3)。该准则允许屈服面等向放大(硬化)或缩小(软化),并且屈服面的大小变化由等效应力 $\bar{\sigma}$ 控制,并且可以通过 $\bar{\sigma}$ 与等效塑性应变 $\bar{\varepsilon}^{pl}$ 的关系来控制,等效塑性应变为 $\bar{\varepsilon}_{pl}=\int\dot{\bar{\varepsilon}}_{pl}\mathrm{d}t$ [10-11]。

$$F=t-p\tan\beta-d=0 \tag{1}$$

$$t=\frac{1}{2}q\left[1+\frac{1}{K}-\left(1-\frac{1}{K}\right)\left(\frac{r}{q}\right)^{3}\right] \tag{2}$$

$$G=t-p\tan\psi \tag{3}$$

式中 t——另一种形式的偏应力,可以更好地反映主应力的影响;

$\beta\ (\theta, f_i)$——在 p-t 应力空间上的倾角,与内摩擦角有关;

d——屈服面在 p-t 应力空间上的截距,是另一种形式的材料黏聚力;

$K\ (\theta, f_i)$——三轴拉伸强度与三轴压缩强度之比,反映了中主应力对屈服的影响,要求 $0.778\leqslant K\leqslant 1.0$,不同 K 值的屈服面在 Π 面上的形状不同;

$\psi\ (\theta, f_i)$——p-t 应力空间上膨胀角。

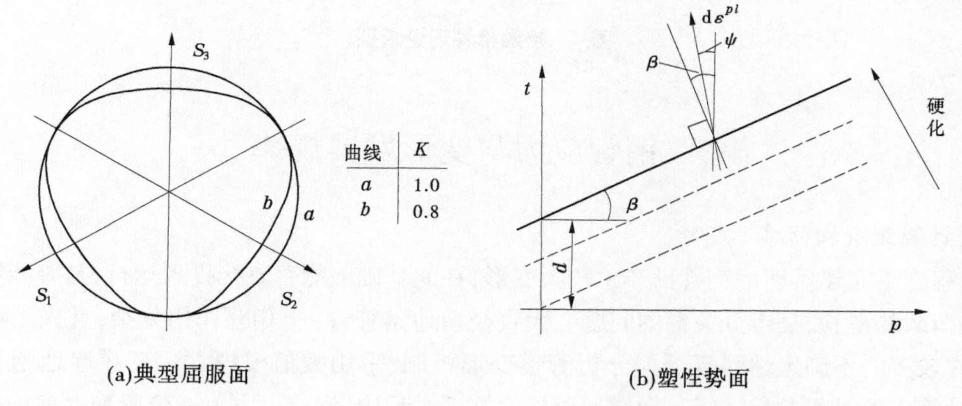

图 3　线性 Drucker-Prager 准则

(三)接触非线性理论

接触问题是一个高度非线性行为,界面力的传递机制是模拟的关键。接触问题主要需要解决以下问题:① 接触区域以及接触面间的接触状态;② 接触面接触行为的本构模型[12]。

模拟时采用主-从接触算法,在管-土和土-土表面建立相互接触的接触对,该方法要求主控表面的节点可以穿透到从属表面,但从属表面的节点不能穿透到主控表面,如图 4(a)所示,故将钢管和沟槽侧壁的原状土表面定为主接触面,沟槽内土体表面定为从属接触面[13]。

接触面之间的相互作用包括主控表面法向行为和接触表面的切向行为。接触法向行为采用硬接触,即当两个接触面没有接触,它们之间不存在任何接触压力,但一旦发生接触,就存在接触压力,如图 4(b)所示。接触面的切向可能存在摩擦剪切应力,如果剪切应力达到某个临界值,接触面之间就可能发生相对滑动,否则粘在一起。采用库仑摩擦模型,临界摩擦力 τ_{max} 取决于接触压力如图 4(c),其计算公式为[10]:

$$\tau_{max}=\mu p \tag{4}$$

式中 μ——摩擦系数;

p——接触面间的接触压力。

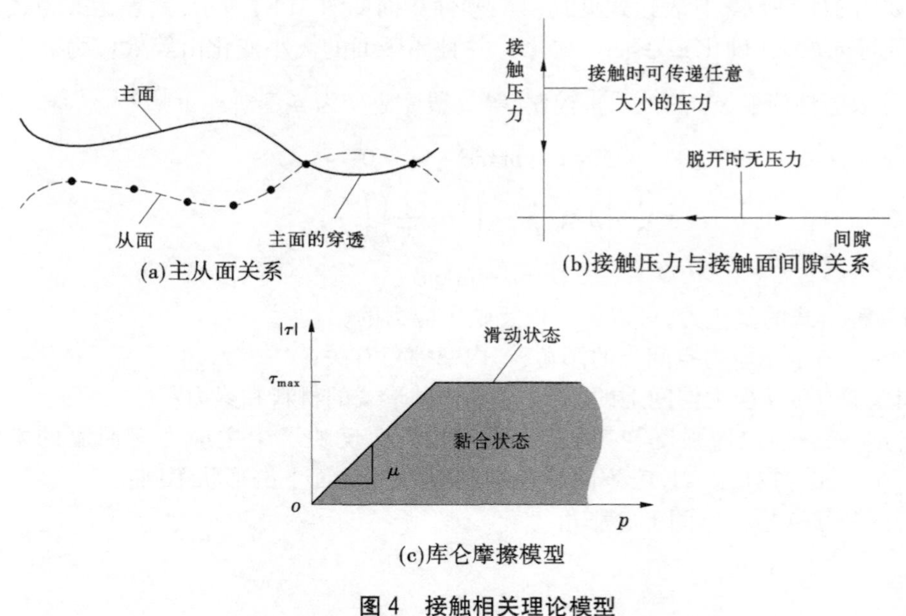

(a)主从面关系

(b)接触压力与接触面间隙关系

(c)库仑摩擦模型

图 4　接触相关理论模型

三、钢管应力与变形发展规律

(一)计算工况和荷载

本工程施工完建后埋地钢管已产生较大变形,在此基础上能否直接投入运行,是否能够经受运行期各类荷载的考验,是十分关键的问题。大直径埋地钢管管-土相互作用复杂,且该工程施工不规范,存在较多的不确定性因素。为分析管道变形机制,采用数值模拟方法反演埋地钢管施工过程,并对计算中的重要参数进行了敏感性分析。施工过程中,钢管上方 1 m 位置和地表均采用碾压车辆,对回填土进行压实,图 5 给出了钢管竖向直径变化量和钢管最大 Mises 应力与土体模量、碾压荷载的关系。可以看出:管周土体的模量只要保证在实测模量的 50%以上,即使有较大的碾压荷载,钢管的变形基本在 100 mm 以下。当土体的模量为实测模量的 50%以下时,随着模量的减小、碾压荷载的增大,钢管的变形量急剧增加。相应地,钢管的应力随着变形量的增大而增大,由于钢管断面基本上处于受弯或偏心受力状态,即使钢管某点的应力超过屈服强度,但由于应力的重分布,钢管的最大 Mises 应力也不会有十分明显的增大。最终经过试算可以得到完建后与实测结果较为接近的钢管变形和应力,在此基础上假定钢管不采取任何修复措施,模拟分析钢管在典型工况下的变形及应力发展规律,为钢管安全评价及后续处理措施提供参考依据。

表 2 列出了 2 种典型工况及其荷载组合。水压试验是钢管正常运行前必须进行的测试,水压试验压力 0.5 MPa 大于正常运行压力 0.4 MPa,能够反映钢管在高内压下的变形及应力发展规律。管内真空工况为最不利工况,真空压力取 0.05 kPa,在真空状态下,假定钢管上方有重型车辆垂直管轴通过,车轮着地面积 0.1 m^2,车辆轮压为 0.75 MPa。本工程钢管已发生较大变形且回填土体松散,在车辆轮压作用下钢管变形和应力有可能大幅度的增加,因此考虑在地表放置 20 mm 厚的钢板,尽量使传递至地表的压力更为均匀。计算时,假定温升 25 ℃。

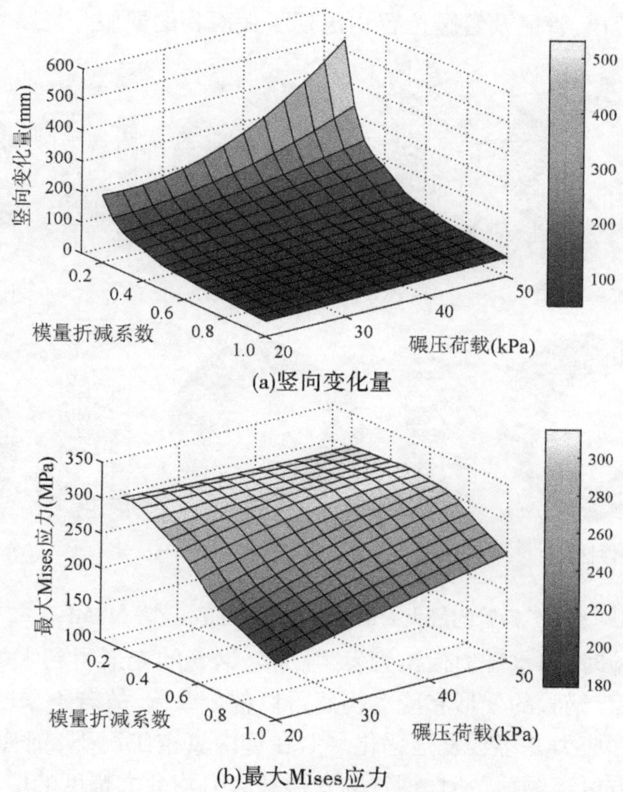

图 5　钢管变形和应力与土体模量、碾压荷载的关系

表 2

工况及荷载组合

计算工况	荷载组合					
	钢管自重	土压力	车辆荷载	温度荷载	内水压力	真空荷载
水压试验工况	√	√		√	√	
管内真空工况	√	√	√	√		√

(二)结果分析

图 6 为钢管在水压、真空和车辆荷载作用下的应力及塑性区,在水压试验工况和管内真空工况下钢管变形和应力发展规律,具体表现为:

(1)对钢管变形而言,完建时钢管竖向变形和水平变形分别为 331 mm 和 296 mm。水压试验时,钢管部分复圆,竖向变形和水平变形分别减少到 222 mm 和 206 mm,恢复了 32.93%和 30.41%;卸去水压后,钢管变形重新开始增加,竖向变形和水平变形增加到 302 mm 和 280 mm,但与完建时相比减小 8.76%和 5.41%。当管内仅有真空压力时,钢管向内缩,钢管竖向变形和水平变形分别增加 6.95%和 5.41%;继续施加车辆荷载,钢管变形明显增加,与完建时相比竖向变形和水平变形最大分别增加 27.49%和 23.65%;当卸去车辆荷载后,钢管的变形部分恢复,但依旧比完建时增加 13.29%和 12.50%。

(2)对钢管应力而言,完建时钢管的椭圆化变形,导致钢管顶部、底部以及两腰位置均出现较大的弯曲应力,钢管已部分屈服;水压试验时,钢管部分复圆使得管壁弯矩减小,但内水压力产生环向拉应力,显著提高管壁应力水平,钢管塑性区范围加大,管底及管腰大面积屈服,管顶部分屈服;当钢管仅承受真空压力时,管壁应力较高,屈服面积进一步增加但主要出现在管底及管腰位置;当钢管上方通过车辆时,管顶、管底及管腰位置均出现了大面积的屈服。

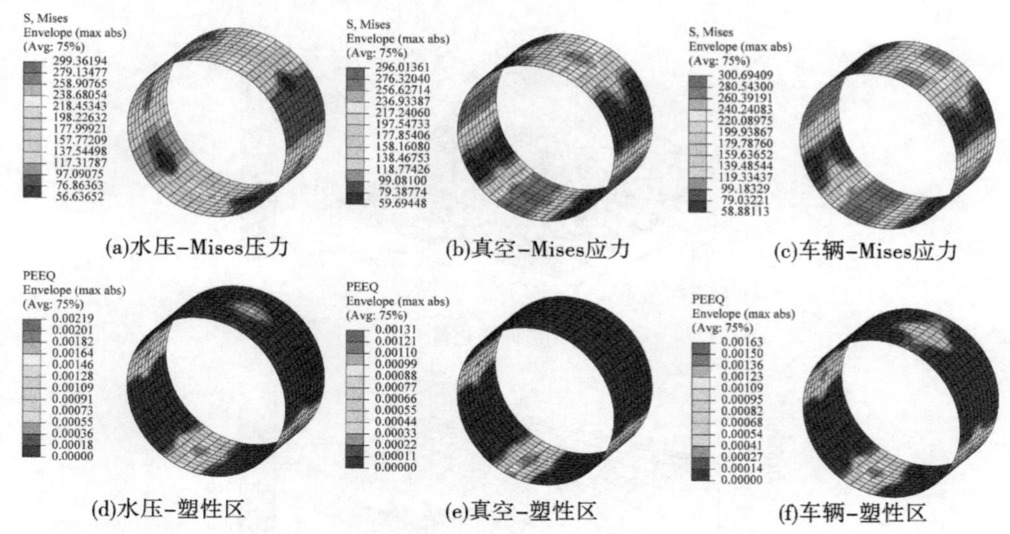

(a)水压-Mises压力　(b)真空-Mises应力　(c)车辆-Mises应力

(d)水压-塑性区　(e)真空-塑性区　(f)车辆-塑性区

图6　钢管的最大 Mises 应力和塑性区　(单位:MPa)

总体而言,水压试验时,内水压力使钢管发生膨胀,钢管的变形得到大幅度的改善并且管壁应力分布更为均匀;卸载后,钢管的变形和应力仍然得以部分改善,故若不采取任何加固措施,钢管在后续水压试验时,变形和应力并不会发生恶化。但在管内真空工况下,钢管向内缩,钢管变形量增大,在此基础上钢管上方过车辆荷载时,钢管的变形和应力均会大幅度的增加,塑性进一步发展,当车辆荷载撤去后,钢管也无法完全恢复,严重影响管道的安全。考虑到该管道后期经常有重型车辆通过,为确保管道的长期安全稳定运行,经综合评估,应对该大变形管段采取修复措施。

四、管道修复措施与效果分析

(一)修复方法

鉴于钢管已发生大变形且管周土体密实度较低,修复目标是实现钢管复圆和提高管周土体模量。目前大变形埋地钢管的主要修复措施是管内支撑顶圆,并配合外部土体注浆的方式,例如:绵阳某埋地钢管,管径为1.02~2.64 m,运行期间发现个别钢管断面有明显的椭圆化,环变形超过4%,局部超过7%,回填土密实度在80%~90%,均未达到设计要求,后经专家论证,采用该方法处理,取得了较好的修复效果[6]。工程实践中当钢管埋深较高时,直接内撑顶圆较难实现,需对管顶及两侧土体开挖卸荷,后在钢管内部用若干个千斤顶将钢管复圆,并配合外部土体注浆加固,内撑顶圆法实施过程如图7所示。考虑到该工程后续还需进行水压试验,内水压力对钢管复圆有利,为提高效率、节约成本,提出一种新的方法即水压复圆,配合外部土体注浆。水压复圆法实施过程如图8所示。

内撑顶圆法与水压复圆法的具体修复步骤如下:

(1)开挖卸载:开挖沟槽内管腰以上土体,减少钢管所受土压力,恢复钢管部分变形。

(2)复圆过程:采用内撑顶圆方法需每间隔1 m,在跨中和刚性环断面的管顶和管底施加力,以模拟千斤顶的作用,逐渐增大所施加的力,使钢管的变形恢复到3%以内;采用水压复圆法,直接施加0.5 MPa的内水压力,并检查钢管的变形情况是否恢复到3%以内。

(3)注浆加固:保持千斤顶的顶撑力或水压不变,以维持钢管的变形,然后对管侧土体进行灌浆加固。

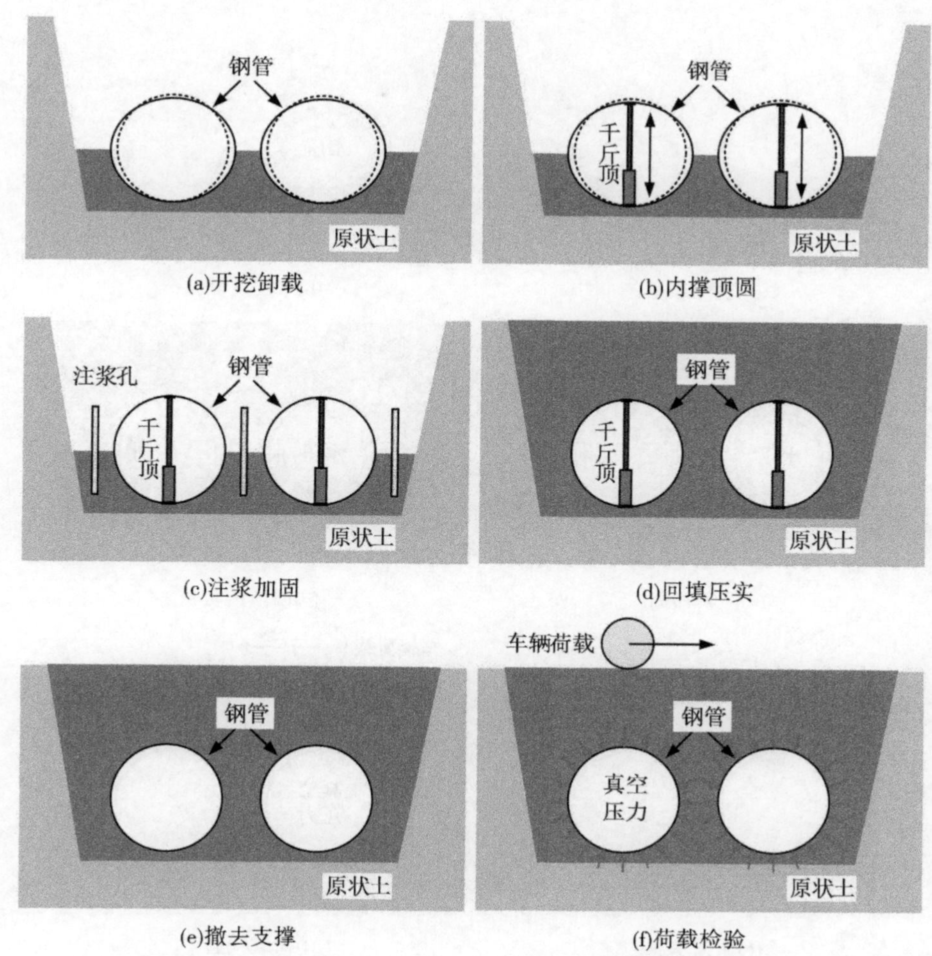

图7　内撑顶圆法

(4)回填压实:保持外荷载不变,重新回填管周土体,严格控制施工质量,显著提高土体密实度。

(5)撤去支撑或水压:回填完毕后,撤去支撑或水压,监测钢管产生的变形情况。

(6)进行荷载检验:选择最不利工况即管内真空工况,检测在真空及车辆荷载作用下钢管的变形及应力发展。为深入了解内撑顶圆法与水压复圆法的可行性,采用数值模拟技术对这两种修复措施进行比较研究。

(二)比较分析

采用数值模拟方法,初步模拟内撑顶圆与水压复圆过程。为模拟千斤顶的作用,经过试算,在跨中断面和加劲环断面的管顶、管底分别施加外部竖向力 59 kN 和 85 kN。保守起见,假定土体注浆加固后的管周土体变形模量取 4 MPa,内摩擦角取 13°,黏聚力取 13 kPa,同时修改管-土间的接触状态,使两者保持接触。

内撑复圆法与水压复圆法模拟过程中的钢管变形见表 3,可见:管周开挖卸荷,通过减少钢管所受土压力,可以恢复钢管部分变形,与完建状态相比竖向变形和水平变形分别恢复了 16.62%和 16.89%;采用内撑复圆或水压复圆,经注浆加固,土体回填后,撤去外荷载,钢管变形量很小;钢管修复完成后,即使考虑最不利的管内真空工况,钢管的变形增加量很小,满足规范要求的 3%以内。

修复完成后钢管在最不利工况(管内真空工况)下的 Mises 应力及塑性区范围见图 9,可见:经过加固后,钢管整体应力水平有明显改善,若采用内撑复圆法对钢管进行修复,需在管顶和管底部

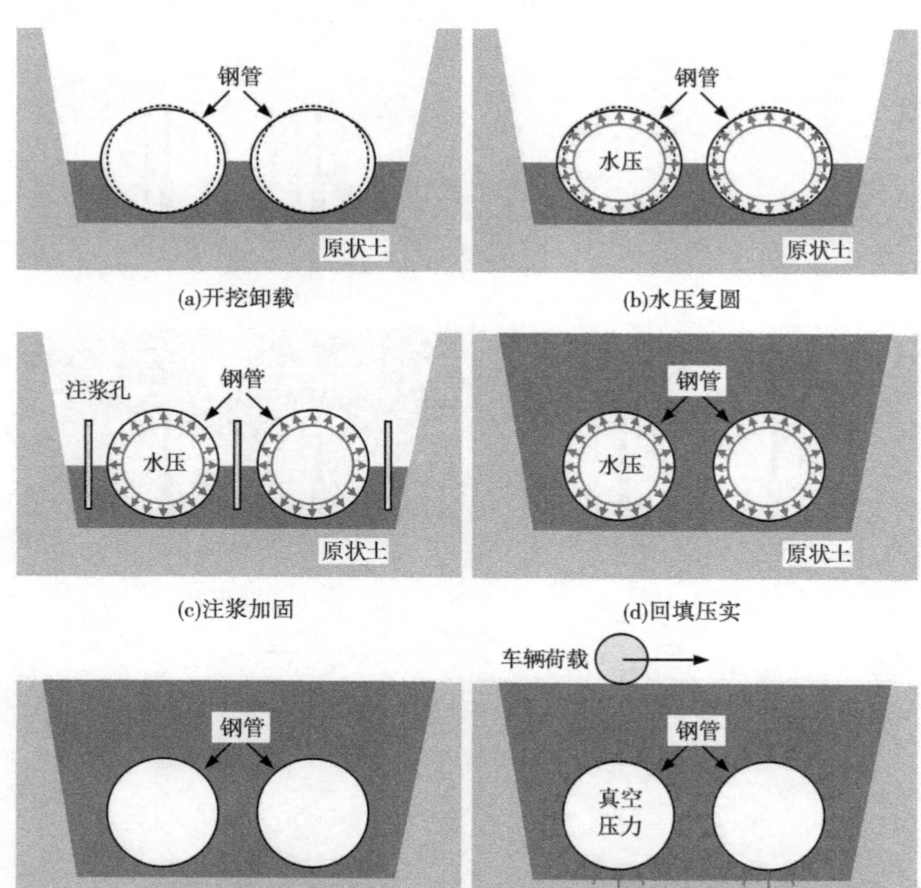

(a)开挖卸载 (b)水压复圆
(c)注浆加固 (d)回填压实
(e)撤去水压 (f)荷载检验

图8 水压复圆法

位采用外力顶撑,造成了钢管局部应力集中,加大了顶撑区域的塑性发展;若采用水压复圆法进行修复,钢管除了在加劲环断面管顶、管腰和管底位置应力较大外,其他部位应力均较为均匀,管壁塑性发展较为和缓。

总体而言,钢管修复时,采用内撑复圆法或者水压复圆法均能够有效地改善钢管的变形,提高管周土体的抗力,增强钢管-土组合结构的整体刚度,只要后期钢管承受的荷载不超过目前的量值,钢管的变形和应力就会维持在较低的水平,塑性区范围也不会继续加大。内撑复圆法在顶圆过程中,要注意在顶圆过程中,管顶和管底局部的破坏,管腰处钢管与刚性环焊缝拉裂。水压试验法,能够使管壁均匀受力,钢管的受力条件比内支撑方式更好,考虑到该钢管后续还需进行水压试验,直接采取水压复圆法,则更为方便。

表3　钢管径向变形变化过程　　单位:mm

修复方法	方向	初始	开挖	复圆回填后	卸去支撑/水压	真空压力	车辆通过后	环变形
内撑复圆法	竖向	331	276	75	85	88	88	2.44%
	水平	296	246	81	78	81	82	2.28%
水压复圆法	竖向	331	276	74	97	99	105	2.92%
	水平	296	246	67	88	99	93	2.58%

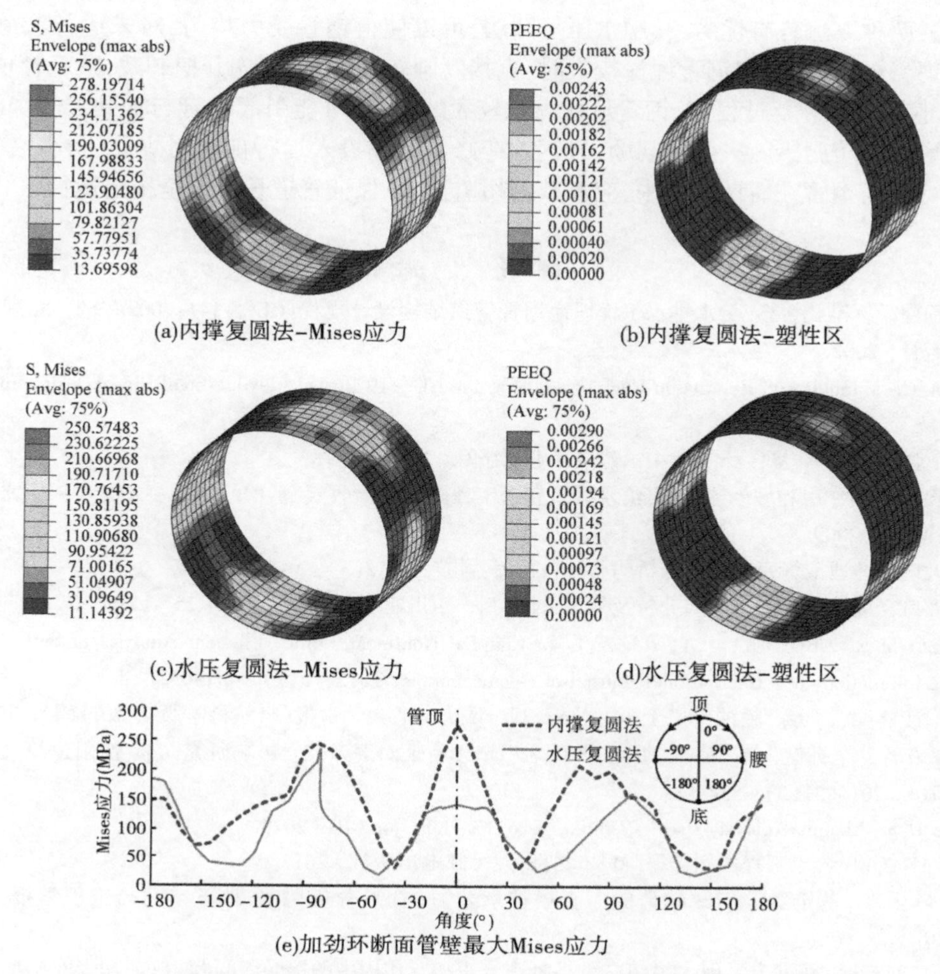

图 9　最不利工况下车辆通过后钢管的 Mises 应力和塑性区　（单位：MPa）

五、结　　论

本文以某工程埋地钢管为例，通过采用有限单元法对钢管在完建后运行期间的变形和应力进行预测，并对相关修复措施进行比较研究，系统总结了埋地钢管发生大变形后的安全评价及修复措施，可为未来类似工程的评价及修复提供参考，通过本文研究得出以下结论：

(1)埋地钢管发生大变形通常是回填土密实度较低、施工过程不规范导致的，故应加强对施工质量的管控。钢管在运输及施工过程中内部应设置支撑；在钢管现场环缝焊接完成后，应保证钢管底部施工槽回填密实；车辆碾压过程应小心谨慎，应避免在钢管正上方振动碾压土体；对经常有重型车辆通过的管段，建议采用地表铺设钢板或钢管外包混凝土等其他减荷措施。

(2)埋地钢管的钢材通常具有较好的延性和塑性，钢管发生塑性并不意味着结构开始破坏，仍有可能继续使用。当埋地钢管变形过大，导致局部应力达到屈服强度后，虽然钢材进入了塑性阶段，但由于钢管受弯曲荷载的作用，表面应力达到屈服强度后，可进行应力重分配，钢管的塑性仍处于发展的初期，后期只要做好修复处理并配合一系列安全措施，仍然能够保证钢管后期的安全运行。

(3)大变形埋地钢管的应力通常较高且管周土体支撑不足，当管道承受不利荷载，致使钢管变形和应力大幅增加，严重影响管道安全时，需考虑进行修复。钢管的修复方法可采用内撑复圆法或水压复圆法，两种方法各有优劣，其中水压复圆法，可以使得钢管受力均匀，对未运行管道，若配合后期水压试验，更为方便；当钢管埋深较大时，直接复圆较为困难，可先开挖卸载，减轻管顶土压力。

（4）管道施工和修复过程中，钢管形状出现较大的变化，可能引起钢管与加劲环间焊缝或者管片间的焊缝拉裂、防腐措施失效等问题，故钢管在修复后和投入运行前应对焊缝、防腐措施重新检测和修复。此外，钢管在后期运行中，应对其密切监测，以保证管道长期安全稳定运行。

参考文献

[1] 中国工程建设标准化协会. 给水排水工程埋地钢管管道结构设计规程：CECS 141：2002. [S]. 北京：中国建筑工业出版社，2002.

[2] ASCE. ASCE Manuals and Reports on Engineering Practice NO. 119 Buried Flexible Steel Pipe：Design and Structural Analysis[S]. 2009.

[3] 薛守义. 弹塑性力学[M]. 北京：中国建筑工业出版社，2005.

[4] 中华人民共和国住房和城乡建设部. 给水排水管道工程施工及验收规范：GB 50268—2008：[S]. 北京：中国建筑工业出版社，2009.

[5] 李伟. 大口径埋地钢管变形原因分析[J]. 山西水利科技，2012(3)：56-57.

[6] 杜江. 大口径埋地钢管变形原因分析及处理方法[J]. 四川建筑，2015，35(4)：157-158.

[7] DEZFOOLI M S，ABOLMAALI A，RAZAVI M. Coupled Nonlinear Finite-Element Analysis of Soil - Steel Pipe Structure Interaction[J]. International Journal of Geomechanics，2015，15(1)：4014032.

[8] 周正峰，凌建明，梁斌. 输油管道土压力分析[J]. 重庆交通大学学报(自然科学版)，2011(4)：794-797.

[9] 吴玉厚，田军兴，孙健，等. 基于ABAQUS的岩石节理特征对滚刀破岩影响研究[J]. 沈阳建筑大学学报(自然科学版)，2015，31(3)：534-542.

[10] Simulia D S. Abaqus Analysis User's Guide，v. 6.13. Johnston，RI. 2013.

[11] 费康. ABAQUS 岩土工程实例详解[M]. 北京：人民邮电出版社，2017.

[12] 贺嘉，陈国兴. 基于ABAQUS软件的大直径桩承载力-变形分析[J]. 地下空间与工程学报，2007(2)：306-310.

[13] 任艳荣，刘玉标，顾小芸. 用ABAQUS软件处理管土相互作用中的接触面问题[J]. 力学与实践，2004(6)：43-45.

作者简介：

伍鹤皋(1964—)，男，教授，主要从事压力管道和地下工程研究。

分段式布置回填钢管轴向受力特性研究

石长征　伍鹤皋　马　铢　施慧丹

（武汉大学水资源与水电工程科学国家重点实验室，湖北 武汉　430072）

摘　要　水利水电行业中回填钢管内水压力较高，在管道转弯处易产生较大的不平衡力，影响管道的轴向抗滑稳定。以分段式布置即设置了伸缩节的回填钢管为研究对象，采用有限元方法，分析了不设镇墩和设置镇墩两种情况下管道和土体之间的摩擦力分布、管道滑移、管道轴向抗滑稳定性，并研究了温度作用、管长、内水压力、钢管转弯角度等因素的影响。计算结果表明：管道足够长时，可以依靠管道与土体之间的摩擦力维持管道的轴向稳定，否则应设置镇墩帮助管道保持稳定；对有锚固段的管道，管线转弯角、内水压力越大，管道与土体相对滑移、摩擦应力越大；温度作用、泊松效应、管道自重沿管轴线分量的综合效应将影响管道相对土体的滑移方向和摩擦力的方向；镇墩的设置可以减小管道的滑移量和摩擦应力，对无锚固段的管道抗滑稳定作用比较显著，对有锚固段的管道影响可以忽略。

关键词　回填钢管；滑移；摩擦力；内水压力；温度；转角；镇墩

随着我国水利水电事业的发展，近年来长距离管道工程逐渐增多，回填钢管因其结构简单、施工方便、不需要设置支墩、后期维护工作量小等优点，在长距离管线中的应用也逐渐增多[1]。在水利水电工程中，受地形地质条件影响，管线的起伏转折难以避免。当管径较大、内水压力较高时，会在管道转弯处产生较大的不平衡力，使得管道受到沿轴向的作用力，影响其稳定。对于地面明钢管，通常在转弯处设置镇墩，通过镇墩固定管道[2]。回填钢管埋于土体之中，实际工程中，很多小直径低内压的管道在管道转弯处并不设置镇墩，依靠管道与土体之间的摩擦力和土体对管道的约束来维持管道的稳定[3]。但当管道 HD 值较大时，是否能不设置镇墩，管道是否会产生滑移等问题均需要展开研究。

本文结合某实际工程，建立回填钢管的三维有限元模型，分析当管线中有伸缩节时，回填钢管不设置镇墩和设置镇墩两种情况下，管道结构沿轴向的受力特性，以期为回填钢管轴向稳定设计提供参考。

一、有限元模型

本文结合某发电引水回填钢管建立有限元模型。该回填钢管内径 4.1 m，管顶覆土 2.75 m，沟槽底宽 8.5 m，深 6.85 m，底部设置 50 mm 厚水泥稳定砂砾。为研究回填钢管轴向受力特性，且分析在钢管转弯处设置镇墩对钢管轴向受力的影响，本文以一段钢管为例，设置了在钢管转弯处设置镇墩以及在钢管转弯处不设镇墩的方案，详见表 1 和图 1。

根据上述布置方案建立回填钢管的三维有限元模型，管道模型的范围：包括原状土在内的地基宽度取 44.52 m，地基的深度取 2 倍开挖深度。坐标系采用笛卡儿坐标系，x 轴正方向为垂直于管轴线水平向右（面向下游），y 轴正方向为铅直向上，z 轴正方向沿管轴线指向上游。模型中的钢管采用 4 节点壳单元模拟，回填土和原状土采用 8 节点实体单元模拟。因波纹管伸缩节的轴向刚度很小，假定钢管在伸缩节处轴向可自由伸缩，在钢管上游初始端无约束。计算中钢管与周围回填土及回填土与原状土之间建立接触关系，考虑接触面上的摩擦力和黏聚力。不同回填钢管方案纵向布置有限元整体网格示意图如图 2 所示，横剖面有限元网格模型如图 3 所示。

表 1　　回填管钢管设计方案

方案	钢管内径（m）	设计水头（m）	上游直管段长度（m）	管轴线与水平线之间的夹角 β(°)	钢管在立面的转角 θ(°)	是否设镇墩
WZD	4.1	336	185	9	5	否
ZD-1	4.1	336	20	0	25	是
ZD-2	4.1	336	185	9	5	是

计算中，模型前后及左右端面施加沿法向的位移约束，底部施加全约束，顶面自由。管道中心设计内水压力取 3.36 MPa，钢管采用 Q345 钢材，管壁厚度取 44 mm，不考虑地面车辆、温度等荷载。钢材弹性模量 2.06×10^5 MPa，泊松比 0.3，密度 7 850 kg/m^3；回填土变形模量 7 MPa，泊松比 0.35，密度 2 100 kg/m^3；原状土变形模量 30 MPa，泊松比 0.35。钢材采用理想弹塑性模型，土体采用弹塑性模型，服从 Drucker-Prager 屈服准则[4]。不同材料接触界面采用库仑摩擦模型模拟传力关系，钢管和回填土之间摩擦系数取 0.3，回填土和原状土之间摩擦系数取 0.577[3,5]。计算考虑钢管满水运行工况，荷载包括管道自重、土压力、内水压力以及水重。

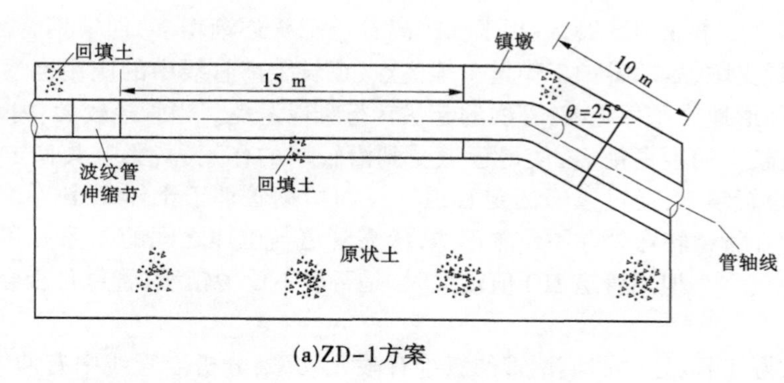

(a)ZD-1方案

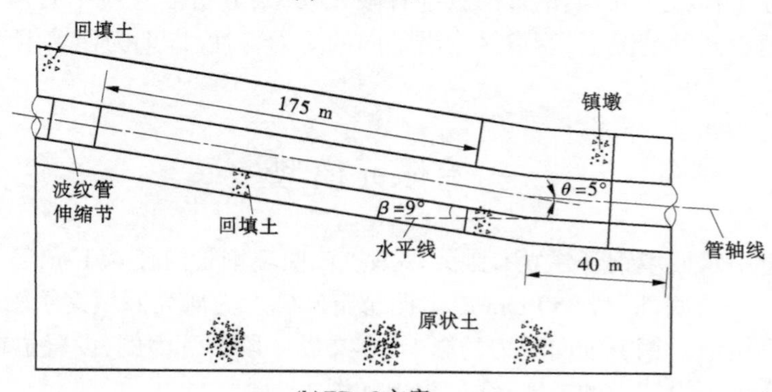

(b)ZD-2方案

图 1　回填钢管布置示意图

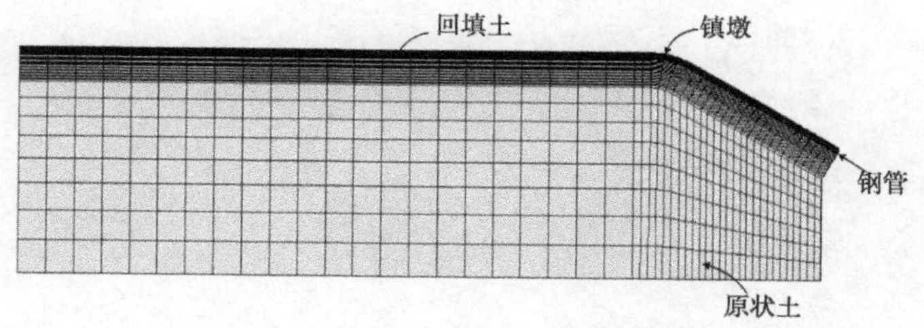

图 2　设镇墩方案有限元网格示意图

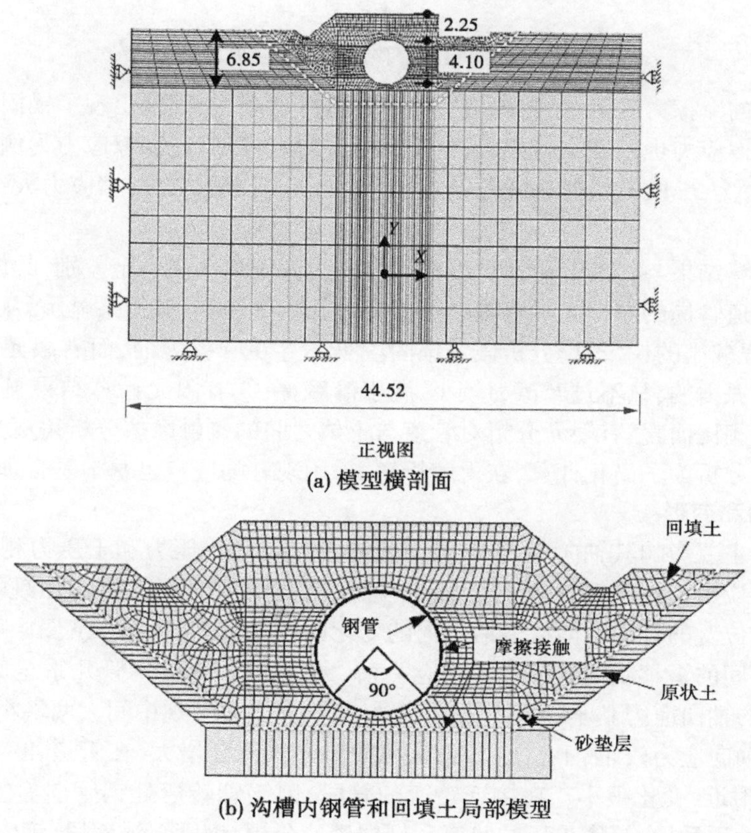

(a) 模型横剖面

(b) 沟槽内钢管和回填土局部模型

图 3　回填钢管有限元横剖面模型图　(单位:m)

二、不设镇墩方案钢管受力特性分析

(一)管土间滑移及摩擦应力分布

管道和土体之间建立了接触关系,根据管土间相对滑移沿管轴线的分布规律,可判断管道与土体之间的相对运动状况。管道满水工况下管土间相对滑移沿管轴线的分布变化曲线,如图 4 所示,横坐标轴表示管道断面至自由端的长度。

沿管轴线,自由端管土相对滑移最大,沿着管轴线向下游,管土间相对滑移急剧下降,至 12 m 断面开始,滑移量下降速度变缓,至 74 m 断面管土间相对滑移沿管轴线大致保持不变,管底位置管土间相对滑移接近 0 mm。另外从图 4 中也可以看出,在钢管转弯处又出现了一定的滑移,但滑移量很小。从自由端到 74 m 断面,钢管与土体之间存在滑移,该段管道为过渡段;从 74 m 断面开始到钢管转弯断面,钢管与土体之间不发生相对滑移,该段管道为锚固段,锚固段长 108 m。在滑移

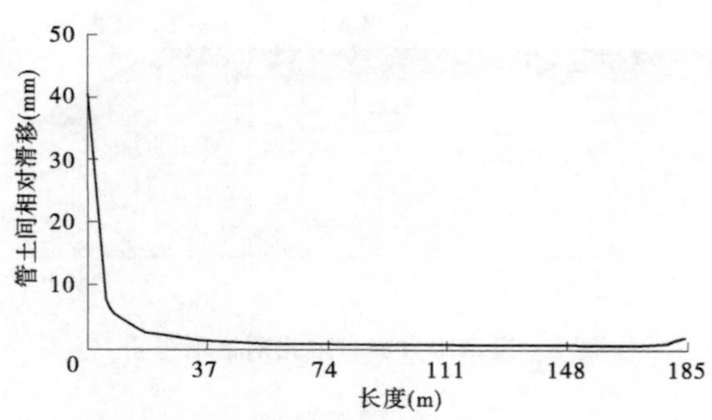

图4 管土间相对滑移沿管轴线变化曲线

段管周回填土提供的摩擦力已足够大,抗滑力已经接近于滑动力,因此出现了锚固段。

管土之间的摩擦应力也表现出与相对滑移相同的规律。以管底摩擦应力为例,沿管轴线,摩擦应力在自由端最大,为55 kPa,沿管轴线逐渐减小,至74 m断面附近,摩擦应力大致保持不变,维持在10 kPa左右。

上述有限元计算结果与目前分析回填钢管轴向受力的理论存在一定差别,具体体现在:①理论分析假定滑移段管道管周的摩擦力沿管轴线是不变的,而有限元计算结果显示,从自由端至锚固段始端,摩擦力是沿程减小的;②理论分析假定锚固段是不存在摩擦力的,而有限元计算结果锚固段也是存在一定的摩擦力的,只不过摩擦力较小,属于静摩擦;③有限元计算结果显示在钢管转弯处仍有少量的滑移。相比而言,有限元分析对管道与土体之间的接触摩擦分析得更为细致,考虑的因素更为全面。理论分析为了简化计算,获得解析解,采用现有的假定也基本是合理的。

(二)管道应力和变形

管道轴向受力主要影响其轴向应力,其环向应力主要与内水压力和土压力相关,因此,本节重点讨论管道的轴向应力。钢管管顶、管腰及管底位置是管道变形及管道应力出现峰值的位置,本文整理了3个关键点位置的管道轴向应力沿轴向的变化曲线,如图5所示。从图中可以看出,管道的轴向应力与管土之间的滑移状态有较好的对应关系。由于泊松效应钢管几乎全部受拉,同一断面管顶、管底和管腰的轴向应力基本相等。沿着管轴线,轴向应力呈现中间大两端小的分布特点。在自由端附近,钢管轴向应力较小,不超过5 MPa,沿着管轴线逐渐增大,在管道40~120 m管段轴向应力约在12 MPa附近,变化很小。在接近转弯的管段,因钢管转弯处钢管向右上方变形,受力较为复杂,大致呈现管顶受拉,管底受压的状态。根据理论分析,钢管在锚固段,钢管的轴向应力由泊松效应、温度作用以及钢管重力沿管轴向的分力共同确定。本节计算中未考虑温度作用,管道满水状态的轴向应力比管空状态下大20 MPa左右,小于管道的泊松应力40 MPa,这与三维模型能考虑管道在水重作用下的弯曲、锚固段管轴线仍有较小的摩擦力有关。

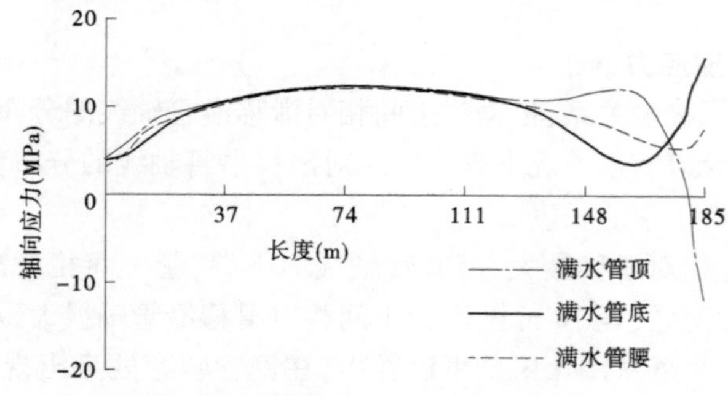

图5 钢管轴向应力沿管轴线分布曲线

（三）影响因素分析

分析了某特定条件下的管土相互作用及钢管的应力和变形，揭示了管道轴向受力的基本特征。但影响钢管受力的因素较多，例如作用于管道的荷载、钢管的布置、管土之间的摩擦力等，本节将针对其中几个因素对管道轴向受力的影响展开研究。

1. 温度作用的影响

过渡段管道可以发生伸缩，不存在温度应力和泊松应力，土体对管道有摩擦力。锚固段管道轴向位移受到限制，管道内将产生温度应力和泊松应力。因此，探求温度作用对回填钢管轴向受力特性的影响是有必要的。为减小综合因素的影响，本小节选取管空状态进行温度变化的分析，而且在无内压作用时，管道与土体之间的摩擦力相对较小，使得管道的滑移更为明显。

当温升为 10、20、30、40 ℃时管土之间相对滑移量沿管轴线分布曲线，如图 6 所示。可以看出，当温度升高时，管首断面管土间滑移量先减小再增加。当温升小于 30 ℃时，因无内水压力作用，管道受到因温升带来的向上游的轴推力及钢管自重向下游的分力，因温升较小，钢管因温升向上游滑移的距离小于钢管因自重向下游滑移的距离，因此温升产生的滑移抵消了部分因自重产生的滑移，此时钢管相对土体仍向下游滑移，故钢管管首断面的相对滑移量随着温度升高而减小；当温升大于 30 ℃时，钢管因温升向上游滑移的距离大于钢管因自重向下游滑移的距离，此时钢管相对土体向上游滑移，钢管管首断面的相对滑移量随着温度的升高而增加。当距离管道自由端一定距离后，管道的滑移量逐渐稳定，接近 0 mm，可认为管道进入锚固段。

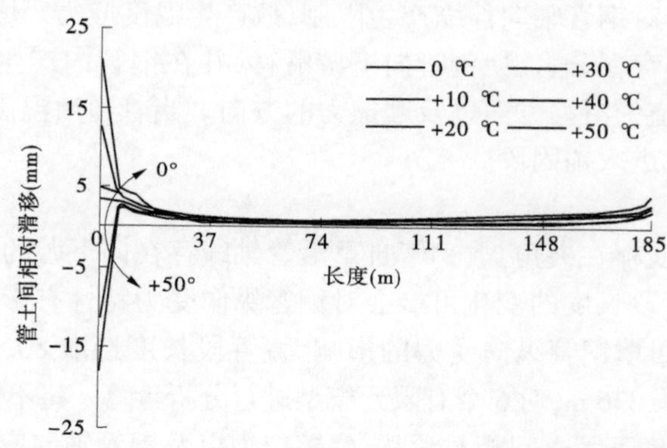

图 6　不同温度作用下管土间相对滑移沿管轴线分布变化曲线

当温升为 10、20、30、40 ℃时管周摩擦应力沿管轴线分布曲线，如图 7 所示。在距离上游伸缩节附近管段，管周摩擦应力较大，且各温度下管首摩擦应力大致相等。其他位置管周摩擦应力随着温度的升高而升高。摩擦应力由大变小再变大的拐点位置出现在距离上游伸缩节 3/5 管段位置附近，此时摩擦应力较小，为 10 kPa。在温升小于 30 ℃时，随着温度升高拐点向下游移动，温升大于 30 ℃时，随着温度升高拐点向上游移动。在拐点至自由端间的管段，钢管与土体发生相对滑移，土体提供的摩擦力可以平衡自重及温度的影响造成的下滑力。随着管段向下游延伸，管周土体对管道轴向位移有一定的限制作用，从拐点向下游管段，钢管与土体之间相对滑移逐渐减小。因钢管自重以及温升钢管膨胀，管道仍会向下游滑移的趋势，滑移量较小，此时管周摩擦力也较小，随着温度的升高摩擦应力增加，此段可近似认为是钢管的锚固段。

管顶、管腰及管底轴向应力沿管轴线的分布曲线，如图 8 所示。轴向应力分布曲线随着温度的升高由线性分布逐渐变“凹”。在自由端附近的管段，当温度升高时，管轴向应力无太大变化，这是因为在管首钢管可自由伸缩，此范围钢管内无温度应力，因自重作用在管段内产生轴向压应力。随着向下游管段延伸，管轴向压应力随着温度的升高而增加，这是因为钢管向下游延伸时，钢管受周

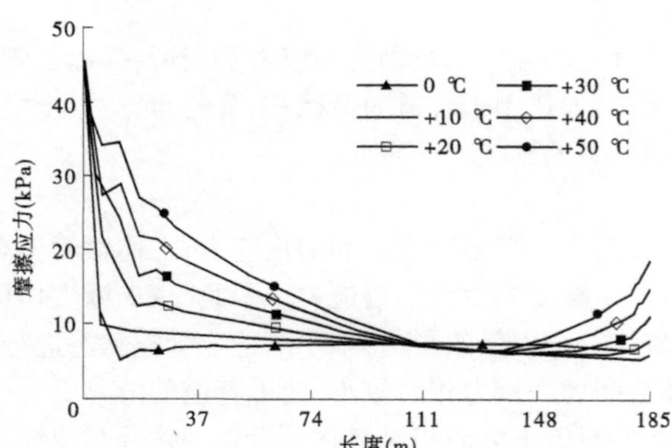

图7 不同温度下摩擦应力沿管轴线分布曲线

围土体限制无法自由伸缩，管道内产生温度应力，温度越高温度应力越大，管道自重产生的压应力与温度应力叠加，因而在锚固段内钢管轴向应力随着温度的升高而升高。

当温降作用时，管土之间的滑移、摩擦应力和管道轴向应力显示出类似的变化规律，但力的方向基本上相反。综上，温度变化是影响回填钢管轴向受力特性的一个关键因素。在温度作用下，管道伸长或缩短，因周围土体对钢管轴向伸缩产生限制，故产生温度应力。因上游直管段与水平线存在夹角，钢管自重沿管轴线存在分力，使钢管向下游滑移，并在钢管内产生轴向压应力。温度作用和自重分力将综合决定管道的滑移方向以及摩擦力的方向。当管道由温度作用和自重产生的滑动力与摩擦力平衡时，管道就进入锚固段。

2. 直管段长度的影响

因上游直管段与水平线存在夹角，故钢管自重沿管轴线存在向下游的分力，进而影响钢管轴向应力的大小，因此不同直管段长度的变化可能会对钢管纵向受力特性有影响。

为探求直管段长度对回填钢管纵向受力的影响，直管段长度选取 80、100、120、135、160 m 以及 185 m，管径 4.1 m，设计水头 336 m，对 6 个有限元模型进行分析计算。将不同管长的钢管在钢管转弯处对齐，整理不同直管段长度下管土间相对滑移、摩擦应力以及钢管轴向应力沿管轴线的变化曲线，如图 9~图 11 所示。不同管长的回填钢管管土间相对滑移、摩擦应力和管轴向应力沿管轴线分布规律大体一致。管道越长，管土间相对滑移越大，锚固段越长，但管道自由端附近所受的摩擦应力却基本相同。虽然各方案管道长度不同，但管道所受的转弯处的不平衡力却相同，而管道坡度较缓，管道重力分量的影响很小，因此管道维持平衡所需的摩擦力相差不大，滑移段长度也相差不大。

3. 内水压力的影响

内水压力是影响钢管变形与应力以及管周土压力分布的重要因素之一，进而也会影响管道与土体之间的摩擦力。因此，本小节选取设计水头 50、100、200、300、400 m，进行分析比较。不同内压条件下管土间相对滑移、摩擦应力以及钢管轴向应力沿管轴线的变化曲线，如图 12~图 14 所示。从图中可以看出，不同内压条件下，管道的滑移差别并不大，随着内压的增大，受泊松效应影响，管道轴向应力逐渐增大，同时随着内压的增大，管道转弯处的不平衡力增大，使得管土之间的摩擦应力有所增大。

4. 钢管转弯角的影响

钢管转角的大小会影响不平衡水推力的大小，上游直管段与水平线存在夹角会使钢管有沿着管轴线的下滑力，为避免钢管自重的影响而只探求不平衡水推力对钢管纵向受力的影响，本小节选取上游直管段与水平线夹角 β 为 0°，钢管转弯角度 θ 为 5°、15°、30°、40°进行分析计算。

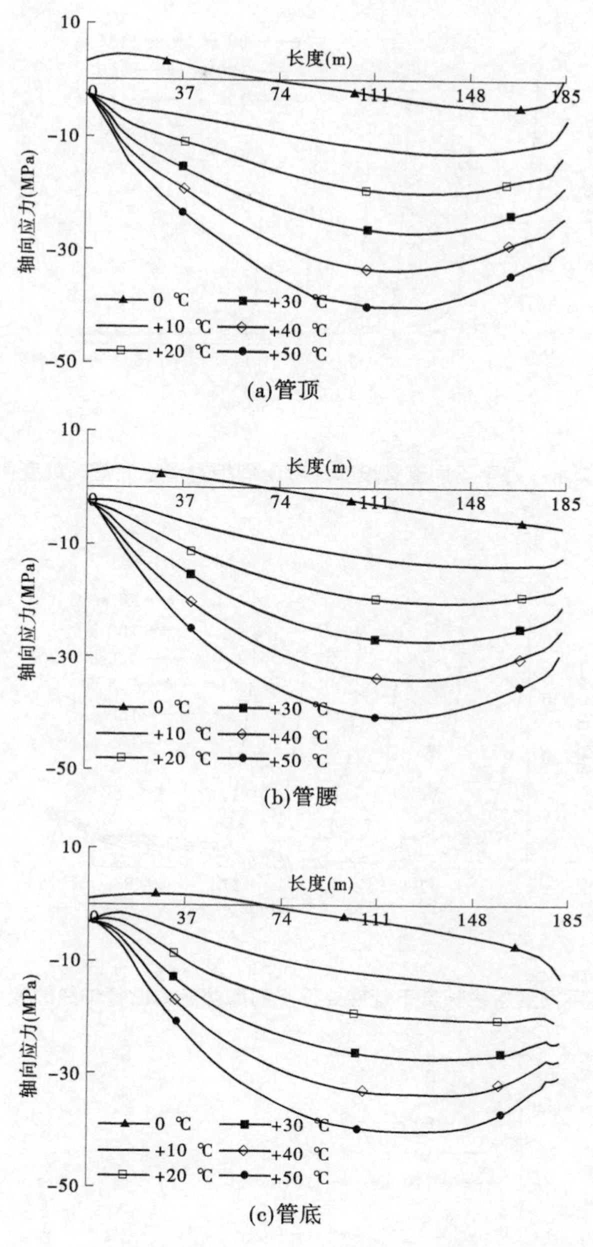

(a)管顶

(b)管腰

(c)管底

图 8　钢管轴向应力沿管轴线变化曲线

不同转弯角情况下,管土之间相对滑移、管周摩擦应力和管道轴向应力沿管轴线的分布曲线,如图 15~图 17 所示。随着转弯角度的增加,管土间的相对滑移距离在增加。当钢管转弯角度为 5°时,管道存在明显的锚固段,当转弯角度达到 15°之后,钢管受到的不平衡水压力沿管轴线分力及作用在弯管段上的水流离心力均在增加,故钢管受到的下滑力在增加,管土间的滑移段长度和相对滑移量均在增加。与此同时,随着转弯角度的增加,管土间摩擦应力和轴向应力也在增加。管道在远离转弯处的滑移段,轴向应力的变化并不明显,说明,在滑移段管道的轴向应力受管道所受轴向力的影响并不大。

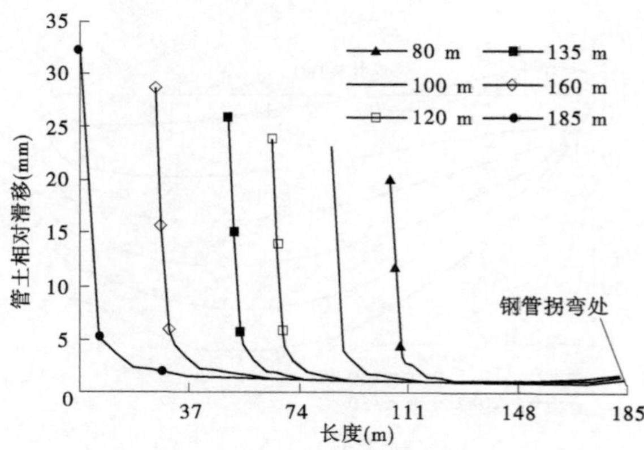

图 9　满水状态下不同直管段长度管土间相对滑移沿管轴线变化曲线

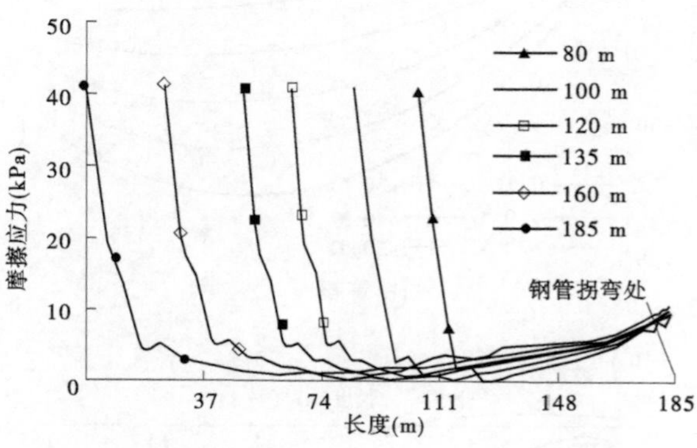

图 10　不同直管段长度下管底处管土间摩擦应力沿管轴线的变化曲线

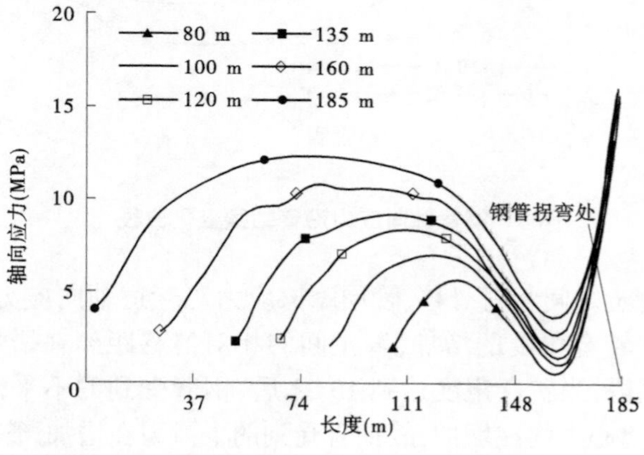

图 11　满水状态下不同直管段长度钢管底部轴向应力沿管轴线变化曲线

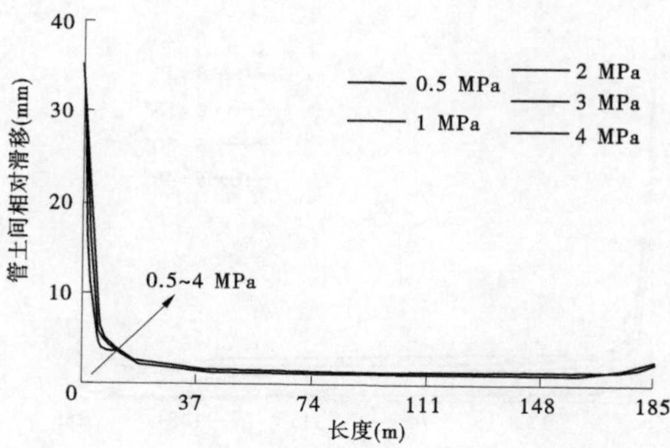

图 12　不同内压下管土间管底相对滑移沿管轴线变化曲线

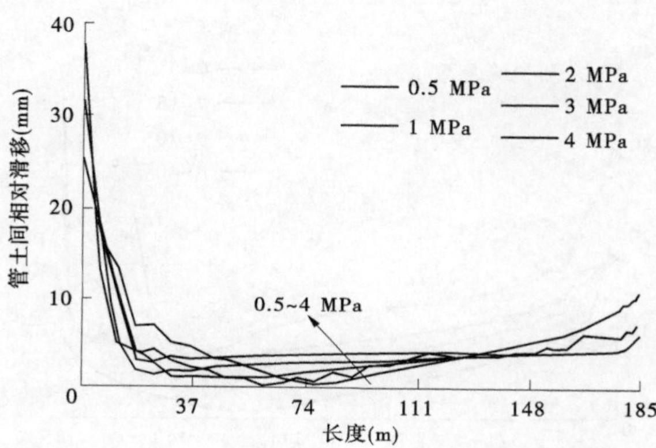

图 13　不同内压下管底摩擦应力沿管轴线分布曲线

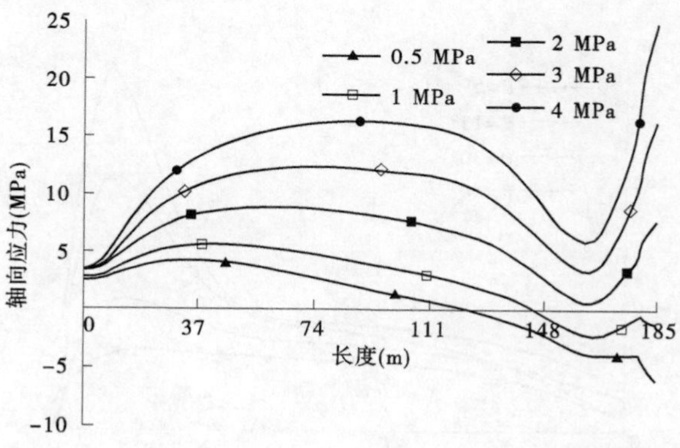

图 14　不同内压下钢管管底轴向应力沿管轴线变化曲线

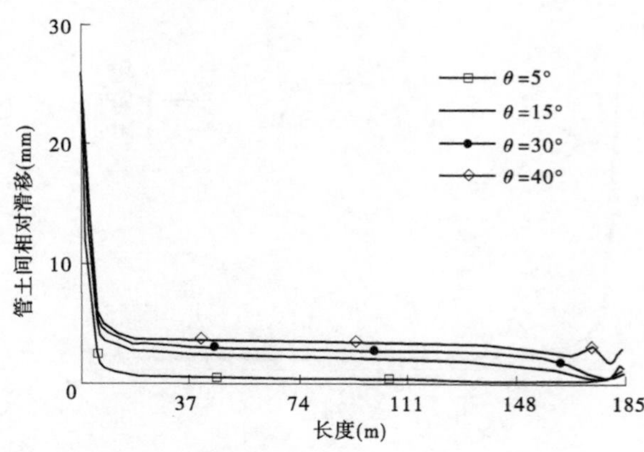

图 15　不同转角下管土间相对滑移沿管轴线变化曲线

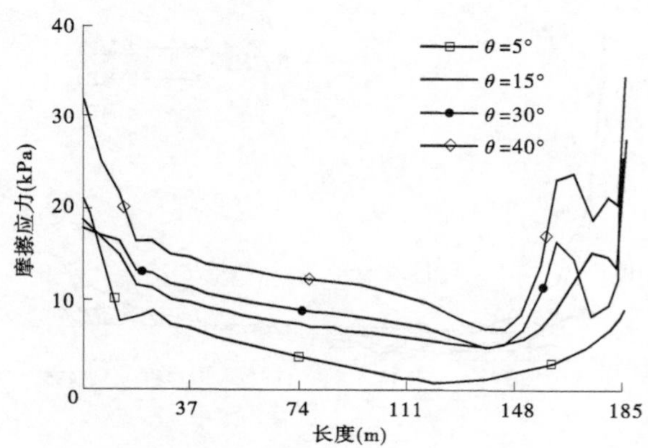

图 16　不同转角下管底摩擦应力沿管轴线分布曲线

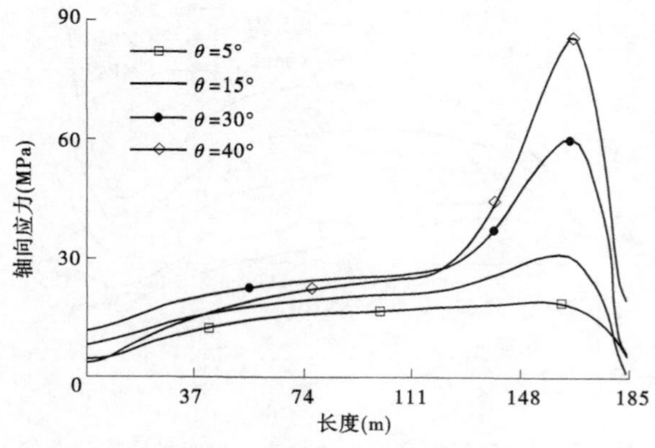

图 17　不同转角下钢管管底轴向应力沿管轴线变化曲线

三、设镇墩方案钢管受力特性分析

当管道的轴向不平衡力较大时，整个管段都处于滑移状态，土体提供的摩擦力仍不足以帮助管道平衡时，管道无法维持轴向稳定，在有限元计算中出现不收敛的问题。对于此类情况，就需要在管道转弯处设置镇墩。另外，在工程实际中也可能出现，不设置镇墩管道已经可以保持稳定，为了增加管道的安全度也设置镇墩的情况。因此，本节对设置镇墩时管道的轴向受力特性展开了研究。

因在钢管转弯处设置镇墩，故对设置镇墩的方案取无镇墩位置的管段进行分析。对于 ZD-1 方案，镇墩距离上游伸缩节 15 m，ZD-2 方案，镇墩距离伸缩节 175 m，以比较不同管长设置镇墩后，管道的轴向受力特点。两个方案管土间相对滑移、摩擦应力以及钢管轴向应力沿管轴线的变化曲线，如图 18、图 19 所示。

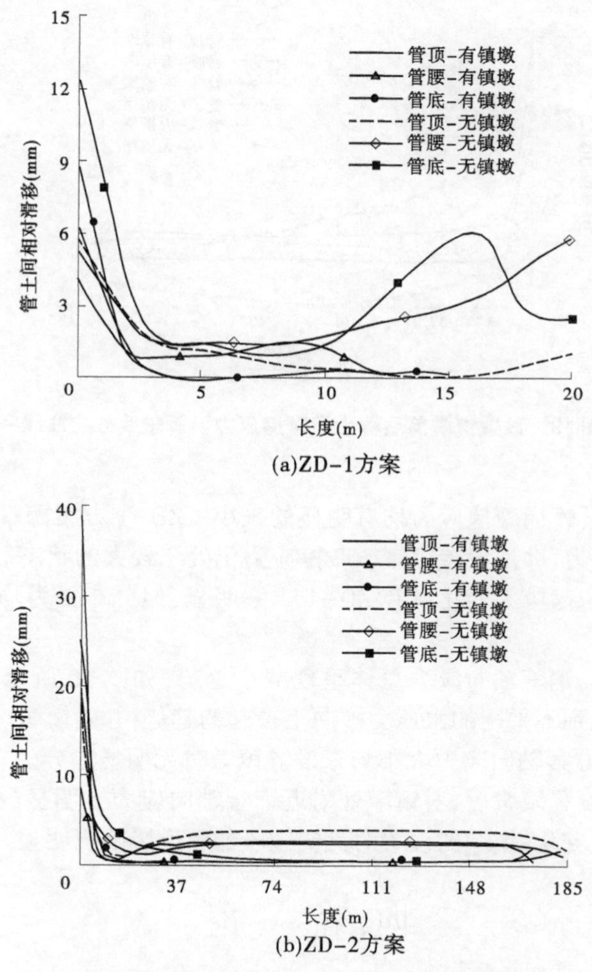

(a)ZD-1方案

(b)ZD-2方案

图 18　设置镇墩前后管土间相对滑移沿管轴线分布曲线

在设置镇墩后，两种方案的钢管管土间相对滑移均有不同程度的减小。对于 ZD-1 方案，管土间相对滑移沿管轴线在自由端减少约 20%，向下游延伸 3 m 管顶和管腰位置减小至接近 100%。对于 ZD-2 方案，在自由端位置减少较大，约为 60%，而后向下游延伸管腰处管土间相对滑移减少 80%，管顶和管底位置滑移降低幅度为 20%~40%。对于钢管较短，管周摩擦力较小无法维持钢管抗滑稳定的方案，设置镇墩后，管土间相对滑移减小更明显，对限制钢管滑移效果更好。对于钢管较长，管土间可提供较大的摩擦力的方案，设置镇墩后管土间相对滑移也因镇墩的约束作用略有减

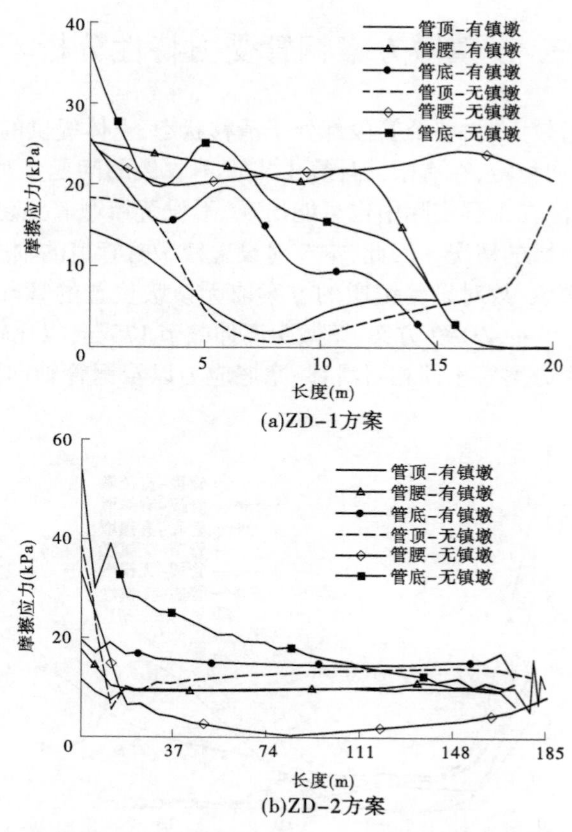

图 19 设置镇墩前后管土间摩擦应力沿管轴线分布曲线

小,但效果不如前者。

两个方案设置镇墩后,管周摩擦应力均有明显的减小。ZD-1 方案因管长较短,管周摩擦应力难以平衡轴向不平衡水推力,即使设置了镇墩摩擦应力仍处于较大的状态。而对于 ZD-2 方案,管道较长,设置镇墩后管周摩擦应力变化没有 ZD-1 方案明显,但分布更为均匀,在靠近钢管转弯处无增大趋势。

两个方案设置镇墩后,钢管轴向应力总体呈现减小趋势,如图 20 所示,ZD-1 方案管线较短,镇墩的设置限制了钢管受到不平衡的水压力被向上顶起的趋势,并随镇墩产生沉降,管道的轴向应力变化相对较大。ZD-2 方案轴向应力大小与未设置镇墩时无明显差异。

综上,在钢管转弯处设置镇墩后,对镇墩处附近钢管轴向应力有明显的改善,其余管段的轴向应力在设置镇墩后无明显变化,镇墩的设置对无锚固段的管道影响更明显。

四、结　　论

本文采用有限单元法对分段式布置设有伸缩节的回填钢管的轴向受力特性进行了分析,得到以下结论:

(1)当管线较长时,回填钢管存在滑移段和锚固段,滑移段钢管和土体之间存在明显滑移和摩擦力,而锚固段管道和土体之间无明显滑移,管道轴向应力主要取决于温度作用、泊松效应和管道自重沿轴向的分力。

(2)回填钢管与土体之间的滑移量和摩擦应力从自由端至锚固段始端沿程减小,锚固段也存在一定的摩擦力,但摩擦力较小,属于静摩擦;钢管转弯处存在一定的位移,钢管与土体之间也存在

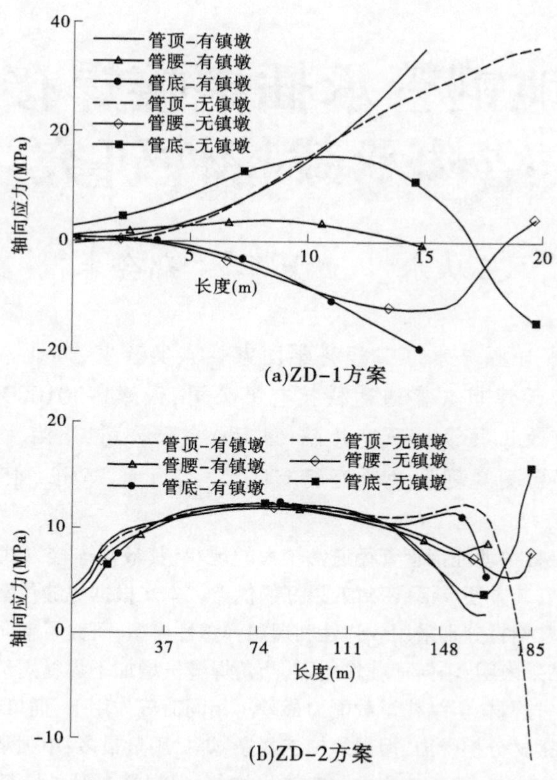

图 20　钢管轴向应力沿管轴线变化曲线

一定的滑移。

(3)对于有锚固段的回填钢管,随着内水压力、钢管转弯角的增加,管道与土体之间的滑移量和摩擦应力逐渐增加;温度作用与泊松效应、管道自重沿管轴线分量的综合效应决定了管道与土体的相对滑移方向和摩擦力方向,设计中考虑温度作用时应注意校核摩擦力方向。

(4)镇墩的设置可以减小管道与土体之间的滑移量和摩擦应力,对于管线较短无锚固段的管道而言,镇墩设置的效果比较明显,能显著提高管道的轴向稳定性,但对于管线较长有明显锚固段的管道而言,镇墩的设置无明显影响,实际设计中可根据管道规模和重要性,取消无明显作用的镇墩,以简化施工和减小工程量。

参　考　文　献

[1] 石长征, 伍鹤皋, 袁文娜. 柔性回填钢管的设计方法与实例分析[C]//第八届全国水电站压力管道学术会议. 成都, 2014.

[2] 中华人民共和国水利部. 水电站压力钢管设计规范(附条文说明):SL 281—2003[S]. 北京:中国水利水电出版社,2003.

[3] 中国工程建设标准化协会. 给水排水工程埋地钢管管道结构设计规程:CECS 141:2002[S]. 北京:中国建筑工业出版社, 2002.

[4] 刘金龙, 栾茂田, 许成顺, 等. Drucker-Prager 准则参数特性分析[J]. 岩石力学与工程学报, 2006(S):4009-4015.

[5] 周正峰, 凌建明, 梁斌. 输油管道土压力分析[J]. 重庆交通大学学报(自然科学版)2011(4):794-797.

作者简介:

石长征(1983—),女,讲师,主要从事压力管道和结构抗震研究。

埋地钢管承插搭接焊接头结构承载特性研究

于金弘[1]　伍鹤皋[1]　王从水[2]　彭夏军[3]　郑会春[4]　石长征[1]　王浯龙[2]

(1. 武汉大学 水资源与水电工程科学国家重点实验室,湖北 武汉　430072;
2. 天津市久盛通达科技有限公司,天津　301600;
3. 上海市政工程设计研究总院(集团)有限公司,上海　200092;
4. 黄河勘测规划设计研究院有限公司,河南 郑州　450003)

摘　要　针对水利水电工程中埋地钢管管径通常较大的现状,其最佳连接方式和发展方向是采用承插搭接焊工艺,该方法具有安装方便灵活,密封效果好的优点。本文根据焊缝位置和焊缝形式的不同组合共建立了9种有限元模型,钢材分别采用线弹性和理想弹塑性模型,研究了轴向荷载下接头的应力集中情况及塑性发展规律。结果表明:轴向荷载作用下,凸角焊缝虽增加了焊材用量,但结构承载能力最强,平角次之,凹角焊缝虽节省焊材,但结构承载能力最差。相同荷载作用下,插口+承口焊缝方案塑性区最小,能够同时利用搭接区钢材分担受力,但焊缝施工复杂,焊材用量最多;单独承口焊缝方案接头塑性区范围相对较大,有较低的应力集中,整体应力分布较为均匀,但焊缝在管外留槽施工,较为不便;单独插口焊缝方案接头处管壁应力分布不均匀,插口焊缝和承口扩径段管壁应力最高,但焊缝可以在管内施工,较为方便。

关键词　埋地钢管承插搭接焊;焊缝形式;应力集中;承载力;有限单元法

埋地钢管是重要的基础设施,主要用来输送水体、石油、天然气等流体,它具有安全可靠、使用寿命长、环境友好等优点,目前已广泛应用于水利水电、给排水及石化等行业[1-2]。普通的钢管可以采用焊接、法兰、沟槽等连接方式,但大直径钢管大多采用对接焊连接方式,其技术难度高,难以大范围推广。

随着国内引调水工程中供水流量的增大,钢管直径也越来越大,比如目前正在设计施工的引汉济渭二期工程钢管直径达3.4 m,如果按过去常规的施工方法,钢管间的连接大多会选择对接焊。输水钢管具有管径大、内压相对较低的特点,导致钢管径厚比(直径与壁厚之比)较大,比如上述引汉济渭二期工程输水管道,初步估算低压段钢管径厚比达到了212.5。这使得对接焊时存在钢管管口对接困难、现场挖槽焊接难度大、焊接时间长、焊缝部位现场防腐工作量大且效果差等问题,导致焊接质量存在隐患,故钢管失效往往发生在对接焊口处[3],这对于长距离输水钢管的建设和运行十分不利。

近些年,钢管间的连接方式出现了承插柔性接口钢管管道,这在保留钢管优点的基础上,延续了球墨铸铁管柔性承插接口的优势,但上述柔性承插接口虽然具有许多优点,但它多用于钢管管径相对较小(目前最大不超过2.2 m)的市政给排水工程,承受的压力一般不超过1.6 MPa,否则柔性承插接口的密封效果可能达不到要求[4]。承插搭接焊工艺集合了柔性承插接头安装方便灵活[5],并且焊接密封效果好的优点,是目前大直径钢管的最佳连接方式和发展方向,但承插搭接焊连接方式在国内并没有被广泛采用,而且在输水钢管的设计、施工规范和标准中也没有相关的技术要求[3]。目前国内仅在直径不大于2.2 m的市政工程给水钢管中采用过,对水利水电工程中更大直径的埋地钢管是否安全适用,尚需开展深入的研究。

焊接接头的几何形状不连续性,是造成接头应力集中的主要原因,不同的接头类型和焊缝形式等因素决定了应力集中程度,通常相较于对接焊,搭接焊接头的应力集中程度较高[6]。由于泊松效应、温度等因素的影响,管道会产生轴向应力,为研究承插搭接焊接头在轴向荷载作用下的承载特性,本文采用有限单元法,系统研究了承插搭接焊接头不同焊接方案(插口焊缝+承口焊缝方案、单独插口焊缝方案和单独承口焊缝方案)以及不同焊接形式(凸角焊缝、平角焊缝和凹角焊缝)在轴拉荷载作用下承插搭接焊接头的力学性能,综合比较各方案的优缺点,以期选择较优的焊缝方案及形式。

一、计算模型及理论

(一)有限元模型

采用大型通用有限元软件 ANSYS 进行分析,有限元整体模型及接头局部放大如图 1 所示。钢管直径 D 为 3.4 m,壁厚 t 和焊缝焊脚长均为 16 mm,搭接长度 L_1 为 100 mm,承口扩径转弯半径为 60 mm,圆心角 θ 为 30°,考虑的焊缝位置及形式如图 2 所示。均采用 8 节点实体单元 SOLID 45 模拟,沿壁厚方向等长度划分 6 个单元,模型总计 52 352 个单元和 59 392 个节点。钢管采用 Q345C 钢材,屈服强度 345 MPa,弹性模量 2.06×10^5 MPa,泊松比 0.3,密度 7 850 kg/m^3。

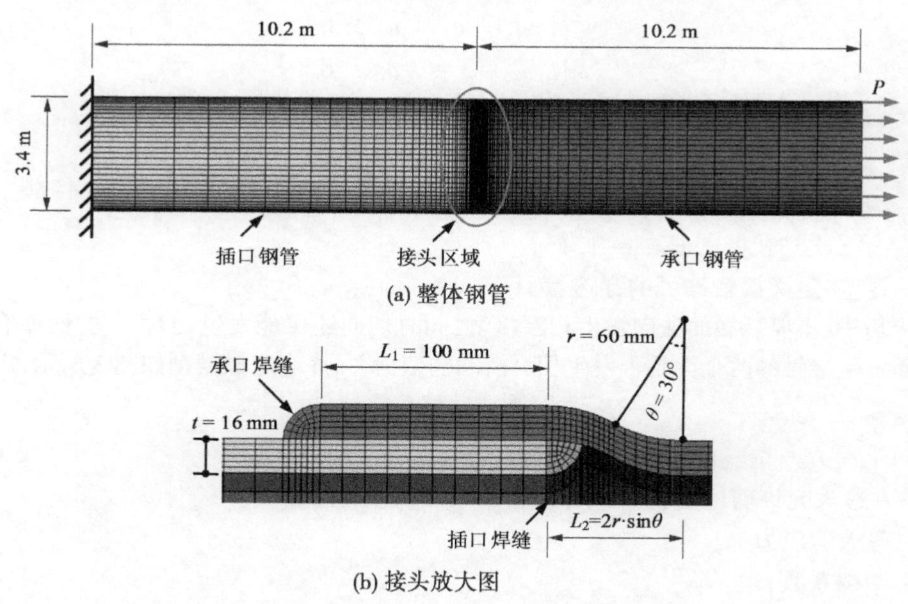

图 1　模型尺寸及网格

假定模型左端全约束,右端施加轴向拉力,接头两侧长度取 3 倍管径,以消除边界条件的影响。搭接区承口钢管和插口钢管间设置面-面接触单元,并采用库仑摩擦模型模拟接触面间的相互关系。有限元计算时钢材本构模型分别采用线弹性和理想弹塑性两种模型进行计算,计算时假定焊缝强度与钢管强度相同,忽略焊接缺陷及残余应力的影响。

(二)接触摩擦理论

面-面接触单元模型采用的是罚函数法与 Lagrange 法混合的扩展 Lagrange 乘子法,计算中为找到精确的 Lagrange 乘子(或接触压力),需对罚函数进行一系列的修正迭代。为控制接缝开度 u_n,通常可以采用两种方法来定义接触协调条件①罚函数法,用一个弹簧施加接触协调条件,弹簧

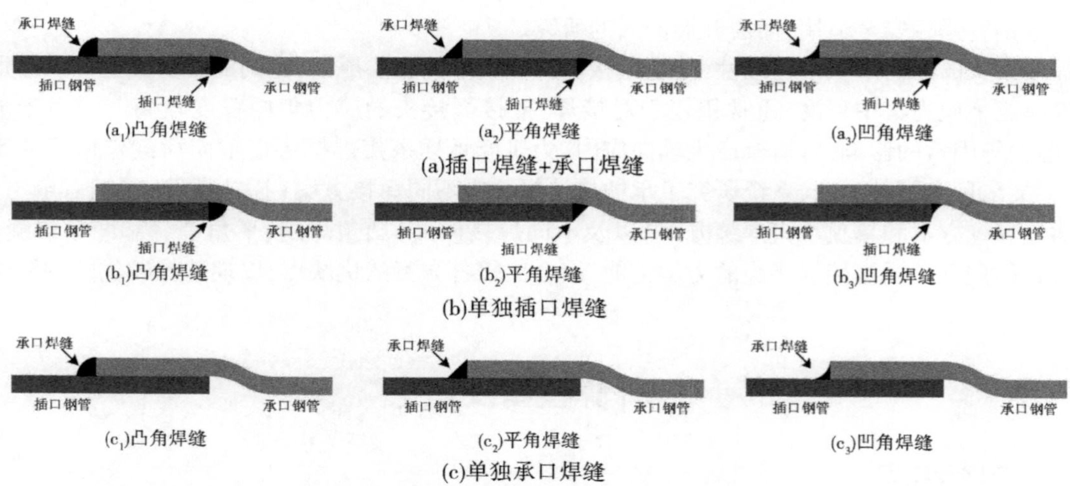

图2　焊缝位置及形式

刚度(接触刚度)称为罚参数;②Lagrange 乘子法,增加一个附加自由度(接触压力),以满足不侵入条件。扩展 Lagrange 乘子法将上述两种方法结合起来施加接触协调条件,利用容差 ε(一般为表面单元尺寸的 1%)控制最大允许穿透值。如果迭代中发现穿透大于允许的值[7]。接触压力计算公式为:

$$p = \begin{cases} 0 & u_n \geqslant 0 \\ k_n u_n + \lambda_{i+1} & u_n \leqslant 0 \end{cases} \tag{1}$$

$$\lambda_{i+1} = \begin{cases} \lambda_i + k_n u_n & |u_n| > \varepsilon \\ \lambda_i & |u_n| < \varepsilon \end{cases} \tag{2}$$

式中　k_n ——法向接触刚度;

λ_i ——第 i 次迭代的 Lagrange 乘子;

ε ——容差,定义接触许可的穿透量。

在接触分析中,不仅接触面法向发生相互接触,同时切向还可能发生相对滑动,而库仑摩擦模型就是用于判断发生接触的两个面是否发生相对滑动的依据[8],库仑摩擦模型如图 3 所示,定义如下:

$$\left.\begin{aligned} \tau_{\lim} &= \mu p + c \\ |\tau| &\leqslant \tau_{\lim} \end{aligned}\right\} \tag{3}$$

式中　$\tau_{\lim}$ ——最大允许剪应力;

τ ——等效剪应力;

μ ——摩擦系数;

p ——接触面法向压力;

c ——黏聚力。

本文模型中摩擦系数 μ 暂取 0,并且不考虑黏聚力 c。

二、计算方案

本文拟定了一系列计算方案,见表 1。线弹性计算时,在模型右端施加轴向均布荷载 1 MPa,重点研究接头处的应力集中及分布规律;理想弹塑性计算时,采用增量法,研究轴向均布力逐步增加下接头塑性发展规律。此外,还进行了轴压荷载受力计算,因为接头应力发展规律类似,故仅分析轴拉荷载作用的结果。

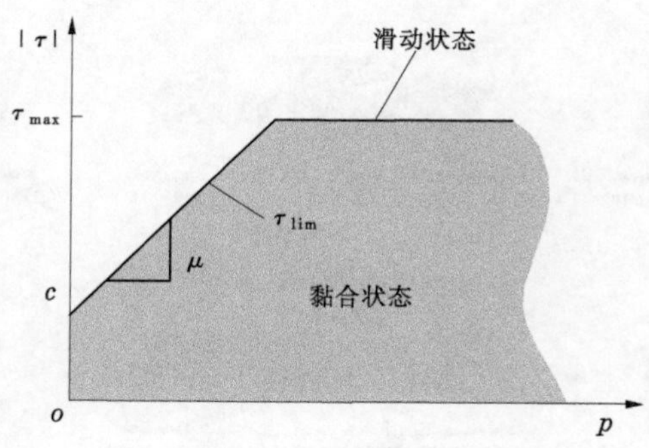

图 3 接触面的库仑摩擦模型

表 1 计算方案

焊缝位置方案	焊缝形式	材料本构	荷载	方案编号
插口焊缝+承口焊缝	凸角	线弹性	轴拉(1 MPa)	1
		理想弹塑性	轴拉(增量法)	2
	平角	线弹性	轴拉(1 MPa)	3
		理想弹塑性	轴拉(增量法)	4
	凹角	线弹性	轴拉(1 MPa)	5
		理想弹塑性	轴拉(增量法)	6
插口焊缝	凸角	线弹性	轴拉(1 MPa)	7
		理想弹塑性	轴拉(增量法)	8
	平角	线弹性	轴拉(1 MPa)	9
		理想弹塑性	轴拉(增量法)	10
	凹角	线弹性	轴拉(1 MPa)	11
		理想弹塑性	轴拉(增量法)	12
承口焊缝	凸角	线弹性	轴拉(1 MPa)	13
		理想弹塑性	轴拉(增量法)	14
	平角	线弹性	轴拉(1 MPa)	15
		理想弹塑性	轴拉(增量法)	16
	凹角	线弹性	轴拉(1 MPa)	17
		理想弹塑性	轴拉(增量法)	18

三、线弹性计算结果分析

接头 Mises 应力计算结果如图 4，由于焊缝位置以及承口扩径段的应力水平较高，为更精细了解接口处的应力分布特点，提取插口焊缝、承口焊缝和承口扩径段的 Mises 应力，并对各方案进行比较，见图 5~图 7，由于计算施加的是单位面力荷载，因此图中各点的应力值也就相当于该点的应力集中系数。由图可知，承口扩径段对管壁应力发展较为不利，接头处的最大应力集中位置并不是发生在焊缝位置，而是在靠近插口位置的承口扩径段部分区域，可见钢管扩径对钢管的应力集中程度影响很大。

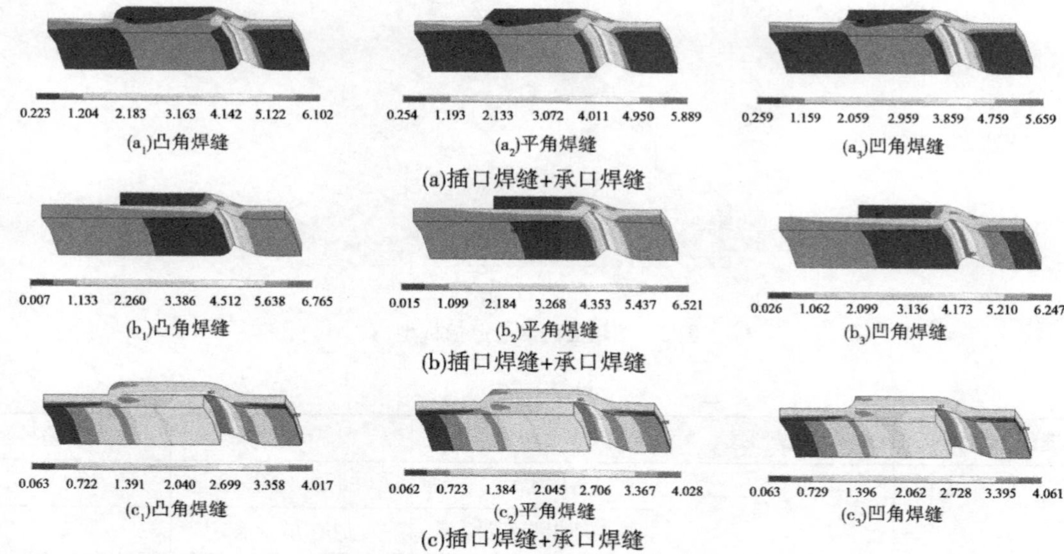

图 4 各计算方案接头 Mises 应力 （单位：MPa)

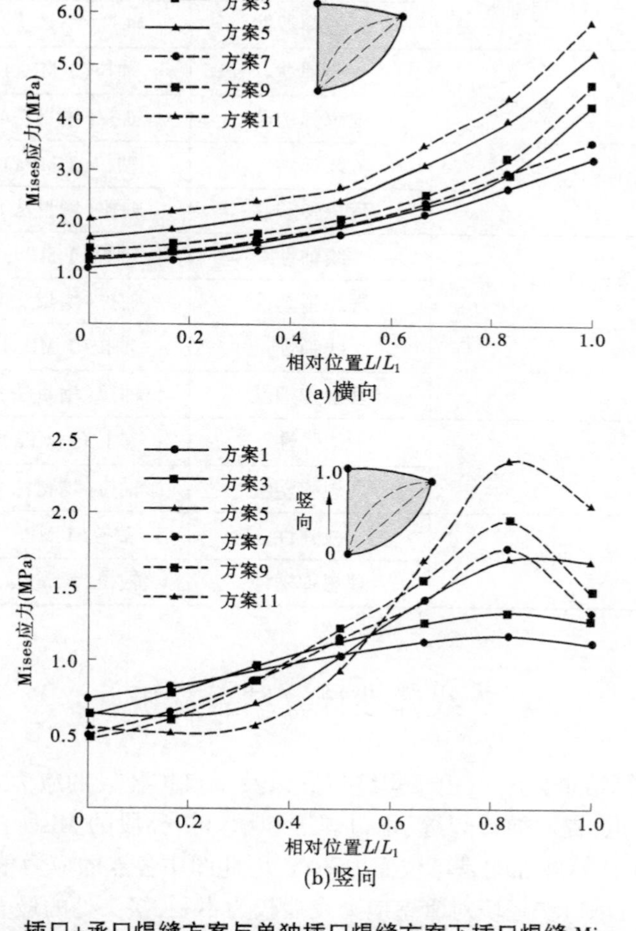

图 5 插口+承口焊缝方案与单独插口焊缝方案下插口焊缝 Mises 应力

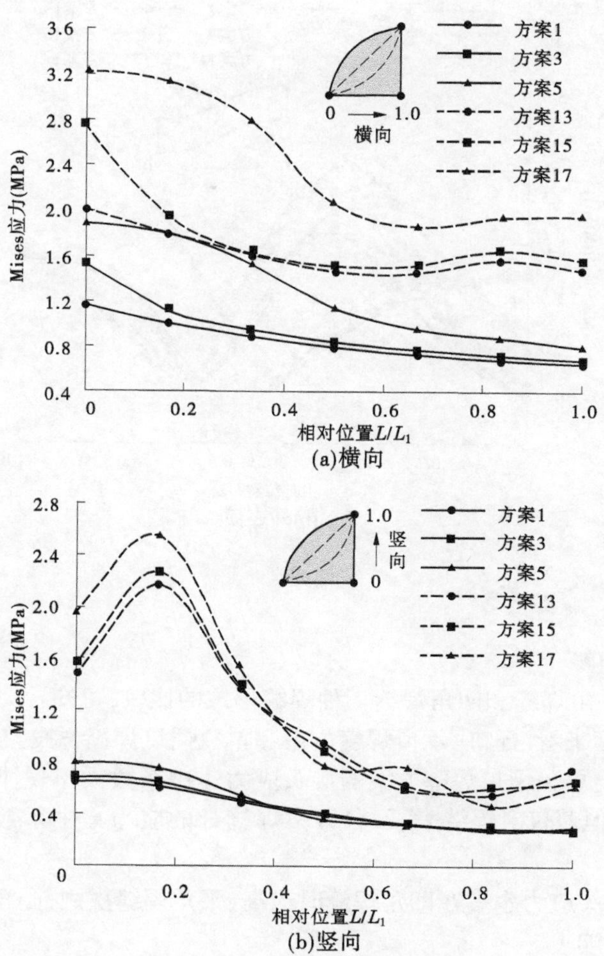

(a)横向

(b)竖向

图6 插口+承口焊缝方案与单独承口焊缝方案下承口焊缝 Mises 应力

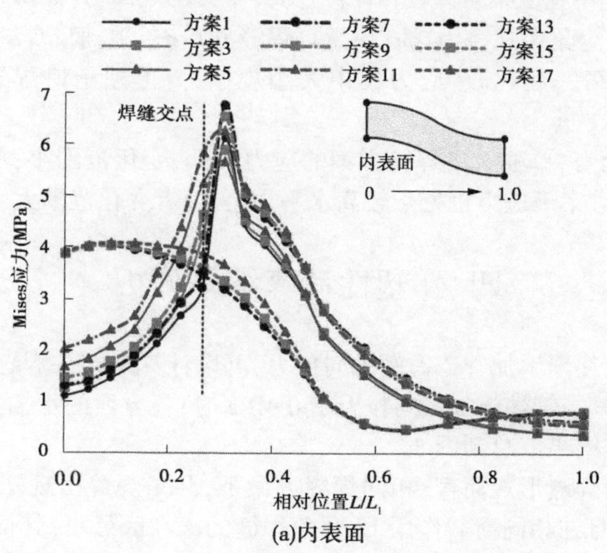

(a)内表面

图7 各方案在承口扩径段的管壁 Mises 应力

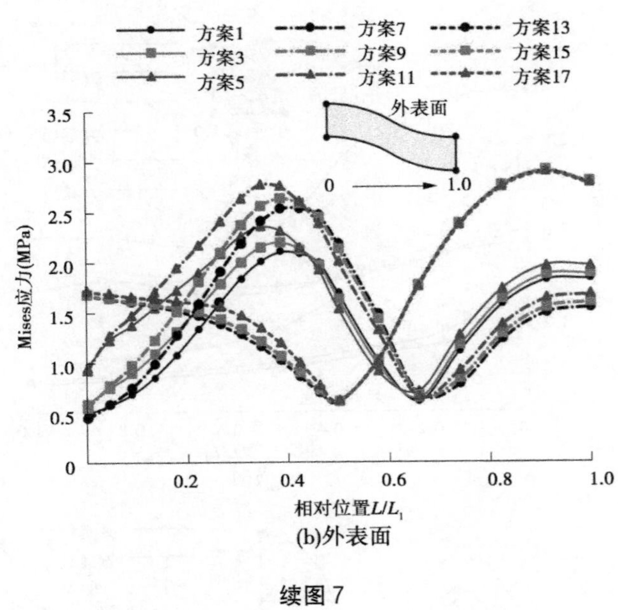

(b)外表面

续图 7

(一)焊缝形式的影响

通过对凸角焊缝、平角焊缝和凹角焊缝三种焊缝形式的比较,可知:

(1)从应力集中程度来看,插口+承口焊缝方案和单独插口焊缝方案接头应力集中系数大小规律均为凸角>平角>凹角;单独承口焊缝方案的接头应力集中系数大小规律为凸角<平角<凹角,但相差很小,可近似相等;但若仅对焊缝来看,各方案焊缝处的应力集中系数大小规律均为凸角<平角<凹角。

(2)从整体来看,接头应力水平在凹角焊缝时最高,平角焊缝次之,凸角焊缝下最低。

(二)焊缝位置的影响

通过对插口+承口焊缝方案、插口焊缝方案和承口焊缝方案三种焊缝方案的比较,可知:

(1)从焊缝的应力集中程度来看,承口焊缝应力集中大小规律为:插口+承口焊缝方案<单独承口焊缝方案;插口焊缝应力集中规律为:插口+承口焊缝方案<单独插口焊缝方案;若单独承口焊缝方案与单独插口焊缝方案一起比较,应力集中大小规律为:单独承口焊缝方案<单独插口焊缝方案。

(2)对承口扩径段而言,单独承口焊缝方案的应力最低,变化范围小;单独插口焊缝方案的应力最高,插口+承口焊缝方案下应力也处于较高水平,并且两者变化范围大,变化趋势较为相似。

四、弹塑性计算结果分析

采用增量法计算时,逐渐增加管道右端轴向拉力,可以计算出接头焊缝附近点屈服、大面积屈服时对应的荷载。经计算当管端施加轴向拉力 160 MPa 时,各方案的承插搭接焊接头均发生大面积屈服,其等效塑性应变结果汇总到图 8。

对凸角、平角和凹角焊缝形式而言,相同焊缝方案下,凸角焊缝出现塑性应变的时机最晚(开始屈服的荷载最大),并且在相同荷载作用下,凸角焊缝的塑性区最小,其接头结构承载能力最强,相对而言凹角焊缝的塑性区最大,结构强度最差。

对插口+承口焊缝方案、单独插口焊缝方案和单独承口焊缝方案而言,相同焊缝形式下,插口+承口焊缝方案的塑性区和单独插口方案的塑性区主要集中于插口焊缝附近管壁,并且单独插口焊缝方案塑性区大于插口+承口焊缝方案；而单独承口焊缝方案的塑性区发展在整个接头都有体现，塑性发展更为均匀，相同荷载下等效塑性应变最小，但塑性区范围最大。

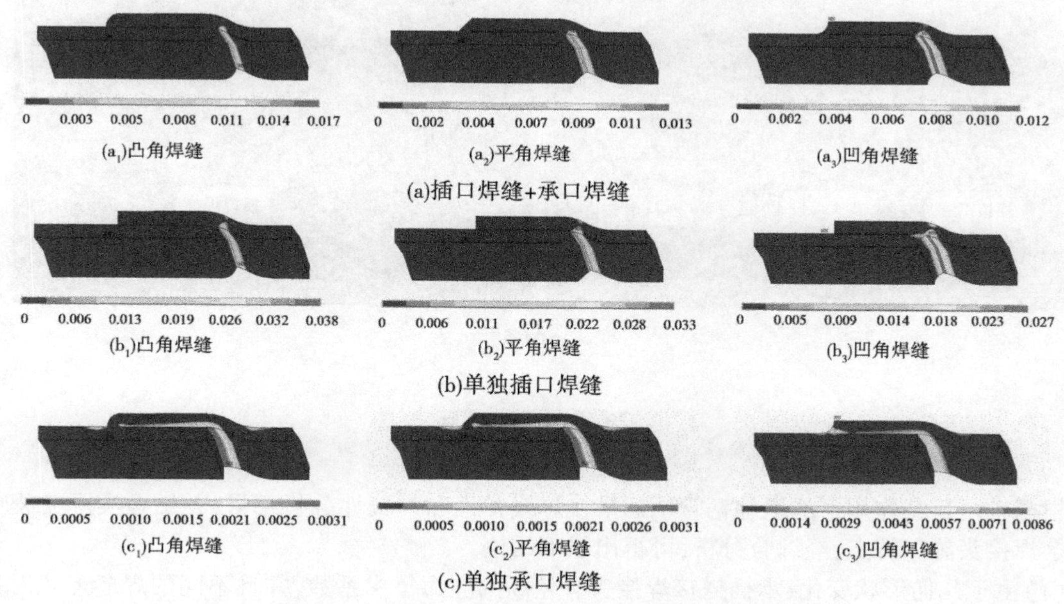

图 8　轴向受拉 160 MPa 各方案等效塑性应变

五、工程应用案例

承插搭接焊在国外已广泛应用[9]，近些年国内也有一些工程应用该连接工艺，例如天津市咸阳路污水处理厂配套管网工程，建设过程中采用了长度 5 km 的 DN2 200 的承插搭接焊涂塑复合钢管，管壁厚度为 14 mm，钢管间的连接方式采用单独插口焊缝工艺，由天津市久盛通达科技有限公司承建，如图 9 所示。该管网工程是咸阳路污水处理厂及再生水厂工程的重要组成部分，管道自咸阳路污水厂至规划的新建污水厂（独流减河与陈台子排水河夹角处），其中一条污水管道长 20.78 km；两条中水管道长 34.788 km；全线设一座污水泵站，一座中水泵站，总投资 231 094.78 万元。管道建设过程中多次穿越道路、地铁和河流。

图 9　DN2200 的承插搭接焊涂塑复合钢管

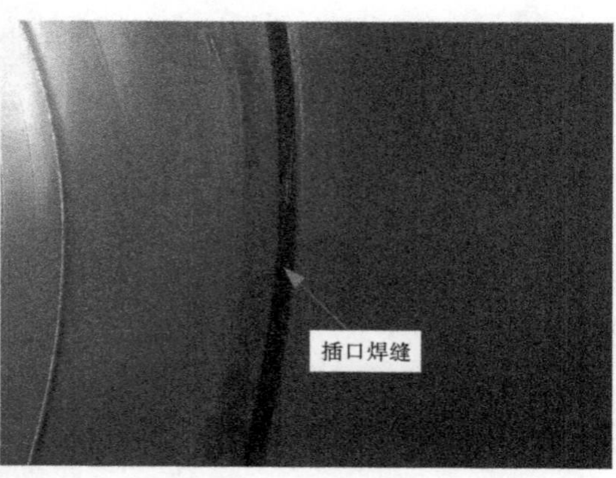

续图 9

六、结　　语

根据轴拉荷载作用下的埋地钢管承插搭接焊线弹性和弹塑性分析结果，并结合实际工程中承插搭接焊接头施工特点，经综合分析，可得出以下结论：

(1)由于几何形状变化，承插搭接焊接头有较高的应力集中系数，并且不同的焊缝形式对接头的应力发展影响程度不同，从结构承载来看，凸角焊缝最优，平角焊缝次之，凹角焊缝最差。相同轴向荷载作用下，接头整体应力水平由高到低分别为凹角焊缝、平角焊缝和凸角焊缝，并且凸角焊缝开始屈服时要求的荷载最大，塑性区范围最小；凹角开始屈服时要求的荷载最小，塑性区范围最大；平角焊缝居于两者之间。

(2)插口+承口焊缝方案、单独插口焊缝方案和单独承口焊缝方案各有特点。相同轴向荷载作用下，插口+承口焊缝方案塑性区范围最小，对搭接区钢材利用率高于单独插口焊缝和单独承口焊缝方案，但是焊缝工作量最大；单独承口焊缝方案接头部位整体应力分布相对均匀，无论是焊缝处还是承口扩口转弯处管壁应力集中水平较低，但塑性区范围相对较大，而且焊缝施工时需要留槽，不便施工；单独插口焊缝方案接头处管壁应力分布不均匀，插口焊缝和承口扩口转弯处管壁应力最高，但焊缝在管内进行，施工时不需要留槽，施工相对方便，且焊接工作量相对于插口+承口方案较小。

本文仅对比了轴向荷载单独作用下的结果，考虑到埋地钢管承插焊搭接焊接头的工况及荷载组合并不全面，并且假设焊缝与钢材的强度相同，忽略了焊缝缺陷、残余应力以及接头的疲劳破坏等情况，故尚需进一步深入研究，以期全面反映承插搭接焊接头的结构承载特性，并推动承插搭接焊工艺在水利水电工程中的应用。

参　考　文　献

[1] 石长征，伍鹤皋，袁文娜. 柔性回填钢管的设计方法与实例分析[C]//第八届全国水电站压力管道学术会议. 成都，2014.

[2] Fu G，Yang W，Li C，et al. Reliability analysis of corrosion affected underground steel pipes considering multiple failure modes and their stochastic correlations[J]. Tunnelling and Underground Space Technology，2019,87:56-63.

[3] 夏连宁，张亮，李琦，等. 大直径输水钢管承插搭接焊接口设计与应用[J]. 焊管，2019,42(5):60-64.

[4] 夏连宁. 大直径钢管承插式连接在输水管道中的应用[J]. 焊管，2015,38(9):45-50.

[5] 杨健. 大管径埋地管道承插焊连接施工技术[J]. 石油化工建设，2006(1):54-56.

[6] 方洪渊. 焊接结构学[M]. 北京:机械工业出版社，2008.

[7] 孙海清，伍鹤皋，郝军刚，等. 接触滑移对不同埋设方式蜗壳结构应力的影响分析[J]. 水利学报，2010(5):

619-623.
[8] 苏凯，张伟，伍鹤皋，等. 考虑摩擦接触特性的钢衬钢筋混凝土管道承载机理研究[J]. 水利学报，2016(8)：1070-1078.
[9] 沈之基. 我国输水钢管同国外的差距及几点建议(三)——输水钢管管端接口技术[J]. 焊管，2007，30(4)：18-20.

作者简介：

于金弘(1995—)，男，博士生，主要从事压力管道研究。

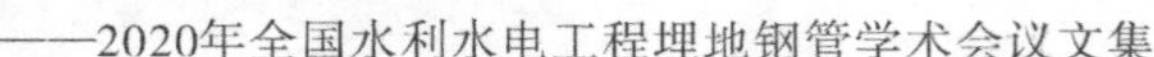

顶进钢管技术在大广高速公路引线穿越设计中的应用

黄福才　张嘉琦　吴义方

（中水北方勘测设计研究有限责任公司，天津　300222）

摘　要　随着南水北调等一系列长距离调水工程的实施，长距离调水工程与河流、公路、铁路、石油管线等工程交叉，交叉建筑物众多，交叉处水文、地质条件各异，交叉形式复杂，穿越方式多样。南水北调一分水管道在大广高速公路引线穿越设计中采用顶进钢管技术，对该公路穿越段钢管管道的水力计算、结构复核、管道防腐及施工工作坑及接收坑等设计计算进行阐述，为类似工程提供借鉴。通过该工程的实施及运行效果，取得了令人满意的结果。

关键词　钢管；顶进技术；工作坑；结构计算；防腐

随着南水北调等一系列长距离调水工程的实施，长距离调水工程与河流、公路、铁路、石油管线等工程交叉，交叉建筑物众多，交叉处水文、地质条件各异，交叉形式复杂，穿越方式多样。如与既有高等级公路的穿越大部分采用非明挖施工方法，如顶进技术。南水北调一分水管道在霸州市西北穿越大广高速霸州连接线，由于新建的大广高速公路连接线不能断交，无法按大开挖方案实施，经对工程现场查勘分析，按照不断交的施工方法，采用了管道穿越大广高速公路连接线公路的设计方案。根据南水北调中线干线工程有关技术规定及要求，对分水管道穿越大广高速公路连接线由大开挖方案改为顶进方案，该施工方案技术成熟，在调水工程使用上越来越广泛，其结构安全可靠性和经济性也越来越重要。分水管道穿越大广高速公路连接线穿越公路段及河道长 125 m，其中顶进钢管段长 90 m。

一、工程地质

分水管道穿越大广高速公路连接线部分地质结构段为黏性土软黏土结构，自上而下为第四系全新统上段冲积层（alQ_4^3）壤土，全新统上段冲积层（alQ_4^3）黏土，全新统中段湖沼（$l+hQ_4^2$）淤泥质黏土，全新统中段冲积堆积（alQ_4^2）壤土和全新统下段冲积层（alQ_4^1）壤土。第四系全新统上段冲积层壤土，内摩擦角为 13.5°，压缩模量 4.43 MPa，承载力标准值 130 kPa；全新统上段冲积层黏土，内摩擦角 12.9°，压缩模量 3.69 MPa，承载力标准值 115 kPa；全新统中段湖沼淤泥质黏土，内摩擦角为 5.9°，压缩模量 3.00 MPa，承载力标准值 65 kPa；全新统中段冲积堆积壤土，内摩擦角为 19°，压缩模量 5.64 MPa，承载力标准值 160 kPa；全新统下段冲积堆积壤土，内摩擦角为 22.8°，压缩模量 4.84 MPa，承载力标准值 170 kPa；壤土为弱透水性，黏土为极弱透水性，地下水位标高 2.47 m。

分水管线主要坐落于 alQ_4^2 壤土层，内摩擦角为 19°，压缩模量 5.64 MPa，承载力标准值 160 kPa。

二、工程布置及水力复核

(一)工程布置

该分水管线自南水北调输水箱涵至分水口调节室全长 132.3 m,穿越新建的大广高速公路连接线和新护砌的龙江渠长 125 m,顶进钢管全长 90 m。其余段(总长 16.4 m)仍采取原设计放坡开挖的施工方案,结构仍采用原设计方案不变。放坡开挖基底宽 4.2 m,深约 4.7 m,开挖边坡坡比采用 1:1.5。

由于大广高速公路连接线不具备半幅施工半幅导行的施工条件,因此,该段落穿越大广高速公路连接线部分,采取管道顶进的施工方案,详细布置如图 1 所示。

(二)水力复核

由于分水管道纵断布置调整,因此对管道调整范围进行水力复核。取方案变更段的 125 m 作为本次水力复核的范围,复核变更后水头损失变化,作为判断影响工程运行及安全的依据。

分水管道布置调整范围内,分水管道管径为 DN1 200 不变,管道平面位置未变,水平段管道中心线较原方案上抬 0.5 m,水平段两侧上返角度由 6°变为 22.5°。不计入内防腐涂料变化引起的管道糙率变化,变更前后管道糙率均取 0.012。

水力计算成果见表 1。

表 1　　水力计算成果表

结果	设计流量(m^3/s)	流速(m/s)	沿程水头损失(m)	局部水头损失(m)	总水头损失(m)
顶进方案	2.1	1.86	0.31	0.03	0.340

计算表明,总水头损失 0.34 m,满足设计流量 2.1 m^3/s 的要求,对末端水位无影响,对工程运行及安全无影响,分水管道采用管径 DN1 200。

三、顶进法钢管结构设计

(一)顶进布置设计

分水管道穿越工程顶管部分穿越大广高速公路连接线(双向 8 车道)、龙江渠及道路附属绿化带。该部分已经建成并正常使用,不能断交。

顶管北侧起点距连接线绿化带边缘 3.70 m,南侧终点距连接线机动车道边缘 2.50 m,顶管全长 90 m。

由于高速公路连接线南侧场地狭窄(位于干线箱涵与高速公路连接线支线),顶管顶进工作坑布置在高速公路连接线北侧,顶进坑长 10.6 m,宽 3.6 m,坑深 7.39 m。

顶进坑后背侧为了承担顶管顶力,采取 40#a 型工字钢板桩作为后背桩。桩后采取四排 ϕ600 水泥土搅拌桩加固,桩长 14 m,桩间咬合 200 mm,桩长 14 m,水泥搅拌桩既可增强工作坑外围土体的结构,同时又可防止工作坑周围地下水渗透。

顶进坑其余三面采取 40#a 型工字钢板桩支护,桩中心距 0.2 m,桩长 14 m,桩后设单排 ϕ600 水泥搅拌桩止水帷幕,桩间咬合 200 mm,桩长 14 m。

工作坑顶部周圈设钢筋混凝土帽梁,中部周圈设钢腰梁,使工作坑四周形成整体受力。

为了保证工作坑整体稳定,减少支护桩的侧向位移,在相对支护桩间设 ϕ500 钢管横撑,上下共两排,分别顶在帽梁和腰梁处,工作坑四角均设角撑。工作坑底部设 0.5 m 厚混凝土底板,下设 0.2 m 厚碎石垫层。既有利于顶管施工,又加固了坑底,有利于工作坑的稳定。

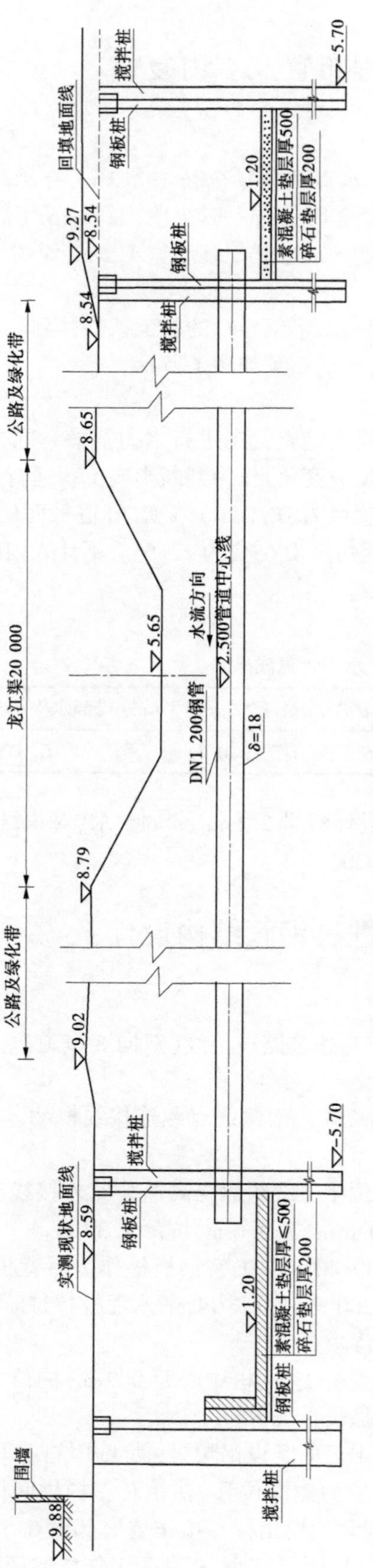

图1 分水管道穿越大广高速公路连接线纵断面图（高程单位:m）

接收工作坑布置在高速公路连接线南侧，坑长 8 m，宽 3.6 m，坑深 7.34 m。由于不承担顶力，接收坑四面均采取 40#a 型工字钢板桩支护，其余布置与顶进坑相同。

顶管采用直顶 DN1 200 壁厚 18 mm 钢管，管顶最大覆土 5.7 m，采用泥水平衡法进行顶进施工。

（二）管道结构计算

根据《给水排水工程顶管技术规程》（CECS 246:2008），钢管管壁的最大环向应力计算见表 2。

表 2 钢管强度计算成果表

工况	环向应力 $\eta\sigma_\theta$	纵向应力 $\eta\sigma_x$	组合应力 $\gamma_0\sigma$	钢材强度设计值 f
空管期间	149.26	147.20	148.24	205
使用期间	154.94	148.90	152.01	

由以上计算可以看出，管道在各种工况下的管壁应力均小于钢材强度设计值，满足管道强度及稳定要求。

（三）管道稳定及竖向变形验算

根据《给水排水工程顶管技术规程》（CECS 246—2008），钢管在真空工况下管壁截面环向稳定验算按相应的公式进行计算。经计算稳定系数 $K_{st}=13.43$，满足钢管稳定要求。

根据《给水排水工程顶管技术规程》（CECS 246—2008），钢管在土压力和地面荷载作用下产生的最大竖向变形按相应的公式进行计算。

经计算钢管管道的最大竖向变形为 14.30 mm，最大竖向变形占钢管外径百分比为 1.19%，小于 3%变形要求，管道满足竖向变形要求。

（四）检测、防腐设计

钢管接缝采用焊接，参考《水电水利工程压力钢管制造安装及验收规范》（DL/T 5017—2007）的相关规定对焊缝进行射线探伤检验，其中钢管管壁纵缝为一类焊缝，无损射线探伤的长度占全长的 15%，不属于一类焊缝的钢管管壁环缝为二类焊缝，无损射线探伤的长度占全长的 10%。

钢质管道的内防腐一般采用涂敷保护层的方法进行处理，主要有无机涂层和有机涂层及固体熔结涂层三大类。考虑到管道长度较短，结合工程重要性，内防腐采用饮水容器无毒环氧涂料。

埋地钢管的外壁腐蚀主要是电化学腐蚀，一般可采用涂敷层包覆、电法保护或二者结合的防腐蚀方式。涂敷层包覆主要有沥青、环氧和聚乙烯三大类，电法保护一般采用牺牲阳极法。考虑到本工程主要为顶管，外防腐采用不易脱落的玻璃钢外防腐，并设置牺牲阳极法阴极保护。

四、结　语

本文通过顶进钢管技术，解决了分水管道穿越大广高速霸州连接线不能断交施工的难题，根据南水北调工程有关技术规定及要求，对分水管道穿越大广高速公路连接线由大开挖方案改为顶进方案，该施工方案技术成熟，在调水工程与公路交叉工程中使用越来越广泛，其结构安全可靠性和经济性也越来越重要。本文对该公路穿越段钢管管道的水力计算、结构复核、管道防腐及施工工作坑及接收设计等进行阐述，为类似工程提供借鉴。通过该工程的实施及运行效果，取得了令人满意的结果。

作者简介：

黄福才（1972—），男，高级工程师，主要从事水利工程设计工作。

顶进施工法用 H 型钢管增强混凝土顶管

王从水[1]　莫志华[2]　辛凤茂[1]　王浯龙[1]

(1. 天津市久盛通达科技有限公司,天津　301600;
2. 湖南湘一一科技有限公司,湖南 长沙　410000)

摘　要　H 型钢管增强混凝土顶管在注重经济效益的同时,更讲求建设质量及社会效益,采用承插连接,安装方便快捷,安装成本降低。

关键词　非开挖管;顶管;钢管增强混凝土顶管;承插式管

非开挖管相较开挖管有减少施工占地、降低扬尘、减少开挖回填土方量、减少吊车等施工机械费用等诸多优点,是目前管道施工工程的良好选择。目前国内运用于非开挖的顶管主要有 6 种,以 H 型钢管增强混凝土顶管为最优,不仅有良好的经济效益,还同时兼顾社会效益,采用承插式连接,安装方便快捷。

一、H 型钢管增强混凝土顶管

H 型钢管增强混凝土顶管是指将钢筋骨架设置在承插式柔性接口钢管的外侧并连同承插式柔性接口钢管一起置于模内,再采用立式振动方法浇灌管壁混凝土制成的、适用于顶进法施工的管,管承插接口是管体自成型工艺制造并采用 T 型天然橡胶胶圈密封。它具有输送能力高、承受荷载能力强、安装方便快捷、便于施工纠偏、能自适应一定的地基沉降、在高工压下能做到零渗漏且综合造价低的管材。

适用口径:DN1 000 mm 到 DN26 000 mm(口径可定制)

标准长度:$L=3$ m、可以按需订制 $L=2$、4、6 m。

接头型式:承插 T 型滑入式。H 型钢管增强混凝土顶管结构示意图(如图 1 所示)

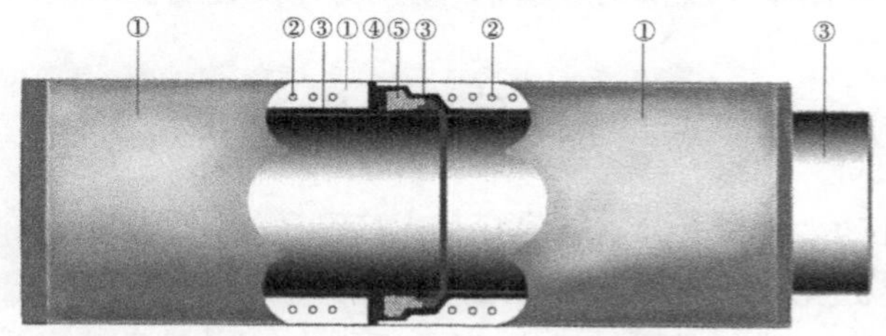

①—混凝土;②—钢筋网;③—钢质管体;④—顶管法兰;⑤—密封圈

图 1　H 型钢管增强混凝土顶管结构示意图

二、各类型顶管管材性能对比

在管材的选择方面,目前国内运用于非开挖顶管管道有如下几种管材:混凝土顶管、混凝土顶管套玻璃钢管、混凝土套钢管、钢管直顶、球墨顶管、H 型钢管增强混凝土顶管,各管材性能比较见表 1。

表1

各类型顶管管材性能对比表

管类种类	混凝土顶管 2 m/支	玻璃钢管（外套混凝土顶管）6 m/支	钢管直顶（或外套混凝土顶管）6 m/支	球墨顶管 6 m/支	H 型钢管增强混凝土顶管 4 m/支
环刚度	≥10 kN/m^2	2.5~15 kN/m^2	—	>20 kN/m^2	>20 kN/m^2
接口密封性	橡胶圈接口，密封性能差，易漏水，不承内压	O 型密封圈承插连接，承插过程中，O 型圈易翻边，易漏水，管体耐内压效果差	烧焊连接，密封性能好，管体承内压好	T 型胶圈连接，软胶部分止水性能强，不漏水，管体抗内压效果好	T 型胶圈连接，软胶部分止水性能强，不漏水，管体抗内压效果好
环境适应性	抗地质沉降能力差	抗地质沉降能力差	抗地质沉降能力好	抗地质沉降能力好	抗地质沉降能力好
施工产品特点	1. 管材不承内压； 2. 顶进过程中没有偏转角度，管口易碎； 3. 接头易漏水	1. 管材不承内压； 2. 接头易漏水，承内压差； 3. 必需增大混凝土顶管套管口径，管材费用增加； 4. 钻孔加大，施工费用增加； 5. 二次放管安装，安装慢，工期长，施工费用增加； 6. 管长 6 m/支，必需做 10 m 工作井；增加施工成本，及造成施工对环境影响； 7. 整体成本增加； 8. 若是玻璃钢顶管，顶进有摆角度时，管口端易碎	1. 管材内外烧焊，连接慢，施工环境恶劣，不好焊接，再次接口防腐，安装难度大，施工周期长； 2. 管体外防腐在顶进过程中损坏； 3. 管长 6 m/支，必须做 10 m 工作井；增加施工成本及造成施工对环境影响； 4. 如外套混凝土顶管整体成本增加	1. 管长 6 m/支，必须做 10 m 工作井，增加施工成本及造成对环境影响； 2. 管外壁为高强度混凝土包裹，顶推力强，防刮擦性能好； 3. T 型滑入式接口，密封好，安装快捷，具备摆转角度 1.5°~3.5°	1. 管长 4 m/支，工作井直径只需 6 m，降低施工成本 30%~50%，对周边一半影响小； 2. 管外壁为高强度混凝土包裹，顶推力强，防刮擦性能好； 3. T 型滑入式接口，密封好，安装快捷，具备摆转角度 2°~4°； 4. 材料及施工成本低； 5. 比球墨顶管强度更高
使用说明	1. ≤20 年； 2. 内壁粗糙，水头损失大，长期流水内壁易结垢，导致管径缩小，减少流量，造成二次污染	1. ≤50 年； 2. 摩阻系数小，输送能力好，不结垢，无二次污染。	1. ≥50 年； 2. 摩阻系数小，输送能力大，水力性能优，不结垢，无二次污染；能显著减少沿程管线液体压力损失，提高液体输送能力，使用年限长	1. ≥50 年； 2. 摩阻系数小，输送能力大，水力性能优，不结垢，无二次污染；能显著减少沿程管线液体压力损失，提高液体输送能力，使用年限长	1. ≥50 年； 2. 摩阻系数小，输送能力大，水力性能优，不结垢，无二次污染；能显著减少沿程管线液体压力损失，提高液体输送能力，使用年限长

三、H 型钢管增强混凝土顶管设计依据

考虑到工程建设在追求经济效益的同时，更应讲求建设质量及社会效益。因 H 型钢管增强混凝土顶管性价比高，其 4 m/支或定长制作，可大量减小工作井的开挖制作，消除环境的二次污染，减少开挖回填土方量，减少吊车等施工机械费用，又因 H 型钢管增强混凝土顶管可塑性强，且使用 T 型密封胶圈承插连接，安装方便快捷，安装成本降低，这样不但节约了总投资，而且大幅度地缩短了施工周期，减少了因施工尘土污染环境的时间和缩小施工作业面积带来便利的交通出行，实现早安装、早运行、早受益，更实现了显著的节能环保作用。因 H 型钢管增强混凝土顶管综合造价优势明显，存放方便，对施工技术要求低，综上所述，结合近年其他非开挖顶管项目建设及运行情况、经验，并综合考虑社会效益和经济效益，及业主对项目工期的要求，采用 H 型钢管增强混凝土顶管。

(1) H 型钢管增强混凝土顶管为承插接口，采用 T 型止水橡胶圈连接，应用于非开挖顶进施工。

(2) H 型钢管增强混凝土顶管采用定长承插钢管、高强度混凝土顶管及防腐要求的制作必须符合国家标准《石油天然气工业管线输送系统用钢管》(GB/T 9711—2017)，《钢塑复合管》(GB/T28897—2012)，《混凝土和钢筋混凝土管》(GB/T 11836—2009)。

四、H 型钢管增强混凝土顶管施工工艺图

H 型钢管增强混凝土顶管施工工艺如图 2 所示。

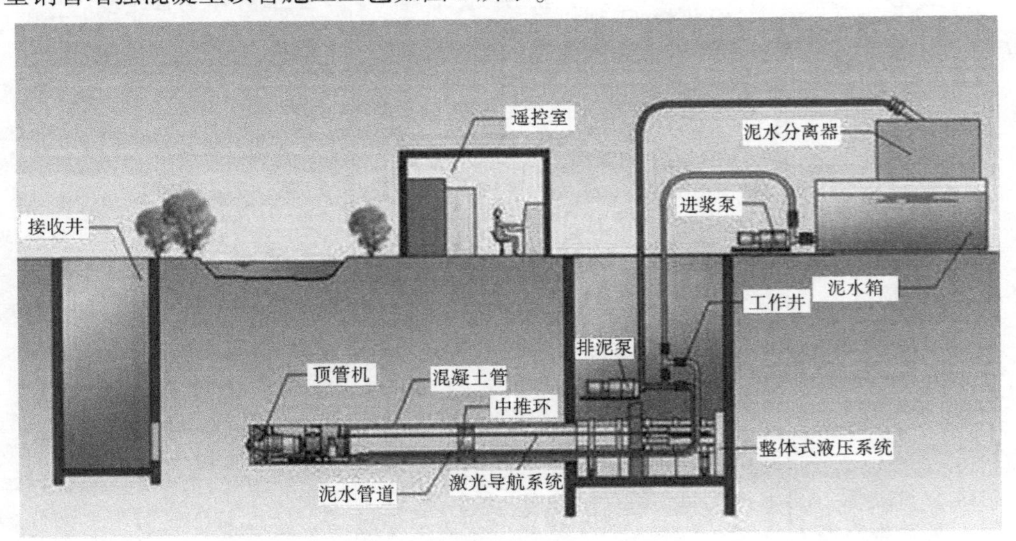

图 2　泥水平衡施工法示意图

五、H 型钢管增强混凝土顶管适用范围及优点

(一) 适用范围

(1) 穿越江河、湖泊、港湾；

（2）穿越城市建筑群、城市街道；

（3）穿越公路、铁路；

（4）水库坝体、涵管。

（二）优点

（1）穿越公路、城市道路不影响交通通行，极大降低“三废”污染；

（2）穿越江河施工不影响正常通航，不修建围堰，不需要水下作业；

（3）地下穿越可减少管径长度，有效降低基础设施投入；

（4）地下穿越极大缩短施工周期提高工作效率，避免破坏地面建筑物、园林绿化、预埋管线、国防设施等。

六、H 型钢管增强混凝土顶管规格及参数表

H 型钢管增强混凝土顶管规格及参数表见表 2。

七、外观质量

H 型钢管增强混凝土顶管外表面平整无塌落、无露筋裂缝，内表面涂层光滑，无气泡、无裂纹、无脱皮、无划痕、无凹陷、色泽均匀。

（一）管道密封橡胶圈的质量要求

胶圈质量应该符合 GB/T 21873—2008 标准。

（1）橡胶圈形式：橡胶圈是 H 型钢管增强混凝土顶管承插式接口的密封件，为 T 型圈，分软胶和硬胶两部分组成。

（2）橡胶圈的材质：橡胶圈材质为三元乙丙橡胶和天然橡胶。

（3）橡胶圈的物理性能见表 3。

（4）橡胶圈的外观质量：橡胶圈应质地紧密、表面光滑，不得有空隙、气泡、裂纹和重皮。

（5）橡胶圈经弯曲试验标准：任何部位都应无明显裂纹。搭接部分延伸 100% 并旋转 360°，不得出现裂纹。

（二）T 型橡胶圈的安装

1. 承口清理

用毛刷和干净的抹布清理承口内部（如图 3 所示），尤其是放橡胶密封圈的位置。不要留有漆、土、沙子等残物。

2. 胶圈安装

对较小规格的橡胶密封圈，将其弄成“心”形放入密封槽内，对较大规格的橡胶密封圈，应将其弄成“十”字形。胶圈的安装如图 4 所示，橡胶密封圈放入后，应施加径向力使其完全放入密封槽内。检查是否完成吻合。

3. 润滑胶圈和插口

清扫插口、光滑边缘，要用专用润滑剂润滑胶圈和插口（如图 5 所示）。

表 2　　H 型钢管增强混凝土顶管规格及参数表

型号	DN800	DN900	DN1 000	DN1 200	DN1 300	DN1 400	DN1 500	DN1 600	DN1 800	DN2 000	DN2 200	DN2 400	DN2 600
内径(mm)	800	900	1 000	1 200	1 300	1 400	1 500	1 600	1 800	2 000	2 200	2 400	2 600
外径(mm)	930	1 030	1 153	1 365	1 460	1 577	1 653	1 790	2 011	2 220	2 453	2 631	2 905
钢筒壁厚(mm)	10	10	10	10	10	10	10	12	12	12	12	12	12
承插深度(mm)	200	200	200	200	200	200	200	200	200	200	200	200	200
胶圈型号	DN800	DN900	DN1 000	DN1 200	DN1 300	DN1 400	DN1 500	DN1 600	DN1 800	DN2 000	DN2 200	DN2 400	DN2 600
胶圈材质	NBR/EPDM,T 型天然橡胶胶圈或三元乙丙胶圈												
管材内承压力(MPa)	3	3	3	3	3	3	3	3	3	3	3	3	3
顶进长度(m)	100~120	100~120	100~120	100~120	100~120	100~120	100~120	100~120	100~120	100~120	100~120	100~120	100~120
允许顶推力(kN)	4 010	4 550	5 080	7 240	8 330	9 020	10 750	12 360	12 360	16 970	16 970	16 970	23 340
摆动角度	2°~5°	2°~5°	2°~5°	2°~5°	2°~5°	2°~5°	2°~5°	2°~5°	2°~4°	2°~4°	2°~4°	2°~4°	2°~4°
管材长度(m)	4	4	4	4	4	4	4	4	4	4	4	4	4
有效长度(m)	3.8	3.8	3.8	3.8	3.8	3.8	3.8	3.8	3.8	3.8	3.8	3.8	3.8
连接方式	T 型滑入式柔性承插连接												
内涂层材质	环氧树脂内防腐												

表 3

橡胶圈的物理性能表

性能	单位	试验方法	章节	硬度级别的要求					
				40	50	60	70	80	90
公称硬度的允许公差	IRHD	GB/T 6031—1998	4.2.3	±5	±5	±5	±5	±5	±5
拉伸强度,最小	MPa	GB/T 528—1998	4.2.4	9	9	9	9	9	9
拉断伸长率,最小	%	GB/T 528—1998	4.2.4	400	375	300	200	125	100
压缩永久变形,最大									
-23 ℃,72 h	%	GB/T 7759—1996	4.2.5.2	12	12	12	15	15	15
-70 ℃,24 h	%		4.2.5.2	20	20	20	20	20	20
-10 ℃,72 h	%		4.2.5.3	40	40	50	50	60	60
老化,70 ℃,7 d		GB/T 3512—2001							
——硬度变化,最大	IRHD	GB/T 6031—1998	4.2.6	-5~+8	-5~+8	-5~+8	-5~+8	-5~+8	-5~+8
——拉伸强度变化率,最大	%	GB/T 528—1998		-20	-20	-20	-20	-20	-20
——拉断伸长率变化率,最大	%	GB/T 528—1998		-30~+10	-30~+10	-30~+10	-30~+10	-40~+10	-40~+10
应力松弛,最大									
-23 ℃,7 d	%	GB/T 1685—2008	4.2.7	13	14	15	16	17	18
-23 ℃,100 d	%			19	20	22	23	25	26
在水中的体积变化,最大 70 ℃,7 d	%	GB/T 1690—1992	4.2.8	-1~+8	-1~+8	-1~+8	-1~+8	-1~+8	-1~+8
耐臭氧	—	GB/T 7762—2003	5.9	在未经放大的条件下观察,无裂纹					
可选要求									
压缩永久变形,最大-25 ℃,72 h	%	GB/T 7759—1996	4.3.1	60	60	60	70	70	70
硬度变化,最大-25 ℃,168 h	IRHD	GB/T 12832—2008	4.3.1	+18	+18	+18	—	—	—
在油中的体积变化 70 ℃,72 h									
在 1 号标准油中	%	GB/T 1690—1992	4.3.2	±10	±10	±10	±10	±10	±10
在 3 号标准油中				-5~+50	-5~+50	-5~+50	-5~+50	-5~+50	-5~+50

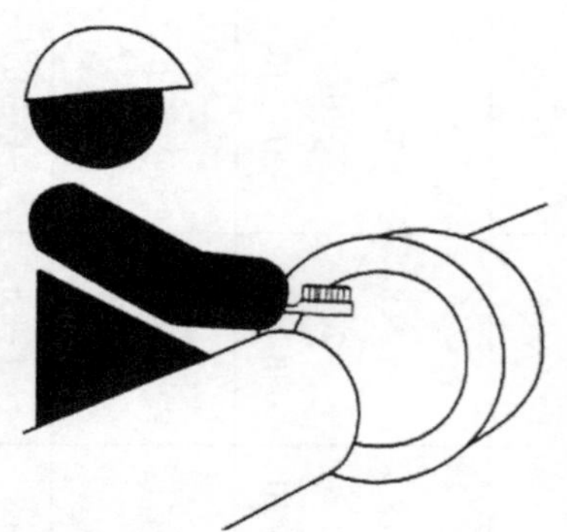

图 3　承口清理

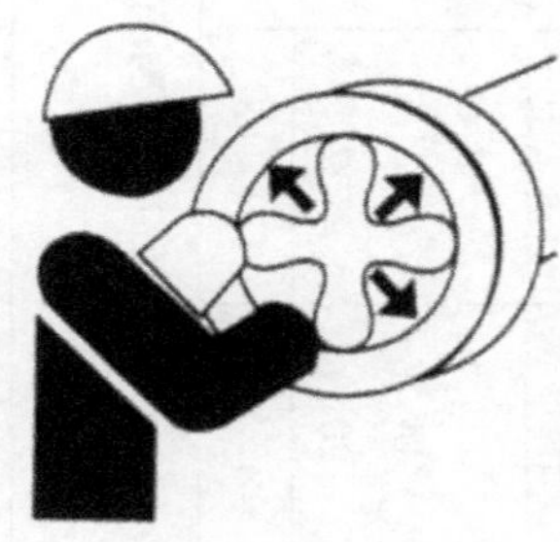

(a)较大规格胶圈“十”字形放置

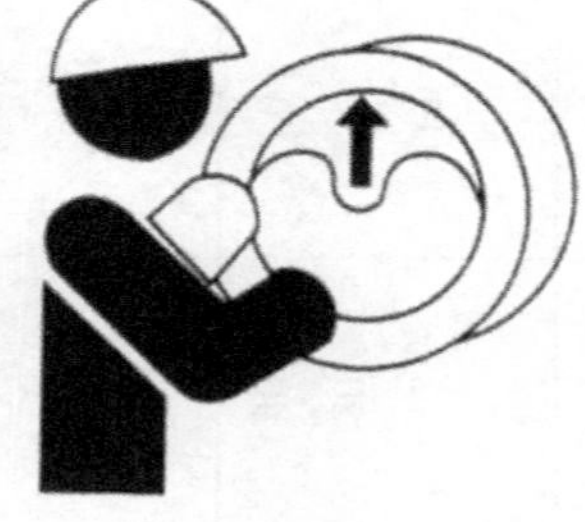

(b)较小规格胶圈“心”形放置

图 4　胶圈安装

八、结　　语

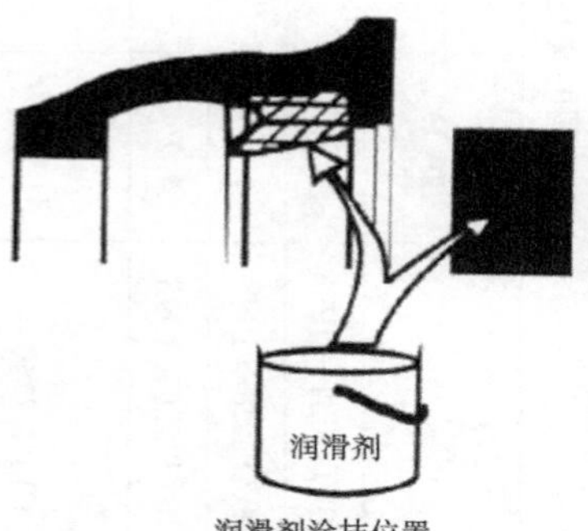

图 5　润滑胶圈和插口

根据目前市场上所采用的各种材质非开挖管分析结果，并结合实际工程中非开挖管道特点，经综合分析，可得出以下结论：

(1)从环刚度、接口密封性、环境适应性、施工产品特点、使用说明等几个方面的参数可以得出，H 型钢管增强复合顶管的各项指标均高于或等于其他非开挖管道。

(2)从管道口径来看，H 型钢管增强复合顶管最大口径可以做到 DN2 600 mm，可满足市场各种需求。

(3)从经济效益、施工范围及对周边的环境影响来看 H 型钢管增强复合顶管都是非开挖管道的最优选择。

作者简介：

王从水(1973—)，男，天津，工程师，主要从事市政给排水工作。

全自锚(抗震型)柔性接口钢管性能介绍

程金煦[1]　李青山[2]　钟根全[3]

(1. 广州市自来水公司,广东 广州　510370;2. 天津友发钢管集团,天津　300171;
3. 广东工业大学,广东 广州　510006)

摘　要　为了提升大口径钢管连接技术,提出一种新型自锚式、抗震型柔性接口。该管型以接口的全自锚功能阻止接口的轴向拉脱和横向弯曲摆移脱口,接口的传力和位移变化特性可使管道系统通过连续叠加多个接口的轴向位移和/或横向摆角量、增加管线可变量和管线变化的曲率来适应外力迫使管线发生轴向和横向位移的变化,利用"以柔克刚"的原理减少管道承受的轴向应力和弯曲应力,以接口的柔刚结合功能,增加管土相互制约力和相互摩擦力,减少和平衡管道承受的作用力,成为抗震害、防爆漏的先进管型。

关键词　全自锚;管道接口;抗震;柔性;防爆漏

目前我国输水管道存在漏失率较高的状况,不但浪费宝贵的水资源,而且严重影响供水企业的经济效益。按静态分析,输水管道的管壁强度是足够的,但实际情况反映,管道的安全性十分薄弱,天气骤冷、水压稍高、地基稍稍变化或外作用力稍微增加,都会成为引发管道爆漏的因素,管道易爆漏是造成供水行业产销差率高(约 10%)、难以下降的主要因素,尤其现有的管道在抵御地震破坏能力方面十分脆弱,例如 1976 年唐山地震(烈度 9~11 度),当时城市供水管网总长为 110 km (DN75 以上)的供水干管中,444 处被破坏,平均震坏率为 4 处/km,被地震波及的天津市(地震烈度为 7~8 度),其输配水管网总长 1 676.96 km,被破坏总数为 1 308 处,平均震坏率为 0.78 处/km,地震造成供水管网瘫痪,管线抢修不是十天八天就能完成,例如汶川和唐山的主管线要经过近两个月时间的抢修才基本恢复。城市缺水和缺水产生的次生灾害,对城市的经济运作和人民生活带来极大的困难。因此,开发具有抗震害、防爆漏功能接口的管型,是维护城市安全和稳定的重大课题。

一、一种新型的抗震害、防爆漏的管型

全自锚(抗震型)柔性接口钢管是 2002 年通过原建设部科技成果评估(建科评〔2002〕031 号)的扩胀成型承插式柔性接口钢管的升级产品. 具体构造如图 1 和图 2 所示,该管两端分别具有钩头 5 的承头 1 和带有凸台 6 的插头 2,密封胶圈 3 安放在插头的凹槽内,该管有单胶圈和双胶圈管型,双胶圈管型可对接口独立试压,主要参数见表 1。安装时,只需将插头拉进承头内,再将具有开口的圆形卡环推进到凸台与钩头之间,通过圆形卡环的径向胀大反弹变形胀贴在钩头内,以其抗剪切的机械强度阻止接口的轴向拉脱,并以承头与插头管型的配合和构造的强度阻止接口的弯曲脱口,令接口具有全方位的自锚功能,解除了目前自锚式球墨铸铁管还存在接口弯曲脱口的缺陷,成为以全自锚柔性接口功能提高钢管的抗震害、防爆漏的先进管型。

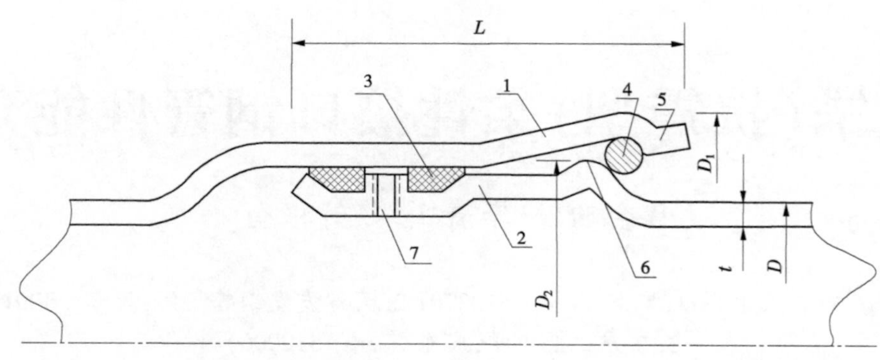

1—承头；2—插头；3—密封胶圈；4—卡环；5—钩头；6—凸台；7—试压孔

图1 全自锚(抗震型)柔性接口双胶圈管型构造示意图

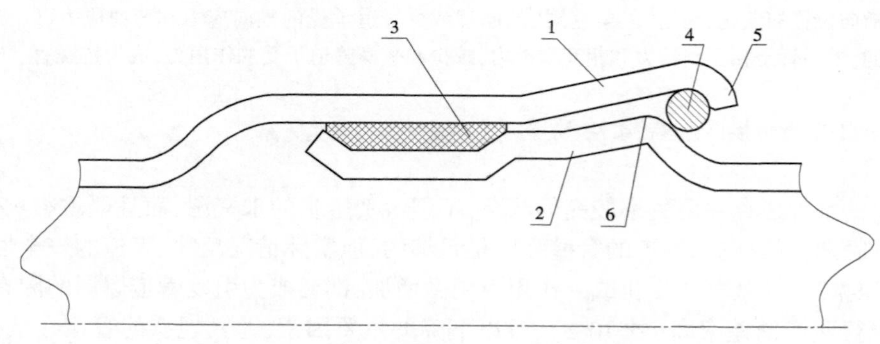

1—承口；2—插口；3—密封胶圈；4—卡环；5—钩头；6—凸台

图2 全自锚(抗震型)柔性接口单胶圈管型构造示意图

二、全自锚(抗震型)柔性接口钢管型式试验

为保证新型全自锚(抗震型)柔性接口钢管的抗震害、防爆漏的性能，该管的型式试验包括：①正内压、②负内压、③循环内压、④悬空承受内压和弯矩、⑤轴向位移(接口引拔)、⑥轴向震动位移、⑦横向振动位移(曲挠)、⑧全自锚性能(曲率增加)等八项型式试验。其中：①正内压、②负内压、③循环内压试验是参照《球墨铸铁管线用自锚接口系统设计规定和型式试验》(GB/T 36173—2018)第5.3.1、5.3.2和5.3.3项进行；④悬空承受内压和弯矩试验参考《水及燃气用球墨铸铁管、管件和附件》(GB/T 13295—2019)第7.5项进行；⑤轴向位移(接口引拔)、⑥轴向震动位移和⑦横向振动位移(曲挠)试验参考《排水用柔性接口铸铁管、管件及附件》(GB/T 12772—2016)附录E“接口耐压性能和管道抗震性能试验方法”E4、E5、E6项进行；⑧全自锚性能(曲率增加)试验参考《球墨铸铁管道抗震防沉设计》(ISO16134)第3部分关于“管道抗震主要考虑管道是否能够跟随地面位移和地形变化而不会出现接口滑脱”的管道抗震设计要求进行。

(1)DN800管正内压型式试验，接口在没有外部轴力约束下，摆角1°，承受1.6 MPa水压、885 kN的轴向拉拔力和48 kN剪切荷载，保持2 h，检验接口在承插接头最不利的配合公差下，同时承受内压、剪切荷载和拉拔力的作用下的密封能力和防止接口轴向拉拔脱口的轴向自锚性能(如图3所示)。

表 1　全自锚(抗震型)柔性接口钢管主要参数(工作压力:1.0 MPa)

DN	300	400	500	600	800	1 000	1 200	1 400	1 600	1 800	2 000	2 200	2 400	2 600	2 800	3 000
管外径 D(mm)	324	426	530	630	820	1 020	1 220	1 420	1 620	1 820	2 020	2 220	2 420	2 620	2 820	3 020
壁厚 t(mm)	6	6	8	8	10	10/12	10/12	12/14	12/14	16	16	18	20	22	22	24
卡环直径 ϕ(mm)	10	10	12	14	16	18	18	20	20	22	24	26	28	30	32	35
承头外径 D_1(mm)	366	470	583	690	890	1 102	1 302	1 512	1 712	1 925	2 132	2 342	2 554	2 764	2 972	3 186
插头凸台外径 D_2(mm)	348	451	559	660	854	1 059	1 259	1 464	1 664	1 870	2 076	2 280	2 485	2 690	2 895	3 102
双胶圈管型插入深度 L(mm)	136	153	178	192	198	235	238	265	267	308	321	361	402	436	470	516
单胶圈管型插入深度 L(mm)	110	130	150	162	168	202	208	230	235	270	285	315	350	380	405	445
密封胶圈最小压缩比(%)	<24	<24	<24	<24	<24	<24	<24	<24	<24	<24	<24	<24	<24	<24	<24	<24
轴向最大位移量(mm)	12	12	12	12	12	12	12	12	12	12	12	12	12	12	12	12
径向最大摆角	2°	2°	1°30′	1°30′	1°15′	1°15′	1°15′	1°15′	1°15′	1°15′	1°15′	1°15′	1°	1°	1°	1°
抗拉拔力(kN)	130	220	330	490	830	1 300	1 850	2 400	3 100	3 900	4 800	5 800	6 900	8 080	9 990	10 740
抗弯曲力矩(kN·m)	12	20	34	42	71	178	245	303	385	487	589	714	852	1 001	1 144	1 316

图3　正内压试验(图中压力表2.8 MPa,电子秤97.9 kN拉力)

(2)DN800管负内压型式试验,接口在没有外部轴力约束下,摆角1°,承受负压等于0.01 MPa的绝对压力和48 kN剪切荷载,保持2 h,检验接口在负压、剪切荷载和压入力共同作用下的密封性能。

(3)DN800管循环内压型式试验,接口在没有外部轴向力约束下,摆角1°,承受48 kN剪切荷载,并在0.6 MPa与1.22 MPa之间承受循环内压和拉拔力,检验接口在拉拔力和水压波动作用下的密封性能。

(4)DN800管悬空承受内压和弯矩型式试验,接口在没有外部轴力约束下,同时承受64.7 kN·m弯曲力矩、1.6 MPa水压和885 kN的轴向拉拔力,保持2 h,验证该柔性接口的轴向自锚、横向弯曲自锚和密封性能(如图4所示)。

图4　悬空承受内压和弯矩试验(水压1.6 MPa,
拉拔力885 kN,弯曲力矩64.7 kN·m)

(5)DN800管轴向位移(接口引拔)型式试验,接口在没有外部轴力约束下,承受1.0 MPa水压,其承插头可相对位移12 mm,检验接口先柔后刚性能和在允许位移范围内的密封性能。

(6)DN800管轴向震动位移型式试验,接口承受1.0 MPa水压,并承受轴向震动频率1.8 Hz、轴向往复震动位移±3 mm,持续5 min,检验接口抵抗轴向地震波破坏的能力(见图5)。

图5　轴向震动位移试验(水压1.0 MPa、频率1.8 Hz、轴向往复震动位移±3 mm)

(7)DN800管横向振动位移(曲挠)型式试验,接口承受1.0 MPa水压,并承受横向振动频率0.8 Hz、管轴线偏转摆角±1°的反复摆角,持续5 min,检验接口抵抗横向地震波破坏的能力(见图6)。

图6　横向振动位移(曲挠)试验(水压1.0 MPa、频率0.8 Hz、管轴线偏转±1°反复摆角)

(8)DN800管全自锚性能(曲率增加)型式试验,将九条长度为1.05 m、摆角为1.25°的全自锚管段连接的试验管,悬空放置在跨距为9 m的两个简支架上,在没有外部轴力约束下,同时承受1.0 MPa水压、70.8 kN·m弯曲力矩和550 kN拉拔力,试验管中部的管段通过分别叠加两边4个接口的摆角位移量,令试验管中间的最大沉降量大于管轴线偏转4.25°的位移量,持续5 min,检验接口的全自锚性能和传力的性能,令管道通过连续叠加多个接口位移量增加管线可变量和管线变化的曲率,适应外力迫使管线的变化(如图7所示)。

通过这8项试验,确保了该产品的接口不但可抵御地震波的破坏,而且还具有可安全跟随地面位移和地形变化而不会出现接口滑脱的功能,有效地化解外力对管道的破坏力。目前DN800规格管已委托广东省建筑材料研究院按照以上八项试验要求完成型式试验。由于该产品接口的全自锚力是接口在没有外部约束力的制约下,依靠接口构造的强度承受多种组合的作用力,为此联合广东工业大学对DN800管在接口摆角1.2°,同时承受内压和拉拔力的组合作用力(承压2.0 MPa、拉拔

图7　全自锚性能(曲率增加)试验(九段全自锚管连接的试验管悬空 9 m，水压 1.0 MPa、拉拔力 550 kN、弯曲力矩 70.8 kN·m，其最大沉降量大于管轴线偏转 4.25°形成的位移量)

力 1 100 kN)和在接口悬空架设在 2 个简支架中间，承受内压、轴力和弯曲力矩的组合作用力(水压 1.6 MPa、拉拔力 886 kN、弯曲力矩 91 kN·m)的状态下，对接口主要受力点进行应变测试及应力分析(如图 8 所示)，其测试结果：接口不但没有泄漏，而且其承受的应力还有较高的安全系数。去年在广东粤北安装的 DN600 管，对淤土基础没有进行处理、对安装截止阀处没有设置混凝土支墩，现已安全工作 1 年多。因此，该管的结构安全性、管型的功能特性和管的质量性能都比传统的柔性接口管有显著的提高。

图8　采用应变片对接口主要受力点进行应力分析现场

三、全自锚柔性接口钢管抗震害、防爆漏的技术性能

输水管道在使用过程中，会受到输送水的冲击力(包括水锤的冲击力)、气候变化产生的温差

作用力、地面载荷变化的压力、地形变化的压迫力，特别在地震发生时，架设的管道（包含管廊敷设的管道）会受到水平加速度的惯性力和上下错动地壳作用力，埋地管道会受到地震波引发的地表变形和地面运动对管道作用力，尤其地震引发的断层错动、土壤液化、地层沉陷和滑坡地带等永久地面变形，对管线作用的破坏力是十分巨大的。单纯增加管道的强度，不但不经济，而且效果也不理想，本产品是以全自锚管型具有的优良抗震性能，令管道符合《球墨铸铁管道的抗震防沉设计》（ISO16134）提出“管道抗震主要考虑管道是否能够跟随地面位移和地面应变不会出现接头滑脱”的管道抗震设计要求。

（一）全自锚（抗震型）柔性接口钢管的传力性能

该管道每一个连接接口都有 12 mm 的最大轴向位移量和约 1°最大的径向摆角量，在管道初始使用时，管道是一条链接的管线（每一根管的接口都可自由位移），在管道的工作过程中，当某一个接口在内力或外力的作用下，其轴向位移和/或角度摆移达到最大量值时，该接口便将仍承受的轴力和/或弯曲力矩传递传递给下一个接口继续位移，这样通过接口的依次传力和位移，令管道可以通过连续叠加多个接口的可移量来增加管道的轴向伸缩和横向错位的位移量和增加管线下沉变化曲率缩短管道悬空的跨距，适应或补偿内力或外力迫使管线的变化，在避免接口滑脱的同时，又消除或减少管道承受的温差应力或拉伸和弯曲的应力，避免管道因承受应力过大而造成的爆管事故发生。

（二）全自锚（抗震型）柔性接口钢管的柔刚结合性能

当管接口轴向位移量达到最大值时，该接口的抗拉强度可承受 2.0 MPa 水压产生的拉拔力，当管接口的径向摆角量达到最大摆移值时，该接口的连接强度可达到《供水及燃气用球墨铸铁管、管件和附件》（GB/T 13295—2019）表 10 规定球墨铸铁管螺纹连接法兰的刚性接口的型式试验强度（包括承压和承受弯曲力矩）。因此，该接口是先柔（可位移）后刚（可承受轴力和弯曲力距）的柔刚结合接口，令该接口可在增加管道位移量的同时，又可通过延长刚性接口连接管段的长度，增加管土相互制约力和相互摩擦力，减少和平衡管道承受的作用力，避免接口的滑脱事故的发生。

（三）全自锚（抗震型）柔性接口钢管的以柔克刚性能

地震是造成城市建筑和管道破坏最大的自然灾害，我国属地震高发区，输水管道由于分布范围广，无法避免穿越地质条件复杂（如断层、液化地基、滑坡和沉陷等）地段安装，特别是地震导致场地永久变形、地层错动引起场地位移是致使埋地管线承受应力过大而造成破坏失效的主要原因，对此即使强度更高的管道也不能免遭破坏。

全自锚（抗震型）柔性接口钢管不但具有防止轴向拉脱和横向弯曲脱口的全方位自锚功能，而且还可通过接口的传力，令管道可通过连续叠加多个接口的可移量，增加管道的位移量和管线变化的曲率，适应管线更大的伸缩变化和管线更严重错位的变化，减少管道承受的拉伸和弯曲应力，成为可安全跟随地面位移和地形变化而不会因承受应力过大而出现爆管和防止接口滑脱的管型。同时，该管接口又可通过其具有柔刚结合的性能，增加管土相互制约力和相互摩擦力，减少和平衡管道的受力，成为以柔克刚的抗震害、防爆漏的先进管型。

四、结　　语

全自锚（抗震型）柔性接口钢管是一种构造简单、结构科学和功能先进的以柔克刚的抗震害、防爆漏管型，产品符合《球墨铸铁管道抗震防沉设计》（ISO16134）关于管道的抗震关键在于管道能否跟随地面位移，地形变化而不会出现接口滑脱的管道抗震技术要求。该管与传统柔性接口相比，只需增加一个卡环，就可免去管道捣制混凝土支墩的麻烦，并可解除接口脱口泄漏的隐患；该管与焊接连接输水钢管相比，虽增加端口成型柔头的加工，但却可免去安装时焊接的工序和焊接的人工、材料和机具费用,同时接口也不需增加再防腐的施工和费用,不但提高安装的效率6倍以上,而且可消除焊接钢管因应力集中而造成材料疲劳和/或承受应力过大造成管道爆漏事故。目前,该产品有双胶圈管型,实现安装与接口密封检验同步进行,确保了安装的质量。因此,该产品是一种应用成本低、安装工效高和管道质量性能好的实用性强的装配式抗震管型。在该管的开发和技术的完善过程中,十分感谢北京市市政工程设计院宋奇叵总工、中国市政工程华北设计研究院陈湧城总工、大连理工大学冯新老师、北京工业大学钟紫蓝老师、广东工业大学梁仕华老师的指导和帮助,望该管能得到有关部门的重视和支持,能为我国输水管道质量水平的提高做出一份贡献。

参 考 文 献

[1] 国家市场监督管理总局,中国国家标准化管理委员会. 球墨铸铁管线用自锚接口系统 设计规定和型式试验:GB/T 36173—2018[S]. 北京:中国标准出版社,2018.
[2] 中华人民共和国国家市场监督管理总局,中国国家标准化管理委员会. 水及燃气用球墨铸铁管、管件和附件:GB/T 13295—2019[S]. 北京:中国标准出版社,2019.
[3] 中华人民共和国国家质量监督检验检疫总局,中国国家标准化管理委员会. 排水用柔性接口铸铁管、管件及附件 附录E"接口耐压性能和管道抗震性能及试验方法":GB/T 12772—2016[S]. 北京:中国标准出版社,2017.
[4] 程金煦. 大中型输水管道管材选择探讨[J]. 给水排水, 2001, 27(5): 81-85.
[5] 周先敏. 地震对市政管道的影响[J]. 黑龙江科技信息, 2009, 33:295
[6] 余晨曦 邵朝臣. 地震对市政管道的的破坏及管道的抗震处理[J]. 山西建筑, 2008, 34(34):94
[7] 给水排水专业112班. 浅谈地震对给水管道的破坏与抗震措施[D]. 建筑工程学院, 2014.

作者简介:
程金煦(1946—),男,工程师,主要从事管道连接技术设计工作。

不同参数对埋地钢管壁厚计算的敏感度分析

闵　毅　董旭荣　王　鹏

（陕西省水利电力勘测设计研究院，陕西 西安　710001）

摘　要　为了进一步满足水资源平衡，近年来一批长距离输水工程相继展开工作。长距离输水工程引水的主要形式包括隧洞、管桥、埋地管、倒虹吸、渠道、箱涵等，以埋地管占比最多。对于压力高、管径大、覆土厚的埋地管则多使用钢管，而目前针对埋地钢管的结构计算是行业内一直在研究交流的一大课题。本文结合 CECS 规范，通过改变不同参数的取值，得出其对埋地钢管壁厚计算的影响，从而为在以后的设计中对于埋地钢管的壁厚及可控参数的取值提供一些依据。

关键词　不同参数；埋地钢管；计算壁厚；敏感度

随着长距离输水工程的不断增多，埋地钢管的结构计算成为行业内研究交流的一大课题，目前参考较多的有 CECS 规范、日本规范、美国规范及英国规范。伍鹤皋[1]等曾对 CECS 规范与日本规范做了详细比较与分析，周兵[2]等对 CECS 规范、英国规范、美国规范通过工程实例进行了分析对比。而 CECS 规范是目前国内水利行业普遍应用的设计规程，本文结合 CECS 规范，通过改变不同参数的取值，得出其对钢管壁厚计算的影响，从而为在以后的设计中对于埋地钢管的壁厚及可控参数的选取上提供一些依据。

一、CECS 规范概述

《给水排水工程埋地钢管管道结构设计规程》CECS141：2002 是目前水利行业普遍应用的标准，从计算工况可以分为正常运行工况与放空工况，每种计算工况对应有相应的荷载组合；计算内容则包括强度计算、稳定验算（包括管壁截面的稳定验算与管道的抗浮验算）及刚度验算 3 个方面。

（一）计算工况与荷载组合

计算工况与荷载组合见表 1。

表 1　　计算工况与荷载组合

计算工况	荷载组合								
	管道自重	水重	内水压力	竖向土压力	地面堆积荷载	地面车辆荷载	真空压力	温度变化	地基不均匀沉降
正常运行工况	√	√	√	√	√			√	√
	√	√	√	√		√		√	√
放空工况				√	√		√		
				√		√	√		

(二)计算内容

1. 强度计算

$$\sigma = \eta \sqrt{\sigma_\theta^2 + \sigma_x^2 - \sigma_\theta \sigma_x} \tag{1}$$

$$\gamma_0 \sigma < f \tag{2}$$

式中 σ——钢管管壁截面的最大折算应力,MPa;

σ_θ——钢管管壁截面的最大环向应力,MPa;

σ_x——钢管管壁截面的最大纵向应力,MPa;

η——应力折算系数;

γ_0——管道结构重要系数;

f——钢管管材强度设计值,MPa。

1)钢管管壁截面的最大环向应力

$$\sigma_\theta = \frac{N}{b_0 t_0} + \frac{6M}{b_0 t_0^2} \tag{3}$$

$$M = \varphi \frac{(\gamma_{G1} k_{gm} G_{1k} + \gamma_{G,sv} k_{vm} F_{sv,k} + \gamma_{Gw} k_{wm} G_{wk} + \gamma_Q \varphi_c k_{vm} q_{ik} D_1) r_0 b_0}{1 + 0.732 \dfrac{E_d}{E_p} \left(\dfrac{r_0}{t_0} \right)^3} \tag{4}$$

$$N = \varphi_c \gamma_Q F_{wd,k} r_0 b_0 \tag{5}$$

$$\eta \sigma_\theta < f \tag{6}$$

式中 N——最大环向轴力设计值,N;

M——最大环向弯矩设计值,N·m;

φ——弯矩折减系数;

b_0——管壁计算宽度,m;

r_0——钢管的计算半径,m;

t_0——钢管的计算壁厚,m;

D_1——钢管外径,m;

γ_{G1}、$\gamma_{G,sv}$、γ_{Gw}、γ_Q——管道自重、竖向土压力、管内水重、地面堆积或车辆荷载分项系数;

k_{gm}、k_{vm}、k_{wm}——管道结构自重、竖向土压力和管内水重作用下管壁截面的最大弯矩系数(由土弧包角决定);

G_{1k}、$F_{sv,k}$、G_{wk}、q_{ik}——管道结构自重标准值,kN/m、竖向土压力标准值,kN/m、管道内水重的标准值,kN/m、地面堆积荷载或车辆荷载产生的竖向压力标准值,kN/m;

$F_{wd,k}$——管道内水压力设计值,MPa;

E_d——钢管管侧土的综合变形模量,MPa;

E_p——钢管管材的弹性模量,MPa;

φ_c——可变作用的组合系数。

2)钢管管壁的纵向应力

$$\sigma_x = \nu_p \sigma_\theta \pm \varphi_c \gamma_Q \alpha E_p \Delta T + \sigma_\Delta \tag{7}$$

式中 ν_p——钢管管材泊松比;

α——钢管管材线膨胀系数;

ΔT——钢管管道的闭合温差,℃;

σ_Δ——地基不均匀沉降引起的纵向应力,MPa。

2. 稳定验算

埋地钢管的稳定验算包括钢管管壁截面的稳定性验算及钢管管道的抗浮验算。

1) 钢管管壁截面的稳定性验算

$$F_{cr,k} \geqslant K_{st}\left(\frac{F_{sv,k}}{2r_0} + q_{ik} + F_{vk}\right) \tag{8}$$

$$F_{cr,k} = \frac{2E_p(n^2-1)}{3(1-\nu_p{}^2)}\left(\frac{t}{D_0}\right)^3 + \frac{E_d}{2(n^2-1)(1+\nu_s)} \tag{9}$$

式中 $F_{cr,k}$ ——钢管管壁截面的临界压力,MPa;

F_{vk} ——管内真空压力标准值,MPa;

K_{st} ——钢管管壁截面的设计稳定性抗力系数,一般取 2.0;

n ——钢管管壁失稳时的折皱波数,为不小于 2 的整数;

ν_s ——钢管两侧胸腔回填土的泊松比;

D_1——计算直径,按圆心至管壁中线计算,m。

2) 钢管管道的抗浮验算

$$\sum F_{Gk} \geqslant K_f F_{fw,k} \tag{10}$$

式中 $\sum F_{Gk}$ ——各种抗浮作用标准值之和,kN/m²;

$F_{fw,k}$ ——浮托力标准值, K_f 为抗浮稳定抗力系数,一般不小于 1.1。

3. 刚度验算

$$w_{d,max} \leqslant \varphi D_0 \tag{11}$$

$$w_{d,max} = \frac{D_L k_b r_0^3(F_{sv,k} + \psi_q q_{ik} D_1)}{E_p I_p + 0.061 E_d r_0^3} \tag{12}$$

式中 $w_{d,max}$ ——管道在准永久组合作用下的最大竖向变形;

φ ——变形百分率,一般取 3%~4%;

D_L ——变形滞后效应系数,取 1.0~1.5;

k_b ——竖向压力作用下的变形系数;

I_p ——钢管管壁纵向截面单位长度的截面惯性矩,m⁴;

ψ_q ——可变作用的准永久值系数。

结合计算工况、荷载组合及计算公式,强度计算采用了第四强度理论[2],由最大环向应力及最大轴向应力共同作用产生,最大环向应力考虑了钢管管道自重、管道内水重、竖向土压力、地面堆积或车辆荷载及设计内水压力的共同作用;最大轴向应力考虑了温度应力、地基不均匀沉降应力及最大环向应力传递的共同作用;强度计算在正常运行工况时为最不利工况。管壁截面的稳定性验算主要与竖向土压力、地面堆积或车辆荷载及真空压力有关;管道的抗浮验算主要与竖向土压力与钢管自重有关;钢管稳定验算在放空工况时为最不利工况。管道的刚度验算主要与竖向土压力及地面堆积或车辆荷载有关,且放空工况时为最不利工况。

通过对 CECS 规范的概述,埋地钢管计算须同时满足以上 3 个方面,即正常运行工况的强度计算以及放空工况的稳定验算及刚度验算,结合以往多个工程实例,对埋地钢管计算有影响的主要参数包括钢管管侧土的综合变形模量 E_d 、钢管垫层的土弧包角 θ 、管道内水压力设计值 $F_{wd,k}$ 以及管顶覆土厚度 H ,本文以管顶覆土厚度 H 和壁厚 δ 作为横纵坐标,通过调整其他三个参数的取值,得出 δ 随 H 变化而变化的规律,继而得出各参数对壁厚计算的敏感度。

二、工程实例

某长距离引水工程管径为 DN 2 000，钢管材质 Q355C，管顶覆土厚度 2～5 m，回填土重度 19 kN/m^3，设计内水压力 0.6～2.0 MPa，设计垫层土弧包角 $\theta=120°$，根据原状土特性及设计回填土的压实度，管侧土的综合变形模量 E_d = 5 MPa。为了进一步对计算得出准确结论，将该实例进行扩展，增加参数 θ 及 E_d 的取值范围，根据规范要求，θ 分别为 20°、60°、90°、120°；E_d 分别为 1、3、5、7 MPa。其余荷载计算按照规范进行，计算参数在此不再赘述。计算结果详见表 2～表 4，敏感度分析详见图 1～图 3。

表 2　　不同土弧包角的钢管壁厚计算

管顶覆土（m）	设计内水压力（MPa）	土的综合变形模量（MPa）	土弧包角 θ（°） 壁厚计算值（mm）				计算应力（MPa）	计算安全系数	计算变形量（%）	容许应力（MPa）	容许安全系数	容许变形量（%）
			20	60	90	120						
2	1.6	5	16	12	10	10	281/268/285/278	3.6/3.1/3.0/3.0	2.2/2.2/2.1/2.0	295/305	2	4
3			28	12	12	10	292/294/275/294	6.7/2.8/2.8/2.7	1.7/3.0/2.7/2.6	295/305		
4			36	25	14	12	282/286/285/283	10.3/4.8/2.6/2.5	1.4/2.4/3.4/3.3	295/305		
5			40	30	22	16	288/294/293/284	11.8/6.0/3.5/2.5	1.3/2.3/3.2/3.7	295		

表 3　　不同内水压力设计值的钢管壁厚计算

管顶覆土（m）	土弧包角（°）	土的综合变形模量（MPa）	内水压力设计值 $F_{wd,k}$（MPa） 壁厚计算值（mm）				计算应力（MPa）	计算安全系数	计算变形量（%）	容许应力（MPa）	容许安全系数	容许变形量（%）
			0.6	1.0	1.6	2.0						
2	120	5	6	8	10	12	200/230/278/289	2.9/2.9/3.0/3.1	2.0/2.0/2.0/1.9	305	2	4
3			6	8	10	14	208/242/294/283	2.6/2.6/2.7/3.0	2.6/2.7/2.6/2.5	305		
4			6	8	12	16	215/254/283/292	2.3/2.3/2.5/2.8	3.4/3.4/3.3/3.0	305/295		
5			14	16	16	22	198/222/284/276	2.3/2.5/2.5/3.5	3.9/3.7/3.7/3.0	305/295		

表 4　　不同土的综合变形模量的钢管壁厚计算

管顶覆土(m)	土弧包角(°)	土的综合变形模量(MPa)	土的综合变形模量 E_d (MPa)				计算应力(MPa)	计算安全系数	计算变形量(%)	容许应力(MPa)	容许安全系数	容许变形量(%)
			1	3	5	7						
			壁厚计算值(mm)									
2	120	5	25	14	10	10	252/262/278/265	3.8/2.2/3.0/4.1	2.4/2.9/2.0/1.4	295/305	2	4
3			28	16	10	10	265/288/294/277	4.6/2.2/2.7/3.7	2.4/3.6/2.6/1.9	295/305		
4			30	25	12	10	282/274/283/288	5.0/3.9/2.5/3.3	2.5/2.8/3.3/2.4	295/305		
5			32	28	16	12	293/284/284/270	5.3/4.4/2.5/3.0	2.6/2.8/3.7/2.9	295/305		

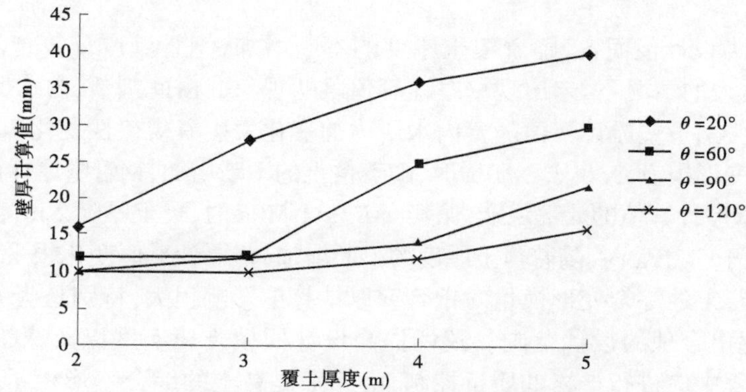

图 1　不同土弧包角的钢管壁厚计算值对比图

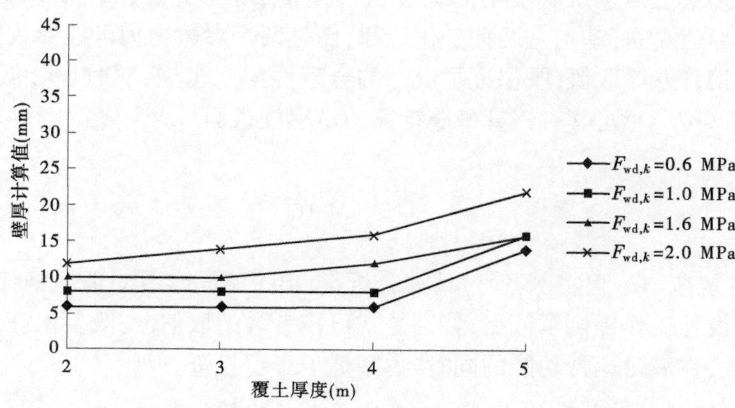

图 2　不同内水压力设计值的钢管壁厚计算值对比图

通过对以上计算图表分析得出结论：

(1)当土弧包角 θ 小于 60°时，随着覆土厚度不断增加，钢管壁厚计算值的增加幅度也比较大，且局部壁厚计算值跳跃性较大，特别是 θ 为 20°时(垫层为素土平基)，即使覆土为 2 m，壁厚计算值

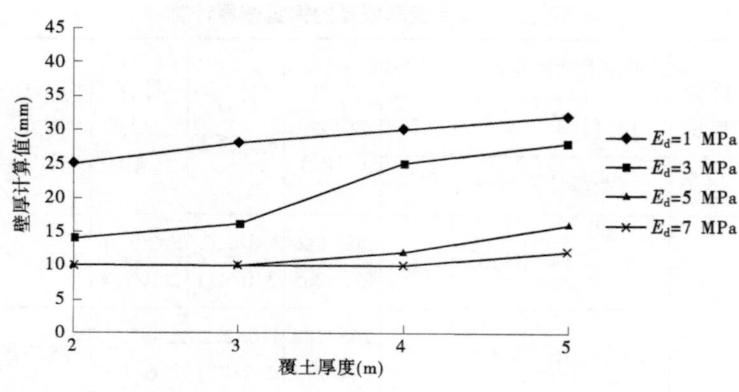

图3　不同土的综合变形模量的钢管壁厚计算值对比图

也达到了16 mm；当土弧包角θ大于60°时，随着覆土的不断增加，钢管壁厚计算值增加幅度趋于平稳，且未出现壁厚计算值跳跃现象。因此，判断，垫层土弧包角的取值对钢管壁厚计算影响很大，建议在进行垫层土弧包角设计时，一般θ不宜小于90°，通过控制土弧包角的取值，对降低钢管壁厚有着重要作用。

（2）对于内水压力设计值而言，随着覆土厚度的不断增加，钢管壁厚计算值增加幅度很平稳，且在内水压力逐渐增大的情况下，未出现壁厚计算值跳跃现象。由此判断，内水压力设计值对钢管壁厚的计算影响较小，钢管壁厚计算值随着内水压力的变化发生着规律性变化。

（3）当土的综合变形模量E_d小于3 MPa时，随着覆土的不断增加，钢管壁厚计算值的增加幅度也相对较大，且出现了壁厚计算值的局部跳跃，尤其当E_d =1 MPa时，覆土厚度2 m，壁厚计算值已经达到了25 mm；当E_d大于3 MPa时，随着覆土厚度的不断增加，壁厚计算值变化很平稳，且未出现局部跳跃现象。因此判断，土的综合变形模量对钢管壁厚计算值影响很大，特别是当E_d取值较小时，钢管壁厚计算值已经超出合理的设计范围。建议提高设计回填土压实度以及原状土标准贯入锤击数，且在实际施工过程中应进行严格的质量控制，由此来提高土的综合变形模量E_d取值。对于原状土特性较好的，一般E_d值不宜小于5 MPa；对于原状土特性较差的，一般E_d值不宜小于3 MPa。

基于以上分析，垫层土弧包角θ及土的综合变形模量E_d的变化对钢管壁厚计算值敏感度较强，特别是在参数临界值左右，基本是两种变化规律，而且两个参数均为可控参数，通过设计时对参数的控制，可以降低钢管壁厚取值，既保证了设计的合理性与安全性，同时也降低了工程投资。内水压力设计值作为不可控参数，其对钢管壁厚计算的敏感度很弱。

三、结　语

本文结合CECS规范与工程实例，通过计算分析，得出了不同参数对埋地钢管壁厚计算值的敏感度，为以后相关的设计工作提供了依据，特别是在可控参数的取值上，既要保证设计的安全性，也要保证设计的合理性，在满足运行功能的同时，也降低了工程投资。

参 考 文 献

[1] 石长征，伍鹤皋，于金弘，等. 国内外回填管现行规范计算方法的比较[J]. 水电站压力管道，2018(1)：29.
[2] 周兵，王作民. 埋地压力钢管国内外设计规范的比较[J]. 特种结构，2005，22(3)：43.
[3] 中国工程建设标准化协会. 给水排水工程埋地钢管管道结构设计规程：CECS 141：2002. [S]. 北京：中国建筑工业出版社，2002.

[4] 中华人民共和国建设部. 给水排水工程管道结构设计规范:GB 50332—2002[S]. 北京:中国建筑工业出版社,2003.
[5] 中华人民共和国住房和城乡建设部. 钢结构设计标准:GB 50017—2017[S]. 北京:中国建筑工业出版社,2018.

作者简介:

闵毅(1986—),男,高级工程师,主要从事水工金属结构及压力钢管设计工作。

某水电站压力钢管布置

张利平　杨经会　朱颖儒

（中国电建集团西北勘测设计研究院有限公司，陕西 西安　710065）

摘　要　马来西亚某小水电工程包括两条引水线路，总装机容量 25.8 MW。引水线路的布置充分考虑地形地质条件，分别布置了两条压力钢管，钢管大部分布置为回填埋管，遇跨河或跨沟时根据地形布置明管或管桥，给出了各钢管布置典型断面，对国内外水电压力管道布置有一定借鉴意义。

关键词　压力钢管；回填埋管；镇墩；壁厚

一、工程概况

马来西亚某小水电工程包括 2 条引水线路，总装机容量 25.8 MW，如图 1 所示。两条引水线路均包括混凝土导流堰、进水口、沉沙池及压力钢管，厂房共用 1 个，每条引水系统安装 2 台水轮发电机组。

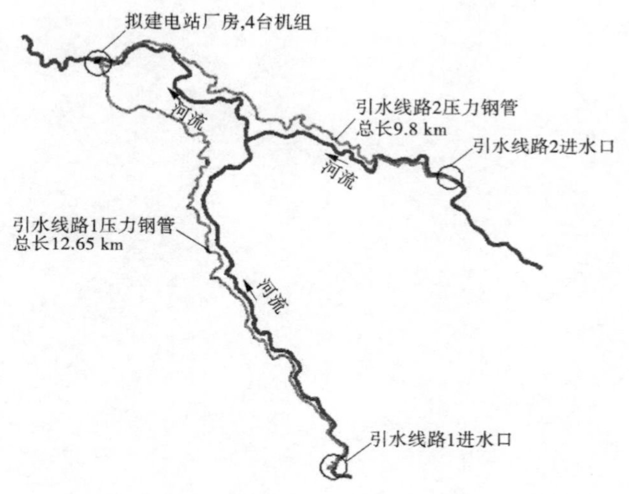

图 1　电站引水发电系统布置图

引水线路 1 进水口处的流域面积为 146 km^2，电站设计流量 5.3 m^3/s，电站毛水头 398.5 m。装机容量为 16.8 MW，压力钢管管线长度为 12.65 km。引水线路 2 进水口处的流域面积为 133 km^2，设计流量为 4.6 m^3/s，电站毛水头 260 m。装机容量为 9.0 MW，压力钢管管线长度为 9.8 km。发电厂房安装 4 台水斗式水轮机，4 台发电机（每个引水系统 2 台），总装机容量为 25.8 MW。33 kV 输电线路距离拟建厂房至拟建 132/33 kV 变电站之间约 21 km。

二、工程地质条件

项目区域岩石以三叠纪斑状黑云母花岗侵入岩为主。岩石为粗粒硬岩，有多个剪切带和石英岩脉。该地区西部由石英、云母、片岩和角岩组成的志留纪变质岩与花岗岩有接触带。根据马来西亚半岛的经验,花岗岩中存在风化带,这导致岩石强度较低,甚至存在渗透性很高的土壤。风化带可以有几十米深,取决于岩石的破裂程度,工程区风化带的深度通常在10~30 m。基于对区域及局部地质活动进行分析,工程区整体位于地震活动较低的区域,不存在较大地质风险。

三、压力钢管布置

(一)管线布置

该电站采用有压引水方式,考虑到管线沿地形布置,管线较长,为减少发电水头损失,压力钢管内流速设计在2.1~2.3 m^3/s。引水线路1压力钢管总长约12.65 km,钢管内径1.80 m,钢管材质为S275和S355级钢材,壁厚从9~25 mm;引水线路2压力钢管总长约9.8 km,钢管内径1.60 m,钢管材质为S275级钢材,壁厚从9~18 mm。根据两条引水线路进水口及厂房之间地形特点,大部分钢管为回填埋管,且尽量选择地形平坦、能与现有道路相邻之处布置,以方便施工。其中,明管占总管线长度的2%~3%,明钢管底部设置马鞍形支墩,在管线转弯处设置镇墩。每条钢管在厂前16~18 m处设置对称“Y”型钢岔管将钢管一分为二将水流引入机组。

(二)钢管典型布置断面

该电站压力钢管管线布置大部分沿地形较缓处,基本不存在高边坡开挖情况。管槽开挖深度一般在3~5 m,根据业主要求,钢管上部覆土深度不应小于0.9 m。钢管安装完成后,钢管下部0.7*OD*(*OD*为钢管内径)至管槽底范围内,回填selected fill material,该填料应严格按业主要求规定的粒径大小且不得损坏钢管涂层的材料,如尺寸大于10 mm的块石或细粉、黏土、树桩、根、垃圾和顶部松散土壤。钢管上部0.3*OD*(*OD*为钢管内径)至距离钢管顶部300 mm范围内回填料不得含有大于25 mm块石,分层碾压高度为150 mm,再上至回填顶部则每150 mm分层碾压回填;对于布置于道路下部的钢管,钢管顶部至路面的深度不得小于2 m,道路两侧布置排水设施。典型断面布置如图2、图3所示。

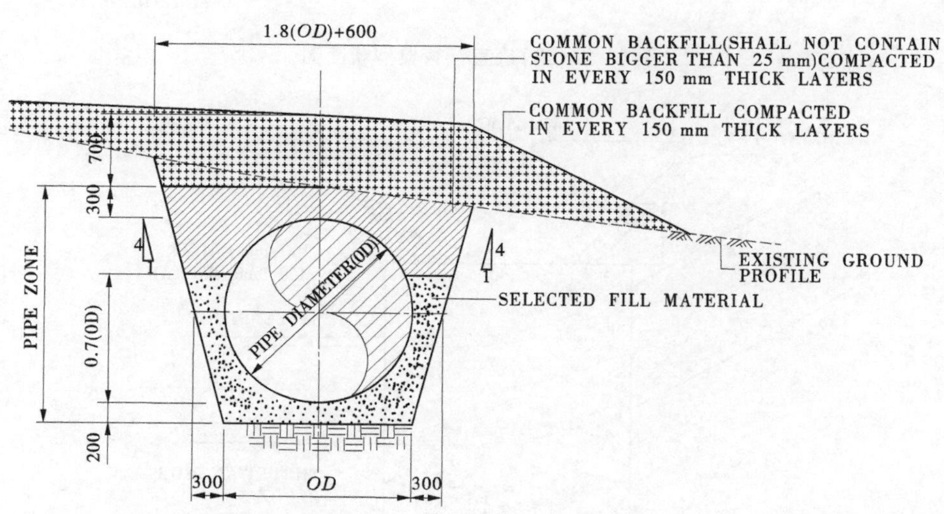

图2 压力钢管典型断面1

当压力钢管穿小溪或冲沟布置时,钢管外包混凝土且沟底防护至钢管上表面最小距离为1.0 m,沟底(溪底)采用300 mm厚砂浆堆石防护,钢管外包混凝土外边缘距离钢管表面距离最小为300 mm,对于跨沟段,也可根据地形条件布置管桥。其钢管布置典型断面如图4~图6所示。

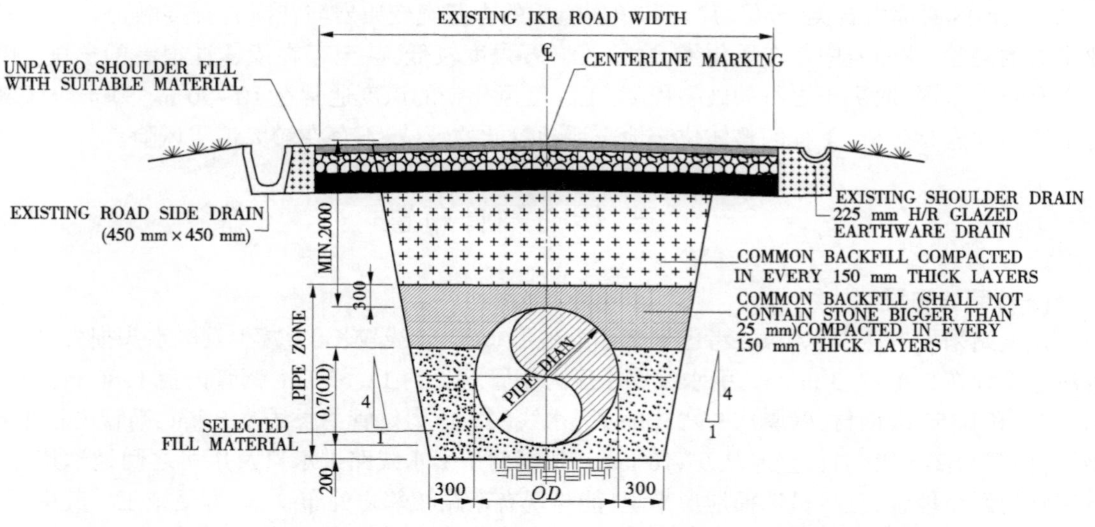

图 3　压力钢管典型断面 2

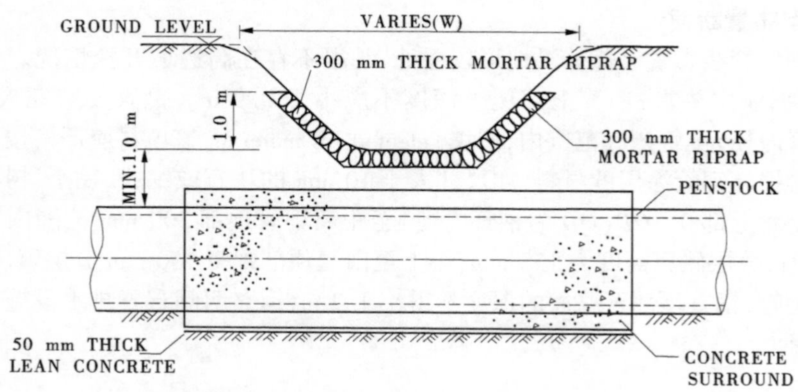

图 4　溪(沟)底直钢管典型断面图

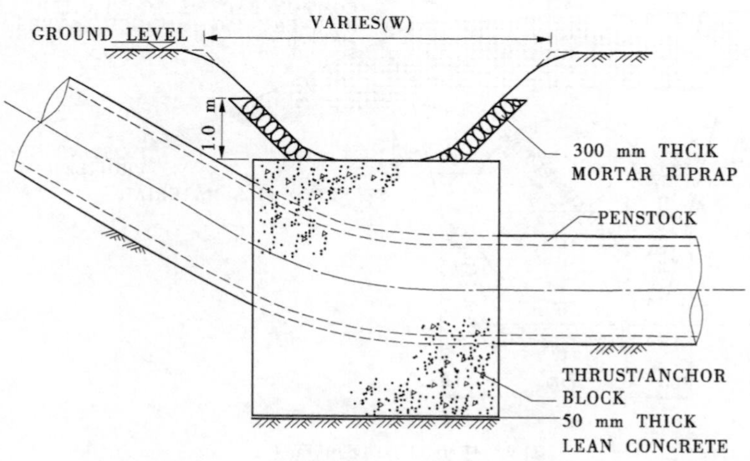

图 5　溪(沟)底弯段钢管典型断面图

当压力钢管为近河床布置时,钢管外包混凝土且在河床侧设置卵石护坡,靠河岸侧则回填石渣,钢管外包混凝土外边缘距离钢管表面距离最小为 300 mm。其钢管布置典型断面如图 7 所示。

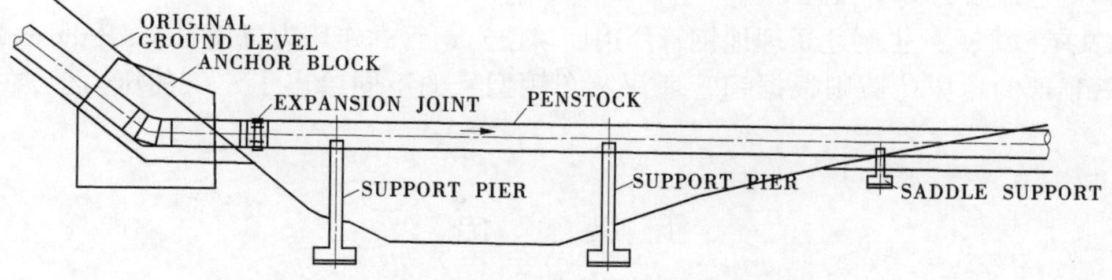

图 6　跨沟钢管管桥典型断面图

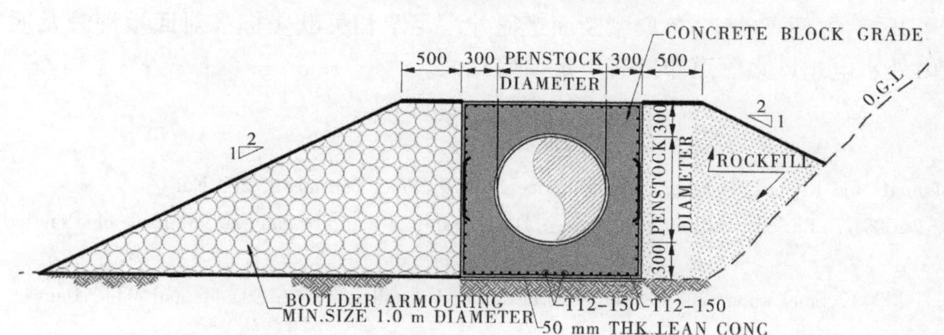

图 7　近河床段钢管典型断面图

四、埋地钢管结构设计

根据文献[1]，当压力钢管的布置要求将管道埋于地下或回填料内时，钢管不但可承受内压或其他动水荷载，而且还可承受因填土引起的外荷载或其他活荷载。在内压和其他水力及动水荷载作用下的埋地钢管设计与明管相同。

在外部土体或其他作用下的钢管设计必须考虑管道的柔度，管壁厚度必须能承受在内压作用之上的外部荷载。通常应用于压力管道的钢管一般是柔性管，其挠度以不损害管壳本身及涂层为限。若埋管变形用钢管外径的百分比表示，其容许变形有以下 3 种情况：

（1）柔性衬砌和涂层的管道：5%；

（2）柔性涂层和砂浆衬砌的管道：3%；

（3）砂浆衬砌和涂层的管道：2%。

根据文献[2]、文献[3]，钢管变形的复核可采用 Iowa 变形公式，该公式由 Watkins 和 Spangler 修订：

$$\Delta x = D_1\left(\frac{KWr^3}{EI + 0.061E'r^3}\right)$$

式中　Δx——钢管变形，mm；

D_1——钢管变形滞后系数，一般取 1.0~1.5；

K——基床系数，一般取 0.1；

W——作用在单位长度管道上的荷载，kg/m；

r——钢管半径，mm；

E——钢管弹性模量，kPa；

I——钢管惯性矩，$I=t^3/12$，t 单位为 mm；

E'——土体反力模量,kPa。

同时,文献[2]、[3]也阐述了埋地钢管周边回填土对钢管的作用力可用Marston theory(1929),作用于钢管顶部的轮压荷载则根据钢管埋深及车辆型号的不同给出了建议的压力值,在此不再赘述。

五、结　　语

该电站引水线路的布置在保证发电水头前提下充分运用地形地质特点并考虑与现有道路相邻布置,减少了开挖,方便了施工,各典型断面遵循并满足了相关欧美标准对回填埋管及明管的布置要求,对国内外水电站压力管道布置有一定借鉴意义。

参　考　文　献

[1] ASCE Manuals and Reports on Engineering Practice No. 79, Steel Penstocks, 2nd Ed.

[2] ASCE. (2009). Buried flexible steel pipe: Design and structural analysis. Manual of Practice No. 119, Reston, VA.

[3] AWWA. (2004). Steel water pipe: A guide for design and installation, 4th Ed. Manual M11, Denver.

作者简介:

张利平(1987—),女,高级工程师,主要从事水工建筑物设计工作。

穿河倒虹吸输水管道结构稳定性研究

闫玉亮[1]　王怡婷[2]　于　茂[1]

（1. 中水北方勘测设计研究有限责任公司，天津　300222；
2. 南水北调中线干线工程建设管理局天津分局，天津　300393）

摘　要　倒虹吸是水利水电工程中穿越河谷、河流、洼地或其他障碍物时常采用的水工建筑物。随着引调水工程的大批兴建，具有输水距离长、高差大等特点的倒虹吸不断涌现，但此类工程输水条件复杂、水力过渡过程频繁、安全隐患多，因此，如何考虑高水头、长距离倒虹吸输水管道的结构稳定性是一个重要的研究方向。采用 MIDAS GTS/NX 有限元方法对山西隰县供水项目城川河倒虹吸进行稳定性计算，分析倒虹吸最底部管段的应力和应变特性，这对工程优化设计和工程布置具有一定的指导意义。

关键词　倒虹吸；结构稳定性；MIDAS GTS/NX；应力；应变

倒虹吸是水利水电工程中穿越河谷、河流、洼地或其他障碍物时常采用的水工建筑物[1]。倒虹吸输水管道具有工程量少、造价低、施工安全方便和不影响河道洪水宣泄等优点[2]。随着引调水工程的大批兴建，具有输水距离长、高差大、内压高等特点的倒虹吸不断涌现，比如三个泉[3]、小洼槽[4]、南水北调肖河东沟[5]等。但此类工程输水条件复杂、水力过渡过程频繁、安全隐患多，因此，如何考虑高水头、长距离倒虹吸输水管道的结构稳定性是一个重要的研究方向。倒虹吸管道工程整体管段空间尺度大，布置形式复杂，进行整体性结构计算的难度较大[6]。本文依托山西隰县供水项目城川河倒虹吸进行分析，选取管道所受压力最大、容易失稳的最底部管段进行稳定计算，采用 MIDAS GTS/NX 有限元软件对该段管道的应力和应变特性分析研究。

一、工程条件

山西隰县供水项目城川河倒虹吸管道由进水口段、管身段和出水口段三部分组成。该倒虹吸工程设计流量 0.838 m^3/s，管材选用钢管，转角处设置镇墩固定，河道底采用格宾石笼防护。钢管管径 1.2 m，穿河管身段水平投影长度 70 m，管顶最大埋深 5.5 m，最大内压 1.5 MPa，倒虹吸最底部管段坐落于基岩之上。该工程河道高差不大且两岸边坡较为平缓，倒虹吸管身段纵剖面图如图 1 所示。

本文采用有限元计算方法对该工程倒虹吸管道最底部管段进行结构稳定性分析，研究分析倒虹吸管身的最大应力以及位移变化。

二、计算条件

（一）计算模型

采用 MIDAS 软件对倒虹吸管道最底部管段进行应力分析。MIDAS 软件有多种模拟岩土及结构的材料本构模型。考虑在本次计算中以计算结构的受力为主，因此，回填开挖料、格宾石笼采用摩尔库仑方法，钢管采用弹性材料本构方法。计算模型主要由回填开挖料、钢管、格宾石笼这三部分组成。格宾石笼、回填开挖料采用壳单元模拟，是以面代替体，可以传递力和弯矩。钢管采用梁

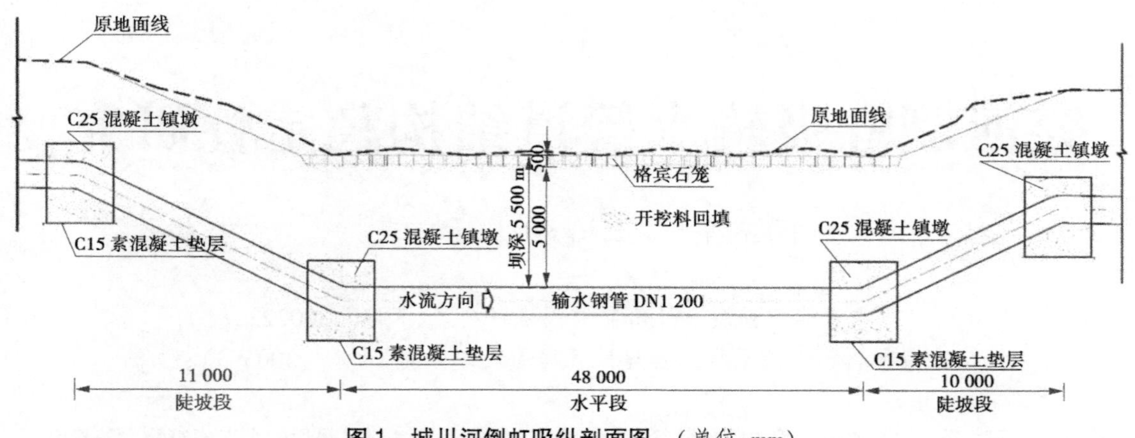

图1　城川河倒虹吸纵剖面图　（单位:mm）

单元进行模拟。

本文假定管身、回填开挖料等相互之间是紧密联系在一起的,两者之间共用线单元上的接点,这样可以有效提高计算速度和保证线性分析的收敛性。

建立的倒虹吸最底部管段横断面有限元模型如图 2 所示。

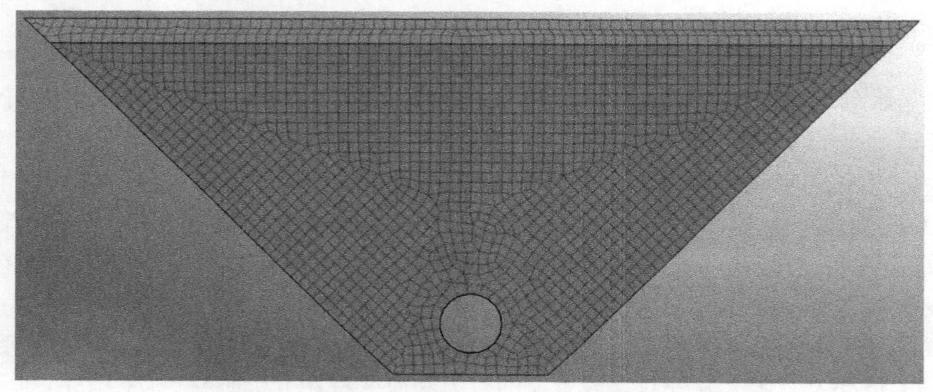

图2　倒虹吸最底部管段横断面有限元模型

(二)计算参数

底部倒虹吸管段主要受力荷载包括结构自重、竖向土压力、内水压力、外水压力等,基本参数见表 1,其中回填开挖料容重 19.6 kN/m^3,摩擦角 11.8°;格宾石笼容重 22 kN/m^3,摩擦角 36°;水容重 10 kN/m^3,钢管力学参数见表 2。

表 1　　基本参数

流量(m^3/s)	管材	内径(m)	最大内压(MPa)	最大埋深(m)
0.838	钢管	1.2	1.5	5.5

表 2　　钢管力学参数

名称	钢材牌号	钢材厚度(mm)	弹模(GPa)	泊松比	容重(kN/m^3)	抗拉、抗压、抗弯强度设计值(MPa)	抗剪强度设计值(MPa)
钢管	Q345	14	206	0.3	78.5	305	175

注:①钢材材料参数根据《钢结构设计标准》(GB 50017—2017)中相关章节确定;②钢管壁厚 14 mm 为计算厚度,有限元分析计算中暂不考虑构造厚度。

依据《给水排水工程埋地钢管管道结构设计规程》(CECS 141:2002),钢管管道在准永久组合作用下的最大竖向变形验算,应满足下式要求:

$$\omega_{\mathrm{d,max}} \leqslant \varphi D_0$$

式中　$\omega_{\mathrm{d,max}}$——管道在准永久组合作用下的最大竖向变形；

D_0——管道的计算直径；

φ——变形百分率，取 0.02~0.04，本工程内防腐为水泥砂浆，φ 取 0.02。

经计算，本工程钢管最大竖向变形不应超过 24.24 mm。

三、有限元分析

采用 MIDAS GTS/NX 软件对倒虹吸管道最底部管段进行有限元分析，最底部管段的变形及受力情况如图 3 所示，管道周围土体变形情况如图 4 所示。

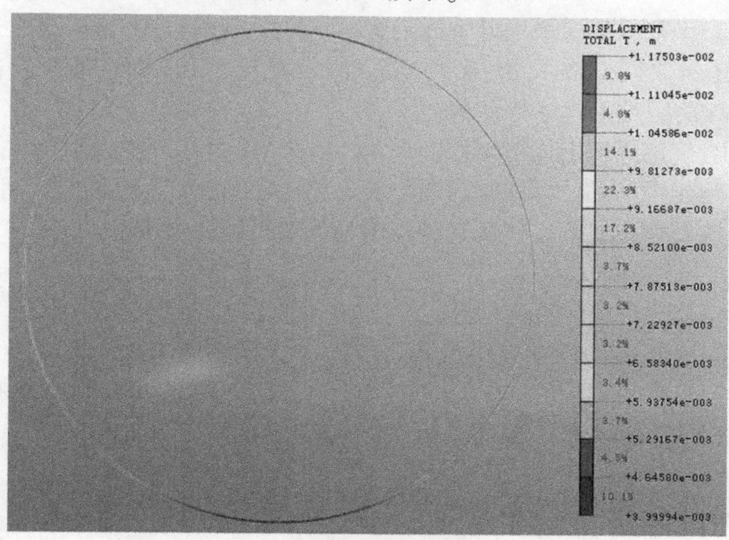

(a)变形计算结果

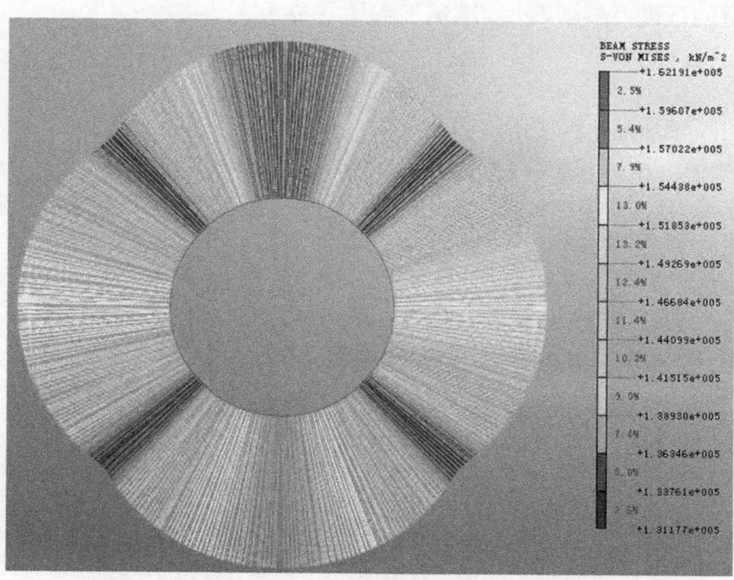

(b)应力计算结果

图 3　倒虹吸管道最底部管段有限元计算结果

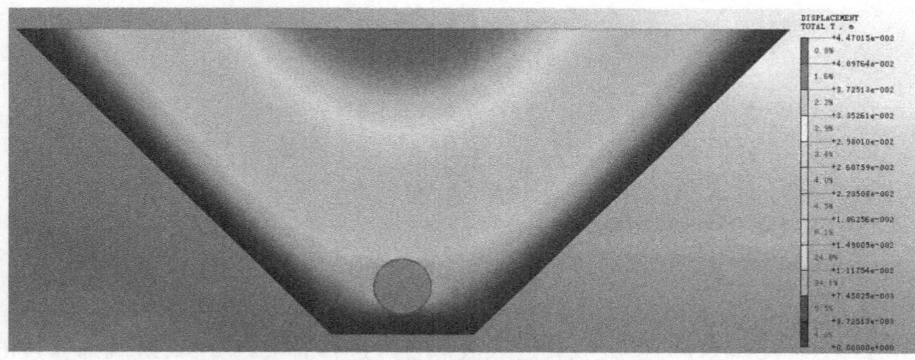

图4　倒虹吸管道周围土体变形计算结果

从图3可以看出,倒虹吸管道最底部管段钢管的最大变形为11.75 mm,发生在管顶处,满足最大竖向变形不应超过24.24 mm的要求;最大Mises应力为162 MPa,发生管顶处,小于钢管(Q345)的设计抗压值305 MPa,满足工程运行要求。

从图4可以看出,管道周围土体最大变形为44.7 mm,发生在开挖线顶端,格宾石笼与回填开挖料的交界处附近,位于中间部位。钢管四周收敛位移比较小,四周土体稳定,基底沉降量很小,管身四周土体、管身基底及河道底部土体沉降量均满足该工程设计要求。

四、结　　语

针对穿河倒虹吸输水管道结构稳定性研究,本文结合山西隰县供水项目城川河倒虹吸工程采用有限元方法对管道所受压力最大、容易失稳的最底部管段进行应力和应变特性分析研究,结果如下:

(1)最大应力和最大变形均出现在管道顶部。

(2)管身四周回填开挖料、基底及河道底部的沉降量均满足该工程设计要求。

(3)倒虹吸管道的强度、结构尺寸均满足工程运行要求。

参 考 文 献

[1] 张红. 倒虹吸管设计应注意的几个问题[J]. 四川水利,2018,39(04):49-51.

[2] 张炜超. 大型倒虹吸水工结构动力响应分析[D]. 兰州:中国地震局兰州地震研究所,2015.

[3] 李娟,牧振伟,祁世磊,等. 三个泉倒虹吸充水过程水力特性的数值模拟[J]. 水电能源科学,2014,32(6):86-89,76.

[4] 李新,谢晓勇. 大型倒虹吸工程水头损失及水力计算[J]. 人民长江,2017,48(20):71-75.

[5] 苗卫明. 南水北调肖河东沟倒虹吸三维有限元分析[D]. 邯郸:河北工程大学,2014.

[6] 于腾. 高水头、长距离倒虹吸管水力特性及结构稳定性研究[D]. 西宁:青海大学,2017.

作者简介:

闫玉亮(1991—),男,工程师,主要从事水工结构设计工作。

基于有限元法的输水钢管壁厚选取与性能分析

闫玉亮[1]　王怡婷[2]　于　茂[1]

（1. 中水北方勘测设计研究有限责任公司，天津　300222；
2. 南水北调中线干线工程建设管理局天津分局，天津　300393）

摘　要　压力钢管是输水工程的重要输水建筑物之一，通常管材选用高强度钢，但高强度钢造价高，从节约工程造价的要求，在工程选择时通常尽量降低钢管壁厚，但是钢管壁厚是影响钢管抗压能力和结构强度的重要因素，因此需对压力钢管壁厚进行谨慎选择。本文采用给水排水工程埋地钢管管道结构设计规程和 MIDAS GTS/NX 有限元软件对云南某工程大直径高内压输水钢管壁厚选取与性能分析进行研究。利用规程规范计算钢管壁厚，并应用有限元软件进行验证分析。结果显示应用规程规范计算壁厚结果具有一定的优化空间，可在满足工程运行要求的前提下，降低钢管壁厚，节约造价，这可为以后类似工程设计提供一定的指导借鉴。

关键词　压力钢管；大直径；高内压；壁厚；规程规范；MIDAS GTS/NX

压力钢管是水利水电工程中输水建筑物的重要组成部分，钢管具有安全性好、强度高[1]、耐高压、水力条件好等优点。随着钢管发展愈加成熟，已成为输水工程的主要管材。压力钢管管材通常选用高强度钢，高强度钢造价高，在工程选择时通常尽量降低钢管壁厚。在我国引调水工程建设中，已有部分学者如毛有智[2]、赵志峰[3]、王承德[4]、李彦君[5]等对优化钢管壁厚开展了一些研究工作。但是钢管壁厚是影响钢管抗压能力和结构强度的重要因素，如在设计、运行过程中稍有不当，则较容易产生事故。因此，在满足工程设计、运行要求的前提下，如何协调好钢管壁厚与经济是一个重要的研究方向，尤其针对大直径、高内压埋地钢管的壁厚选取与性能分析还需深入研究。

目前设计中大多应用《给水排水工程埋地钢管管道结构设计规程》（CECS 141：2002）（以下简称“规程规范”）进行壁厚设计，但壁厚取值相对偏保守[6]。本文依托云南某输水项目，首先应用规程规范公式计算钢管壁厚，再采用 MIDAS GTS/NX 有限元软件复核计算结果，对钢管性能进行详细分析，在满足工程运行要求的前提下，优化钢管壁厚。

一、工程条件

云南某输水项目主要由泵站、有压埋管、输水隧洞组成。其中有压埋管 6.6 km，设计输水流量 10.17 m^3/s，钢管管径 DN 2 400，最大内压 1.8 MPa，全程有压输水。

本文采用《给水排水工程埋地钢管管道结构设计规程》和有限元两种方法对大直径高内压输水钢管壁厚的选取和性能进行分析，为输水管线设计提供依据，保证输水管线的安全、经济、合理。

二、规程计算

根据《给水排水工程埋地钢管管道结构设计规程》，有关于埋地柔性管道管壁稳定性验算和壁厚的具体要求如公式(1)、(2)所示：

$$F_{cr,k} \geq K_{st}\left(\frac{F_{sv,k}}{D_0} + q_{ik} + F_{vk}\right) \tag{1}$$

$$F_{cr,k} = \frac{2E_p(n^2 - 1)}{3(1 - \nu_p^2)}\left(\frac{t}{D_0}\right)^3 + \frac{E_d}{2(n^2 - 1)(1 + \nu_s)} \tag{2}$$

式中 $F_{cr,k}$——钢管管壁截面的临界压力，N/mm²；

K_{st}——截面稳定性抗力系数，取2；

$F_{sv,k}$——管顶单位长度竖向土压力标准值，N/mm²；

q_{ik}——地面堆积荷载产生的竖向土压力标准值，取10 kN/m²；

F_{vk}——管内真空压力标准值，取0.05 N/mm²；

ν_p——钢管管材泊松比；

ν_s——钢管两侧胸腔回填土的泊松比；

t——管壁设计厚度，mm；

D_0——管道的计算直径，m；

E_d——钢管管侧土的综合变形模量，N/mm²；

E_p——钢管管材弹性模量，N/mm²；

n——钢管管壁失稳时的折皱波数，取值应使 $F_{cr,k}$ 为最小并为不小于2的正整数。

有关钢管管道的强度计算和壁厚的具体要求如公式(3)～公式(7)所示：

$$\eta\sigma_\theta \leq f \tag{3}$$

$$\gamma_0\sigma \leq f \tag{4}$$

$$\sigma = \eta\sqrt{\sigma_\theta^2 + \sigma_x^2 - \sigma_\theta\sigma_x} \tag{5}$$

$$\sigma_\theta = \frac{N}{b_0 t_0} + \frac{6M}{b_0 t_0^2} \tag{6}$$

$$\sigma_x = \nu_p\sigma_\theta \pm \psi_c\gamma_Q\alpha E_P\Delta T + \sigma_\Delta \tag{7}$$

式中 σ——钢管管壁截面的最大组合折算应力，N/mm²；

σ_θ——钢管管壁截面的最大环向应力，N/mm²；

σ_x——钢管管壁截面的纵向应力，N/mm²；

N——最大环向轴力设计值，N；

t_0——管壁计算厚度，mm；

b_0——管壁计算宽度，mm；

M——最大环向弯矩设计值，N·m；

ΔT——闭合温差；

σ_Δ——地基不均匀沉降引起的纵向应力；

ψ_c、γ_Q、α——可变作用的组合系数、分项系数、线膨胀系数；

f——钢管管材或焊缝的强度设计值，N/mm²；

η——应力折算系数，可取0.9；

γ_0——管道结构重要性系数，单管输水时取1.1。

依据规程规范要求对埋地钢管壁厚进行计算，为计算方便，对部分计算条件进行简化，其中管道回填均采用回填土，压实度不低于90%；考虑主要荷载有结构自重、竖向土压力、设计内水压力、地面堆积荷载(10 kN/m)。具体计算基本参数见表1，埋地钢管断面见图1，计算流程如图2所示，计算结果如表2所示。

表 1　　基本参数表

管材	E_p（GPa）	E_d（MPa）	ν_p	ν_s	D_0（m）	覆土深度（m）	最大内压（MPa）	地基	开挖边坡
钢管	206	5	0.3	0.4	2.4	1.5	1.8	土基	1:1

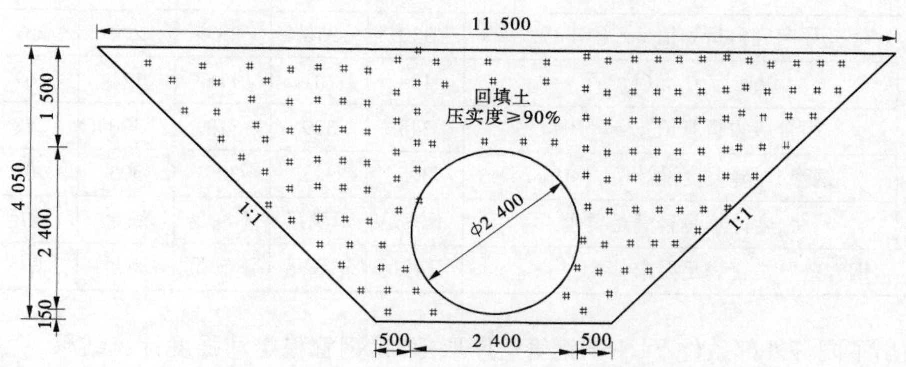

图 1　埋地钢管断面图　（单位：mm）

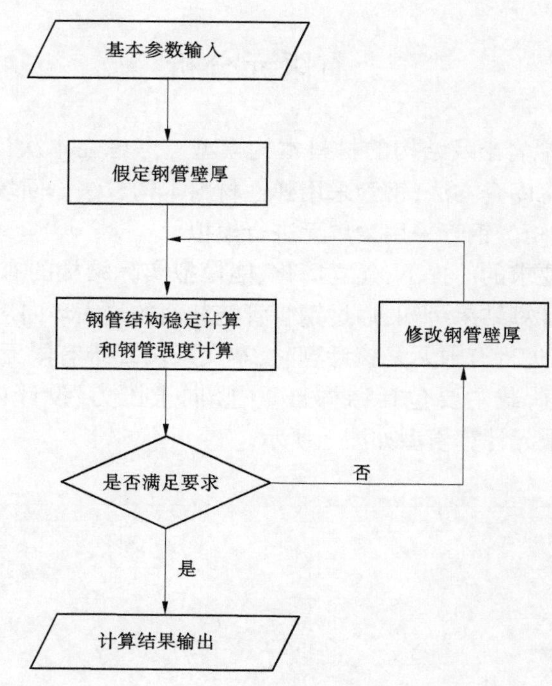

图 2　计算流程图

表2　钢管结构稳定性和强度计算结果

计算项目	钢管计算壁厚(mm)	11	12	13	14	15	16
稳定验算	管壁截面竖向压力 F(MPa)	180	180	180	180	180	180
	管壁截面临界压力 $F_{cr,k}$(MPa)	638	651	666	684	704	727
	稳定验算是否满足要求	满足	满足	满足	满足	满足	满足
强度计算	最大环向应力 σ_θ(MPa)	367	344	326	310	297	285
	环向应力折算值 $\eta\sigma_\theta$(MPa)	330	310	293	279	267	257
	纵向应力 σ_x(MPa)	188	181	176	171	167	163
	组合应力折算值 $\gamma_0\sigma$(MPa)	348	329	313	300	288	279
	钢管/焊缝强度设计值 f(MPa)	305	305	305	305	305	305
	强度计算是否满足要求	不满足	不满足	不满足	满足	满足	满足
钢管壁厚是否满足要求		不满足	不满足	不满足	满足	满足	满足

表2列出了同等外部条件下,不同钢管壁厚取值时,钢管稳定和强度计算结果。可看出,本工程控制壁厚的主要因素是钢管管道的强度计算结果。通过强度计算分析,钢管管壁截面的最大环向应力是影响钢管强度的主要因素。根据规程规范要求,通过管壁截面的环向应力折算值和组合应力计算成果,可确定钢管壁厚不应小于14 mm。应用钢管管壁截面的最大环向应力计算成果,可初估钢管壁厚不应小于15 mm,满足规程规范计算壁厚成果要求。

三、有限元分析

MIDAS软件有多种模拟岩土及结构的材料本构模型。考虑在本次计算中以计算结构的受力为主,因此,回填土采用摩尔库仑方法,钢管采用弹性材料本构方法。回填土采用壳单元模拟,是以面代替体,可以传递力和弯矩。钢管采用梁单元进行模拟。

在满足工程分析精度要求的前提下,建立简化、能模拟实际结构的有限元模型,可有效地提高运算效率。根据规程规范计算结果可知,通过钢管管壁截面的最大环向应力可初估钢管壁厚,并满足钢管强度要求。因此,在进行有限元复核计算时,本文采用二维有限元模型,主要计算钢管管道的环向应力和变形。计算荷载主要包括结构自重、竖向土压力、设计内水压力、地面堆积荷载(10 kN/m)等。建立的有限元计算模型如图3所示。

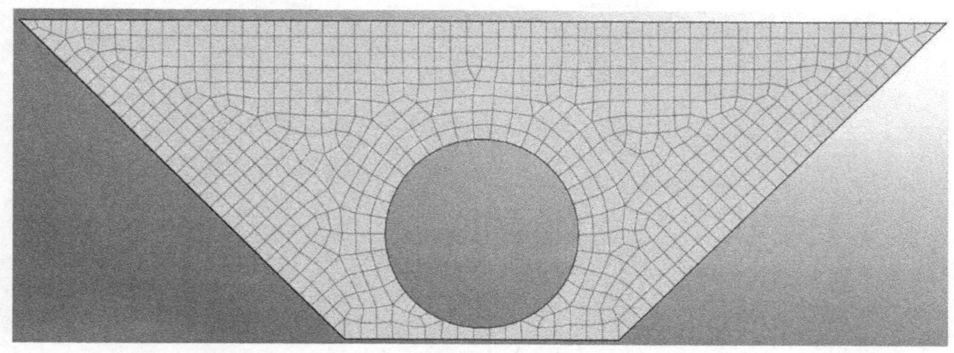

(a)有限元结构模型

图3　有压埋管有限元计算模型

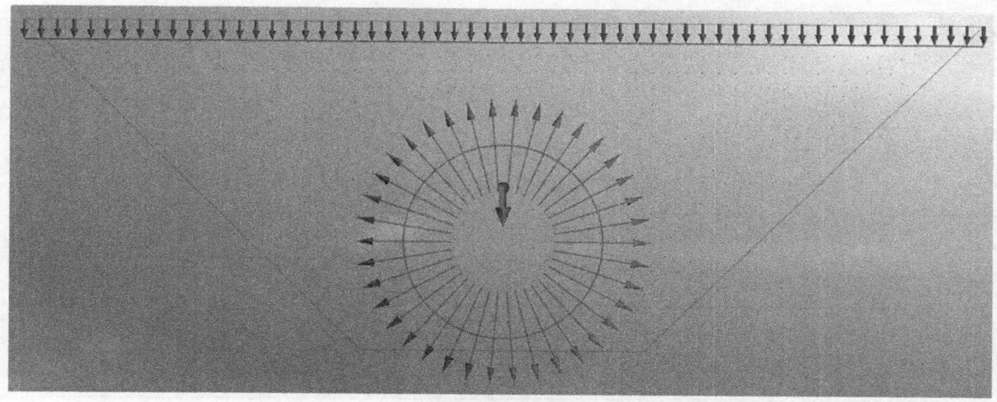

(b)荷载分布模型

续图 3

本次计算主要分析钢管的运行稳定,按照规程规范计算钢管壁厚 14 mm 时,分析钢管的环向应力和变形。钢管环向应力和变形计算结果如图 4 所示。

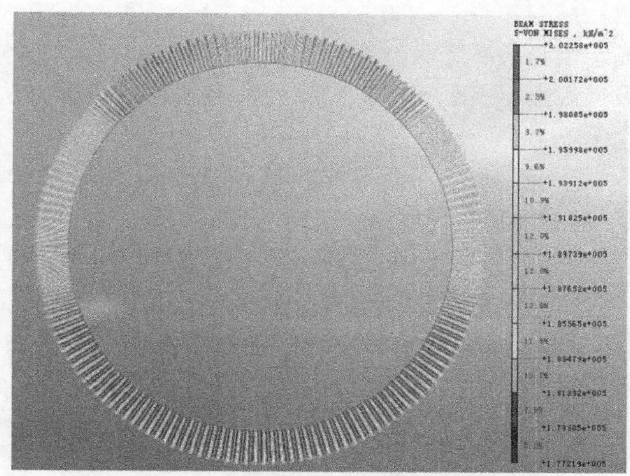

(a)环向应力计算结果

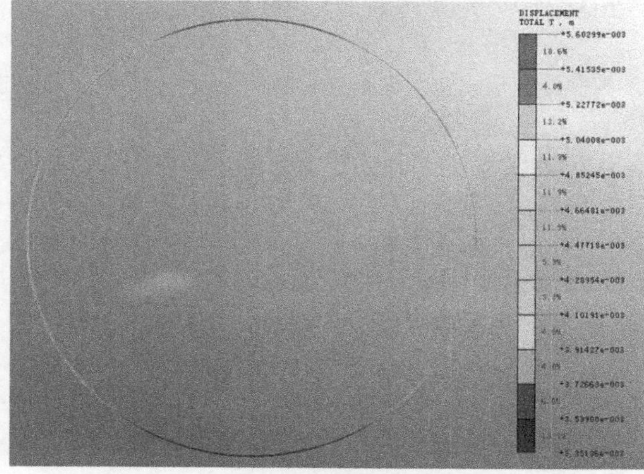

(b)变形计算结果

图 4　有压埋管(壁厚 14 mm)有限元计算结果

通过图4可知，在相同外力条件下，钢管壁厚14 mm时，最大变形5.6 mm，满足规程规范计算的最大变形不超过48 mm的要求；最大环向应力202 MPa，低于钢管/焊缝强度设计值305 MPa，满足钢管强度要求。与此同时可看出，钢管应力和变形均存在一定的富裕度，钢管壁厚具有优化空间。同等外部条件下，减小钢管壁厚取值时，钢管应力和变形计算结果，如表3所示。

表3　　有压埋管有限元结构计算比选结果

壁厚(mm)	8	9	10	11	12	13
最大变形(mm)	42.03	34.83	28.65	21.52	15.43	9.34
最大环向应力(MPa)	423	357	309	273	244	221
是否满足要求	不满足	不满足	不满足	满足	满足	满足

从表3可以看出，基于有限元分析，钢管的壁厚选取不应小于11 mm。由于采取有限元计算分析时，存在计算模型简化、边界条件理想化等因素，同时结合规程规范计算结果，本工程钢管设计壁厚初步选取为13 mm。考虑钢管的腐蚀性影响，该工程钢管壁厚选取为15 mm。

四、结　　语

针对大直径高内压输水钢管壁厚选取与性能分析，本文结合云南某输水工程，采用《给水排水工程埋地钢管管道结构设计规程》对钢管壁厚进行计算，并采用有限元方法对钢管的结构性能进行复核分析。

(1)从计算结果来看，控制壁厚的主要因素是钢管/焊缝的强度条件，即不同壁厚下的最大组合折算应力是否低于钢管/焊缝的强度设计值。

(2)采用有限元软件可模拟出钢管的内力和变形，能够辅助设计人员更加准确、真实地对钢管的结构性能进行分析。

(3)规程规范数值计算结果要进行合理的分析和利用，可在满足工程运行要求的前提下，降低壁厚，达到优化设计、节约造价的目的。这对实际工程具有一定的指导意义。

参　考　文　献

[1] 梅志能.城镇燃气埋地钢管腐蚀控制技术[J]. 科技经济导刊，2017(24)：111.
[2] 毛有智.基于ANSYS的压力钢管的应力变形分析及其壁厚选择[J]. 贵州大学学报(自然科学版)，2013，30(2)：111-114.
[3] 赵志峰，邵光辉.顶管施工的三维数值模拟及钢管壁厚的优化[J]. 地下空间与工程学报，2013，9(1)：161-165，172.
[4] 王承德，葛春辉.减小大口径顶管钢管壁厚的可能性与必要性[J]. 特种结构，2008(3)：96-97.
[5] 李彦君，黄明珠.输水钢管壁厚设计与腐蚀防护[J]. 管道技术与设备，2015(3)：13-15.
[6] 沈之基.我国输水钢管同国外的差距及几点建议(二)——美国与中国输水钢管壁厚设计理念的比较[J]. 焊管，2007(02)：10-13，97.

作者简介：

闫玉亮(1991—)，男，工程师，主要从事水工结构设计工作。

某供水工程高内压输水钢管抗水锤防护措施

吴义方　张嘉琦　于　茂　赵晓露

（中水北方勘测设计研究有限责任公司，天津　300222）

摘　要　本文结合山西某供水工程，为取水管线的安全防护提出纯单向塔、纯空气阀及单向塔+空气阀等三种措施，运用 fortran 进行水力过渡过程仿真模拟，经过计算分析得出单向塔+空气阀为最佳防护方案，为工程的安全实施提供理论依据。

关键词　高内压；钢管；水锤；单向塔；空气阀

近年来，随着城镇化进程的不断发展，水资源量供需矛盾日益严重，为解决这一问题，越来越多的供水工程正在被实施[1]。然而，水锤是影响供水工程正常运行的重要因素，在实际供水工程中，因水锤导致的危害，轻则爆管、设备损坏[2-3]，重则造成泵站被淹、人身伤亡等严重事故[4-5]。

一、工程概况

某供水工程水源点口上水库位于山西省晋中市昔阳县境内，从口上水库上游库区左岸边取水泵站，采用压力管道输水，设计流量 0.57 m^3/s，线路全长 29.09 km。

输水线路首先从取水泵站提水至 799 m 高程出水池，该段线路水平距离 2.016 km，采用钢管输水，管径 800 mm；从出水池至 A 事故备用水池，线路水平距离 13.45 km，采用重力流输水，该段为钢管，管径 800 mm，设计流量 0.57 m^3/s；在 A 事故备用水池边设界都加压泵站提水至 B 事故备用水池，提水流量 0.26 m^3/s，线路水平距离 13.57 km，该段为钢管，管径 600 mm。

口上水库正常蓄水位 643.0 m，死水位 622.70 m，出水池设计水位 799.0 m；界都加压泵站设计流量 0.26 m^3/s，为昔阳县工业和城市生活流量，地形扬程 91 m，进水池水位 747.5～754 m，出水池水位 832～838.5 m。

为保证用水，在工业和生活用水集中的昔阳县城和界都镇设置事故备用水池，容积按当地一周用水量考虑，B 事故备用水池容积 6.5 万 m^3，A 事故备用水池容积 9 万 m^3。

二、取水管线防护措施

（一）计算工况

以取水泵站前的口上水库作为供水起点，水池正常水位 643 m；将界都蓄水池作为供水终点，水池正常水位 754 m，管道全长为 15.5 km，总供水量为 0.57 m^3/s。距取水泵站约 2 km 处有一座出水池，其后水流靠重力流至界都蓄水池。

（二）取水管线单向塔布置方案

1. 取水管线理论设塔方案

取水泵站发生抽水断电事故时，该泵站后管路沿线出现了无法接受的负压，为保证管路安全，取水泵站后需要设置平压措施。单向塔方案在理论分析的基础上，结合数值模拟，通过大量的计算进行优化比选[6-7]，为保证安全，本段工程最终需要设置 3 座单向塔，单向塔的设置位置及高度见表 1。

表 1　理论分析优化得到的设塔方案(三塔方案)

塔号	1#塔	2#塔	3#塔
位置(桩号)	0+367.59	0+746.72	0+1938.23
塔顶高程(m)	738.48	771.54	797.86
管轴高程(m)	730.48	761.54	786.86
实际塔高(m)	8	10	11

2. 取水管线优化设塔方案下水泵抽水断电计算分析

由于本段工程管线埋深都在 2 m 以上，设置 3 座单向塔时，每座单向塔高度都在 10 m 左右，才能满足要求。具体计算结果见表 2 及图 1、图 2。

表 2　单向塔方案下水泵抽水断电计算结果(沿线压力)

管段	泵站至 1#塔	1#塔至 2#塔	2#塔至 3#塔
停泵后的瞬时最小压力(m)	5.8	7.10	2.31

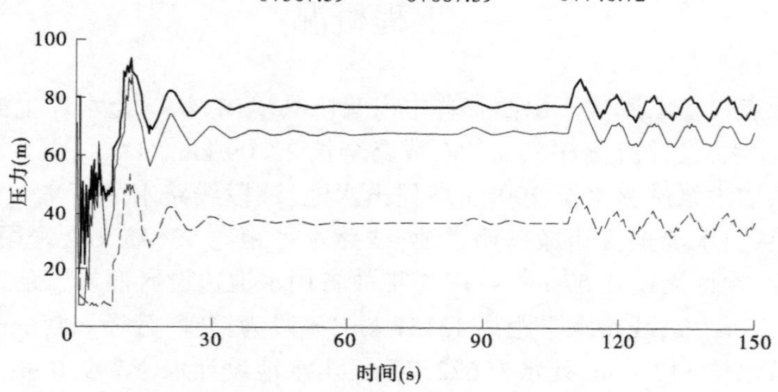

图 1　1#单向塔至 2#单向塔之间沿线压力变化过程

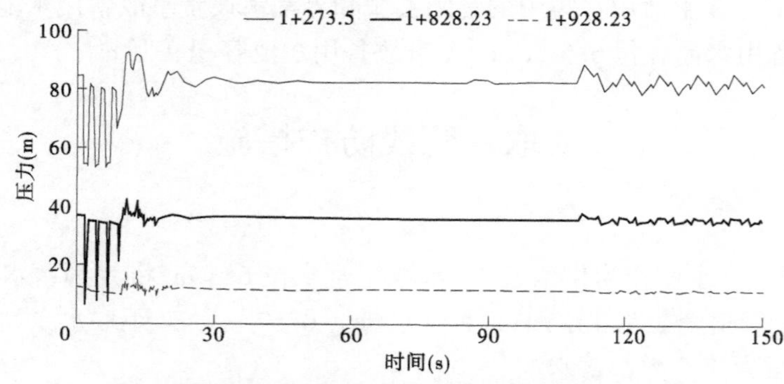

图 2　2#单向塔至 3#单向塔之间沿线压力变化过程

由图 1、图 2 可看出对于三塔方案，当水泵抽水断电时，由于输水管线布置情况，致使管道流量迅速发生倒流，各个单向塔均能保证在水泵抽水断电时，使输水沿线各处的压力在水锤波反射的一个相长内不产生负压，随着流量倒流，输水沿线压力上升，输水沿线在水泵抽水断电时均不产生负压。

3. 取水管线单向塔设置结论

综上所述，其单向塔的设置方案为：

1#单向塔：位于桩号 0+367.59 处，塔顶高程 738.48 m，塔高 8 m，面积 1.0 m^2；

2#单向塔：位于桩号 0+746.72 处，塔顶高程 771.54 m，塔高 10 m，面积 1.0 m^2；

3#单向塔：位于桩号 1+928.23 处，塔顶高程 797.86 m，塔高 11 m，面积 1.0 m^2。

泵后阀门的关闭规律：泵后阀关闭规律 60 s/360 s(0.2) 两段折线关闭。

(三)取水管线空气阀方案

1. 取水管线理论设阀方案

针对取水泵站输水系统特点，按照相关设计要求，在输水管道沿线局部高点和管线上升段加设空气阀。通过理论分析，在取水泵站输水系统管道承受负压标准按 $H_{cr}=-5.5$ m 的情况下，需要设置 3~5 个空气阀，同时还需考虑充水排气要求以及管道中的局部高点，共设置 12 个空气阀，空气阀具体布置如图 3 所示。

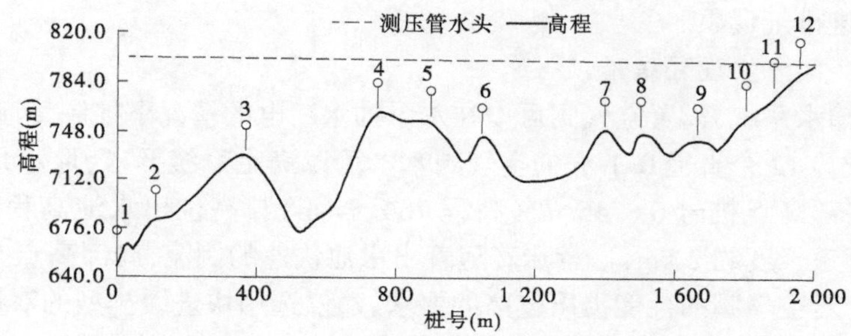

图 3　取水泵站输水系统空气阀布置图

2. 空气阀方案抽水断电计算分析

取水泵站输水系统设置 12 个直径 0.1 m(管道直径的 1/8)的空气阀，水泵同时抽水断电水力计算结果见表 3、图 4、图 5。

表 3　管道系统沿线压力及空气阀的进气量的计算结果

空气阀口径(m)	泵阀关闭规律(s)	沿线压力最小值(m)	最小值位置(桩号)	泵后阀门最大压力(m)	最大反转速(r/min)
0.1	120	-5.4	1+968.23	250.95	1 410.88

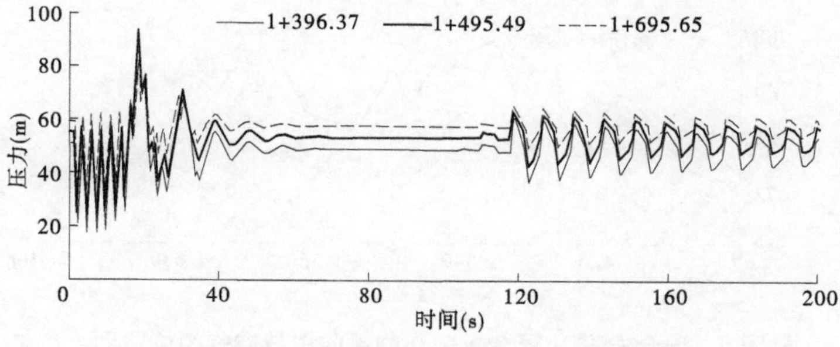

图 4　沿线部分高点压力变化过程

从表 3 以及图 4、图 5 的计算结果可以看出：在取水泵站水泵同时抽水断电的情况下，大部分空气阀通过少量的进气即可控制管道降压波的传递，沿线压力控制在-5.5 m 之内，因为局部高点

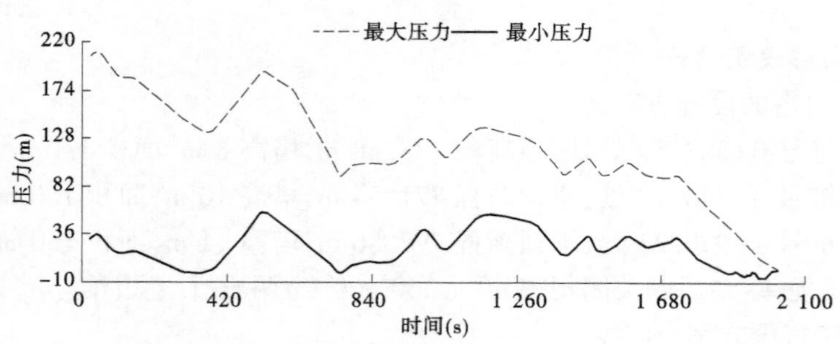

图5　空气阀防护方案水泵断电压线压力包络线(泵站至出水池)

空气阀进气后的水锤吸收作用,部分空气阀没有动作。其中在桩号 0+746.72 设置的空气阀产生进气现象,但随着高位出水池的快速倒流,空气阀附近的空气被快速地排出管道,在桩号 0+746.72 处出现了水冲气团现象,管道压力出现较大升高,泵后最大压力达到 250.95 m(初始压力 182.79 m),虽然最大压力未超过初始压力的 1.5 倍,但接近 1.4 倍。管道尾部设置的空气阀也因出水池的反射出现了反复进排气现象。

3. 取水泵站空气阀方案设置结论

对于取水泵站输水系统,设置空气阀可以在水泵抽水断电的情况下控制管道的负压,经过理论分析和计算优化,设置 12 个直径 0.1 m 的空气阀基本可以满足系统要求,取水泵站至出水池段输水系统起伏较大,局部高点桩号 0+746.72(高程 764.54 m)与高位出水池高程相差达到 30 m 以上,泵站与出水池管道长度约 2 km,这意味着随着出水池快速的倒流,局部高点空气阀的排气过程将会快速而剧烈,这对空气阀的性能提出较高的要求,建议选用快进缓排型的双排口空气阀。

本阶段空气阀防护方案水泵抽水断电泵后阀门以 60 s 一段直线关闭。

(四)取水泵站单向塔+空气阀布置方案

1. 计算说明

结合取水泵站至出水池管线纵剖面布置图的实际特点,针对单向塔与空气阀的实际水锤防护效果,考虑单向塔结合空气阀的联合防护方案,该方案基本原则:①保证管道内所进空气即使不能被空气阀有效排出,也能沿管线高点排出;②空气阀除按要求设置外,尽量设置在管道末端的上坡段,该段初始水压较低,即使发生水流冲击气团现象,所产生压力也不会太大,同时由于气团受自身浮力及水流挟气能力影响,能够很快被水流冲至管道末端排出。

根据上述要求,该混合方案说布置如图 6 与图 7 所示。

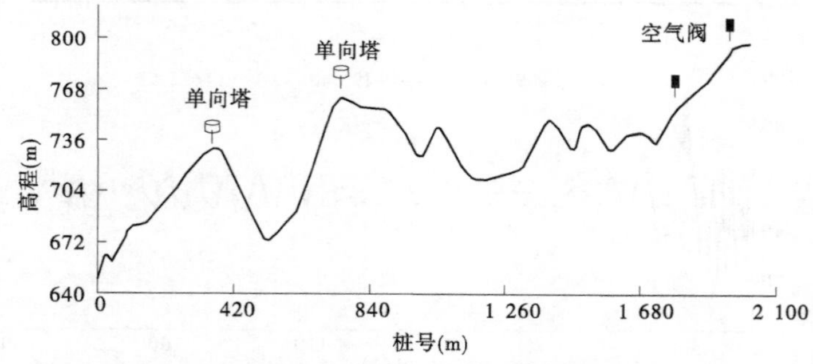

图6　混合方案 1、混合方案 2 的单向塔与空气阀位置图

在上述图表中,管路共设置两座单向塔,方案 1 与方案 2 的差别在于单向塔的高度不同,管路末端设置两个空气阀;方案 3 的塔设置与方案 1 相同,但管路末端设置了 3 个空气阀。

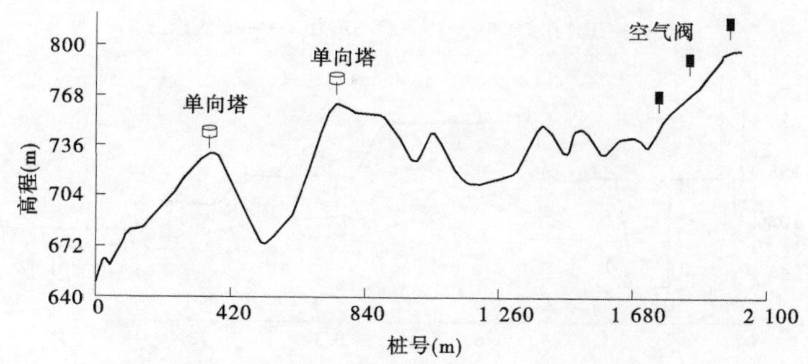

图7　混合方案3输水管线及单向塔与空气阀位置图

2. 取水泵站单向塔+空气阀方案水泵抽水断电计算分析

由于本段工程管线埋深都在2 m以上,设置两座单向塔时,为保证用水安全,每座单向塔高度建议高出地面3 m。为防止出水池(调压井)漏空,需对水泵泵后阀门与界都泵站进水池进行操作,泵后阀门采用120 s一段直线关闭;界都泵站前调流阀门采用300 s/1 000 s(0.15)两段折线关闭。各方案的具体计算结果见表4、表5及图8~图10。

表4　方案1、2沿线最小压力统计

参数		泵站至1#塔	1#单向塔底部	1#塔至2#塔	2#单向塔底部	2#塔至1#空气阀	1#空气阀至2#空气阀
停泵后的瞬时最小压力(m)	方案1	4.17	4.27	2.66	2.66	-3.5	-6.09
	方案2	4.17	4.27	3.55	3.55	-3.0	-6.09

表5　方案3沿线最小压力统计

管段	泵站至1#塔	1#单向塔底部	1#塔至2#塔	2#单向塔底部	2#塔至1#空气阀	1#空气阀至2#空气阀	2#空气阀至3#空气阀
停泵后的瞬时最小压力(m)	4.17	4.27	2.67	2.67	-1.13	-2.28	-3.45

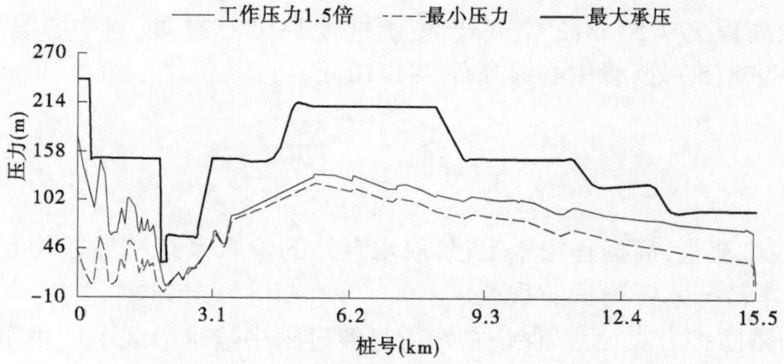

图8　方案1压力包络线(泵后阀及界都调流阀关闭)

从表4、表5以及图8~图10的计算结果可以看出:当水泵抽水断电时,单向塔和空气阀联合防护作用下,沿线负压满足设计要求。由于输水管线布置情况,致使管道流量迅速变化,但各个单向塔均能保证在水泵抽水断电时,迅速向管道补水使单向塔保护范围内的管道压力不产生负压,空

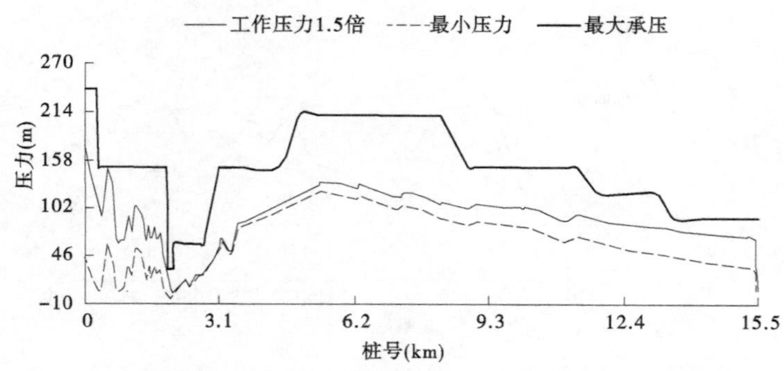

图9　方案2压力包络线(泵后阀和界都调流阀关闭)

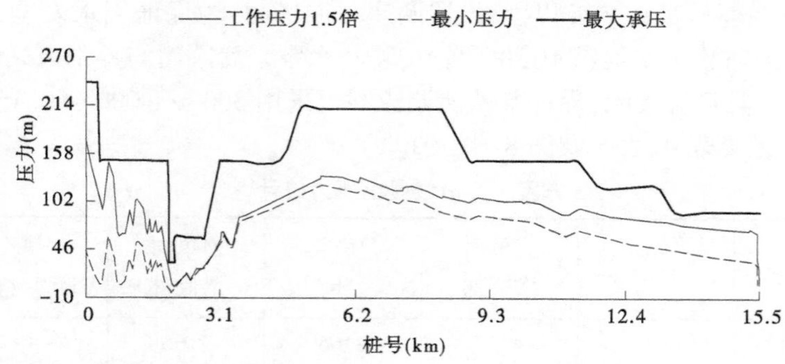

图10　方案3压力包络线(泵后阀和界都调流阀关闭)

气阀能够保证管段末端迅速的进气平复负压,从而保证管线末端压力控制在-8 m之内。与方案1、方案3相比方案2的单向塔前管道压力裕量较大。与方案1、方案2相比,方案3的三空气阀方案使管线后部的压力裕量变大。经过对取水泵站水锤防护安全性与经济性的综合分析,方案3为较优方案。

3. 取水泵站单向塔+空气阀设置结论

根据以上单向塔+空气阀的设置方案比选结果,较安全的混合防护方案:

1#单向塔:位于桩号0+367.59处,塔顶高程735.48 m,实际塔高5 m,面积0.8 m^2;2#单向塔:位于桩号0+746.72处,塔顶高程769.54 m,实际塔高8 m,面积0.8 m^2;1#空气阀:位于桩号1+908.23处,管中心线高程779.53 m;2#空气阀:位于桩号1+958.23处,管中心线高程794.02 m。3#空气阀:位于桩号1+998.56处,管中心线高程797.10 m。

三、结　　语

某供水工程属较小流量、高扬程输水工程,取水泵站的输水系统布置较为复杂,从泵站至出水池管线起伏较大,是本部分水锤防护的重点。

(1)对于纯单向塔防护方案,为了保证在水力过渡过程中输水沿线不产生负压,需要布置三个不同高度的单向塔才能满足要求。

(2)对于纯空气阀防护方案,为了保证在水力过渡过程中输水沿线不产生负压,需要布置12个空气阀才能满足要求,建议选用快进缓排型的双排口空气阀。

(3)对于单向塔+空气阀的联合防护方案,为了保证在水力过渡过程中输水沿线不产生过低负压,且空气能够快速排出,需要在沿线布置两座单向塔,并在管线末端布设3个空气阀。

参考文献

[1] 刘京. 水泵机组转动惯量对停泵水锤的影响研究[D]. 西安:长安大学,2011.

[2] Ismaier, A. ,E. Schlücker. Fluid dynamic interaction between water hammer and centrifugal pumps. [J]. Nuclear Engineering and Design, 2009. 239(12):3151-3154.

[3] Ramos H M, Tamminen S, Covas D, et al. Water Supply System Performance for Different Pipe Materials Part II: Sensitivity Analysis to Pressure Variation[J]. Water Resources Management, 2009, 23(2): 367-393.

[4] Singh R K, Sinha S, Rao A R, et al. Study of incident water hammer in an engineering loop under two-phase flow experiment[J]. Nuclear Engineering and Design, 2010, 240(8): 1967-1974.

[5] Jung B S, Karney B W, Boulos P F, et al. The need for comprehensive transient analysis of distribution systems[J]. Journal American Water Works Association, 2007, 99(1): 112-123.

[6] 龙侠义. 输配水管线水锤数值模拟与防护措施研究[D]. 重庆:重庆大学,2013.

[7] 金锥,姜乃昌,汪兴华,等. 停泵水锤及防护[M]. 2 版. 北京:中国建筑工业出版社,2004:60-70,228-298.

作者简介:

吴义方(1994—),男,助理工程师,主要从事水工设计工作。

云南省新平县十里河水库工程关键技术研究

何 喻 汪艳青

(中水珠江规划勘测设计有限公司,广东 广州 510610)

摘 要 云南省新平县十里河水库工程供水干管最大管径600 mm,跨越元江段最大静水头高达1 300 m,为目前国内水电工程、供水工程中最大静水水头,本文从该工程设计过程中遇到的管道充水、放水过程对管道运行安全的影响、管道全线在线监测、小管径埋地管道的防腐措施三个技术难题出发,进行了技术探讨,提出了相应的解决措施和行业期望,为今后相似工程提供一定的参考。

关键词 高压长距离输水;充水、放水过程;管道在线监测;防腐蚀措施

一、工程概况

云南省新平县十里河水库工程位于云南省玉溪市新平县,横贯新平县中部戛洒、桂山、新化3个乡镇,可解决新平县江西地区水资源量多、用水少,江东地区水资源量少、用水多的供需矛盾,建设任务为城乡供水和农业灌溉。

该工程从十里河水库取水,分为供水工程和灌溉工程,向新平县城和新化乡供水,并承担十里河水库灌区农业灌溉。其中,十里河水库及灌区位于元江西侧,根据地形特点,采用重力流输水方案并结合减压措施可满足灌溉要求,本文不作赘述;新平县城和新化乡位于元江东侧,供水线路必须跨越元江,元江与十里河水库高差约1 500 m,且元江东侧的需水点高程较高,管线总体趋势呈一个大的倒虹吸布置,管道输水压力极高,由此将带来一系列的技术难题。

供水工程从十里河水库取水,采用有压重力流+泵站加压管道输水,主要采用埋地敷设,局部采用明管敷设,设计流量0.308 m^3/s,管径600~200 mm,供水管线平面长度66 km。由1根供水干管、1根右支管、1根左支管、2个中间水池、2个末端水池、1个加压泵站组成,管线为树状布置。十里河水库正常蓄水位为1 947.0 m,新平县城团结水库高程为1 563.4 m,供水设计流量0.263 m^3/s;新化乡瓦白果水库高程2 007.8 m,供水设计流量0.045 m^3/s;元江河床高程约475 m。供水工程最大静水压力1 300 m(跨元江处),最大设计内水压力值按15 MPa计算。供水工程布置示意图如图1所示,纵剖面图如图2所示(供水干管+右支管)。

二、关键技术问题分析

本文主要从工程的运行安全角度出发,分析高压输水管道系统的关键技术问题,主要从以下几个方面来考虑:

(1)管道充水、放水过程对管道运行安全的影响。

(2)管道全线在线监测的探讨。

(3)小管径埋地管道的防腐措施探讨。

(一)管道充水、放水过程对管道运行安全的影响

在输水工程刚建成时,管道中没有水,工程投入运行的第一步是向管道充水,只有当管道排出

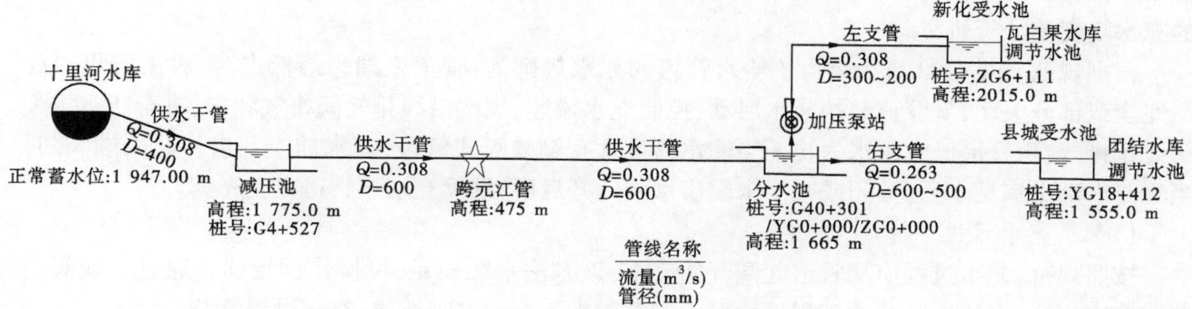

图 1　供水工程布置示意图

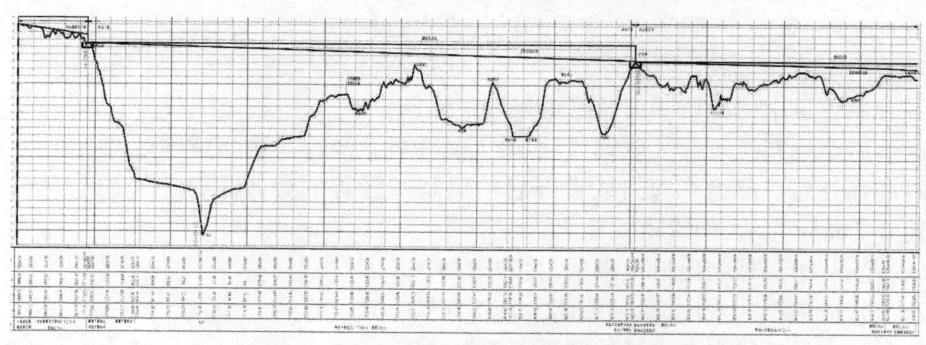

图 2　供水管线纵剖面图(横纵坐标 1:10)

空气达到设计要求,系统才能进入正常运行环节,此即为充水过程[1];输水工程目前检修时一般都是采用分段检修,截断检修段前后的检修阀门,打开设置在管道低处的泄水阀泄水,放空管道,进行检修,此即为放水过程,检修完成后管道还需要再次充水才能投入运行。

长距离输水管道由于管线布置通常蜿蜒起伏,导致管道充水过程中压力变化剧烈,可能引起气堵和爆管等事故发生[2]。而放水过程是一个需要大量进气的过程,管内压力骤然降低,可能引起负压造成管道失稳,或者引起弥合水锤造成管道爆管。因此,管道充水过程和放水过程的合理制定和操作显得尤为重要。

本工程重力流段分 3 段相对独立的管段,其中 1#减压池—分水池段的管道,设计内水压力最大 15 MPa,全长 36 km,管径 D600 mm,运行调度最复杂,下文以该段管段作为研究对象进行分析。该范围内设计压力≤PN63 的管段上局部高点设置自动进排气阀,管道设计压力>PN63 的管段,由于受目前空气阀结构和进排气性能限制,设置球阀作为手动排气阀;在管道沿线每隔 150 m 高程设置一个泄水阀,在放水过程中,可通过上述泄水阀分段逐级泄放部分过高水头,以保证单级泄水阀泄放最大压力不超过 150 m,避免泄水过程压力、流速过大,引起安全事故。

1. 管道充水过程对管道运行安全的影响

管道充水过程是一个从无压流→明满交替流→有压流的过程,在该过程中需要大量排气,为了保证管内空气能够迅速排出,并防止充水过程发生爆管等事故,常常在管道上设置空气阀。

管道充水一般采用小流量充水,较小的流量充水是管道充水的一项重要的原则和主要手段,它不仅可以避免管路水锤,而且也是减小排、进气设施规模的重要条件之一。国外文献[3]指出:“如果管道以等于 0.3 倍的正常流量或者更小的速度充水,将不会发生由水击造成的管道破坏”,并强调“为了尽量减少管内剩余气体和避免发生水击,任何情况下充水速度不应超过 0.6 m/s”。规范指出,充水流速应控制在 0.3~0.5 m/s。因此,在进、排气设计时,应当尽可能地将充水时的满管平均流速规定为 0.3 m/s,最大不超过 0.6 m/s。但是,对于长距离输水系统,由于地形高差大,这一控制条件往往很难得到满足，管道充水速度很难有效控制，对于复杂的系统通常需要进行较为准确的充水瞬变流分析研究。

根据规范 CECS193 有压重力流输水管道的充水规则为：管道末端为最低点时，将末端出口阀门完全或部分关闭，从管道起端充水启动，控制充水流速，观察沿线排气阀排气状态，直至所有排气阀终止排气，至管道已充满水为止。当输水管道含有倒虹吸式管段，充水前应开启管路末端阀门，当管路末端出口见水后，关闭或减小末端出水阀门开启度，继续充水至管道完全充满。

1）管道充水过程分析

按照规范，充水过程应从管道起端开始充水，该方法水源充足，可操作性较强。通过首端阀门控制充水流速，慢速充水。本工程该段重力流管段由 4 个倒虹吸组成，充水过程复杂。

（1）管线运行初期初次充水过程。

拟定全段 36 km 管线小流量一次充水、升压，充水过程如下：

第一步：关闭全线泄水阀；

第二步：开启管道中的检修阀门及管道末端工作阀；

第三步：开启全线高压段排气球阀，且运维人员在各个高压段排气球阀处就位；

第四步：局部开启首部检修阀门或者开启检修阀门设置的旁通阀，按小于 0.3 倍正常流量充水，控制流速 0.3 m/s 左右，向管道内充水；

第五步：待水从排气球阀出口溢出后，关闭球阀；

第六步：待管道末端有水流流出，关闭末端工作阀；

第七步：关注中低压段自动进排气阀是否正常排气；

第八步：继续充水，管道升压，完成充水。

（2）管线检修后再次充水过程。

管道检修完成后再次充水过程，分以下几种情况：（分段以管道中的检修阀分界）

a. 第一段检修完成后、再次充水：

第一步：关闭检修段泄水阀；

第二步：开启检修段的高压段排气球阀，且运维人员在各个高压段排气球阀处就位；

第三步：局部开启首部检修阀门或者开启检修阀门设置的旁通阀，按小于 0.3 倍正常流量充水，控制流速 0.3 m/s 左右，向管道内充水；

第四步：待水从排气球阀出口溢出后，关闭球阀；

第五步：关注中低压段自动进排气阀是否正常排气；

第六步：继续充水，管道升压，完成充水；

第七步：打开后面的检修阀的旁通阀，平压后开启检修阀。

b. 第二段检修完成后、再次充水：

第一步：关闭检修段泄水阀；

第二步：开启前两段的高压管段、且处于无水状态段的排气球阀，且运维人员在排气球阀处就位；

第三步：打开检修段前面的检修阀旁通阀，使第一段过渡至静水状态；

第四步：待水从排气球阀出口溢出后，关闭球阀；

第五步：局部开启首部检修阀门或者开启检修阀门设置的旁通阀，按小于 0.3 倍正常流量充水，控制流速 0.3 m/s 左右，向管道内充水；

第六步：继续待水从排气球阀出口溢出后，关闭球阀；

第七步：关注中低压段自动进排气阀是否正常排气；

第八步：继续充水，管道升压，完成充水；

第九步：打开检修段后面的检修阀的旁通阀，平压后开启检修阀。

c. 第 N 段检修完成后、再次充水：

与第二段检修完成后、再次充水基本相同。

(3) 管线充水过程可行性分析。

上述充水操作过程看似可行，但实际上存在以下难点：

①充水流速较难控制，尤其是高水头的输水工程，水流从首部进入管道后加速向下游运动，极易发生水气混合，难以排气；

②本工程 4 个倒虹吸，当前一个倒虹吸充满水后，水流才会流至下一管段，下一管段的充水过程与首部充水类似，如果不进行流速控制，将会是大流量充水的过程，引起管道压力剧烈变化，排气不充分，造成安全隐患；

③高压段的排气阀无法选到自动进排气阀，而是采用球阀代替，根据球阀处有水流出作为判定依据，人为判定排气已完成，并进行关闭操作，存在局部气团未排除的可能，且操作过程对运管人员人身安全存在隐患。

2) 管道充水过程优化分析

基于上述难点，并结合本工程的特点，宜进行充水过程的优化处理，以保证管道的运行安全和输水能力。

本工程管道最低点穿越元江，可在最低点设置泄水阀，并设置充水泵，从元江引水，并从泄水阀处向管道充水，如此从最低点向高点缓慢充水、升压，水流平顺，排气效果较好，工程安全得到较好的保障；该方案的缺点是元江水质不如十里河水库水质，管道输水至末端水厂后，水质净化的工作将会复杂一些。

第 2~4 个倒虹吸的充水过程，可以根据实际情况，在每个倒虹吸起点设置一个检修阀，控制小流量充水；或者新建一个临时蓄水池，收集雨水或者山沟来水，作为取水来源，设置充水泵，从低点泄水阀处向管道充水，然后向高点缓慢充水、升压，最终达到全线充水的结果。

2. 管道放水过程对管道运行安全的影响

长距离输水管道的检修一般是分段放空、空管检修，管道放水过程是一个从有压流→无压流的过程，在该过程中需要大量进气。本工程根据实际情况在 4 个倒虹吸的上、下坡段均设置了大量的泄水阀，设置原则是每隔 150 m 高程设置一个，以免低点放水时瞬时压力过高，难以消能，造成安全事故。

管道需要检修时的分段放水过程如下：

第一步：关闭管道末端工作阀；

第二步：待管道中水流变为静水；

第三步：关闭检修段首尾的检修阀；

第四步：逐级从高向低打开泄水阀泄水，待上一级泄水阀泄完水后再开启下一级泄水阀，直到检修段泄空。

高压长距离石油天然气输送管道通常加强在线监测，发现问题及时通过带压在线检修方式，不存在检修放水过程和检修完成后的再次充水过程，有效地保障了工程安全。水利行业也可根据实际情况借鉴其他行业的运行管理经验，将工程安全问题作为首要关注的问题，进行行业特色化和精细化，为运行管理和用户体验提供更好更安全的方案。

(二) 管道全线在线监测的探讨

本工程高压段压力极高，其运行安全问题突出，拟对 36 km 高压段进行全线实时在线监测。

1. 在线监测内容

(1) 输水管道的振动实时在线监测。

(2)输水管道的内水压力实时在线监测。管道内水压力监测可以实时获取全线的内水压力数据,分析管道的承压能力和局部产生破坏的可能;还可以分析充、放水过程中管段是否为有压流,指导排气球阀的工作状态转换。

(3)爆管点的监测、定位和风险评估。统计压力瞬变事件发生次数,识别可疑破坏性水锤,提前识别可能产生的爆管风险的位置或区域,可以进行该区域的加强防护,和预先进行爆管风险排除,提高管道运行安全。

(4)管道渗漏的实时在线监测,微小漏水监测并定位。管道渗漏和微小漏水监测主要是为防患于未然,避免高压管道在渗漏点的薄弱环节快速发展成大量漏水,甚至引起爆管事故。

(5)进气排气阀的实时在线监测。在充水、放水过程和正常运行过程中监测空气阀的运行状态是很有必要的,一是确保空气阀能够正常工作,二是判断管内是否存气或产生了负压。

2. 在线监测方法研究

上述所有的监测内容需设置传感器,供电,信号传输,终端需要软件分析系统,运行期需维护整个监测系统,并在中控室配置工作人员进行管道实时监测。

(三)小管径埋地管道的防腐措施探讨

本工程钢管结构的使用年限50年,由于为高压输水压力,在管道生命周期内其结构安全至关重要,一旦由于管道自身结构造成安全事故,其后果难以想象。

钢管大部分为埋地敷设,借鉴油气管道的外防腐处理措施,采用3PE外防腐,钢管现场接口处外防腐采用辐射交联聚乙烯热收缩套,并设强制电流法阴极保护系统;内防腐采用环氧粉末,现场接口处的内防腐目前寄希望于现场补涂,管径较小的部位很难实现,期待水利行业在该领域作进一步研究,寻求相对可行又可靠的小管径长距离输水现场内防腐方式,确保钢管使用寿命。

三、结　语

云南省十里河水库供水工程输水管道为国内目前水利行业的最高内水压力,且相较于现行的长距离输水管道的输水压力,迈进了一个相当大的步伐,在设计、施工、运行过程中将会遇到前所未有的挑战。目前较多的技术问题处理参照油气行业,但是由于行业之间的差异、输送介质的不同、长时间以来各自行业形成的设计认知和设计理念的不同,跨行业参考设计并不是一蹴而就的,需要进行诸多技术问题研究,在接下来的设计过程中,将会对各技术难题进行逐个击破,以确保该工程达到设计预期效果,保证运行安全。

参 考 文 献

[1] 郭永鑫,杨开林,郭新蕾,等.大型管道输水系统充水过程滞留气泡对输水能力的影响[J]. 水利学报, 2013, 44(3): 262-267.

[2] 王福军,王玲,大型管道输水系统充水过程瞬变流研究进展[J]. 水力发电学报, 2017, 36(11): 1-12.

[3] AWWA. Concrete Pressure Pipe [M]. USA:AWWA,1995.

作者简介:

何喻(1988—),女,工程师,主要从事水工金属结构和压力钢管设计工作。

程海补水工程凤鸣泵站提水管结构布置及设计

王梅芳　张彦辉　童保林

（云南省水利水电勘测设计研究院，云南 昆明　650021）

摘　要　本文就凤鸣泵站提水管道从布置形式、结构设计原则、计算等方面进行了归纳和讨论。考虑云南地形地貌及地质情况的特殊性并提出回填钢管抗内压、外压的结构设计情况及回填钢管刚度分析等设计观点。可供类似工程设计的同行学习与交流。

关键词　提水管道；回填钢管；Q355C 钢板；抗外压稳定；钢管刚度分析

一、工程概况

程海补水工程水源点为鲁地拉水电站水库，取水点位于 544 国道金江大桥下游兔耳箐河出口上游 560 m 处的金沙江左岸，通过一级浮船泵站取水输至二级泵站进水池（正常水位为 1 300 m），经二级泵站提水至山顶出水池（正常水位为 1 419 m），随后形成重力流输水，经黄金湾倒虹吸（长 1.01 km）输水至三级泵站进水池（正常水位 1 400.70 m），再经三级泵站加压提水至程海镇曹家村出水池（正常水位 1 561 m），最后利用曹家村高位水池经马军河倒虹吸（长 5.2 km）输水入程海。取水总流量为 2.34 m^3/s。

凤鸣泵站提水扬程 183 m，设计流量为 2.34 m^3/s，设置 4 台（3 主+1 备）水泵，单台功率 2 240 kW（总装机 11 200 kW），提水管管径为 1.4 m，管材采用 Q355C，主管长 14 583 m。

二、压力管道设计

（一）基本地质条件

凤鸣泵站提水管下接凤鸣泵站泵组出水主阀，上接曹家湾高位水池即亦为马军河倒虹吸的进水池，曹家湾高位水池地面高程约 1 560 m。

提水管由南向北东布置，管线长度为 14 583 m，地形高程为 1 398～1 560 m，全线所处山坡地形平缓，自然坡度 1°～10°，线路沿线出露地层岩性基本为冲洪积+泥石流堆积，无地质构造发育，无不良物理地质现象发育，局部地段发育泥石流沟或泥石流沟通过，地下水埋深 1.0～15 m。管槽底板及墩基位于地下水位之上或之下，自然边坡稳定。压力管道沿线围岩物理力学参数见表 1。

表1　压力管道沿线围岩物理力学参数表

物理力学指标 岩(土)类型			天然容重(kN/m³)	抗剪强度		允许承载力(MPa)	渗流系数K(cm/s)
				凝聚力C(MPa)	内摩擦角φ(°)		
第四系	Q_4^{alp}、Q_4^{pl+df}	砾石、砂卵砾石	18~21	0	20~24	0.3~0.4	$1\times10^{-2}\sim1\times10^{-1}$
	Q_4^{eld}	含碎块石砂质黏土、碎石土	11~15	0.005~0.01	18~20	0.18~0.25	$3.5\times0^{-4}\sim1.0\times10^{-5}$
	Q_4^{alp}、Q_4^{pl+df}、Q_4^{l}	黏土、粉质黏土	18~20	0.02~0.03	12~16	0.10~0.15	$5\times10^{-6}\sim5\times10^{-5}$
	Q_4^{alp}、Q_4^{pl+df}、Q_4^{l}	淤泥质类土	15~18	0.001~0.008	1.5~10	0.05~0.08	$<1\times10^{-6}$

(二)设计基本资料

1. 管材使用

泵站提水管全线采用各项性能都较为稳定的Q355C钢板卷制。

2. 水力过渡过程

采用PIPE2000流体力学工程计算软件包对凤鸣泵站提水系统进行水力过渡计算,3台水泵同时失电事故停泵,系统无任何保护的情况下,水泵出口止回阀速闭,水泵出口最高压力达755.2 m,升压约4.1倍,沿线多处已出现空化(-8 m),水柱分离。而在泵组出口出水主管上设4个20 m³空气罐时进行反复试算,其最大压力上升值约219.3 m,约为额定压力的1.19倍,水泵无倒转,沿线无负压,可确保提水系统沿线无负压。在泵组出口出水主管上设置4个20 m³空气罐时提水系统高低压力包络线成果如图1。

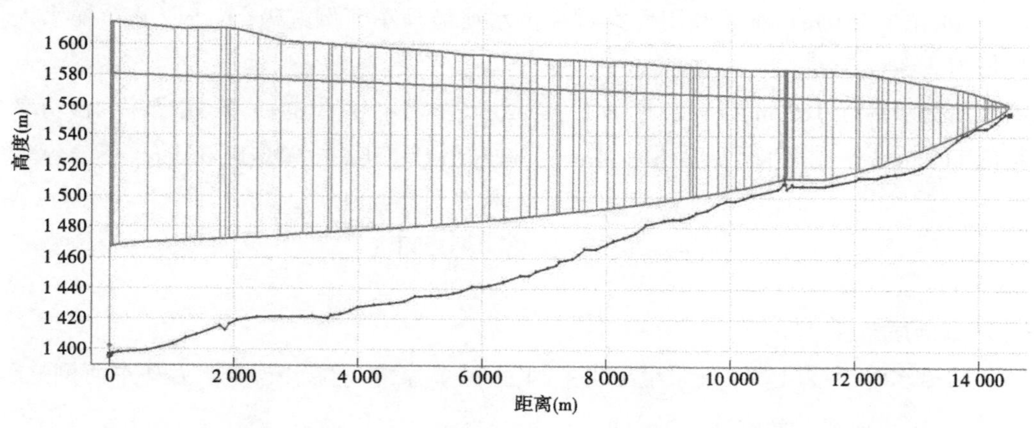

图1　系统高低压力包络线

根据《泵站设计规范》(GB 50265—2010),最高压力不应超过水泵出口额定压力的1.3~1.5倍,考虑安全运行,进出水管道水锤压力按50%计算。则对应相应进水池正常蓄水位1 400.7 m,曹家湾高位水池正常水位1 561.0 m时,进水管的最大设计压力为7.7 m,出水管的最大设计压力为249.2 m。

(三)压力管道布置

提水管所处地形缓,管线穿越耕地与水库,采用回填管布置方式。

提水管全线共设置155个镇墩,8套万向伸缩节,5套补排气设施、5套放空设施、1座分段检修设施、1座分水设施,1座流量调节设施及5座进人检修设施。

管槽开挖底宽2.4 m,两侧开挖边坡1:1,管基采用120°包角中粗砂垫层,厚0.2 m,管顶以上覆土层厚2.0 m(包含耕作层0.5 m),回填钢管标准回填断面如图2。镇墩采用C25钢筋混凝土结构。

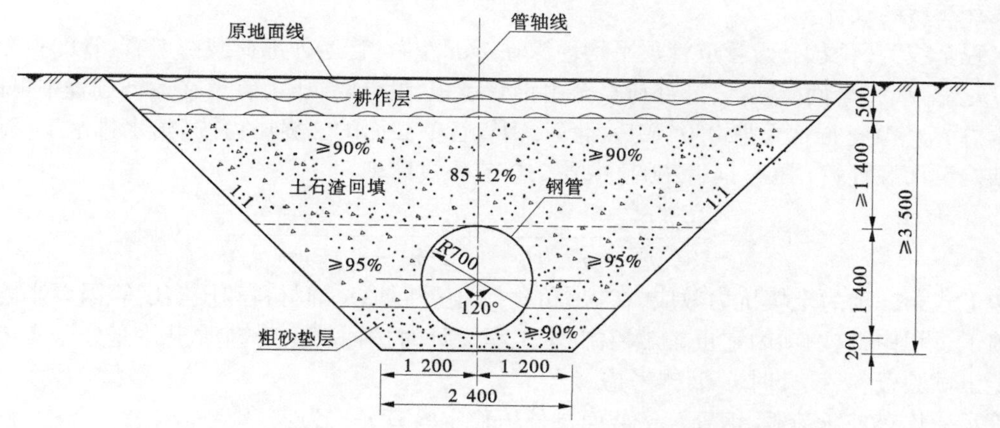

图2　回填钢管标准横断面

泵站提水系统主要由进水池、进水管、水泵、出水支管、出水主管、出水池等组成。采用一管四机联合抽水方式,设计流量Q=2.34 m³/s。泵组进水管中心高程1 396.07 m、出水主阀中心高程为1 396.19 m,进水池正常水位为1 400.7 m,出水池正常水位为1 561.0m。4条进水管管径均为0.7 m,单管设计流量Q=0.78 m³/s,流速v=2.03 m/s。提水钢管由3个对称"Y"型内加强月牙肋岔管、4条支管、1条主管及附件构成其中支管管径均为0.6 m,流速v=2.76 m/s(对应单机流量Q=0.78 m³/s),提水管设计参数及特性见表2。

表2　提水钢管设计参数及特性表

流量(m³/s)	管内径(m)	流速(m/s)	长度(m)	最大设计压力水头(m)	最小壁厚(mm)	最大壁厚(mm)	管材	布置形式
2.34	0.7	1.52	14 583	247.2	12	16	Q355C	回填管

三、压力管道结构设计

(一)计算假设及原则

(1)抗内压设计采用《水电站压力钢管设计规范》(SL 281—2003)进行计算。

(2)抗外压结构设计以空管运行工况为控制工况,其抗外压分析遵照《给水排水工程埋地钢管管道结构设计规程》(CECS 141:2002)进行。

(3)径向变形以安装回填完毕后空管工况为控制工况,管道径向变形计算遵照《水利水电工程球墨铸铁管道技术导则》(T/CWHIDA0002—2018)中附录C进行。

1. 抗内压结构设计

考虑回填后的钢管受力状态受回填材料和压实度影响较大,为了保证工程长期安全运行,回填钢管内水压力按明管设计。允许应力按《水电站压力钢管设计规范》(SL 281—2003)表6.1.1取值,且选用σ_s尚须参照规范中表6.1.1注1。

正常运行工况，膜应力区应力允许值为 $0.55\sigma_s$，局部应力区应力允许值为 $0.67\sigma_s$，特殊运行工况，膜应力区应力允许值为 $0.8\sigma_s$，局部应力区应力允许值为 $1.0\sigma_s$。

膜应力估算的壁厚公式：$t=\dfrac{pr}{\varphi[\sigma]}$；

计算结果为管道材质选用 Q355C，板厚为 12~16 mm（考虑 2 mm 锈蚀厚度）。

2. 抗外压结构设计

本工程全线为回填钢管，管道管顶平均埋深在 2 m 左右，管道外部荷载一般有：管的自重、外水压力、回填土荷载和车辆荷载等，外部荷载全由钢管承担；设计时，压力管道在运行过程中可能出现的真空压力 F_{VK}，其标准值可取 0.05 MPa 计算，钢管管壁截面的临界压力按《给水排水工程埋地钢管管道结构设计规程》（CECS 141：2002）中 6.2.2 节公式计算：

$$F_{cr,k}=\frac{2E_p(n^2-1)}{3(1-\nu_p^2)}\left(\frac{t}{D_0}\right)^3+\frac{E_d}{2(n^2-1)(1+\nu_s)}$$

其中上式第二项为土壤抗力效应，在 E_d 和 ν_s 取值受回填土的材料和压实度等因素影响较大，在实际施工过程中，这两项因素也较难控制，本工程设计时按回填土为砂质土并充分压实考虑，由于缺乏土工试验资料，设计时 ν_s 暂未考虑。

钢管承受均布外压荷载，钢管管壁截面抗外压稳定验算公式为：

$$F_{cr,k}\leqslant K_{st}\left(\frac{F_{sv,k}}{2r_0}+F_{vk}+q_{ik}\right)$$

抗外压稳定安全系数取 2.0。

计算结果表明：外部荷载为 0.1 MPa，计算壁厚 10 mm 时，$F_{cr,k}$ 为 0.301 MPa，安全系数为 3.0，因此提水管选取最小壁厚为 12 mm 的管段抗外压稳定安全系数均大于规范值 2.0，管壁厚度满足抗外压强度要求。

3. 管道刚度分析

径向变形计算假设仅在外部荷载作用下，不考虑内部荷载作用时进行计算，管道发生最大变形往往是在管道已按设计完成回填但尚未通水阶段，实践表明这一假设工况即为径向变形控制工况。在管道实际运行期间也会发生管道排空的状态，但因回填土已经固结，径向变形比前者会减少，不是变形控制工况。管道径向变形计算公式可选择《水利水电工程球墨铸铁管道技术导则》（T/CWHIDA0002—2018）附录 C 中公式和《给水排水工程埋地钢管管道结构设计规程》（CECS 141：2002）中第 7 节公式进行计算，两个公式在表达方式上有所不同，但考虑的控制因素是一致的，笔者认为《水利水电工程球墨铸铁管道技术导则》（T/CWHIDA0002—2018）附录 C 中公式较简单明了，管道刚度分析采用如下公式：

钢管管道在准永久组合作用下的最大径向变形验算，应满足下式要求：

$$\Delta\leqslant\Delta_{max}$$

管道径向变形率按下式计算：

$$\Delta=100\times\frac{K_X\sum P}{8S+0.061E}$$

本工程最小壁厚为 12 mm，计算厚度为 10 mm，以最小壁厚进行管壁刚度验算，作用在管道上的外荷载组合标准值为 0.10 MPa，基础反作用角按 120°设计，K_X 取 0.089，计算结果径向变形率 Δ 为 2.52%，满足《给水排水工程管道结构设计规范》（GB 50332—2002）第 4.3.2 节柔性管变形允许值，最大竖向变形不应超过 3%~4%的要求。

四、结　　语

通过本工程回填钢管的设计，笔者提出以下几点看法，希望能给同行起到借鉴作用。

（1）回填管抗内压设计分析中，笔者遵从保守性的原则，只考虑内部荷载作用下管道能满足承压能力的状态。

（2）目前回填钢管抗外压计算参考《给水排水工程埋地钢管管道结构设计规程》（CECS 141：2002），考虑到回填土的材料、压实度和回填土的泊松比等因素在实际施工过程中较难控制，设计中对其取值相对保守是合理的。

（3）管道径向变形计算可按《水利水电工程球墨铸铁管道技术导则》（T/CWHIDA0002—2018）附录 C 和《给水排水工程埋地钢管管道结构设计规程》（CECS 141：2002）中第 7 节的公式进行计算，两个公式在表达方式上有所不同，但考虑的控制因素是一致的，笔者认为《水利水电工程球墨铸铁管道技术导则》（T/CWHIDA0002—2018）附录 C 中公式较简单明了。

（4）回填钢管设计中，回填参数的确定是设计者面对的重点和难点，设计者务必在充分考虑各工况外压的前提下，充分论证，提出有效的设计措施，确保结构安全运行。

参 考 文 献

[1] 中华人民共和国水利部. 水电站压力钢管设计规范（附条文说明）：SL 281—2003[S]. 北京：中国水利水电出版社，2003.

[2] 中国水利水电勘测设计协会. 水利水电工程球墨铸铁管道技术导则：T/CWHIDA0002—2018[S]. 北京：中国水利水电出版社，2018.

[3] 中国工程建设标准化协会. 给水排水工程埋地钢管管道结构设计规程：CECS 141：2002. [S]. 北京：中国建筑工业出版社，2002.

[4] 中华人民共和国建设部. 给水排水工程管道结构设计规范：GB 50332—2002[S]. 北京：中国建筑工业出版社，2003.

作者简介：

王梅芳（1976—），女，高级工程师，主要从事水工建筑设计工作。

关于回填钢管管沟槽设计的探讨

张 迪 童保林 雷 宏

(云南省水利水电勘测设计研究院,云南 昆明 650051)

摘 要 近年来,随着大规模引调水工程、水系连通工程和水网工程建设项目的实施,管道输水作为一种输水方式,在设计方案上也出现了多种形式,其中回填管在节约利用土地方面优势凸显,得到了广泛应用。在长距离输水管道工程中,输水管沿线的地基基础存在较大的差异性,其基础处理要求不宜按统一标准选用,需根据沿线地基基础具体情况有针对性地进行管沟槽开挖、支护、基础处理和回填的设计,提出合理的处理措施,选择合适的回填材料和确定对应的回填设计要求。

关键词 回填钢管;沟槽;基础;回填;设计

关于回填钢管的设计,水利行业的参考资料和规范依据较少,设计单位和设计者对管沟槽的开挖和回填多参照《给排水管道工程施工及验收规范》《给水排水工程地埋钢管管道结构设计规程》和《水电站压力钢管设计规范》的相关规定,结合经验进行设计,在管道沟槽开挖、支护和管槽回填设计方面,主要是按照《给排水管道工程施工及验收规范》进行设计;在管沟槽基础处理方面,由于不同项目甚至是同一项目的不同管段的地基差异性较大,加上设计者对回填钢管对基础要求的认识和理解也不尽相同,因此,管槽基础处理方面采取的措施种类较多。本文主要从回填管道对沟槽基础和沟槽回填的要求,结合目前已实施的部分工程项目和在建项目的设计,进行归纳分析、探索并提出基础处理方式和回填的分区、分层和分块,以及各分块的回填要求,与水利行业设计者共同学习和探讨。

一、沟槽基础和管槽回填设计

在目前实施的回填管道中,沟槽基础按土石性质,大致可分为岩基和土基两大类;依据管道工程地质稳定性划分标准,可划分为稳定(Ⅰ)类、基本稳定(Ⅱ)类、中等稳定(Ⅲ)类、较不稳定(Ⅳ)类和不稳定(Ⅴ)类五种类别。由于回填钢管是按照柔性管道设计理论进行设计的,管道自身能适应一定的变形和应力,对基础稳定性和地基承载力要求相对较低,为使管道能长期稳定地发挥设计功能,在设计过程中仍需根据具体情况采取相应的基础处理。根据目前已建成运行的部分项目和部分在建项目的设计资料分析,对云南山区的回填钢管,在沟槽基础处理和沟槽回填方面,主要是针对不同的地形、地质条件分别提出具体的设计方案。

(一)岩基管沟槽的设计

对于岩基管段,其地基承载力较大,稳定性相对较好,一般都能满足回填管对基础的要求,开挖成槽后,只需对管槽进行简单找平回填处理即可。处理的目的在于保护管道,避免管道直接与岩石棱角接触,造成较大的局部应力,导致管道防腐层破坏或管体局部破坏,影响管道正常运行。处理方法主要是回填砂垫层,以改善管道与基础的接触面,使管道受力均匀。

管沟槽的开挖和回填主要根据《给排水管道工程施工及验收规范》的相关要求进行设计。其管沟槽的具体尺寸可根据管径和规范要求拟定,沟槽分层、分块回填及压实要求也可按照规范进行设计,规范中对管沟槽分层、分块回填的要求见图 1。

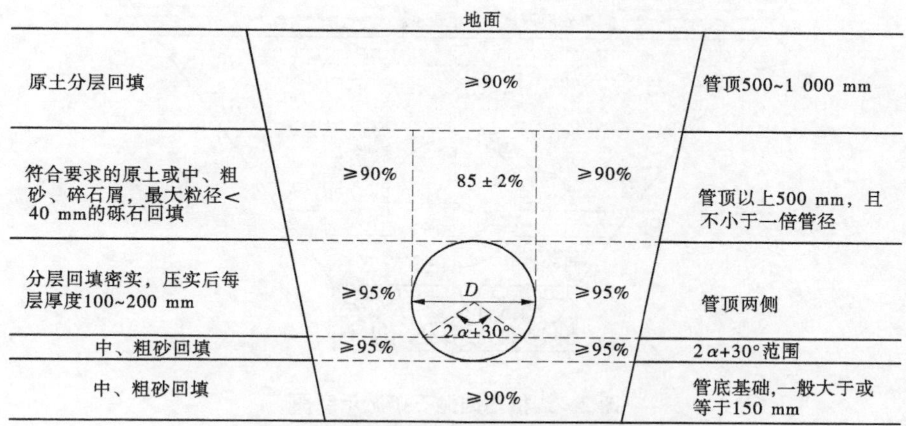

图 1　柔性管道沟槽回填部位与压实度示意图

对于有复耕要求的管段,地面以下 500~1 000 mm 范围内不应压实,回填时需预留沉降量。

(二)土基管沟槽的设计

对土基,可大致按地质稳定性分类进行分类设计,但在山区管道沿线的地形、地质条件变化较大,各管段的地下水位、承载力和稳定性的差异较大。在设计过程中还要对沿线稳定性进行归类和细化,根据对部分工程设计资料的统计分析,建议大致按地基是否满足管道对基础的要求,将沟槽归纳为良性基础和不良基础两类。

良性基础主要包括地质稳定性划分中的稳定(Ⅰ)类、基本稳定(Ⅱ)类和中等稳定(Ⅲ)类,其承载力基本能满足管道对基础的要求,沟槽的设计主要考虑复耕、抗浮、管道附属结构和施工要求,沟槽回填可按《给排水管道工程施工及验收规范》规定的压实指标进行分层压实。

不良基础主要包括地质稳定性划分中的较不稳定(Ⅳ)类和不稳定(Ⅴ)类,其基础承载力较低,变形量大,甚至地下水位也较高,不能满足管道对基础的要求,需进行基础回填处理。对于管径小于 800 mm 的回填管,也可按良性基础进行设计,只对局部淤泥质基础段、塑性指数较高的黏土段和膨胀土管段等特殊地基进行基础处理设计。

1. 不良基础段设计

在不良基础段的回填钢管设计,主要是提高地基承载力,减小基础变形量,从而增强基础的稳定性。常规的处理方式有换填或在基础中加入灰土、砂石、粉煤灰等材料改善基础条件,也可采用砂桩、搅拌桩或木桩等复合地基,以达到基础设计的目的。各种处理方案由于材料、施工方法的差异和适应性的不同,其工程造价的差异也较大,各方案各有优劣。而对于管线穿池塘、水田、河道和其他淤泥质基础段、塑性指数较高的黏土段的基础处理方式设计,所分析的工程项目中,主要推荐抛石挤淤的处理方式,这种方案具有施工速度快、工程造价低和对基础的改善效果明显的优势,在局部管道基础处理中得到了大量应用,如图 2 所示。

由于回填钢管属柔性管道的特性,不推荐采用混凝土桩和钢桩等刚性复合基础。

2. 特殊管道的设计

输水管道在过活动断裂带和穿公路、铁路等交叉建筑物管段的设计,需根据断裂带和交叉建筑物的具体情况进行专门设计,并需征求相关部门或权属单位的意见。

3. 沟槽开挖支护和回填设计

土基中良性基础段的沟槽开挖断面设计和岩基沟槽基本相同,其边坡稳定性也较好,一般不需

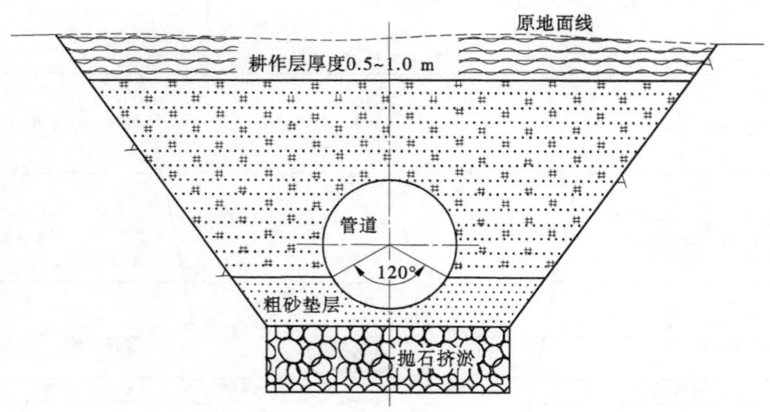

图 2　沟槽基础抛石挤淤示意图

要采取支护措施；沟槽的分层、分块设计也和岩基段相同。

不良基础段的沟槽开挖边坡一般较不稳定，自稳时间较短，甚至难于自稳，为创造施工工作面，往往需采取一定的临时支护措施，以保证施工安全，因此，其沟槽开挖断面设计需结合支护措施，沟槽的开挖深度不宜过大，可按管顶覆土满足管道抗浮要求来确定沟槽开挖深度。

沟槽的分层、分块回填可按保证安装完成的管道不产生横向位移和浮托位移，同时保证管道不产生较大的局部应力和控制管体变形率的要求进行设计，合理确定各部位的压实参数。

二、管沟槽回填料的选择

在沟槽回填材料的选择上，根据沟槽回填分层、分块要求的不同，各分块的回填料选择也不应相同，通过对已实施工程案例的分析，在回填材料的选择方面，可划分为 3 个区，即垫层区、压实层区和复耕层区。

《给排水管道工程施工及验收规范》在垫层和管底 $2\alpha+30°$ 范围内采用中、粗砂回填，这在大量工程中得到了应用，推荐按规范进行回填料的选择。

对压实层区，也是沟槽回填最大的区域，为尽量减少弃渣量，减低工程造价，推荐采用开挖料进行回填，但淤泥质土、腐殖土、高塑性黏土和膨胀土不宜采用，且管周 500 mm 范围内不得有大于 50 mm 的砖、石等硬块。

复耕层区，为满足复耕要求，保持土地原本的性质，应采用原耕作土进行回填，因此，在开挖过程中应对原耕作土层进行单独开挖和堆存，以便用于耕作层回填，回填时预留沉降量。

如需对原耕作层进行土地改良，需按土地改良要求进行耕作层的回填设计，如图 3 所示。

三、结　　语

在回填钢管设计方面，管沟槽的设计主要是为了保持钢管柔性管道的特性，使管道外界条件与管体结构设计拟定的边界条件一致；同时为管道施工提供必要且稳定的工作面；为工程运行提供可靠的载体。针对回填钢管管沟槽开挖、支护、基础处理和回填方面的设计，笔者通过对部分已实施项目和在建项目设计资料的统计分析，文中所述回填钢管的设计经过部分工程实践验证，其施工方便、造价低，运行情况良好，其设计方法可供水利工程回填钢管设计者参考。

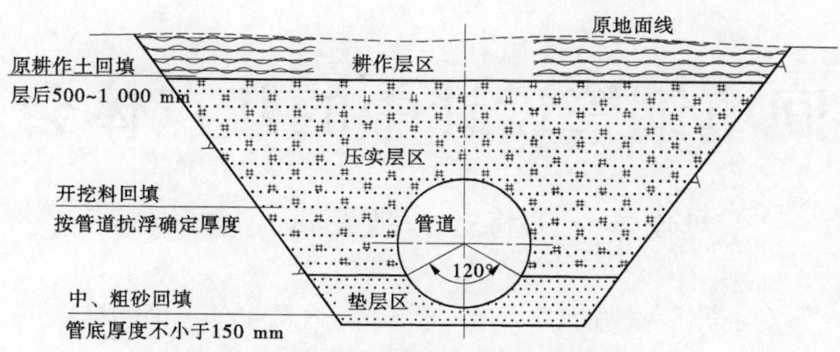

图3 沟槽分区和回填料选择示意图

参 考 文 献

[1] 中华人民共和国住房和城乡建设部. 给排水管道工程施工及验收规范：GB 50268—2008[S]．北京：中国建筑工业出版社，2008.

[2] 中国工程建设标准化协会. 给水排水工程埋地钢管管道结构设计规程：CECS 141：2002.[S]．北京：中国建筑工业出版社，2002.

[3] 中华人民共和国水利部. 水电站压力钢管设计规范（附条文说明）：SL 281—2003[S]. 北京：中国水利水电出版社，2003.

[4] 刘玉奇. 无支墩高水头浅埋式压力管道回填施工应用[J]. 黑龙江水利科技，2012（9）：56-57.

作者简介：

张迪（1982—），男，高级工程师，主要从事水工结构设计工作。

回填钢管设计中的几点体会

刘俊华　王梅芳　张荣斌　童保林

（云南省水利水电勘测设计研究院，云南 昆明　650021）

摘　要　近年来，调水工程越来越多，管线布置不可避免穿越基本农田、林地，为避免永久占用这些有限资源，回填钢管在设计中得到了广泛运用，使有效的资源得以更好的利用。在回填钢管设计过程中，会遇到很多问题，如镇墩结构受力分析、跨越活动断裂处理方式及穿越软弱地基的处理方法。通过对上面问题的分析总结，提出了解决问题的方法，对回填钢管设计有一定的参考价值。

关键词　回填钢管；镇墩设计；活动断裂；软弱地基处理

长期以来，水利工程管道工程通常采用明敷方式，永久占用土地资源较多，多数不能再利用。回填钢管可对土地资源进行空间上的有效划分利用，使有限的土地资源发挥更大的效益，是解决工程占压基本农田、保护有限的耕地资源不断减少的有效手段。然而，回填钢管的设计、施工实践及规范较少，加之又有诸多因素妨碍了回填钢管的推广应用，因此，笔者拟通过本文对管道设计中遇到的问题进行探讨。

一、镇墩结构受力分析

镇墩是解决管道不平衡力的主要构筑物，明管设置伸缩节使钢管结构由连续结构变为分段式结构，从而使镇墩受力分析明确、清晰。回填钢管埋置于沟槽中，上覆一定厚度的土层或其他覆盖物，受大气温度变化影响较小，因此取消了伸缩节的设置，管道结构为连续式结构，而回填管受地形地质、水环境影响较大，加之管道周围回填介质的边界难以确定，受诸多因素的影响，连续结构计算模型边界条件不是很清晰。笔者通过计算分析比较，对回填管镇墩设置有如下认识：

（1）镇墩上的荷载可分为两大类：一类是直接作用在镇墩上的内水压力轴向分力、弯管段内水自重、弯管段水流离心力、镇墩自重及土压力；另一类是通过管身传给镇墩的管道自重力、管内水重、水面以下管道的浮力、管道上填土压力及管道摩擦力。

（2）根据斜管管身设计坡度 θ，结合地质摩擦系数，由摩擦系数可反算出临界坡度 θ_k，当 $\theta>\theta_k$ 时，垂直分力产生的摩擦力小于轴向力合力，即下滑力大于摩擦力，作用于镇墩上的力为下滑力的代数和（摩擦力和轴向力抵消后剩余部分下滑力），其作用荷载有直接和间接两种。当 $\theta\leq\theta_k$ 时，垂直分力产生的摩擦力大于轴向力的合力，即下滑力小于摩擦力，管身不滑动，通过土体和管身的摩擦力使管身段处于平衡状态。因此，镇墩计算只需考虑直接作用于镇墩上的荷载，其余荷载均可不考虑。

（3）埋地钢管埋设深度，关系到建筑物的安全，在地震情况下，地面建筑物比地下建筑物更容易遭受破坏，条件允许的情况下，增加管道的埋深，有利于管道结构安全，因此，地震区管道埋深不得小于1.5~2 m。在管道设计中，为满足管身抗浮稳定，避让基本农田，覆土深度远大于上述数据，笔者在设计中管道顶部覆土深度在扣除耕作层（0.5 m）后，基本按1.2倍管径考虑[1]。

（4）结合临界坡度 θ_k，对 $\theta\leq\theta_k$ 时的情况，不管是分段式还是连续式受力已经很明晰；对 $\theta>\theta_k$

的情况,镇墩所受荷载情况和分段式基本一致,唯一不能确定的是镇墩前后的管身段的计算长度取值问题,结合明管镇墩计算时管身段计算长度的设计方法,笔者有如下计算假定:镇墩上游计算长度以上游镇墩末端为界,下游计算长度以计算镇墩末端为界进行划分。

经过在工程中设计运用,经过工程后期运行检验和现场调查,上述镇墩设计采用的方法是安全可靠的。

二、跨越活动断裂

活动断裂常具有水平及垂直移动,位于活动断裂上的建筑物时常会被拉裂,发生变形破坏。有些活动断裂伴有地震的活动,此类断裂对附近(一定范围)建筑物的有一定程度破坏,严重者会使附近建筑物倒塌,危及生命安全。工程布置时应慎重考虑和研究。

某工程管线布置于程海—宾川断裂(F_{12-1})带影响区内,线路距该断裂带主干最远距离约 2 km,局部线路多次跨越该断裂。程海—宾川断裂(F_{12-1})属全新世(Q_4)活动断裂,属活动断裂且为发震断裂,其中程海盆地段主要表现为正断拉张性质,断裂垂直位错速率约 6 mm/a;清水镇—热水塘段则以左旋走滑运动为主,断裂在期纳镇肖家村一带距今 2 万年以来的水平平均滑动速率为 2.76~4.41 mm/a,在金沙江附近距今约 90 万年以来的平均左旋滑动速率为 3.4 mm/a 左右。

活动断裂沿线为基本农田,设计中,采用了我院人员参与研制发明的直埋复式万向铰链型伸缩节跨越活动断裂,其优点是满足设计要求,又能解决常规伸缩节需修建伸缩节室及附属设施而永久占用基本农田的弊端,有效地避免了工程后期维护及运营所带来的难题,同时充分体现了土地资源的空间利用性,做到了地上地下的协调统一。

三、穿越软弱地基的处理方法

软弱地基处理的方法多种多样,如适用于浅层软弱地基的处理的换填法;利用木桩(预制混凝土桩)和桩体间的土体形成复合地基共同受力的木桩法(预制混凝土桩法);采用水泥固化软弱地基,从而使基础满足设计要求的水泥土深层搅拌桩法;使用高压设备,冲击破坏土体,使浆液和土体形成固结体的高压旋喷桩法;操作不同的机械或通过人力造孔,最后在孔中浇筑钢筋混凝土的灌注桩法;用大块石进行抛填,再操作器械进行挤压、拍打块石的抛石挤淤法[2]。但归结下来,笔者认为有两点特别重要:一是选择合理的基础处理方法;二是根据地质情况合理选择管材。

总结已实施的工程项目和目前正在实施的工程,在设计工作中,相对管槽基础处理而言,采用抛石挤淤法较为合适,施工简单,器械操作方便。

某倒虹吸全长 10.08 km,采用回填管的方式进行设计,管材为 Q355C 钢管,管径 1.4 m,设计流量为 2.34 m^3/s。根据地质报告勘察结果,设计中在淤泥段采用抛石挤淤法对基础进行了处理,处理完毕后现场标贯实测数据 204 kPa(贯入深度 0.3 m)大于设计要求 150 kPa。

对于管材而言,笔者认为选用 Q355C 钢管进行跨越比较合适,设计中以最小壁厚 12 mm 进行抗外压稳定计算和管壁刚度验算,其 $F_{cr,k}$ 为 0.301 MPa,安全系数为 2.18,径向变形率 Δ 为 0.96%,满足《给水排水工程管道结构设计规范》(GB 50332—2002)第 4.3.2 节柔性管变形允许值,最大竖向变形不应超过 3%~4%的要求[3]。

四、结　　语

以上为笔者在设计工作中的体会和实践结果,回填钢管所处水文地质情况比较复杂,受这些因素的影响,荷载分析边界条件难以拟定,本文提出了镇墩结构受力分析的方法,可以有效地减小设计难度,经工程实践证明,此方法确实可行。在对回填钢管的设计中,跨越活动断裂是难点,工程中采用直埋复式万向铰链型伸缩节处理活动断裂带是一种尝试,经过实践证明,直埋复式万向铰链型伸缩节是对土地资源空间有效利用的典型,是解决永久占地的新手段。对于管线上软弱地基的处理方法,抛石挤淤法相比于其他的地基处理方式可操作性大,施工简单,从工地现场参建方反馈的情况,抛石挤淤法非常实用。

参 考 文 献

[1] 李惠英,田文铎,阎海新. 倒虹吸管[M]. 北京:中国水利水电出版社,2009.
[2] 地基处理手册编委会. 地基处理手册[M]. 北京:中国建筑工业出版社,1988.
[3] 中华人民共和国建设部. 给水排水工程管道结构设计规范:GB 50332—2002[S]. 北京:中国建筑工业出版社,2003.

作者简介:

刘俊华(1976—),男,高级工程师,主要从事水工建筑物设计工作。

其他钢管

某超高水头深埋式压力钢管设计概述

李 敏 张宝瑞 余 洋 姚德生

（中水北方勘测设计研究有限责任公司，天津 300222）

摘 要 巴基斯坦某超高水头水电站引水发电系统布置有两条埋藏式压力钢管，其设计水头高，埋深大，线路长，地质条件复杂，工程施工难度极大。对该工程压力钢管线路布置、水力学计算、结构设计、灌浆排水设计及防腐措施等方面进行了简要概述。其经验可供类似工程参考。

关键词 压力钢管；超高水头；结构设计；灌浆设计；排水设计；防腐设计

一、工程概况

巴基斯坦某超高水头、长隧洞引水式电站安装4台单机容量为221.0 MW的冲击式水轮发电机组，总装机容量884.00 MW，最大毛水头923 m，最小水头845.76 m，电站运行多年平均年发电量32.12亿kW·h。水库正常蓄水位为2 233 m，死水位为2 223 m。正常蓄水位以下库容为1 037万m^3。

电站由拦河坝、溢洪道、电站进水口、引水隧洞、调压井、压力管道、地下厂房及尾水隧洞等主要建筑物组成。引水隧洞长22.1 km，内径为6.3 m。设计引水流量为114.6 m^3/s，最大引水流量为126.06 m^3/s。压力钢管自调压井后钢筋混凝土岔管末端开始，共两条，平行布置，单根钢管长约2 km。钢管承受的最大内水压力10.46 MPa，主管内径3.18 m，HD值高达3 326 m^2。

二、压力钢管布置

（一）地形地质情况

压力钢管段地面高程在2 290～1 312 m，地势由NW向SE变低。其上部主要为第四系崩坡积物碎石土（Q_4^{col+dl}）和石炭—二叠系Panjal组地层，岩性以变质岩屑砂岩、石英云母片岩、炭质片岩和变质玄武岩为主。压力钢管地层为单斜构造，片理总体走向为NE60°～NE80°，倾向NW，倾角以60°～80°为主，地表局部受构造、卸荷等影响，倾角相对较缓，约为40°。受区域地质构造影响，压力钢管穿越两处断层带。

（二）钢管布置

压力钢管自调压井后钢筋混凝土岔管开始，共2条，每条压力钢管长约1 945 m，主管内径3.18 m，由4个压力平洞段和3个压力竖井段构成。每条压力钢管在第四平段末端设对称“Y”型岔管，一管变两管，岔管后管径渐变为2.12 m，再最终渐变为1.86 m后进入地下厂房与球阀相接，其布置如图1、图2所示。

（三）水力过渡过程计算

本工程引水系统水力过渡过程计算主要为确定调压井尺寸，同时根据机组甩负荷时大波动过渡过程计算，得到控制条件下调压井最高以及最低涌浪水位，沿压力钢管沿线的最大、最小压力分布，为压力钢管结构设计提供依据。

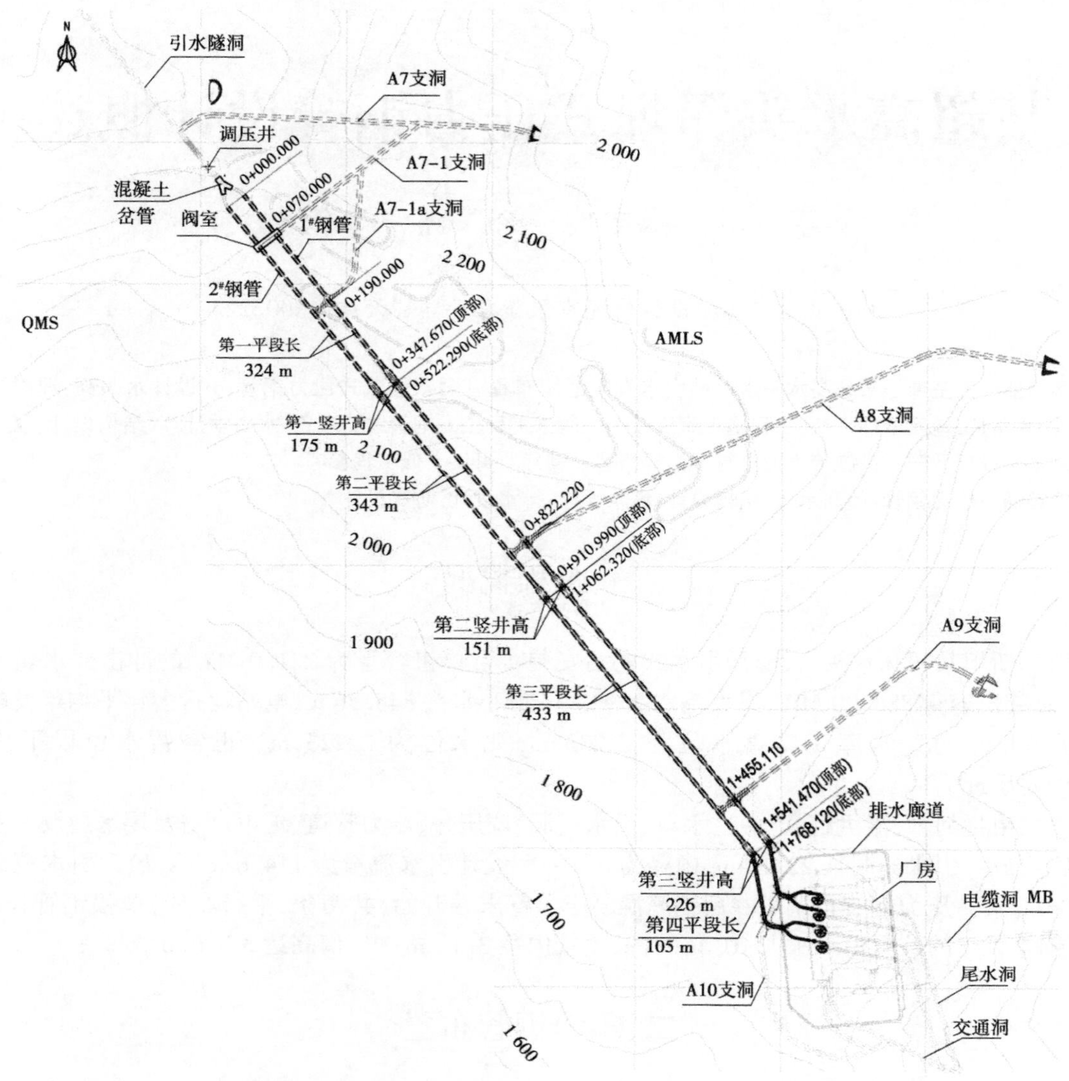

图 1　压力钢管平面布置图

大波动过渡过程各调保参数计算结果见表 1。

表 1　调保参数结果

调保参数	单位	极值	控制标准
机组最大转速升高率	%	9.85	30.00
喷嘴末端最大压力	mH_2O	1 046.47	1 153.75
上游调压室最高涌浪水位	m	2 289.21	2 296.00
上游调压室最低涌浪水位	m	2 078.02	2 056.30

由计算结果可知,机组转速升高率、喷嘴末端最大压力和上游调压室最高涌浪、最低涌浪均满足控制标准,裕度较大。在所有工况下,压力输水系统上游侧各断面最高点处的最小压力为 0.021 MPa(2.178 mH_2O,距进水口 10 942.8 m),大于控制标准 0.02 MPa,满足要求。

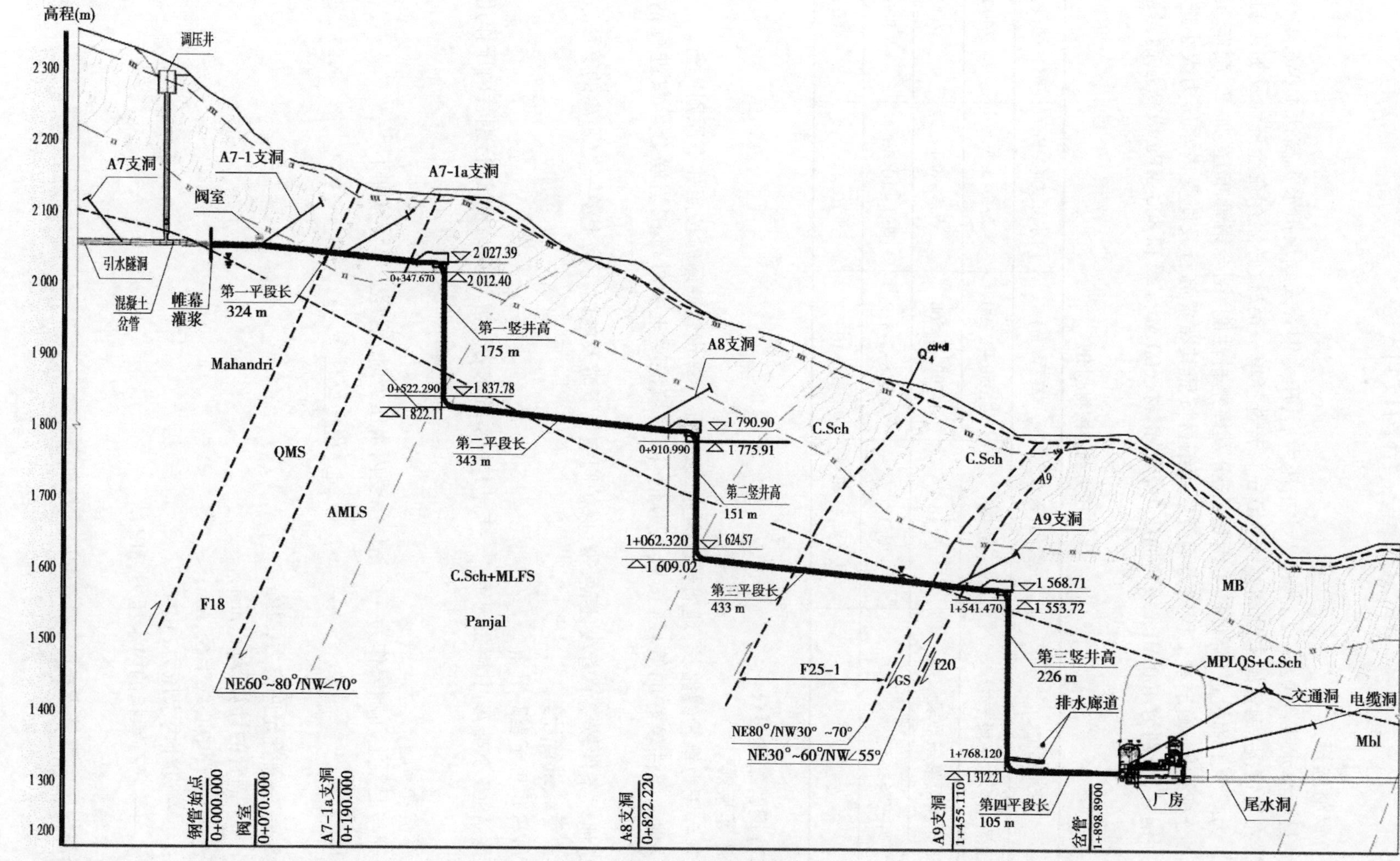

高程(m)
2 300
2 200
2 100
2 000
1 900
1 800
1 700
1 600
1 500
1 400
1 300
1 200
调压井
A7支洞
A7-1支洞
阀室
A7-1a支洞
引水隧洞
混凝土岔管
帷幕灌浆
第一平段长
324 m
0+347.670
2 027.39
2 012.40
第一竖井高
175 m
Mahandri
0+522.290
1 837.78
1 822.11
第二平段长
343 m
A8支洞
1 790.90
0+910.990
1 775.91
C.Sch
第二竖井高
151 m
1+062.320
1 624.57
1 609.02
第三平段长
433 m
A9支洞
A9
1 568.71
1+541.470
1 553.72
第三竖井高
226 m
QMS
AMLS
C.Sch+MLFS
Panjal
F18
MB
F25-1
GS
f20
NE60°~80°/NW∠70°
NE80°/NW30° ~70°
NE30°~60°/NW∠55°
MPLQS+C.Sch
交通洞
电缆洞
排水廊道
Mbl
1+768.120
1 312.21
第四平段长
105 m
厂房
尾水洞
钢管始点 0+000.000
阀室 0+070.000
A7-1a支洞 0+190.000
A8支洞 0+822.220
A9支洞 1+455.110
岔管 1+898.8900

图 2 压力钢管纵剖面图

三、结构设计

(一)钢材选择

电站最大静水头约922.72 m,计入水击压力后,压力钢管末端承担水头高达1 046.47 m,根据压力钢管布置情况,钢管始末端高差约740 m。若选择单一钢材,必然存在经济性及加工制作方面的问题。为减少工程投资,降低施工困难,充分发挥钢材性能,结合钢管布置、加工、制作、运输、安装及经济分析结果,确定本工程压力钢管所用钢材按照其布置高程及所受内水压力大小选用3种强度级别钢材,分别为400 MPa级普通压力容器钢材、600 MPa级和800 MPa级高强钢,具体参数列于表2。

表2　　压力钢管钢材划分

钢管部位	管径(m)	高程(m)	内水压力(MPa)	钢材强度(MPa)
始端至第二平段末端	3.18	2 050~1 790	2.5~5.5	400
第二竖井至第三平段末端	3.18	1 790~1 568	5.5~8.1	600
第三竖井至岔管	3.18	1 568-1 310	8.1~10.46	800
支管段	2.12~1.86	1 310	10.46	600

(二)钢管结构设计

1.计算原则

本工程压力钢管线路长,地质情况复杂,以内压计算钢管壁厚时按照如下原则进行。

(1)地质条件较好的管段,按照压力钢管、回填混凝土及外部围岩联合承载进行钢管壁厚计算;

(2)地质条件较差的管段,断层带、保护阀室上下游及电站厂房上游一定距离的管段按照压力钢管单独承载进行计算

2.内压作用下壁厚计算

根据ASCE No.79中相关规定[1],结合引水系统水力过渡计算结果,进行钢管内压作用下壁厚计算。

1)联合承载

钢管与混凝土和围岩作为一个整体承受内水压力时,钢管壁厚计算如下[2]:

$$t = \frac{(p_i - p_c)r}{S_H} \tag{1}$$

式中　S_H——钢管允许应力,MPa;

t——钢管的计算厚度,mm;

r——钢管中心线半径,mm;

p_i——设计内水压力,MPa;

p_c——岩石承担的内水压力,MPa。

2)单独承载

全部内压由钢管承担时,钢管壁厚计算如下:

$$t = \frac{p_i r}{S_H} \tag{2}$$

式中 t——钢管计算壁厚,mm;

p_i——设计内水压力,MPa;

r——钢管内半径,mm;

S_H——钢管允许应力,MPa。

3. 抗外压能力复核

根据规范要求,钢管抗外压稳定按下式计算:

$$P_{cr} > kP_r \tag{3}$$

式中 P_{cr}——抗外压稳定临界压力计算值,N/mm²;

P_r——实际承受的外压,MPa;

k——安全系数, 取1.5。

计算时首先以内压计算所得壁厚复核光面管抗外压稳定,若满足,则根据需要设置构造加劲环;若不满足,则设置加劲环并采用米赛斯(Mises)公式计算加劲环间管段的抗外压稳定,再采用雅各布森公式复核加劲环自身的稳定。

1)光面管抗外压稳定计算

根据规范规定[1],采用雅各布森法分析光面管抗外压稳定,计算式如下:

$$r/t = \sqrt{\frac{[(9\pi^2/4\beta^2)-1][\pi-\alpha+\beta(\sin\alpha/\sin\beta)^2]}{12(\sin\alpha/\sin\beta)^3\{\alpha-(\pi\Delta/r)-\beta(\sin\alpha/\sin\beta)[1+\tan^2(\alpha-\beta)/4]\}}} \tag{4}$$

$$P_{cr}/E^* = \frac{(9\pi^2/4\beta^2)-1}{12(r/t)^3(\sin\alpha/\sin\beta)^3} \tag{5}$$

$$\sigma_y/E^* = (t/2r)\left(1-\frac{\sin\beta}{\sin\alpha}\right)+\frac{P_{cr}r\sin\alpha}{E^*t\sin\beta}\left[1+\frac{4\beta r\sin\alpha\tan(\alpha-\beta)}{\pi t\sin\beta}\right] \tag{6}$$

式中 α——由屈曲波形成圆筒薄壳中心所对的半角,弧度;

β——通过屈曲波形成新的平均半径所对的半角,弧度;

P_{cr}——临界外压,MPa;

Δ——钢衬与混凝土之间的间隙,mm;

r——钢衬内半径,mm;

σ_y——钢管材料的屈服强度, N/mm²;

t——钢衬厚度,mm;

E——钢材弹性模量,N/mm²;

E^*——修正的钢材弹性模量,N/mm²。

$$E^* = E/(1-\nu^2) \tag{7}$$

ν——钢管材料泊松比,取0.3。

2)设置加劲环的钢管环间管壁抗外压稳定计算

加劲环间管壁的临界外压 P_{cr} 采用米赛斯(Mises)公式计算,计算式如下:

$$P_{cr} = \frac{Et}{(n^2-1)\left(1+\frac{n^2l^2}{\pi^2r^2}\right)^2 r}+\frac{E}{12(1-\nu^2)}\left[n^2-1+\frac{2n^2-1-\nu}{\frac{n^2l^2}{\pi^2r^2}-1}\right]\frac{t^3}{r^3} \tag{8}$$

式中 n——最小临界压力的波数,由 $n=\sqrt[4]{\frac{\left(\frac{3}{4}\right)(\pi^2)/4(1-\nu^2)^{\frac{1}{2}}}{(L/D)^2(t/D)}}$ 估算,取相近的整数;

l——加劲环的间距,mm;

r——钢管内径,mm;

t——钢管壁厚,mm;

E——钢材弹性模量,N/mm^2;

ν——钢材泊松比,取0.3。

3)加劲环稳定复核

根据规范规定[1],设置加劲环的压力钢管,采用雅各布森法对加劲环自身稳定进行复核,计算式如下:

$$\frac{Fr_{NA}^2}{I_F}=\frac{[(9\pi^2/4\beta^2)-1][\pi-\alpha+\beta(\sin\alpha/\sin\beta)^2]}{(\sin\alpha/\sin\beta)^3\{\alpha-(\pi\Delta/r_{NA})-\beta(\sin\alpha/\sin\beta)[1+\tan^2(\alpha-\beta)/4]\}} \tag{9}$$

$$P_{cr}/E=[(9\pi^2/4\beta^2)-1][\frac{(I_F\sin^3\beta)}{r_{NA}^3\sin^3\alpha}] \tag{10}$$

$$\sigma_y/E=\frac{h}{r_{NA}}\left(1-\frac{\sin\beta}{\sin\alpha}\right)+\frac{P_{cr}r_{NA}\sin\alpha}{EF\sin\beta}\left[1+\frac{8\beta hr_{NA}F\sin\alpha\tan(\alpha-\beta)}{12\pi I_F\sin\beta}\right] \tag{11}$$

式中 α——压屈波对于圆筒管壁中心所对的半角,弧度;

β——新的平均半径通过压屈波的半波所包的半角,弧度;

P_{cr}——临界径向压屈应力,N/mm^2;

I_F——外部加劲环及管壁分担的部分惯性矩,mm^4;

F——外部圆形加劲环和加劲环之间的管道管壁的截面积,mm^2;

h——从加劲环的中和轴到环形加劲环单元的外缘的距离,mm;

r_{NA}——到加劲环中和轴的半径,mm;

σ_y——衬砌和加劲环材料的屈服强度,N/mm^2;

E——衬砌和加劲环材料的弹性模量,N/mm^2;

Δ/r——缝隙比,即缝隙/衬砌半径。

管壁分担宽度计算如下:

$$B=1.57\sqrt{rt}+t_s \tag{12}$$

式中 r——钢管半径,mm;

t——管壁的厚度,mm;

t_s——加劲环底部厚度,mm。

上述公式计算时,应以 $p\times l$ 代替 P_{cr}[3],其中 p 为所求加劲环临界外压,单位为MPa;l 为加劲环间距,单位为mm。

4.钢管壁厚确定

通过结构计算,400 MPa级钢材壁厚22~48 mm,600 MPa级钢材壁厚40~56 mm,800 MPa级钢材壁厚40~64 mm。加劲环环高150 mm,厚度24 mm,间距1~3 m。

四、灌浆设计

根据相关规范规定及工程案例[4-6],当压力钢管管壁为高强钢时,不宜开设灌浆孔。经综合分析后确定本项目压力钢管灌浆采用预埋灌浆管的方式进行灌浆。①固结灌浆,为改善围岩完整性和均一性,提高其承载力,压力钢管全管段实施固结灌浆,灌浆在回填灌浆完成14 d后进行。灌浆孔入岩3.5 m,排距3 m,每排8孔,梅花形布置,灌浆压力由试验确定。②回填灌浆,在平洞段钢管顶部120°范围实施,排距3 m,每排2~3孔,交错布置,灌浆孔入岩10 cm,回填灌浆在衬砌混凝土达到70%设计强度后进行,灌浆压力0.2~0.5 MPa。③接触灌浆,在平洞段钢管底部90°范围实施,回填灌浆完成14 d后进行,灌浆压力0.2 MPa。

五、排水设计

本工程压力钢管埋深大,线路长,地质情况复杂,工程投入运行后地下水条件将发生变化,应对地下水降排设计慎重考虑。具体措施为:①压力钢管与引水隧洞交接处设置帷幕灌浆,入岩12 m,排距1 m,每排8孔,共3排,梅花形布置,灌浆压力由试验确定。②钢管始端布置三道阻水环,环高300 mm,环厚24 mm,间距400 mm。③沿管轴线建立岩壁排水系统和管壁排水系统[7],岩壁排水由洞壁两侧PVC排水管和钢管底部垫层处镀锌钢管组成,在洞壁两侧每隔3 m设置两根Φ32 mm的PVC排水管,排水管与洞壁夹角20°~30°,距底部垫层面1.5~2.0 m,排水管与镀锌钢管相连组成岩壁排水系统。管壁排水系统由管壁外槽钢和角钢以及钢管底部垫层处镀锌钢管组成,沿管轴线在钢管外壁对称布置4根集水角钢,钢管外壁每隔3 m布置环向集水槽钢,并与底部垫层面铺设的2条DN100 mm镀锌钢管相连组成管壁排水系统。岩壁排水和管壁排水为各自独立的排水系统,其末端接入厂房上部排水廊道,从而实现压力钢管区域地下水降排,保证压力钢管安全运行。

六、防腐设计

为提高钢板的防锈和抗磨能力,钢板除按照常规增加2 mm的锈蚀馀量外,还对内外壁进行了喷涂防腐处理。本工程压力钢管的防腐保护分为如下3种类型[8]:

(1)类型1,对于钢管内壁或垫层管的外壁,涂装800 μm的超厚浆型无溶剂耐磨环氧,喷涂两道。

(2)类型2,对于与大气接触钢管表面,涂装220 μm环氧类涂层,喷涂3道。

(3)类型3,对于和混凝土接触的钢管外表面的临时防护。表面采用不含苛性钠水泥浆或无机改性水泥浆,干膜厚度300~500 μm。

七、结　　语

(1)本项目压力钢管面临超高水头、大埋深、长线路、复杂地质条件等严峻考验,其管道布置充分考虑了工程所在区域的地形地质条件,结合钢管施工对其布置进行了一系列调整和优化,降低了钢管制造安装困难,提高了工程效益;

(2)压力钢管结构依据美国压力钢管设计规范ASCE Manuals and Report on Engineering Practice No. 79进行设计,根据钢管埋深及围岩情况采用钢管与围岩联合承载或由钢管单独承载计算,通过计算,各工况下钢管应力满足规范要求。

(3)本项目压力钢管水头高、埋深大、线路长且大部分管段为高强钢,考虑高强钢灌浆孔封堵加强可能存在隐患,因此取消灌浆孔,采用预埋灌浆管方式进行灌浆。

(4)钢管降排水系统由岩壁排水和管壁排水构成,二者相互独立,互为补充,将极大的提高地下水降排的效果,保证压力钢管安全运行。

(5)目前本工程压力钢管正在制作安装,其设计经验有待工程投运后进行检验。

参 考 文 献

[1] ASCE Manuals and Reports on Engineering Practice No. 79(Steel Penstocks) [S]. Second Edition, 2012.
[2] Civil Engineering Guidelines for Planning and Designing Hydroelectric Development [Z]. Volume 2, Waterways.
[3] 伍鹤皋,周彩荣,付山,等. 埋藏式压力钢管加劲环抗外压稳定分析方法探讨 [J]. 水力发电学报,2015,34(12):19-23.
[4] 陈子海,陈子河,陈绍英,预埋灌浆管的毛尔盖水电站压力钢管中的应用 [J]. 四川水力发电,2011,30(6):143-145.
[5] 韩守国. FUKO管在小浪底工程压力钢管接触灌浆中的应用 [J]. 水利水电工程,2000 ,22 (1) :42-43.
[6] 张淑婵. 水电站压力钢管与混凝土之间的接触灌浆 [J]. 水工与施工,2009 ,9(1):9-15.
[7] 水工设计手册(第8卷)[M].2版. 北京: 中国水利水电出版社, 2014.
[8] 中华人民共和国国家能源局. 水电站压力钢管设计规范:NB/T 35056—2015[S]. 北京:中国电力出版社,2016.

作者简介:

李敏(1986—),男,工程师,主要从事水道及水工建筑物设计工作。

滇中引水工程龙川江倒虹吸钢管布置与设计研究

杨小龙[1]　杨海红[1]　黄　涛[1]　伍鹤皋[2]　石长征[2]　肖理恒[2]　徐文韬[2]

(1. 中国电建集团昆明勘测设计研究院有限公司，云南 昆明　650051；
2. 武汉大学水资源与水电工程科学国家重点实验室，湖北 武汉　430072)

摘　要　滇中引水工程是云南省基础性、支撑性最大民生工程，本文介绍了该工程中跨越深切河谷的龙川江倒虹吸钢管结构的布置设计情况，并采用有限元方法研究了该钢管结构在静动力荷载作用下的受力特性，并对支承环的结构型式进行了比较。研究表明：该倒虹吸跨江段钢管每条钢管中布置3个伸缩节，支座采用单向滑动支座，钢管和支承环应力、伸缩节变形和支座滑移均能满足相应要求，结构布置方案是合理可行的；对于直径较大的钢管，支承环采用刚度较小的单片式，容易导致支承环变形较大，增大支承环局部区域的应力以及支座的侧向受力，建议支承环采用双片式。

关键词　滇中引水工程；倒虹吸明钢管；支承环；温度作用；地震

一、工程简介

滇中引水工程是云南省坚决贯彻习近平总书记考察云南重要讲话精神，努力建设民族团结进步示范区、生态文明建设排头兵、面向南亚东南亚辐射中心，谱写好中国梦云南篇章的基础性、支撑性重大民生工程，是国务院确定的172项节水供水重大水利工程中的标志性工程之一，是云南省“五网”建设的战略性基础工程，将为云南省经济发展起到重要支撑作用。

滇中引水工程从金沙江上游石鼓河段取水向滇中城镇生活及工业供水，同时兼顾农业与生态，以解决云南省社会经济发展的核心区严重缺水问题。工程受水区包括大理、丽江、楚雄、昆明、玉溪、红河六个州(市)的35个县(市、区)，总面积3.69万km^2、人口1 418.1万人。工程总干渠全长664.23 km，横穿滇西北、滇中及滇东南地区，工程沿线跨越众多深切河谷。为避免高架大跨渡槽“头重脚轻”结构带来的抗震问题，跨越深切河谷时多选用倒虹吸型式跨越。倒虹吸型式跨越深切河谷在降低输水建筑物支承结构离地高度、有效改善建筑物抗震性能的同时，也带来了压力水头增大的问题。

龙川江钢管道倒虹吸具有流量大、管径大、水头高、线路长、局部段纵坡陡、抗震烈度高(设计地震烈度Ⅶ度)等特点。该倒虹吸位于禄丰县以北龙川江干流河谷，上接大转弯隧洞，下连凤凰山隧洞，倒虹吸起点桩号LCJS0+000.000(CX77+143.759)，终点桩号LCJS1+460.000(CX78+603.759)，水平长1460.0，实长1 568.309 m。龙川江倒虹吸设计流量100 m^3/s，采用3根直径4.2 m压力钢管输水。倒虹吸进口设计水位1 940.280 m(水深7.022 m)，底板高程1 933.258 m。倒虹吸出口设计水位1 938.673 m(水深7.123 m)，底板高程1 931.550 m。倒虹吸管道中心线跨龙川江段中心高程为1 734.530 m，钢管最大静水头约206 m。跨龙川江段河底高程1 693 m，设计水面线距河底高差约247 m，该处龙川江设计洪水位(100年一遇)1 705.02 m，校核洪水位(300年一遇)1 706.96 m。

二、倒虹吸钢管布置与设计

(一)倒虹吸钢管布置

龙川江倒虹吸以桥式倒虹吸布置方案跨越龙川江干流,跨越处龙川江主河道断面宽度50~80 m,河底高程约1 695 m,为典型"V"形河谷。主河道左岸坡比为1:4、右岸坡比为1:1,倒虹吸在两岸采用明管方案,基本沿地面线布置,上游斜坡段最大坡度为25.8°、下游斜坡段最大坡度为43.8°,跨龙川江主河道管桥方案采用拱桥方案。如图1所示。

(二)倒虹吸钢管结构设计

龙川江倒虹吸采用明钢管方案,钢管允许应力根据《水电站压力钢管设计规范》(SL 281—2003)确定,以正常运行工况为代表按锅炉公式估算管壁厚度,根据龙川江倒虹吸布置及水面线确定各镇墩正常运行静水头,并对压力钢管进行抗外压稳定计算复核,按照第四强度理论对压力钢管跨中、支承环旁膜应力区边缘、加劲环及其旁管壁以及支承环旁及其旁管壁进行强度复核,最终确定的管壁厚度计算结果见表1。

表1 龙川江倒虹吸分段管壁厚度计算成果表

位置	正常最高水头(含水击)(m)	钢管内径(m)	钢管材质	管材允许应力(MPa)	锅炉公式计算厚度+2 mm(mm)	规范要求最小厚度(mm)	管壁初拟厚度(mm)
1#镇墩	48.84	4.2	Q345C	171.903	7.97	9.25	16
2#镇墩	79.75	4.2	Q345C	171.903	11.74	9.25	16
3#镇墩	110.66	4.2	Q345C	171.903	15.52	9.25	18
4#镇墩	141.46	4.2	Q345C	171.903	19.28	9.25	22
5#镇墩	141.46	4.2	Q345C	171.903	19.28	9.25	22
6#镇墩	170.17	4.2	Q345C	171.903	22.79	9.25	25
7#镇墩	227.48	4.2	Q460C	197.505	26.19	9.25	28
8#镇墩	227.48	4.2	Q460C	197.505	26.19	9.25	28
9#镇墩	132.55	4.2	Q345C	171.903	18.19	9.25	20
10#镇墩	53.46	4.2	Q345C	171.903	8.53	9.25	16
11#镇墩	53.46	4.2	Q345C	171.903	8.53	9.25	16
12#镇墩	71.83	4.2	Q345C	171.903	10.77	9.25	16
13#镇墩	71.83	4.2	Q345C	171.903	10.77	9.25	16

(三)镇、支墩布置

压力钢管由上游斜坡段、跨河段和下游斜坡段组成。上游斜坡段管道长710.543 m,坡度为0°~25.8°。采用拱桥跨越龙川江,跨河段长207.5 m,钢管中心高程1 734.5 m,最大静水头205.8 m。下游斜坡段长452.098 m,坡度为0°~43.8°。龙川江倒虹吸钢管沿线共设13个镇墩(上游段7个,下游段6个),镇墩基础一般置于强风化基岩。两岸斜坡段支墩及跨河段支墩间距均采用10 m,支承环采用下支承式,支座均采用聚四氟乙烯滑动支座。

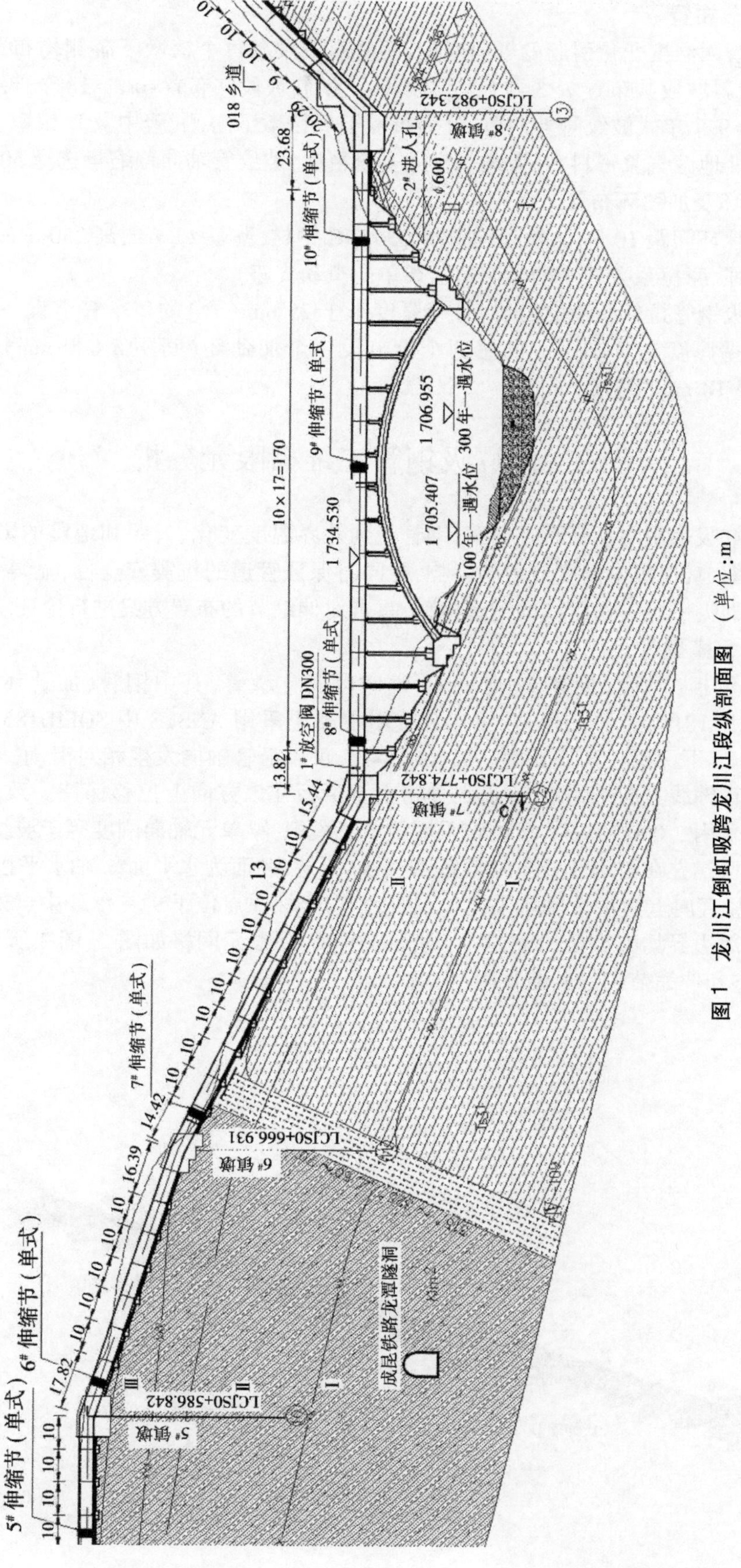

图 1　龙川江倒虹吸跨龙川江段纵剖面图（单位：m）

(四)伸缩节布置

为适应钢管因温度变化引起的轴向变形,两岸斜坡段靠每个镇墩下游侧均布置一个单式波纹管伸缩节,上游斜坡段共布置 7×3=21 个伸缩节,下游斜坡段共布置 6×3=18 个伸缩节。跨河段每个钢管设 3×3=9 个单式波纹管伸缩节,分别布置于 7#镇墩下游侧、跨中及 8#镇墩上游侧。根据龙川江倒虹吸所处地区气象资料,并考虑一定的安全裕度,波纹管轴向伸缩量选择 50 mm。

(五)支承环及加劲环布置

倒虹吸支承环间距 10 m,支承环均采用 Q355NC 钢材,壁厚 25 mm,高 250 mm。支座均采用适应变形能力较强、摩擦系数较小的聚四氟乙烯单向滑动支座。

根据倒虹吸钢管抗外压稳定需要,管壁厚度小于 25 mm(含)的每个管节设一个加劲环(间距 2 500 mm),管壁厚度大于 25 mm 的每两个管节设一个加劲环(间距 5 000 mm),加劲环均采用 Q345C 钢材,厚 18 mm,高 200 mm。

三、倒虹吸钢管三维有限元分析

龙川江倒虹吸采用明钢管布置方案,钢管受到外界温度变化、日照和地震的影响较大,在管线中合理布置伸缩节,以减少温度应力的影响,并同时保证管道的抗震安全性,显得十分重要。本节建立龙川江倒虹吸平段一条管线的钢管模型,重点对伸缩节的布置方案进行论证。

(一)有限元模型

计算模型包括:钢管、伸缩节、支承环、镇墩以及支墩等,其中钢管、加劲环、支承环等采用 ANSYS 中 SHELL181 板壳单元模拟,镇墩和支墩混凝土采用 ANSYS 中 SOLID185 实体单元模拟。单向滑动支座上、下两滑板间设置面—面接触单元,可以沿管轴向发生相对滑动,摩擦系数为 0.1,水平面内垂直管轴线方向采用耦合约束,使得上下滑板在该方向上位移保持一致。波纹管伸缩节轴向刚度初步采用 3 000 N/mm,波纹管采用梁单元模拟,梁单元轴向刚度等于波纹管的轴向刚度。

有限元模型建立在笛卡儿直角坐标系(x,y,z)下,XOZ 面为水平面,x 轴水平指向左侧(面向下游)为正,y 轴竖直向上为正,z 轴水平指向下游为正,坐标原点位于 9#支承环中点处。计算中,在镇墩和支墩的底部边界均施加全约束,其他均为自由面,有限元网格如图 2、图 3 所示。为方便描述计算结果,支座和伸缩节编号如图 4 所示。

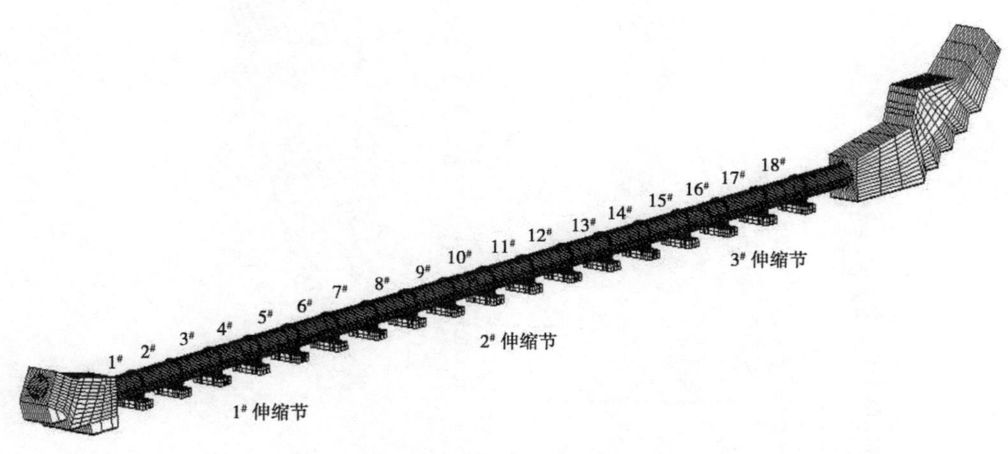

图 2　整体模型网格

（二）计算成果分析

限于篇幅，本文选取静力典型工况计算成果介绍如下。

静力工况除了研究倒虹吸钢管结构在自重、水重、内水压力等荷载作用下的受力变形，还需要考虑不同运行状况下明钢管结构在温度作用下变形和温度应力。管道结构在正常运行时，管内有流动水体，管道所承受的温度作用主要取决于合拢温差，根据工程实际，取25°进行计算，本文主要介绍均匀温升工况的计算结果。管道结构在放空时，管内没有水体，钢管温度场受日照影响十分明显，在管道的阴面和阳面将产生明显的温差，本文管腰43.3 ℃梯度变化。对上述工况，重点分析钢管应力、伸缩节变形和支座滑移，以校核管道的假定两种不均匀温升情况，包括管道顶底温差，即从管底25 ℃到管顶43.3 ℃梯度变化，以及管道左右温差，即从右侧管腰25 ℃到左侧布置方案。

图3　支承环网格

1. 钢管应力

正常运行+温升工况下管道的Mises应力和轴向应力如图4、图5所示。钢管受温升作用，产生轴向压应力，泊松效应产生轴向拉应力，两者叠加后，管道的轴向应力并不大，Mises应力主要受到内水压力的影响。对于明钢管，支承环附近及埋设于镇墩内管道中面Mises应力较小，两镇墩间钢管水平布置，该段钢管的Mises应力沿线变化很小，应力集中在150～180 MPa。钢管中面最大Mises应力为196.325 MPa，小于钢材整体膜应力的允许应力201 MPa；钢管表面应力最大达到206.803 MPa，小于局部膜应力的允许应力245 MPa。可见，钢管的壁厚能满足正常运行+均匀温升工况下Q460钢材允许应力的安全要求。另外，支承环的最大应力为186.691 MPa，小于钢材Q355N的允许应力。从管道受力来看，管线中设置了3个伸缩节，支座采用滑动支座，管道轴向可以比较自由的伸缩，温度作用的影响很小。

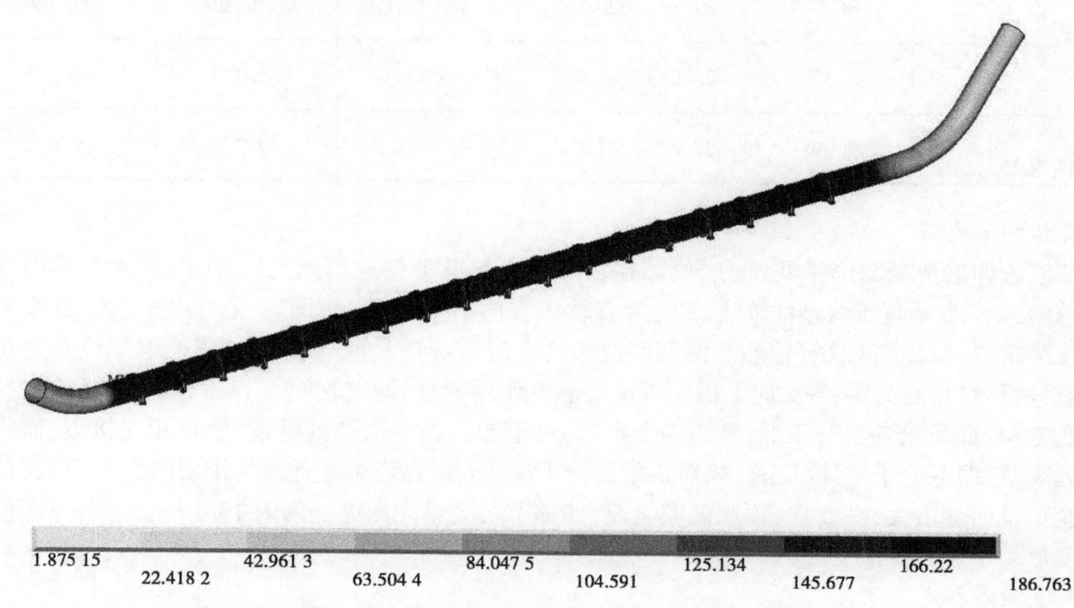

图4　均匀温升工况钢管+支承环中面Mises应力　（单位：MPa）

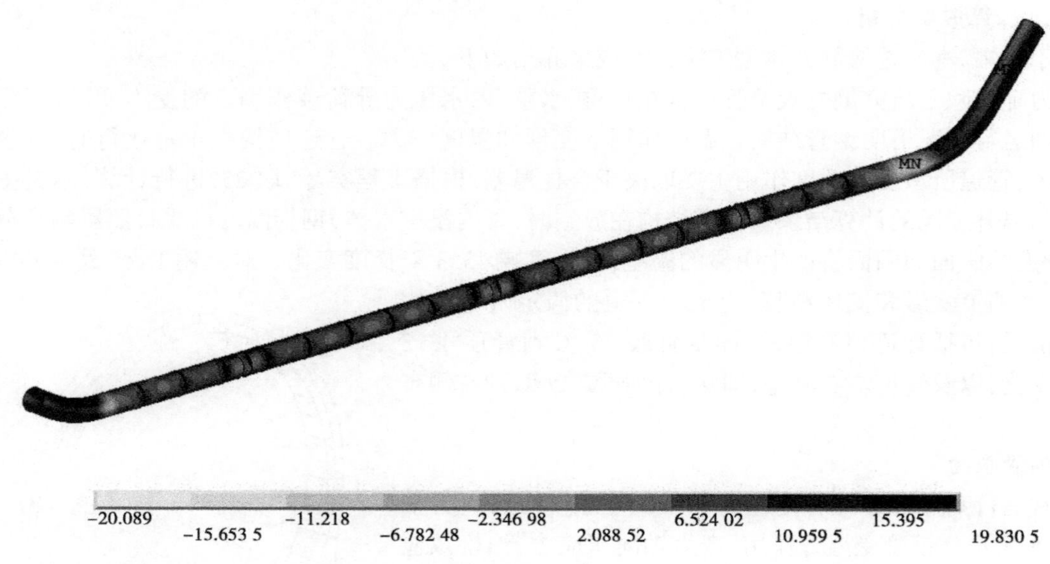

图5　均匀温升工况管道中面轴向应力　(单位:MPa)

放空工况没有内水压力,管道的 Mises 应力大幅减小。表 2 列出了各工况钢管环向应力、轴向应力和 Mises 应力最大值。从表中数据可以看出,放空工况下,管道的应力以轴向应力为主。管道由于受到了不均匀温度作用,产生了一定的弯曲,再加上温度作用比正常运行工况大,轴向应力比正常运行工况有所增加。但总体而言,管道由于能轴向自由伸缩,温度作用并没有引起很大的轴向应力。

表2　　各工况管道应力最大值　　单位:MPa

工况	管道中面 环向应力	管道中面 轴向应力	管道中面 Mises 应力	管道表面 Mises 应力	支承环表面 Mises 应力
正常运行+ 均匀温升工况	186.037	19.831,-20.089	186.760	189.520	186.691
放空+ 顶底温差工况	2.578	25.053,-38.589	34.754	35.073	64.539
放空+ 左右温差工况	2.398	22.870,-41.062	37.729	39.275	89.478

2. 伸缩节变形

波纹管伸缩节端部位移见表 3。位移在笛卡儿坐标系下整理得到,其中 x 向为水平面内垂直于管轴向,y 向为垂直于管轴线向上,z 向为管轴线方向(以下方案相同)。x 方向上由于支座采取了限位措施,3 个工况波纹管伸缩节两端部位移接近为零;y 方向上下游波纹管伸缩节位移变化接近,相对位移也接近为零;在 z 向上由于管道受温升作用膨胀,波纹管伸缩节基本上产生压缩变形。但对放空+顶底不均匀温升工况,管道向上拱起,对于 $2^{\#}$伸缩节两侧的管道,管顶相互接近,而管底相互远离,伸缩节处于拉伸状态。相对正常运行工况,放空工况管道受温度作用的影响更大,伸缩节的变形也明显增大,在放空+顶底温差工况,伸缩节最大轴向压缩变形为 19.79 mm。各工况伸缩节的变形均小于允许值。

3. 支座滑移

由于 x 向侧向限位,支座相对滑移量均为 0,本文仅给出滑动支座 y 向和 z 向相对滑移量,如图 6、图 7 所示,支座位移整理选用和伸缩节结果相同的坐标系。在 y 方向,正常运行工况和左右温差工况相对位移量相对较小,大多数支座相对位移量接近零,表明支座上下滑板能够保持接触状

表3　　不同工况下波纹管伸缩节端部位移　　单位：mm

工况名称	伸缩节	方向 x			方向 y			方向 z		
		上游	下游	位移差	上游	下游	位移差	上游	下游	位移差
均匀温升工况	1	0.00	0.00	0.00	−0.09	−0.09	0	1.56	−0.77	2.33
	2	0.00	0.00	0.00	−0.09	−0.09	0.00	1.92	−1.07	2.99
	3	0.00	0.00	0.00	−0.09	−0.09	0.00	1.62	−1.67	3.29
顶底温差工况	1	0.00	0.00	0.00	−1.92	−2.08	0.16	9.65	−9.47	19.12
	2	0.00	0.00	0.00	−2.07	−2.07	0.00	−8.56	7.96	16.52
	3	0.00	0.00	0.00	−2.08	−1.92	−0.16	8.87	−10.92	19.79
左右温差工况	1	−3.11	−2.90	−0.21	0.16	0.21	−0.05	9.67	−8.77	18.44
	2	−2.88	−2.88	0.00	0.21	0.21	0.00	8.68	−9.74	18.42
	3	−2.90	−3.09	0.19	0.21	0.17	0.04	7.71	−10.94	18.65

态，未出现脱离现象。但在放空顶底温差工况，支座上下滑板之间的相对位移量明显增大，并且为负值，代表顶底温差作用下管道向上拱起，部分支座出现了脱空的现象。在 z 向，越靠近波纹管伸缩节的支座滑移量越大，几个工况相比，顶底温差引起的支座轴向滑移更大。但总体而言，支座的滑移量均不大。

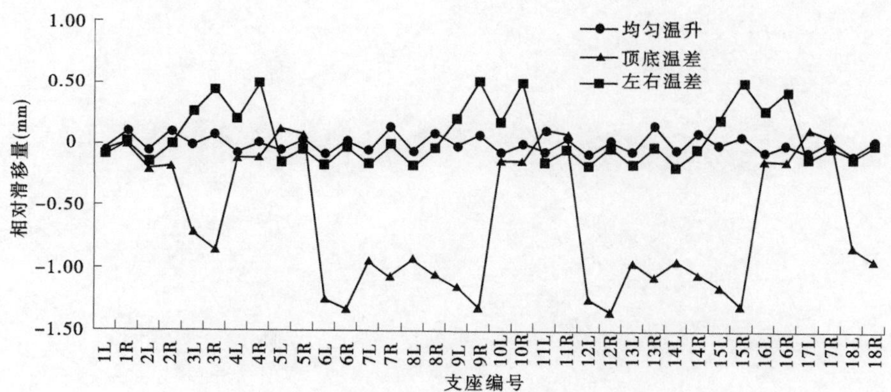

图6　不同工况 y 向相对滑移量折线图

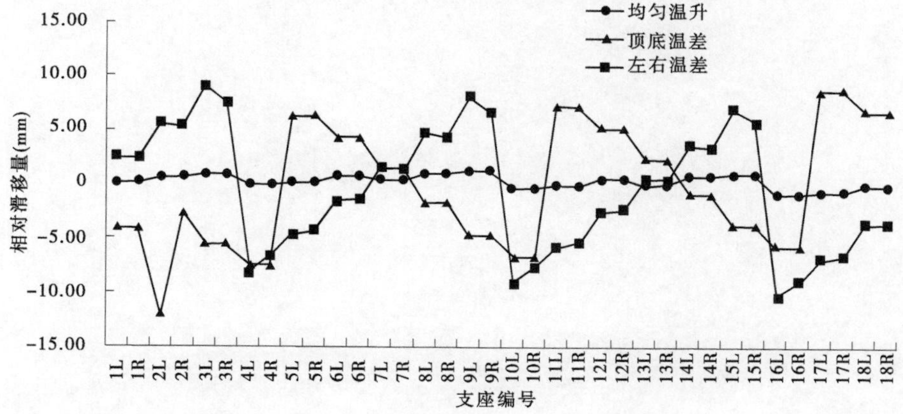

图7　不同工况下 z 向相对滑移量折线图

四、结　　语

(1)龙川江倒虹吸采用明钢管布置方案,管线中设置三个波纹管伸缩节,支座采用单向滑动支座,支承环采用双片式,管道结构的位移和应力都在允许范围之内,管道的布置和结构方案是可行的。

(2)通过计算比较发现,支承环如果采用单片型式,各工况下伸缩节的变形、支座的滑移、钢管的应力均能满足要求,但支承环由于刚度较小,变形较为明显,应力较大,设计的支承环尺寸和厚度无法满足钢材允许应力的安全要求,因此建议对直径较大的钢管支承环采用刚度较大的双片型式。

作者简介:

杨小龙(1983—),男,高级工程师,主要从事水工结构设计工作。

巴基斯坦 N-J 水电站穿河段引水隧洞钢衬设计

尹利强　王景涛　杜君行

（中水北方勘测设计研究有限责任公司，天津　300222）

摘　要　N-J 水电站穿河段引水隧洞工程面临围岩整体质量较差、裂隙发育、河水直接补给地下水等复杂地质条件，该段隧洞通过采用钢衬及钢衬外包混凝土的加固方式，达到了提高围岩整体稳定性及隧洞防渗的良好效果。结合工程实际，参考国内、外设计规范，阐述埋藏式压力钢管的设计原则和设计要点，并对该工程钢衬设计进行介绍，其设计成果对类似工程具有一定参考价值。

关键词　引水隧洞；穿河隧洞；地下埋管；钢衬设计

引水隧洞设计中衬砌型式有不衬砌（一般需喷锚支护）、混凝土衬砌（包括钢筋混凝土衬砌）、钢板衬砌等几种类型[1]。采用混凝土衬砌的大直径隧洞容易产生如下缺陷：衬砌厚度不足，配筋不满足荷载要求，抗裂或裂缝宽度不满足要求，长期运行后衬砌混凝土出现开裂、剥蚀、渗漏等问题[2]。而混凝土衬砌隧洞内设钢衬后，可使钢衬、混凝土衬砌和围岩共同承担内水压力，提高隧洞安全性，可以阻止混凝土裂缝的进一步开展，达到更好的防渗效果。本文结合巴基斯坦 NEELUM-JHELUM（简称 N-J）水电站穿河段引水隧洞工程，依据地下埋管的设计要点进行钢衬设计，以满足复杂地质条件下引水隧洞工程结构安全和防渗的要求。

一、工程概况

（一）工程简介

N-J 水电站工程位于巴基斯坦克什米尔地区首府穆扎法拉巴德（Muzaffarabad）东北部，海拔 600~1 100 m。工程总体布置见图 1，主要建筑物包括大坝、沉砂池、引水隧洞、引水调压系统、地下厂房、地下主变室、尾水洞、尾水调压系统、地面开关站等。

（二）穿 Jhelum 河段引水隧洞介绍

水电站引水隧洞连接首部枢纽与地下厂房，呈东北-西南直线走向，包括引水隧洞单洞和双洞，隧洞开挖采用钻爆法和全断面隧道掘进（TBM）施工技术[3]。引水隧洞部分双洞洞段从 Jhelum 河床下方约 174 m 处穿过，该处河床宽度一般为 100~110 m，穿河段位置见图 1。穿河段隧洞位于 Muzaffarabad 大断层带，地质条件复杂，围岩整体质量较差，围岩岩性主要为 SS-1 砂岩、SS-2 砂岩、粉砂岩和泥岩，围岩类别主要为 Q_4^a、Q_4^b 为主，少量为 Q_3 和 Q_5 类[4]。该处裂隙发育，河水直接补给洞周地下水，易发生塌方和涌水等突发事件，给工程施工和隧洞运行安全带来很大挑战。综合考虑穿河段引水隧洞地质、运行条件及工程的重要性，最终采用钢衬外包混凝土的方式进行该段隧洞的加固。

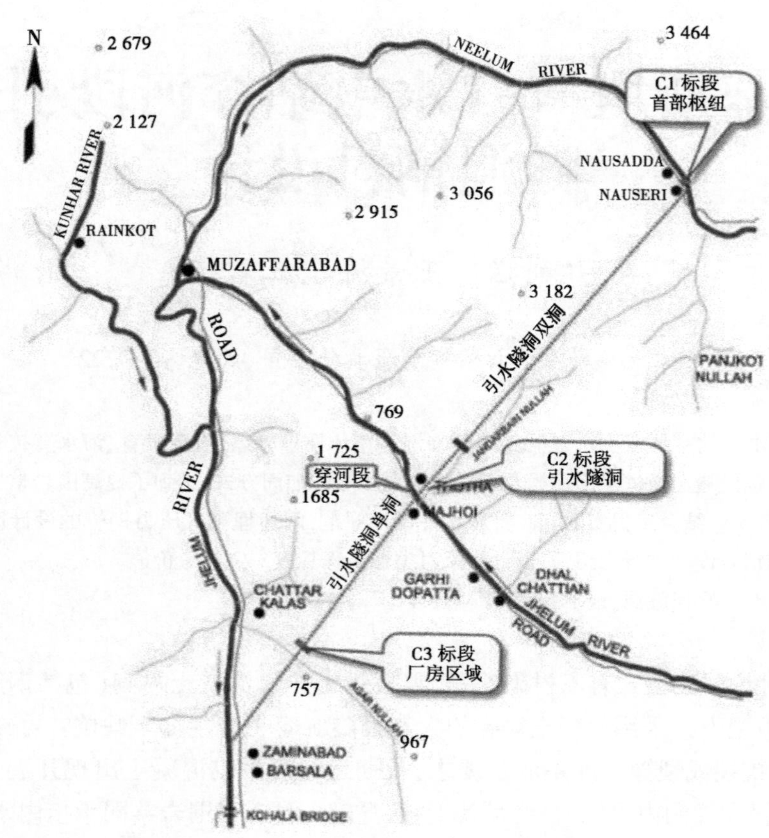

图1　N-J 水电站工程总布置图　(单位:m)

二、穿河段引水隧洞钢衬设计

(一)设计条件

(1)内、外水压力。依据水库水位特征参数、Jhelum 河水位特征参数,计算得出设计内水、外水压力:外水压力 1.82 MPa、内水压力 2.31 MPa。

(2)钢材设计指标。钢衬钢板采用 07MnCrMoVR 高强度钢板,材料特性见下表 1。

表1　钢材特性表

钢材牌号	屈服强度(MPa)	抗拉强度(MPa)	断后伸长率(%)
07MnCrMoVR	≥490	610~730	17

(二)设计要点

穿越 Jhelum 河段的引水隧洞属于钢衬加外包混凝土衬砌的隧洞,为地下埋管。地下埋管的结构分析主要包括两部分:承受内压的结构分析和抗外压的稳定分析,可利用规范或有限元进行计算分析。比较常用的规范有国内《水电站压力钢管设计规范》(SL 281—2003)[5]、美国土木工程师协会 ASCE NO. 79《Steel Penstocks》[6]、美国机械工程师协会(ASME)相关标准等[7]。

1. *构造要求*

隧洞钢衬除满足结构分析要求外,还应考虑运输、吊装、制造工艺、钢衬锈蚀等要求,以保证有必要的刚度。本工程依据 ASCE NO. 79《Steel Penstocks》,最小管壁厚度 t_{min} 按照以下公式进行计算[10-11]。钢衬可能的锈蚀允许值必须作为设计所需的附加厚度考虑,本工程锈蚀允许值取 2 mm。

当钢衬直径 $D<1\ 350$ mm,可用太平洋电气公司的公式:$t_{min}=D/288$;当钢衬直径 $D\geqslant 1\ 350$ mm,可用美国垦务局的公式:$t_{min}=(D+500)/400$。

2. 承受内压的结构分析

引水隧洞经过钢板衬砌后,由钢衬、混凝土衬砌、围岩共同承担内水压力。钢衬与管外混凝土之间以及混凝土与岩石之间有缝隙,缝隙的存在,使钢衬的工作分为两个阶段,第 1 阶段内水压力由钢衬单独承担,一直到钢衬与围岩(通过混凝土)之间紧密接触,缝隙闭合为止;之后进入第 2 阶段,内水压力进一步增大,钢衬与围岩共同承担内水压力。不同规范中对围岩与钢板衬砌分担的内压比例有不同规定,文献 1 依据钢管、混凝土、岩石之间缝隙大小给出不同的钢衬内压应力计算公式,而文献 2 则假定内水压力完全由钢衬承担。本工程计算中不考虑混凝土衬砌、围岩分担内水压力,采用美国机械工程师协会 ASME Ⅷ中标准进行计算,计算公式如下所示,计算结果见表 2。

$$t=\frac{PR}{SE-0.6P}$$

式中 P——内水压力,kPa;

R——钢管半径,mm;

E——焊缝影响系数,100%无损检测时,取 1;

S——钢板允许应力,取最小值(80%屈服强度,50%抗拉强度),kPa;

t——钢板厚度,mm。

表 2 内水压力计算表

内水压力(kPa)	钢衬内径(mm)	焊缝影响系数	允许应力(kPa)	计算厚度(mm)	锈蚀厚度(mm)	设计厚度(mm)
2 310	6 600	1.0	305 000	25.11	2.00	30.00

注:允许应力取 80%屈服强度、50%抗拉强度中的较小值。

3. 承受外压的稳定性分析

埋藏式压力钢管承受的外压主要包括外水压力、围岩压力和灌浆压力等,抗外压稳定包括加劲环间管壁和加劲环本身稳定两个方面。基于现有研究成果,抗外压稳定性分析一般采用经验公式、半经验半理论公式或者有限元计算方法。对于加劲环间管壁,日本规范和美国垦务局钢管设计规范都推荐采用米塞斯(Miese)公式计算其临界压力,我国的压力钢管设计规范也规定采用米氏公式计算加劲环间管壁的临界外压。加劲环的稳定,很大程度上取决于加劲环的刚度,加劲环本身必须有足够的抗外压稳定能力。针对埋藏式压力钢管加劲环的稳定分析,主要的方法包括:阿姆斯图兹法、雅可比森法、斯沃依斯基法[8]。为安全起见,美国垦务局钢管设计规范和我国压力钢管设计规范都规定采用强度条件估算加劲环的稳定。本工程采用雅可比森法对外压稳定性进行计算,详细公式参考文献[9],在此不再赘述。依据规范要求,安全系数取值为 1.5,加劲环间钢衬、加劲环均满足抗外压稳定性要求,且安全裕度较高。

表 3 加劲环间钢衬抗外压稳定计算

外水压力(MPa)	钢衬半径(mm)	钢衬厚度(mm)	加劲环间距(mm)	钢板屈服强度(MPa)	安全系数	容许外压(MPa)
1.82	3 300	30	1 500	490	1.5	5.06

表 4　加劲环抗外压稳定计算

外水压力（MPa）	加劲环厚度（mm）	加劲环高度（mm）	加劲环间距（mm）	钢板屈服强度（MPa）	安全系数	容许外压（MPa）
1.82	30	300	1 500	490	1.5	2.72

(三)设计成果

1. 钢衬结构设计

穿越 Jhelum 河段引水隧洞由 2 条长 804 m 的钢衬加外包混凝土衬砌的隧洞组成。该段隧洞开挖断面为 8.55 m×9.05 m(宽×高)的马蹄形,混凝土衬砌厚度为 670 mm,内设有钢衬,钢衬内径为 6.60 m,如图 2 所示。如前所述,钢衬材料采用 07MnCrMoVR 高强度钢板,钢板厚度为 30 mm,管壁外缘沿轴线方向每隔 1.5 m 设置一道加劲环,加劲环板厚为 30 mm,环高为 300 mm,加劲环与管体采用相同材料。此外每条 804 m 的钢衬管道距离端部 100 mm 处设置阻水环,板厚为 30 mm,环高为 300 mm,阻水环与钢衬管体采用相同材料。

根据上述设计情况及采购、制作、安装运输条件,设定标准节长为 3 m,单节最重件约为 18 t,每 4 标准节组成一个安装单元,安装单元轴线长度 12 m,如图 3 所示,每条隧洞 67 个安装单元,2 条隧洞共计 134 个安装单元。单个安装单元重约 80 t,通过承载力 100 t 的平板拖车进行运输。引水隧洞设施工交通支洞,支洞长约 2.1 km。首先通过交通支洞将安装构件运输至主洞交叉口,而后在隧洞阔挖卸车间处卸下钢衬,最后通过轨道形成的运输系统将钢衬运输至安装位置。

为方便钢衬吊装,需在每个钢衬安装单元首尾两端安装吊环。钢衬从加工厂运输至安装位置的过程中,为确保钢衬的安全,钢管内部需要设置支撑,钢管外侧底部左右两侧同样需要安装支撑。

2. 其他设计

1)焊缝设计及检验

焊接工艺选择是钢衬焊接前的重要环节,应首先对钢衬板材与焊接材料进行焊接试验,以验证母材与焊材焊接接头的抗裂纹性能,并确定是否需要预热及预热温度。而后焊接工艺评定时,对外观检验及内部质量检查合格后,进行弯曲、拉伸、冲击等机械性能试验。钢板对接缝焊缝采用 X 形非对称坡口,坡口内外深度比例为 7∶3,钢衬之间、钢衬与加劲环间典型焊缝见图 4。

钢衬焊缝按其重要程度分为三类:一类焊缝:包括所有主要受力焊缝,即管壁纵缝;二类焊缝:包括较次要的受力焊缝,即钢衬间对接焊缝、加劲环的对接焊缝;三类焊缝:加劲环与管壁间的角焊缝及其他焊缝。焊接完成后,首先进行焊缝外观检验,而后进行无损检测(NDT),本工程采用超声波探伤(UT)和射线探伤(RT),焊缝内部无损探伤长度占焊缝全长的百分比按照表 5 执行。

表 5　无损探伤长度占全长百分数

钢种	超声波探伤(NDT)(%)		射线探伤(RT)(%)	
	一类	二类	一类	二类
07MnCrMoVR	100	100	10	0

2)灌浆设计

灌浆的主要目的是采用胶结材料灌注钢衬与混凝土衬砌之间的空隙、围岩缝隙,从而使钢衬与混凝土衬砌更加紧密结合、围岩更加稳固。灌浆孔设计如图 5 所示,具体位置如图 2 所示。灌浆孔长度为 2 m,入岩深度不小于 0.3 m,沿衬砌轴线方向间距为 6 m,灌浆压力控制在 1 MPa 以内。

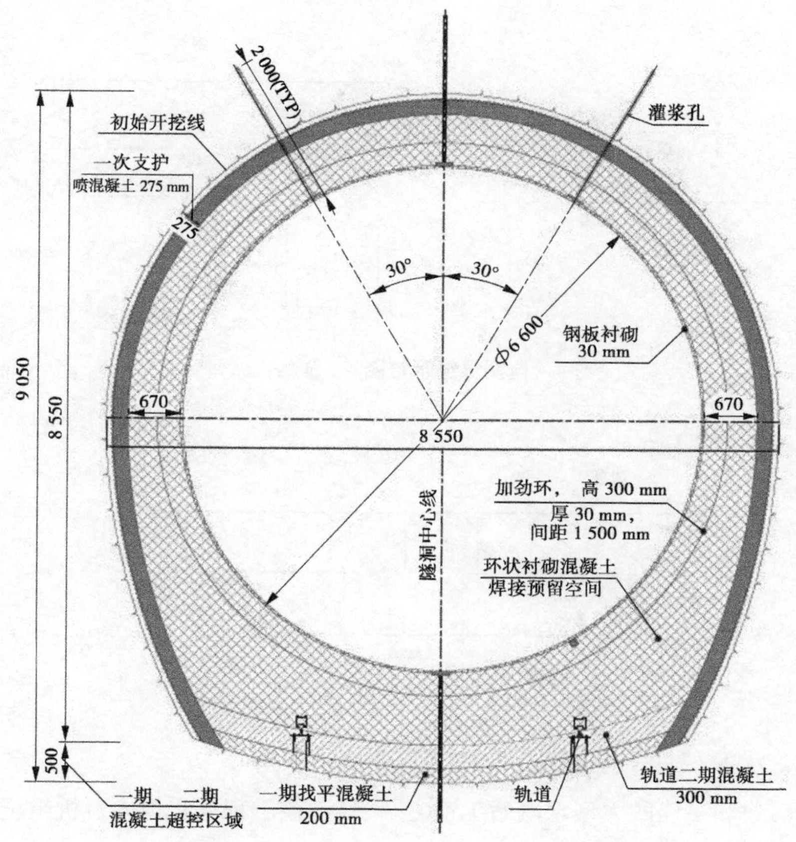

图 2　钢衬加外包混凝土衬砌典型断面　（尺寸单位：mm）

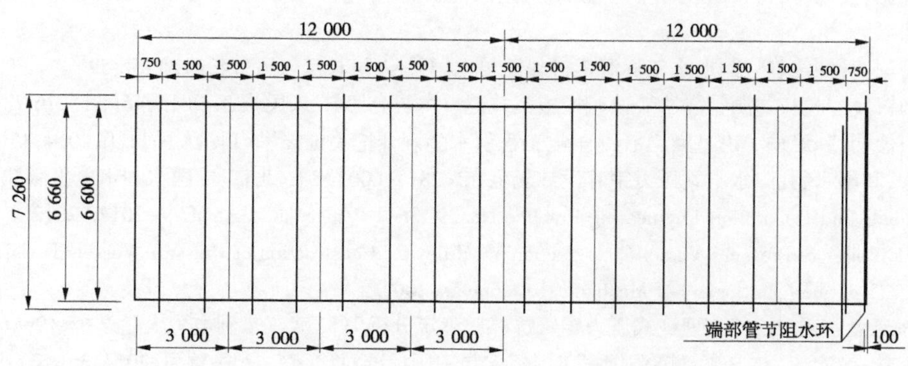

图 3　钢衬管节示意图(仅示意两个管节单元)　（单位：mm）

三、结　　语

结合穿河段工程的不良地质条件，采用钢衬加外包混凝土方式对引水隧洞进行衬砌。依据美国规范设计准则对钢衬壁厚、加劲环进行设计，钢衬选用 07MnCrMoVR 高强度钢板，厚度为 30 mm，加劲环板厚为 30 mm，环高为 300 mm，间距为 1.5 m，满足承受内压的结构要求和抗外压的稳定要求。并对钢管加工制造过程中的重要环节焊接、灌浆孔进行设计，以确保钢衬质量。N-J 水电

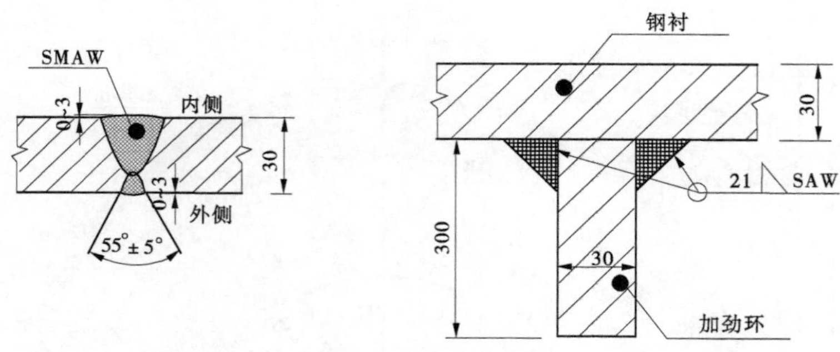

图4 典型焊缝示意图 （单位:mm）

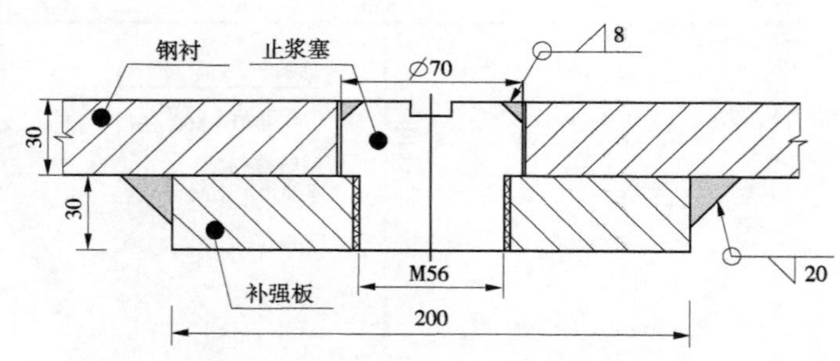

图5 灌浆孔典型图 （单位:mm）

站作为巴基斯坦已建和在建的大型水电站工程之一,目前该工程已实现4台机组全部发电,运行状况良好。

参考文献

[1] 胡云进,钟振,黄东军,等．压力隧洞衬砌结构型式选择准则[J]．浙江大学学报(工学版),2011,45(07):1314-1318.

[2] 胡小龙,张国正,钟红春．圆形水工隧洞钢衬加固技术[J]．人民长江,2011,42(12):56-59.

[3] 郭少军,师锋民．超长隧洞钻爆法快速开挖施工关键技术研究[J]．人民长江,2015,46(S2):76-78,84.

[4] 冯兴龙,王焕明,陈恩瑜．巴基斯坦N-J水电工程引水隧洞开挖关键技术[J]．人民长江,2014,45(1):62-65.

[5] 中华人民共和国水利部.水电站压力钢管设计规范:SL 281—2003[S]．北京:中国水利水电出版社,2003.

[6] ASCE Manuals and Reports on Engineering Practice No. 79"Steel Penstocks". ASCE79-2012. 2012.

[7] 2007 ASME Boiler & Pressure Vessel Code Section Ⅷ Rules for Construction of Pressure Vessels Division 2 Alternative Rules. The American Society of Mechanical Engineers. 2007.

[8] 伍鹤皋,陈观福,王金龙,等．埋藏式压力钢管抗外压稳定分析[J]．武汉水利电力大学学报,1998(4):3-5.

[9] 陈丽晔,王春,姚宏超．CCS电站隧洞钢衬美国标准与中国标准对比[J]．人民黄河,2014,36(12):94-96.

[10] 刘伯春,李永胜,刘玉玺,等．喀麦隆曼维莱水电站压力钢管结构设计[J]．水利水电工程设计,2017,36(3):34-37.

[11] 张利平,朱颖儒．某水电站工程深埋式压力钢管结构设计[J]．西北水电,2017(5):36-38.

作者简介:

尹利强(1990—),男,工程师,主要从事水工结构及水电站压力管道设计研究。

埋藏式钢管关键问题研究进展综述

张建赫　刘　晗　谷欣玉

（中水北方勘测设计研究有限责任公司，天津　300222）

摘　要　随着水电工程的飞速发展，埋藏式钢管的设计出现较大挑战，埋藏式钢管的研究越来越受到重视。本文通过文献研究的方法，对埋藏式钢管的受外压失效、失稳加固以及安全检测和评估等进行综述，以期为埋藏式钢管的深入研究提供依据。

关键词　埋藏式钢管；失效；加固；安全检测；安全评估

水是人类和自然界一切生物生存的必要条件，是人类社会进步的重要物质资源。我国幅员辽阔，水系众多，河网密布，流域面积在 1 000 m^2 以上的河流就有 1 500 余条，水利资源丰富[1]。随着科学技术的不断进步，我国修建的高坝日益增多，压力钢管得到大量应用。在这些高坝大库中，压力钢管承受的水头甚至达到了上千米。从国内外压力钢管的应用可得知，其发展过程是由简单到复杂、由小型到大型。规模趋向大型（HD 值大于 500 m·m）、巨型（HD 值大于 1 200 m·m）和超巨型（HD 值大于 3 000 m·m）发展[2]。水电站压力钢管按照布置形式可以分为露天式、埋藏式和坝面式。在压力钢管发展初期，露天式较为常见，构造简单、施工方便，但是露出的明管遭到破坏后，水流会涌向发电厂房，存在较大安全隐患；当水电站引水钢管需要跨越山丘或堤坝时，一般采用埋管布置，与明管相比，可以大大减少管线长度，降低投资，另外压力钢管的内水压力可以与埋管外岩体及填充混凝土部分抵消，减少水头损失；坝面式压力钢管的布置远离坝体，坝身对其约束极小，另外，坝面式钢管常设置在坝体轮廓线外，利于对管道的规划布置，相比于露天式与埋藏式，坝面式管道需绕开坝体，增加长度，投资加大，复杂的环境地质条件也会增加坝面式管道的布置难度。基于此，目前埋藏式压力钢管应用最为广泛。

近年来修建的大中型水电站中，三峡、向家坝、白鹤滩、龙滩、乌东德、溪洛渡等均部分或全段采用埋藏式压力钢管[3]。尽管埋藏式压力钢管有很多优势，但对于 HD 值越来越大的趋势来说，埋藏式钢管还是具有很高的研究价值。对于埋藏式钢管的研究，主要有埋管受外压失效、埋管失效后的加固及埋管安全检测与评估等方面。

一、埋藏式钢管受外压失效

埋管受外压失效的研究主要集中在管道失稳机制研究与管道临界外压计算方法研究两个方面。目前人们认可的管道失稳机制主要有：轴对称失稳机制、单波失稳机制、双波失稳机制以及圆拱失稳机制四类。而管道临界外压的计算一般可以通过解析法、经验方法和数值方法实现。

（一）埋藏式钢管失稳机制

1. 轴对称失稳机制

轴对称失稳机制是一种多波失效机制，Vaughan 等研究者在明钢管轴对称失效机制基础上，提出了埋管轴对称失效机制[4]。基本思想为：初始状态下，钢衬和混凝土之间存在的缝隙随着外压增大而扩大，钢衬径向形变为多个轴对称环形波，达到明管最小临界外压时，钢衬发生类似明管的弹性屈曲,但当轴对称屈曲波径向位移至填充钢衬与外包混凝土时,钢衬屈曲波峰部位与混凝土内壁接触而使径向位移受约束,位移不再增加,弹性屈曲受控;外压进一步增加时,钢衬环向出现更多环形波,管道应力峰值不断增加,直至达到材料屈服强度,钢衬局部进入屈服,埋管发生非线性屈曲,最终失效。轴对称多波失效机制思路清楚、推导简捷、节省钢材,早期的压力钢管设计者和制造商们多倾向于这种失稳机制。

2. 单波失稳机制

Amstutz 首先提出了单波失稳机制[5],其基本思想为:初始状态下,钢衬和混凝土之间的缝隙随着外压增大而扩大,钢衬在某局部发生相对较大的径向位移;外压继续增加后,局部钢衬脱离外包混凝土形成显著的环形波,其他部位贴在外包混凝土内壁,局部环形波进入屈服时钢管发生非线性屈曲失效。单波失稳机制是在总结工程失稳的基础上,结合小变形弹性理论和屈服条件,推导出的失稳,属于非线性失稳,已经被较多实验和数值模拟证实。美国 Newhall 隧洞[6]、西班牙压力钢管[7]以及我国的绿水河、泉水电站、响水水电站[8]等工程事故都证实了单波失稳机制的合理性。工程设计目前较多认同单波失稳机制,并在各国设计规范中依据单波失稳机制制定了相关抗外压稳定条文,我国压力钢管设计规范的埋管抗外压失稳设计中也给出了阿氏简化应用方法和参数取值建议。

3. 双波失稳机制

埋管在外包管道较强约束或在两者间存在均匀初始缝隙时,也可能发生双波失效[9],其基本思想为:初始状态下,钢衬和混凝土之间存在的对称缝隙随着外压增大而扩大,钢衬在某两个对称局部发生相对较大的径向位移;外压继续增加后,前述两个局部钢衬脱离外包混凝土形成显著的环形波,其他部位贴在外包混凝土内壁,直至钢管发生弹性屈曲,导致失效。由于双波失稳机制求得的临界压力较单波失稳机制偏大,设计较为不安全,因而在工程设计者采用双波失稳失稳机制的相对较少。

4. 圆拱失稳机制

Lo 和 Zhang[9]提出了埋管屈曲的圆拱失效机制,其基本思想为:初始状态下,钢衬和混凝土之间存在的均匀初始缝隙在重力等荷载作用下,管道底部区域贴在外包混凝土内壁,管道与混凝土间存在自顶部至底部的不均匀缝隙;随着外压增大,管道下部外压下将发生类似圆拱的弹性屈曲失稳。该失稳机制假设脱离混凝土的管道部分可类比于固端深拱失稳模式,这与管道失稳实践和试验不相符,但由于该机制能提供管道失稳分析的简化方法,也得到一些研究者的认可,增强系数相关研究成果也被纳入了一些市政管道失稳设计中。

(二)埋藏式钢管临界外压计算方法

1. 解析法

解析法采用静力法或能量法求解,通过失效模式下的平衡微分方程、本构方程、几何方程及其边界条件、屈服条件或总势能驻值条件,经过一些简化,推导得出临界外压。已提出的解析方法主要包括:伏汉公式、包罗特公式[4]、阿姆斯图兹公式[5]、Lo-Zhang 公式[10]等。

2. 经验方法

由于影响埋管失稳因素众多,一些因素解析法公式无法体现,一些研究者结合理论、试验和模型试验综合考虑,得到了一些临界外压的经验公式。研究得到的经验公式主要包括:孟泰尔半经验公式、刘启钊公式[11]、修正布赖公式、修正的格洛克公式和张伟公式[12]。

3. 数值方法

近年来,随着计算机技术的不断发展,数值法成为研究埋藏式钢管临界外压计算的重要方法。随之出现了一大批有限元三维模型计算软件,如 ANSYS、ADINA 等,数值计算的精度逐渐提高。目前数值法可大致分为弹塑性增量分析法(EPIA)与塑性极限分析法。EPIA 将总荷载分解为多个增量荷载,对增量荷载进行迭代分析从而模拟结构弹塑性损伤,尹群[13]、杨绿峰等[14]、邓楚键等[15]已在结构分析中应用到EPIA。为了得到准确结果,EPIA需要不断增加迭代阶数,造成计算量的急剧增大,因此EPIA存在效率较低、计算复杂等问题。为了解决EPIA存在的问题,研究者提出了塑性极限分析法进行数值计算。塑性极限分析法效率高、适用范围广,又可分为数学规划法(MPC)和弹性模量调整法(EMAP)。20世纪40年代末,哈佛大学的Robert提出MPC思想,即通过数学的方式来寻找问题的最优解。MPC法按照数学方法求解,无法很好地适应工程实际,为此,研究人员提出了EMAP。该法通过调整高承载单元的线弹性迭代来模拟钢管的弹塑性损伤,结合极限分析原理求极限承载力。EMAP原理简便实用,利用线弹性计算解决塑性问题,计算效率高、适用范围广,得到了广泛的应用。杨绿峰[16-17]在EMAP的基础上进行改良,又提出了弹性模量缩减法(EMRM)。数值方法可以较好模拟工程实际情况,但是技术难度较高,花费精力较大,主要应用于研究。

二、埋藏式钢管失稳加固

尽管埋管受外压失效的机制研究已经进展多年,但是工程实际条件远远比计算情况复杂得多,水电站压力管道失稳破坏的事故在国内外时有发生,对于埋藏式钢管失稳后的加固维修同样重要。埋藏式钢管加固的方法主要有置换加固法、粘钢加固法、碳纤维加固法。

(一)置换加固法

置换加固法也称管段置换法。置换法可以得到局部直接补强的效果,将失效钢管中有缺陷、破坏严重、存在明显的夹层的部位割开,置换新钢板,并将新、老钢板焊接。该法操作简单、经济有效。只是,由于在新、老钢板连接处焊接产生高温,焊缝附近将产生很大的温度应力,导致结构产生较大变形,且补上去的钢板,仅周边与结构贴合,无法与旧部件有效地构成整体。

(二)粘钢加固法

粘钢加固法也称套管补强法。用薄钢板通过一种环氧粘合剂粘于钢筋混凝土结构表面产生三相材料:钢筋混凝土-胶-钢板的复合系统。该法计算简单,不破坏原钢筋混凝土构件,施工简便,施工周期短,对原钢管外形尺寸影响小,在国内外应用广泛。我国的丰满水电站[18]、丹江口小水电站[19]、清原抽水蓄能电站[20]等压力钢管的加固工程均采用了粘钢加固法。

(三)碳纤维加固法

碳纤维加固法是近年来逐渐兴起的新型加固方法,碳纤维复合材料(CFRP)材料具有优异力学性能,施工工艺简便且加固效果可靠,得到了普遍的赞同和认可。碳纤维也叫碳素纤维,是处于纤维状态下的碳,通常由有机纤维碳化而成。CFRP加固通常以树脂类胶结材料为基础,将碳纤维布或碳纤维板粘贴于被加固体的结构表面,利用碳纤维的高强度、高模量,提高结构承载能力,改善结构强度和刚度。魏晓斌、姚华川等通过试验及有限元分析得出外包碳纤维布法可以大幅提高压力钢管的承载能力[21-22]。该方法施工操作简便,所需工期短,基本上不影响机组的正常运行,在生产实践中具有很强的实用价值。在古田溪二级电站压力钢管加固中已经运用了CFRP加固法[23]。

三、埋藏式钢管安全检测与评估

随着水电工程的迅速发展,许多压力钢管的设计参数都超过了规范的经验上限值,甚至有继续突破的趋势,且目前许多压力钢管已接近或达到折旧年限,存在带病运行情况,甚至部分达到设计使用年限仍在运行[24],这些问题突出了埋藏式钢管安全检测与评估的研究价值。

(一)安全检测

安全检测包括外观检查、锈蚀检测、材料检测、无损探伤、应力检测、结构应力有限元计算与分析、振动检测、水质与底质检测等[24]。

(二)安全评估

完成上述检测后,根据结果可以对压力钢管的运行现状和结构可靠性进行安全评估,压力钢管安全等级分为安全 、基本安全和不安全 3 个等级。安全评估方法主要有综合评估法和可靠度评估法[24]。近年来,研究者不断发展安全评估方法。杨绿峰等[25]根据等安全域度原理与规范确定了整体安全评估的控制标准:整体安全系数限值,同时构建了压力钢管整体安全评估模型;张伟等[26]提出了考虑应变硬化的水电站压力钢管整体安全评估方法;李东明等[27]基于 ANSYS 应力强度因子法对压力钢管做出安全评估。

四、结　语

在 HD 值越来越大的背景下,埋藏式钢管的深入研究显得尤为重要。埋藏式钢管受外压失效的机制与临界外压计算方法的研究仍然是埋藏式钢管研究的重点。在计算机技术的飞速发展下,埋藏式钢管的研究也应该充分利用高速计算机的优势,深入研究基于有限元模拟的结构分析。

参 考 文 献

[1] 李隆瑞．高速水流掺气减蚀措施及工程应用[J]．西北水资源与水工程，1990，1(2)：11-23.

[2] 何彦舫．压力钢管受随机外压稳定性理论研究[D]．华北水利水电学院，2003.

[3] 刘林林.埋藏光面管抗外压稳定分析的阿姆斯图兹法研究及其应用[D]．广西大学，2017.

[4] Vauhan E W. Steel Lining for Pressure Shafts in Solid Rocks[J]. Journal of the Power Division, 1956, 82(2):1-40.

[5] Amstutz E. Buckling of pressure shaft and tunnel linings[J]. International Water Power and Dam Construction, 1970, 22(11): 391-399.

[6] Berti D, Stutzman R, Lindquist E, et al. Technical Forum: Buckling of Steel Tunnel Liner Under External Pressure [J]. Journal of energy engineering, 1998, 124(3): 55-89.

[7] Valdeolivas J. L. G. , Mosquera J. C. . A Full 3D Finite Element Model for Buckling Analysis of Stiffened Steel Liners in Hydroelectric Pressure Tunnels[J]. Journal of Pressure Vessel Technology, 2013, 135(6):1-9.

[8] 林皋，陈健云，张忠义，等．埋藏式钢管的抗外压稳定研究[J]．大连理工大学学报，1998，38(6)：700-704.

[9] Yamamoto Y, Matsubara N. Buckling of a cylindrical shell under external pressure restrained by an outer rigid wall [C]//Proceedings, Symposium on Collapse and Backing, Structures. 1982: 493-504.

[10] Lo K H, Zhang J Q. Collapse resistence modelding of encased pipes[M]. Burid Plastic Pipe Technology: 2nd Volume. ASTM International, 1994.

[11] 刘启钊，谈为雄，刘焕兴，等．埋藏式钢管外压稳定计算[J]．水利水电技术，1980,(2)：29-39.

[12] 张伟，杨江琪，李伟．考虑初始缝隙的埋藏式光面管临界外压经验公式[J]．人民长江，2016，47(14)：60-63.

[13] 尹群．弹塑性增量分析有限元法在船体焊接结构力学分析中的应用[J]．造船技术，1995，(11)：37-40,47.

[14] 杨绿峰，余波，张伟．弹性模量缩减法分析杆系和板壳结构的极限承载力[J]．工程力学，2009，26(12)：64-70.

[15] 邓楚键，孔位学，郑颖人．极限分析有限元法讲座Ⅲ—增量加载有限元法求解地基极限承载力[J]．岩土力学，2005，26(3)：500-504.

[16] 杨绿峰，余波，莫远昌．基于弹性模量缩减法研究结构体系可靠度[J]．广西大学学报(自然科学版)，2008，33(4)：349-353,357.

[17] 杨绿峰，余波，乔永平．用弹性模量缩减法分析刚架结构的极限承载力[J]．防灾减灾工程学报，2009，29(3)：306-312.

[18] 冯艳蓉，李才，李奎生．丰满水电站老压力钢管加固与改造[J]．水力发电学报，2001(2)：44-54.

[19] 张晓勇，贵勤，王炜，等．丹江口小水电站压力钢管加固方案[J]．水电与新能源，2010(4)：38-39.
[20] 郝鹏昆．清原抽水蓄能电站压力钢管加固方案比选[J]．东北水利水电，2019，37(9)：8-10.
[21] 魏晓斌，雷艳，霍国良，等．水电站压力钢管碳纤维布补强加固试验研究[J]．武汉大学学报(工学版)，2010，43(6)：708-710，718.
[22] 姚华川，纳菊，黄文佳，等．CFRP 加固压力钢管的试验研究和数值模拟分析[J]．工程抗震与加固改造，2013，35(5)：65-70.
[23] 刘礼华，陈亚鹏，魏晓斌，等．古田溪二级电站压力钢管碳纤维加固补强设计[J]．大坝与安全，2003(4)：1-3.
[24] 杨光明，郑圣义，夏仕锋．水电站压力钢管安全检测与评估研究[J]．水力发电学报，2005，24(5)：65-69.
[25] 杨绿峰，张伟，韩晓凤．水电站压力钢管整体安全评估方法研究[J]．水力发电学报，2011，30(5)：149-156，169.
[26] 张伟，张瑾，杨绿峰，等．考虑应变硬化的水电站压力钢管整体安全评估[J]．水利水电技术，2012，43(12)：82-85.
[27] 李东明，杜蔚琼，毋新房．基于 ANSYS 应力强度因子法的压力钢管安全评估[J/OL]．长江科学院院报：1-6[2020-07-31]．http://kns.cnki.net/kcms/detail/42.1171.TV.20200729.1315.018.html.

作者简介：

张建赫(1992—)，男，助理工程师，主要从事输水建筑物、桥梁设计工作。

输水钢管抗外压计算与有限元复核

王兴威　张海涛　于　茂　代文凯　徐凯光

（中水北方勘测设计研究有限责任公司，天津　300222）

摘　要　压力钢管作为重要的输水工具，其安全稳定性对整个输水线路而言至关重要。但作为一种薄壳结构，钢管在外压作用下易发生失稳变形，因此临界外压的计算是钢管设计的重要参考。以某水电站埋藏式钢管为例，采用规范方法计算其临界外压，同时基于屈曲理论，利用有限元法对算例进行模拟分析，与规范所得结果进行比较复核。结果表明，采用规范方法所得管壁临界外压偏于保守，而将加劲环与管壁当做整体考虑的有限元法较规范方法结果偏大，更符合钢管屈曲失稳的实际情况。

关键词　临界外压计算；屈曲分析；有限元

压力钢管是一种典型的薄壁结构，结构特性在于受外压影响而极易失稳。因此，对于输水钢管而言，临界外压的计算结果是其设计的重要指标。现行《水电站压力钢管设计规范（附条文说明）》（SL 281—2003）中对设有加劲环的明管外压计算采用的是米赛斯公式，但该方法将加劲环和管段本身分开进行计算，并未考虑到两者作为整体的情况。有限元的计算方法将加劲环和明管壁作为一个整体，计算整体结构管壁的临界外压，结果与管壁的实际失稳情况更符合。因此，本文采用规范方法对钢管的临界外压进行计算，同时利用有限元法对规范所得结果进行比较复核。结果表明，规范所得结果偏保守，将加劲环和钢管整体考虑的有限元法在分析外压方面更为合理。

一、规范对钢管临界外压的计算

《水电站压力钢管设计规范（附条文说明）》[1]（SL 281—2003）中，分段式光面管径均布的临界外压 P_{cr} 可按下式计算：

$$P_{cr} = 2E\left(\frac{t}{D_0}\right)^3 \tag{1}$$

式中　P_{cr}——临界外压，MPa；

E——钢材的弹性模量，MPa；

t——钢管壁厚，mm；

D_0——钢管内径，mm。

对于设有加劲环的明管，加劲环间管壁的临界外压 P_{cr} 可采用米赛斯公式计算：

$$P_{cr} = \frac{Et}{(n^2-1)\left(1+\frac{n^2l^2}{\pi^2r^2}\right)^2 r} + \frac{E}{12(1-\mu^2)} \times \left(n^2 - 1 + \frac{2n^2-1-\mu}{1+\frac{n^2l^2}{\pi^2r^2}}\right)\frac{t^3}{r^3} \tag{2}$$

$$n = 2.74\left(\frac{r}{l}\right)^{\frac{1}{2}}\left(\frac{r}{t}\right)^{\frac{1}{4}} \tag{3}$$

式中 P_{cr}——临界外压，MPa；

E——钢材的弹性模量，MPa；

t——钢管壁厚，mm；

l——加劲环间距，mm；

r——钢管内半径，mm；

μ——材料的泊松比；

n——相应于最小临界压力的波数，由式(3)估算，取相近的整数。

二、计算模型及材料参数

某水电站采用埋藏式加劲压力钢管，钢管内径 $D=4\ 200$ mm，壁厚 $t=21$ mm，加劲环间距为2 000 mm，加劲环外径为4 800 mm，厚度32 mm，有限元管道模型以2个加劲环及其之间的管道为对象进行建立。钢材采用16 MnR钢制作，屈服强度为325 MPa，弹性模量为206 GPa，泊松比0.3。本次有限元计算以未加加劲环的明管和加加劲环后的管道进行分析。

由于钢管是典型的壳结构，其在轴向长度远大于径向，故在进行有限元分析时应选取壳单元进行网格划分和模型计算。

有限元模型及网格划分如图1、图2所示。

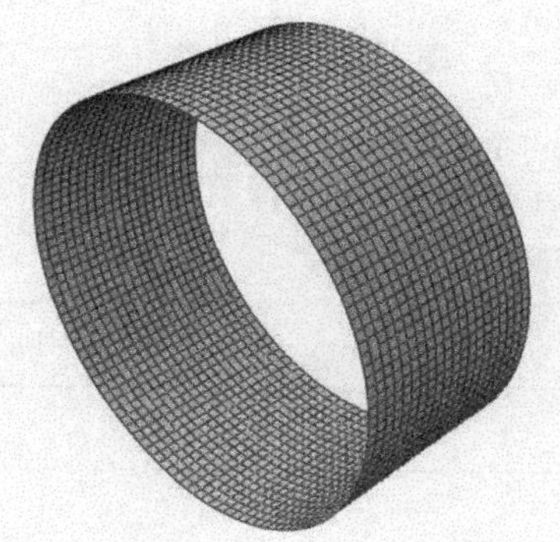

图1　明管(未加加劲环)

图2　明管(施加加劲环)

三、有限元对按明管考虑的压力钢管屈曲分析

(一)线性屈曲分析[2]

线性屈曲分析的分析对象是特征值，特征值是理想线弹性结构的理论屈曲强度，通常被用来评估刚性结构的临界屈曲荷载。线性特征值屈曲中，载荷会使得模型的刚度矩阵奇异而出现非平凡解：

$$K^{MN}v^{M}=0 \tag{4}$$

式中 K^{MN}——施加载荷时的切线刚度矩阵；

v^{M}——非平凡位移解。

屈曲荷载是以结构的基础状态来进行计算的，当特征值屈曲过程是分析第一步时，初始条件就是基础状态，则式(4)改写为：

$$(K_{0}^{MN}+\lambda_{i}K_{\Delta}^{MN})v_{i}^{M}=0 \tag{5}$$

式中 K_0^{MN}——对应于基础状态的刚度矩阵；

K_Δ^{MN}——对应于递增载荷曲线的载荷刚度矩阵；

λ_i——特征值；

v_i^M——屈曲模态构型；

M 和 N——整个模型的自由度；

i——第 i 个屈曲模态。

由式(5)可以求的特征值 λ_i。通常最小特征值对实际工程最具有意义，故本次分析结果以一阶特征值为准，用第一阶特征值求出屈曲外压的大小。模型一阶屈曲模态如图 3、图 4 所示。

图 3　未加加劲环

图 4　施加加劲环

图 4 中施加加劲环的变形为方便查看形状，取变形系数为 0.48。

采用规范方法，分别计算两种情况下的明管临界外压，同时与有限元计算的结果。

表 1　管道临界外压计算结果

计算结果	未加加劲环(MPa)	施加加劲环(MPa)
规范结果	0.050	2.23
有限元结果	0.057	2.58

由计算结果可以发现：在未考虑加劲环的明管段，有限元计算结果与规范结果基本一致，而当明管施加加劲环后，钢管的抗外压能力大大提高，有限元计算所得结果比规范值要大。这是因为有限元计算将明管和加劲环进行了整体分析，考虑了加劲环和管道整体的作用与相互影响，进一步发挥了材料的强度。同时，采用式(2)与式(3)在计算加劲环情况下管道外压时，所得结果的周向屈曲波数 $n=9$，这与图 5 有限元计算结果是一致的。表 1 中所得规律与文献[2]也保持一致。

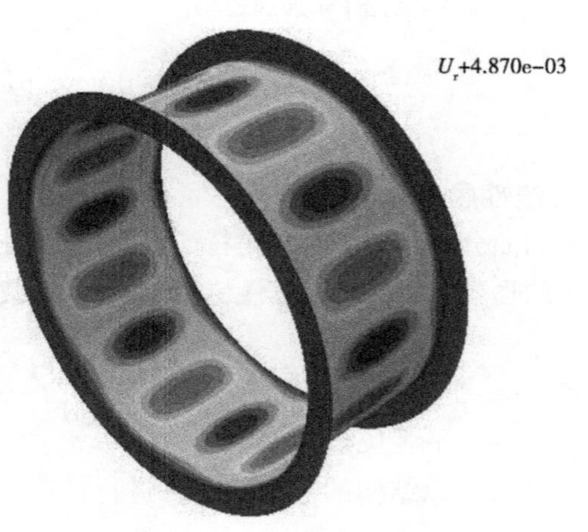

图 5　钢管屈曲时位移云图

(二)非线性屈曲分析

对非线性屈曲分析,有限元采用弧长法进行计算,采用该方法可以建立不稳定响应段的静力平衡状态,同时可以建立整个过程中载荷比例系数(LPF)与弧长(Arc Length)的关系(见图6)。

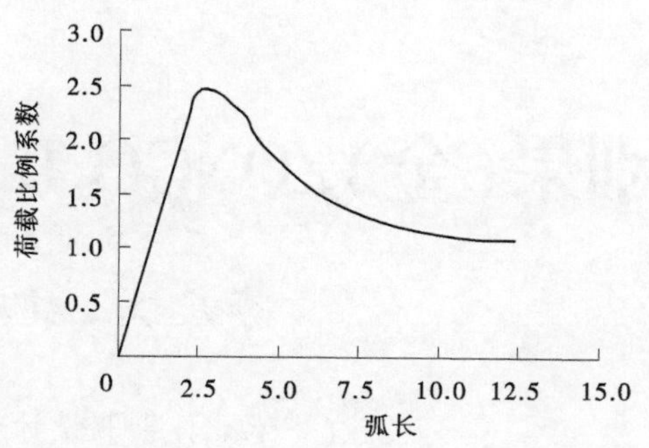

图6 荷载比例系数与弧长关系

由图6可以看出,当弧长为2.463时,曲线发生转折,当弧长超过改值后,曲线迅速下降,转折点处对应的外压为2.46 MPa,此时钢管的位移为4.87 mm。因此,在考虑到材料屈服的情况后,外压较线性屈曲分析要小。

四、结　　语

本文通过有限元法对某水电站埋藏式钢管进行了屈曲分析,复核了采用规范计算的钢管临界外压。通过计算发现,规范所计算结果偏保守,有限元法所得结果将模型按照整体考虑,能更好的反映出钢管失稳的实际情况,使得材料的强度得到充分的发挥。因此,在进行设计工作时,采用有限元方法对设计结果进行复核,可以更好的保证工程设计质量,为结构设计提供有力依据。

参　考　文　献

[1] 中华人民共和国水利部. 水电站压力钢管设计规范(附条文说明):SL 281—2003[S]. 北京:中国水利水电出版社,2003.

[2] 綦园,陆晓敏. 环肋加劲压力钢管的有限元屈曲分析[J]. 人民黄河,2014,36(3):92-95.

作者简介:

王兴威(1993—),男,助理工程师,主要从事水工结构工程设计工作。

刚果(金)ZONGO Ⅱ水电站压力钢管总体设计

李庆铁　魏琳帆　张　涵　赵建利

(中水北方勘测设计研究责任有限公司,天津　300222)

摘　要　介绍在刚果(金)建设的全面应用中国技术、中国标准、中国规范、中国设备,并由中国设计、中国施工、中国监理的全中国元素的第一个水电站项目的压力钢管总体设计。

关键词　压力钢管;水电站;阀室;钢岔管

一、工程概况

刚果民主共和国ZONGOⅡ水电站位于刚果(金)下刚果省境内,工程由刚果河一级支流印基西河引水至刚果河。工程主要由首部拦河坝、引水发电系统、岸边式地面厂房三部分组成。电站最大净水头114.6 m,设计引水流量160.5 m^3/s。电站安装3台混流式水轮发电机组,总装机容量150 MW。

二、工程总体布置

刚果(金)ZONGO Ⅱ水电站主要任务是发电。工程主要由首部枢纽、发电引水系统、电站厂房系统组成。

(一)首部枢纽

首部枢纽建筑物包括拦河坝和冲沙闸。拦河坝轴线呈直线布置,由溢流坝和非溢流坝两部分组成,为细石混凝土砌石重力坝,溢流坝和非溢流坝坝顶全长185 m。

(二)引水发电系统

引水发电系统由进水口、引水隧洞、调压井、压力平洞及压力斜井等建筑物组成。全长约2 990 m。

电站进水口为岸塔式进水口,布置于印基西河左岸坝轴线上游约20 m处。进水口进流前缘净宽24 m,净高10.5m,底高程341 m。

引水隧洞采用一洞三机引水方式,全长约2 514 m,包括锚喷衬砌段2 144 m和钢筋混凝土衬砌段370 m。隧洞断面均采用平底马蹄形断面,断面内径尺寸范围为7~9.34 m。

调压井为圆筒式调压井,上接引水隧洞,下连上压力钢管。调压井内径18 m,井高约为77 m,全部采用钢筋混凝土衬砌。

自调压井后为压力钢管上平洞段,其后为明钢岔管段、首部阀室段、斜井段、下平洞段。主管经钢岔管段后分为3条支管,与蜗壳进口连接。上平洞、斜井段及下平洞首段均采用钢板衬砌。压力管道主管内径均为6.6 m,钢岔管为非对称Y形岔布置,支管内径4 m。

(三)发电厂

发电厂区位于印基西河入刚果河河口下游约1.6 km处,厂区建筑物主要包括主厂房、上游副厂房、GIS室开关站、机电设备用房、进厂公路等。

三、压力管道及首部阀室布置

压力管道从调压井末端至发电厂房进水阀前，中间布置首部阀室。

压力钢管包括一段上压力平洞（主管段）、不对称 Y 型钢岔管段、斜井段（支管）、下压力平洞（支管）。压力钢管布置如图 1 所示。主管段钢管总长约 255 m，主管直径 6.6 m，与岔管段连接。钢岔管型式为非对称 Y 形分岔结构，采用月牙肋型岔管，岔管段长 26 m，分岔角为 45°，中心高程 301.7 m，岔管段与首部阀室相接。钢岔管体型及现场施工照片如图 2、图 3 所示。压力钢管通过阀室后均为支管，支管分为斜井段（支管）、下压力平洞（支管），支管直径 4 m，支管共 3 支，总长约 490 m，转弯半径 12 m，壁厚 18 mm。为方便检修，支管布置进人孔。

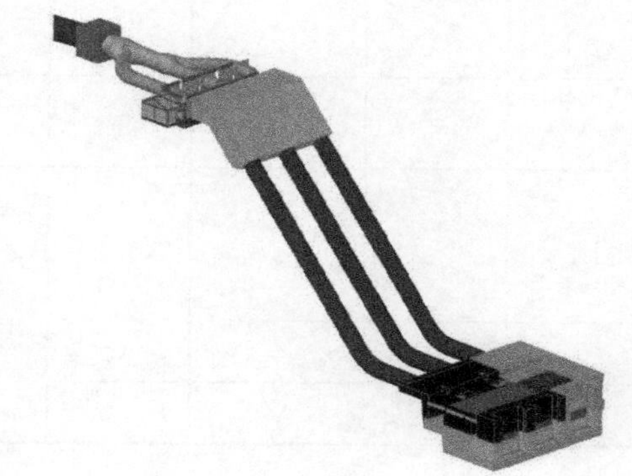

图 1　压力钢管布置三维视图

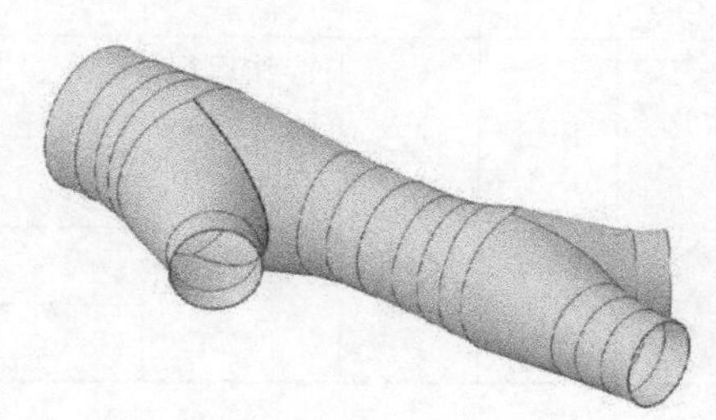

图 2　钢岔管三维示意图

图 3　钢岔管施工实景

首部阀室为单层框架结构，总长 45.25 m，宽 11 m，高 22.4 m。内部配 3 台蝶阀。

压力管道主管内径经调节保证计算本阶段均取为 6.6 m，均采用钢板衬砌。钢衬段开挖断面洞径 8.0 m。回填混凝土采用 C20，厚 0.6 m，与调压井段隧洞相接的第 1 节钢管设 3 道截水环。钢衬采用 Q345-R 钢，内径 6.6 m，壁厚 16～20 mm。根据外压需要设置加劲环，环高 200 mm。

为了改善衬砌的受力条件，充分发挥围岩的承载作用，对压力平洞进行回填灌浆和固结灌浆。对洞口固结灌浆孔深入围岩 4 m，每排 6 孔，灌浆压力为 2.0 MPa。平洞段需在洞顶拱 120°范围内进行回填灌浆，灌浆孔深入围岩 10 cm，每排 2～3 孔，排距 4 m，灌浆压力 0.3 MPa。钢衬段需进行接触灌浆，灌浆压力 0.2 MPa。钢衬段在管底每隔 4 m 设 1 排气孔兼接触灌浆孔，以减少管底因泌水和空气难以排除而产生空洞。钢衬上所有灌浆孔均为预留孔。

四、压力钢管计算

(一)主管与支管段计算

1. 荷载组合

压力钢管计算采用的的荷载组合见表1。

表1　地下埋管计算工况及荷载组合表(SL 281—2003)

规范	工况名称	组合类别	荷载组合	静水压力	水锤压力	地下水压力	放空时气压差	未凝固的混凝土压力	灌浆压力	备注
水利规范(SL 281—2003)	B-1	基本荷载组合	正常运行情况最高压力	√	√					
	B-2		放空期荷载			√	√			
	B-3	特殊荷载组合	特殊运行情况最高压力	√	√					
	B-4		施工期荷载						√	
	B-5							√		

2. 设计允许应力和安全系数

1)膜应力区拉应力要求

按弹性工作状态计算应力,满足埋深条件下,按以下要求进行:

内压作用下基本荷载组合轴力小于0.67σ_s,特殊荷载组合轴力小于0.90σ_s;

当钢材屈强比>0.7时,取$\sigma_s=0.7\sigma_b$。

2)抗外压安全系数

光面管和锚筋加劲的钢管管壁为2.0,有加劲环加劲的钢管管壁为1.8。

3. 计算方法

1)抗内压计算

对于洞身段埋深满足围岩抗力和缝隙条件,按地下埋管计算。对于洞口段相对于埋深较浅按地下明钢管计算。按埋管和明管情况分别计算,成果见表2。

表2　钢衬抗内压计算成果表

型式	地下埋藏式钢管	
位置	上平洞段	斜井及下平洞段
钢管内径(m)	6.6	4.0
内压水头(m)	100	150
钢管壁厚(mm)	16~18	18~24

2)抗外压计算

(1)外水压力的确定。

根据地质提供地下水位线,考虑到钢筋混凝土衬砌为透水结构和围岩的外水折减,最终计算选取外水水头。

(2)按照设加劲环的地下埋管设计。

设加劲环的地下埋管管壁抗外压稳定分析采用米赛斯公式计算：

$$P_{cr}=\frac{E_s t}{(n^2-1)\left(1+\frac{n^2l^2}{\pi^2r^2}\right)^2 r}+\frac{E_s}{12(1-\nu_s^2)}\left[n^2-1+\frac{2n^2-1-\nu_s}{1+\frac{n^2l^2}{\pi^2r^2}}\right]\frac{t^3}{r^3} \tag{1}$$

$$n=2.74\left(\frac{r}{l}\right)^{\frac{1}{2}}\left(\frac{r}{t}\right)^{\frac{1}{4}} \tag{2}$$

$$P_{cr}\geqslant K_c P_{0k} \tag{3}$$

式中 P_{cr}——抗外压稳定临界压力计算值,MPa；

P_{0k}——径向均布外压力标准值,MPa；

K_c——抗外压稳定安全系数,加劲环管壁取 1.8,光面管取 2.0；

E_s——钢材弹性模量,MPa,本工程取 2.06×10^5；

n——最小临界压力的波数,取相近的整数；

l——加劲环间距,mm；

ν_s——钢材泊松比,本工程取 0.3。

加劲环的稳定按下式计算：

$$P_{cr}=\frac{\sigma_s A_R}{rl} \tag{4}$$

$$A_R=ha+t(a+1.56\sqrt{rt}) \tag{5}$$

式中 σ_s——钢材屈服点,MPa,本工程取 325；

A_R——加劲环有效截面面积,mm^2；

h——加劲环高度,mm；

a——加劲环厚度,mm。

(3)按照地下埋管光面管设计。

地下埋管光面管抗外压计算经验公式如下：

$$P_{cr}=612\left(\frac{t}{r}\right)^{1.7}\sigma_s^{0.25} \tag{6}$$

4. 计算结果

压力钢管各段的建议钢管厚度见表 3。

表 3 各段钢管厚度(建议值)

位置	P 0+305.924—P 0+320.202	P 0+320.202—P 0+328.519	P 0+328.519—P 0+372.386	P 0+372.386—P 0+383.318	P 0+383.318—P 0+416.224
最终钢管壁(mm)	18	18	18	20	24
加劲环尺寸(厚×高×间距)(mm×mm×mm)	20×200×2 500	20×200×2 500	20×200×2 500	20×200×2 500	20×200×2 500

(二)岔管段计算

1. 计算软件

计算采用大型通用软件 ANSYS 建立三维有限元模型进行分析,通过施加内压力与周边约束进行计算，查看计算结果与允许应力进行比较。

2. 允许应力及抗外压安全系数

明岔管允许应力值按表4采用。

表4　　钢岔管允许应力

应力区域	部位	荷载组合	
		基本	特殊
膜应力区 $[\sigma]_1$	膜应力区的管壁及小偏心受拉的加强构件	$0.5\sigma_s$	$0.7\sigma_s$
局部应力区 $[\sigma]_2$	距承受弯矩的加强构件 $3.5\sqrt{rt_0}$ 以内及转角点处管壁	$0.8\sigma_s$	$1.0\sigma_s$
	承受弯矩的加强构件	$0.67\sigma_s$	$0.8\sigma_s$

3. 计算工况

明管结构分析的荷载和计算工况，按表5确定。

表5　　钢岔管结构分析的计算工况与荷载组合

序号	荷载		基本荷载组合		特殊荷载组合		备注
			正常运行工况	放空工况	特殊运行工况	水压试验工况	
1	内水压力	正常工况最高压力	√				无地震
		特殊工况最高压力			√		
		水压试验内水压力				√	
2	内外气压力			√			

4. 计算结果

根据有限元分析，主岔管应力分布如图4~图9。计算结果见表6与表7。岔管段体型见表8。

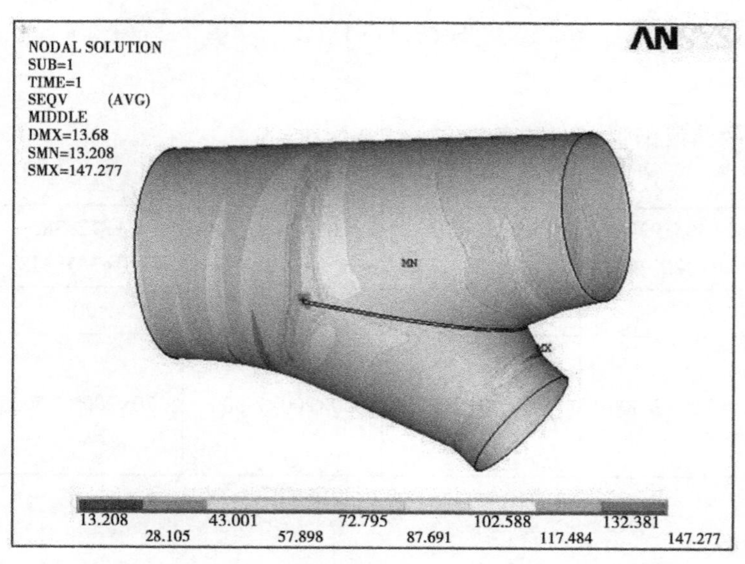

图4　主岔管管壁膜应力(正常工况)　(单位：MPa)

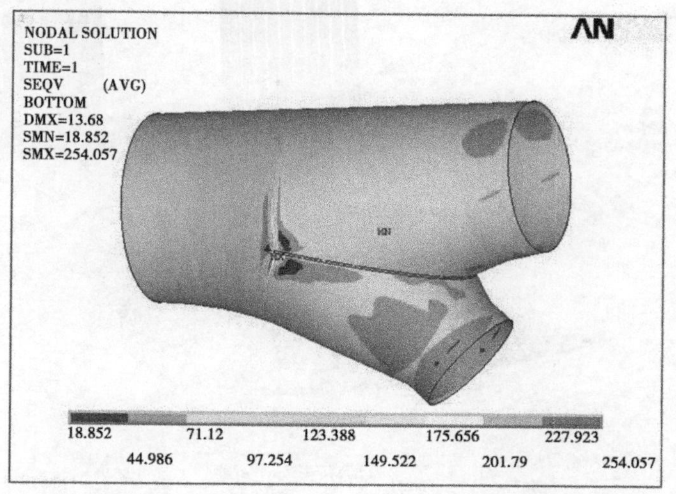

图 5　主岔管管壁内表面-局部应力(正常工况)　(单位:MPa)

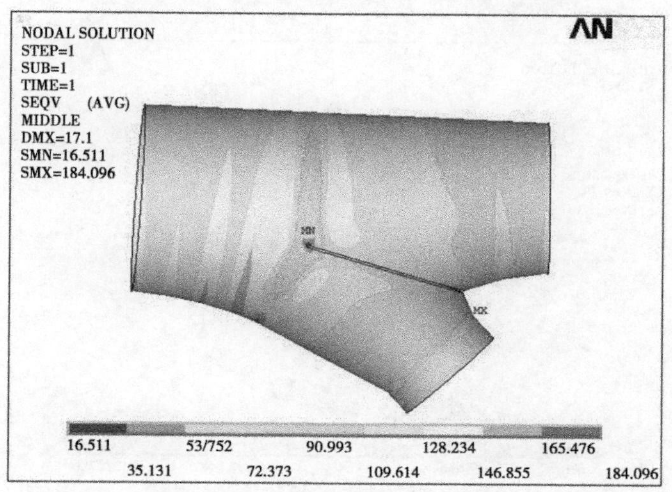

图 6　主岔管管壁膜应力(特殊工况)　(单位:MPa)

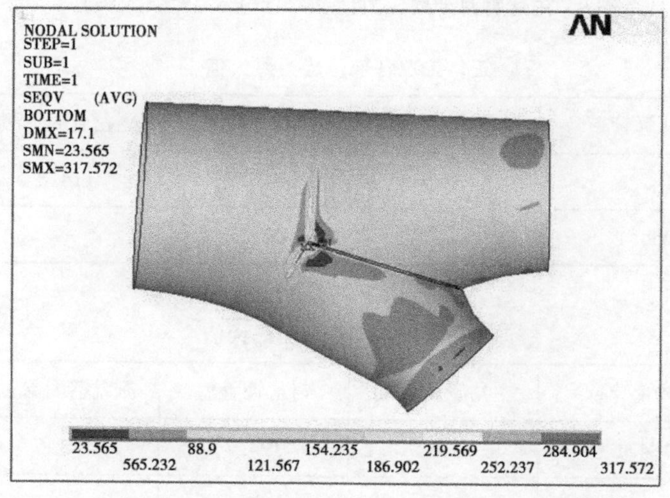

图 7　主岔管管壁内表面-局部应力(特殊工况)　(单位:MPa)

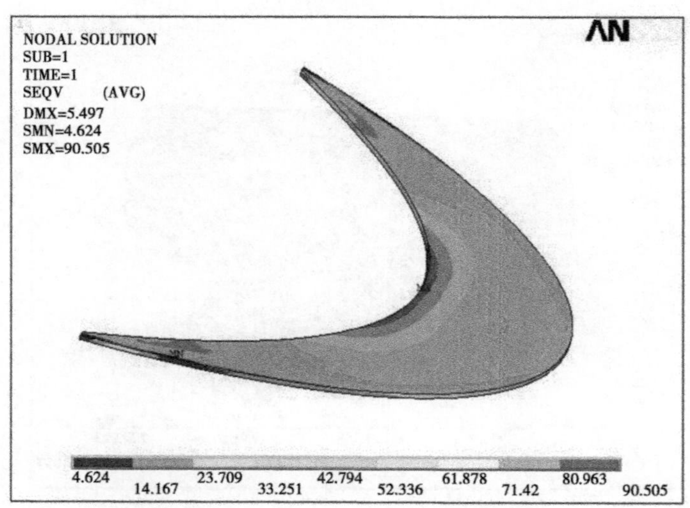

图 8　主岔管月牙肋应力(正常工况)　(单位:MPa)

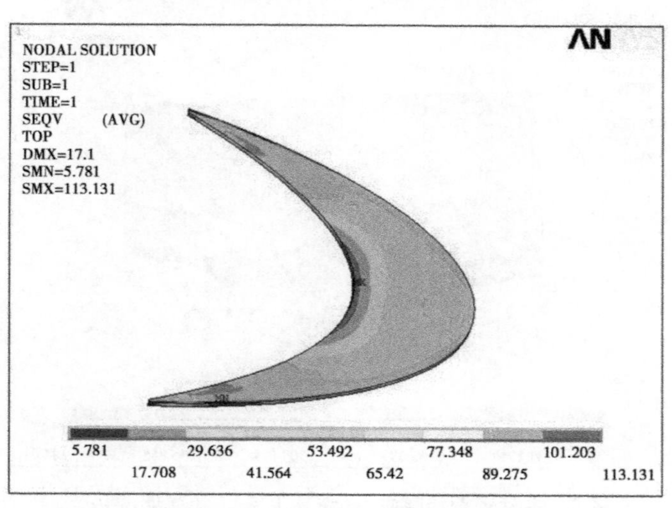

图 9　主岔管月牙肋应力(特殊工况)　(单位:MPa)

表 6　正常工况各部位应力最大值　单位:MPa

部位	主岔管管壁	主岔管月牙肋	副岔管管壁	副岔管月牙肋	其他支管管壁
膜应力	147.3	90.5	155.8	114.8	146.4
局部应力	254.1	—	229.7	—	146.9

表 7　特殊工况各部位应力最大值　单位:MPa

部位	主岔管管壁	主岔管月牙肋	副岔管管壁	副岔管月牙肋	其他支管管壁
膜应力	184.1	113.1	194.7	143.6	183.1
局部应力	317.6	—	287.1	—	183.6

表 8　岔管段厚度及体形　单位:mm

部位	岔管壁厚	肋板中面与主岔、支岔中面相贯线长度 a	肋板顶端与低端距离 $2b$	肋板中央截面宽度 Bt	肋板厚度 t
区域 1	34	5 811.74	2×3 948.96	2 500	80
区域 2	28	5 020.66	2×3 240.32	2 100	60
其他支管	18	—	—	—	—

五、结　　语

(1)本工程除在厂房上游侧设置蝶阀外,在压力钢管低压段另设压力钢管保护阀室,压力钢管高压段通过两处蝶阀的控制,便于压力钢管高压段的检修。

(2)在压力钢管保护阀室处设置防空放水阀,引水隧洞内的水通过保护阀室的放水阀,放空引水隧洞,冲水时也可通过保护阀室的旁通阀调节水流的压力和流量,从而利于水电站检修时的冲水和放水。

(3)本项目于 2018 年 6 月 22 日竣工,电站压力钢管运行后的应力状态稳定,经过 2 年多的运行压力钢管满足设计要求。

作者简介:

李庆铁(1977—),男,高级工程师,主要从事水工结构工程设计工作。

某倒虹吸波纹伸缩节爆裂原因分析及处理措施

何祖寿　夏权斌　李连忠

（云南省红河州水利水电勘察设计研究院，云南 蒙自　661100）

摘　要　某倒虹吸在试通水试验时，多个复式波纹管伸缩节发生爆裂，通过咨询相关专家后，分析爆裂主要原因是由于日照引起的钢管温度不均匀变化，在温度荷载和内水压力共同作用下，导致管道变位过大，超过波纹管伸缩节变形允许范围，导致波纹管伸缩节爆裂。通过分析原因，提出了两种解决方案，即在临近波纹管伸缩节支墩装设限位装置；或在波纹管伸缩节上增加限位结构，提高波纹管伸缩节横向刚度。根据解决方案，对未爆裂波纹管伸缩节增加了限位支墩，对爆裂波纹管伸缩节进行了更换，并增加限位结构。再次通水试验后管道和波纹管伸缩节未发现异常，运行良好，可见上述两种方式都对管道限位起到了良好作用。

关键词　倒虹吸；波纹管伸缩节；爆裂；限位装置；支墩；温度应力

一、工程概况

云南省某倒虹吸是以农业灌溉为主的供水工程，倒虹吸长 7. 393 km，总体走向自西向东，设计流量为 0. 74、0. 45、0. 27 m^3/s，加大流量为 0. 96、0. 59、0. 35 m^3/s，进、出口管中心高程分别为 858. 105 m 及 663. 793 m，最大静水头 447. 378 m，设计管径依次为 DN600、DN500、DN400 mm，管壁厚 8～14 mm，钢管管材采用 Q235C 和 Q345C。

二、工程布置

根据管线布置，管道沿线共设置 93 个镇墩，镇墩间距 15. 77～132. 423 m。除里程 G3+572. 58—G3+611. 07，G4+648. 79—G4+752. 395，G6+643. 79—G6+662. 66，G6+952. 863～G6+662. 66 采用埋管敷设外其余管段均采用明管敷设，明管段两镇墩间设鞍式支墩，支墩间距（沿管轴方向）均为 6 m，两镇墩间管段中部布置波纹管伸缩节；该管道共布置 90 个波纹管伸缩节（其中单式伸缩节 43 个、复式伸缩节 47 个）。

里程 G0+000—G0+829. 89 段，设计流量 0. 74 m^3/s，加大流量 0. 96 m^3/s，最大水头 97. 24 m，管径为 DN600 mm，壁厚 8 mm，钢管管材采用 Q235C；布置 10 个波纹管伸缩节（其中单式 4 个、复式 6 个）。里程 G0+829. 89—G6+288. 19 段，设计流量 0. 45 m^3/s，加大流量 0. 69 m^3/s，最大水头 447. 378 m，管径为 DN500 mm，管壁厚 8～14 mm，钢管管材采用 Q235C 及 Q345C；布置 67 个波纹管伸缩节（其中单式 34 个、复式 33 个）。里程 G6+288. 19—G11+876. 5 段设计流量 0. 27 m^3/s，加大流量 0. 35 m^3/s，最大水头 286. 905 m，管径为 DN400 mm，管壁厚 12 mm，钢管管材采用 Q235C；布置 13 个波纹管伸缩节（其中单式 5 个、复式 8 个）。

三、事故情况

本工程于 2014 年 9 月开工建设，2019 年 1 月主体工程完工，2019 年 3 月 7 日进行试通水试验，管道充满水后，在静水压力下保持约 2 h 后，48 号复式波纹管伸缩节发生爆裂，2019 年 4 月对爆裂波纹管伸缩节进行同产品更换，于 2019 年 5 月 6 日再次进行试通水试验，导致 48 号、54 号和 57 号复式波纹管伸缩节发生爆裂。

图 1　伸缩节爆裂图片

四、事故分析

（一）项目区气温情况

项目区属南亚热带季风气候，特点为：夏秋多雨，冬春干旱，干湿分明，立体气候明显。根据当地气象站观测资料统计，多年平均气温 20.3 ℃，极端最高气温 39.2 ℃（出现于 1979 年 5 月 14 日），极端最低气温 2.3 ℃（出现于 1975 年 12 月 14 日），夏秋两季高温日均气温 31 ℃。

（二）事故分析

该倒虹吸管径较小，压力较高，明管段两镇墩间设鞍式支墩，设计时主要考虑温度变化引起的轴向位移量，未考虑日照引起的由于钢管温度变化所导致的管道曲位变形。为了分析日照引起的钢管温度不均匀变化情况，选取管线上光照直射时间最长的两个位置进行温度测量。对桩号 G2+407（轴线与正北方向夹角 77°）管径 DN50 mm 空管段和桩号 G4+537（轴线与正北方向夹角 90°）管径 DN500 mm 管内有水段钢管管壁（顶、底及两侧进行测量）进行不同时段的温度测量，测量数据见表 1 和表 2。

表 1　桩号（G2+407）管径 DN500 mm 空管段管壁温度测量表

量测日期	环境大气温度（℃）	管道测量点管壁温度（℃）				时间
		管顶 0°	侧边 90°	管底 180°	侧边 270°	
2019 年 6 月 25 日	23.6	26.4	27.2	26.9	26.5	早晨 08:38
	40.1	60.2	49.1	41.1	48.4	中午 13:01
	39.1	57.1	47.2	40.1	46.5	下午 18:10
2019 年 6 月 28 日	24.1	27.0	27.3	26.8	26.8	早晨 08:40
	40.7	60.7	50.1	40.2	49.3	中午 13:15
	38.1	57.2	46.3	40.1	45.7	下午 18:30

表 2　　桩号(G4+537)管径 DN500 mm 管内有水段管壁温度测量表

量测日期	环境大气温度(℃)	管道测量点管壁温度(℃)				时间
		管顶 0°	侧边 90°	管底 180°	侧边 270°	
2019 年 6 月 25 日	24.1	27.4	27.5	27.3	26.8	早晨 08:55
	40.2	33.6	33.5	33.3	33.5	中午 13:20
	38.8	34.1	33.9	34.1	33.9	下午 18:30
2019 年 6 月 28 日	24.5	27.6	27.7	26.8	27.0	早晨 08:57
	41.3	34.2	33.8	33.5	33.6	中午 13:30
	37.9	34.1	33.9	33.7	34.1	下午 18:47

从表 1 和表 2 可以看出,管道在有水情况下,即使水流不流动,管壁温度也相差不大;在空管无水状态下,管道两侧温差较小,但管顶与管底温差较大,最大接近 20 ℃。在此温差作用下,可能会对钢管产生偏向低温侧的弯曲变形(上拱或侧向变形)。如果钢管在温度变形未恢复时进行充水,变形在内水压力作用下更加明显,使管段在前者变形的基础上继续向低温侧偏移,而波纹管伸缩节属于柔性部件,虽然对管道变位有一定适应能力,但其刚度较小、临界柱失稳压力不高,在不均匀的温度应力和静水压力共同作用下,管道变位过大,超过了伸缩节的允许变化范围,导致波纹管伸缩节爆裂。

该倒虹吸管道采用鞍式支墩的支承形式,对管道侧向和向上的限位作用有限,爆裂波纹管伸缩节都是复式波纹管伸缩节,且内水压力较高,复式波纹管伸缩节横向刚度较小,临界柱失稳压力不高,由于施工采用的伸缩节未带有轴向和径向限位装置,管道在伸缩节处横向未受到约束,紧靠鞍式支墩进行限位不能满足要求。管道充水时,管壁温差大,再加上内水压力的共同作用,使波纹管伸缩节受力超过承载能力极限状态,导致爆裂。

五、处理措施

根据倒虹吸实际情况及各方专家咨询意见进行分析,爆裂主要原因是由于日照引起的钢管温度不均匀变化,再加上内水压力的共同作用下,导致波纹管伸缩节处管道变位过大,从而超过了波纹管伸缩节承载能力极限状态,导致波纹管伸缩节爆裂。根据事故产生的原因,对管道系统进行约束,对可能产生的横向位移加以限制,从而提高钢管稳定性。具体处理措施分两种:①在复式波纹管伸缩节上下游两侧增加限位支墩;②优化波纹管伸缩节结构设计,在波纹管伸缩节上增加限位结构,提高波纹管伸缩节横向刚度。具体处理措施如下所述。

(一)复式波纹管伸缩节上下游两侧增加限位支墩

根据工程所在地的温度变化范围以及管道设计压力进行受力分析,确定限位支座结构尺寸和位置,在复式伸缩节两侧设镇墩式限位支座,使管道只能沿轴线方向滑动,避免管道发生横向位移。该处理措施主要用于本工程未发生爆裂的波纹管伸缩节作为预防措施。限位支座安装示意图如图 2 所示。

(二)波纹管伸缩节增加限位结构

对波纹管伸缩节结构进行优化,在波纹管伸缩节上加装套筒和拉杆限位结构,支承形式仍采用原设计鞍式支承结构。

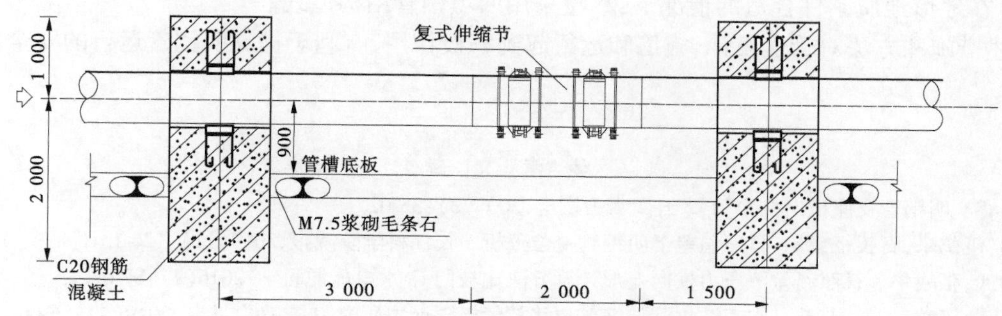

图2　限位支座安装示意图　（单位:mm）

该处理措施主要用于工程中爆裂的3个波纹管伸缩节位置,为了保证伸缩节的质量,更换生产厂家,并与厂家技术人员沟通,伸缩节按照优化后的结构进行生产。波纹管伸缩节成品安装效果如图3所示。

图3　带限位结构波纹管伸缩节效果图

经过上述措施处理后,于2019年12月再次对倒虹吸进行通水试验,管道及伸缩节未发现异常,管道运行良好。可见,两种措施都对管道限位起到良好作用,处理措施合理可行。

六、结　　语

明钢管暴露在空气中,由于日照引起的钢管管壁温度不均匀变化,使钢管产生偏向低温侧的弯曲变形(上拱或侧向变形),再加上在内水压力的共同作用下,导致管道变位过大,而波纹管伸缩节属于柔性部件,对管道变位有一定适应能力,但其刚度较小、临界柱失稳压力不高,当管道变位过大超过伸缩节允许变化范围时,导致波纹管伸缩节爆裂。因此针对该工程实例对类似工程提出以下建议:

(1)在设计时,考虑管道管壁顶底或两侧温差和内水压力共同作用的设计工况。

(2)对临近波纹管伸缩节的支墩装设限位装置。

(3)在波纹管伸缩节上增加限位结构,提高伸缩节横向刚度。

(4)采购质量好,满足设计要求的波纹管伸缩节,并正确安装。

(5)通水试验尽量选在温度较低的时段。

(6)在地形地质条件合适的情况下,尽量采用回填钢管结构型式。

上述措施和方法对管道设计、施工和运行起到积极作用,有利于提高明钢管运行的安全性和稳定性。

参考文献

[1] 诸葛睿. 明钢管支座横向推力[J]. 云南水力发电,2007(3):33-02.

[2] 杜超,伍鹤皋,石长征,等. 日照温差下明钢管变位分析. 长江科学院院报,2017(11):126-131.

[3] 王增武,张战午. 日照温差下压力横向变形计算方法比较[J]. 水电能源科学,2016(7):87-04.

[4] 石长征,伍鹤皋,刘园,等. 水工波纹管伸缩节位移补偿极限能力研究[J]. 水力发电,2019(4):56-06.

作者简介:

何祖寿(1980—),男,高级工程师,主要从事水利机械和压力管道设计工作。

引水式电站含未焊透缺陷压力钢管的安全评估

李东明[1,2]　杜蔚琼[1]　毋新房[1]

(1. 水利部水工金属结构质量检验测试中心,河南 郑州　450044;
2. 中国地质大学(北京),北京　100083)

摘　要　基于 ANSYS Workbench 断裂分析模块,根据某引水式水电站压力钢管部分管段纵焊缝未焊透的情况,建立含未焊透缺陷钢管段有限元模型,求解管壁的环向应力,并根据临界断裂韧性值确定 16Mn 钢的临界应力强度因子,按照焊缝缺陷特征在管壁建立裂纹的有限元网格,再次计算并提取工况下钢管缺陷尖点的Ⅰ型应力强度因子,根据临界应力强度因子判断准则,其未焊透缺陷不影响钢管的安全性,在后续检测中未发现缺陷有扩展趋势。

关键词　ANSYS;有限元;压力钢管;应力强度因子;安全评估

引水式水电站引水压力钢管一般为明管式光面管结构,其焊接及安装通常在现场进行,受施工条件及检测的限制,部分钢管存在一定的未焊透缺陷。依照《压力钢管安全检测技术规程》(DL/T 709),这种压力钢管应判定为“不安全”并尽快予以更换。但国内外有多种类似的案例表明:钢管在未焊透缺陷处若有较大的安全裕度,那么未焊透缺陷的存在不影响管道的安全运行[1]。本文通过 ANSYS Workbench 集成的断裂分析模块,建立压力钢管三维模型并划分网格,求解管壁在工况下的管壁环向、径向及轴向应力,在压力钢管有限元模型上按照缺陷特征建立局部裂纹模型,再次求解并在后处理中提取缺陷尖端的应力强度因子,依规范计算管壁材料的临界应力强度因子,利用裂纹失稳准则判断未焊透缺陷在校核工况下不会发生扩展,并在后续射线检测中验证该缺陷未出现持续扩张。

一、钢管无损探伤及分析

该引水式电站压力钢管主引水管道总长 839 m,管径 0.9 m,无损检测人员对该电厂引水压力钢管进行整段的巡视检查,管壁超声波蚀余厚度检测以及部分钢管纵焊缝及环焊缝 X 射线探伤。在射线探伤环节,检测人员对 4#、5#、6#、7#、8#、9#段钢管部分管节环焊缝及纵焊缝交错部位焊缝及热影响区进行射线照片的采集,焊缝方位及检测部位如图 1 所示。对完成的显影照片进行判断,发现较大的缺陷为 9#段钢管第 17 管节纵焊缝存在 210 mm 长度的未焊透,以及 10#段钢管第 20 管节纵焊缝存在 240 mm 长度的未焊透。具体显影图如图 2、图 3 所示(照片编号为镇墩号,钢管编号为镇墩号+1):

根据标准,9#、10#段压力钢管两处未焊透均评级为Ⅳ级未焊透,按照 DL/T 709 规范,存在Ⅳ级未焊透缺陷的 9#段钢管和 10#段钢管应判为“不安全”,钢管段应判报废并更换。但该 2 段钢管从建成以来一直在安全运行状态,因而有必要从强度和安全评定方面对超标缺陷的钢管重新评估[2],检测人员初步判断两处焊缝缺陷若安全裕度较高,并在持续观测中并未发现缺陷持续扩展的情况下,这两段钢管仍可以继续使用。

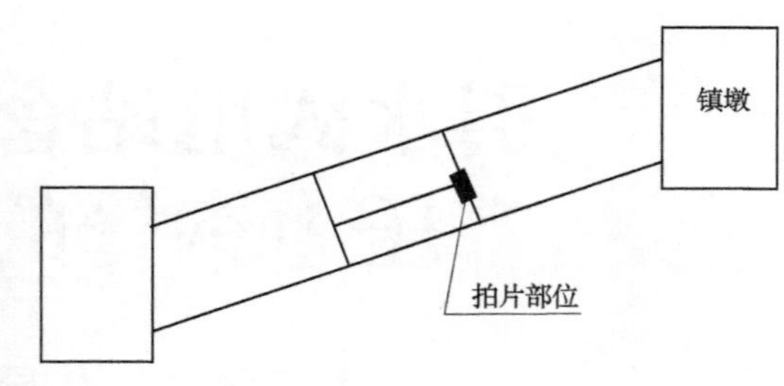

图1　压力钢管外观及检测方位

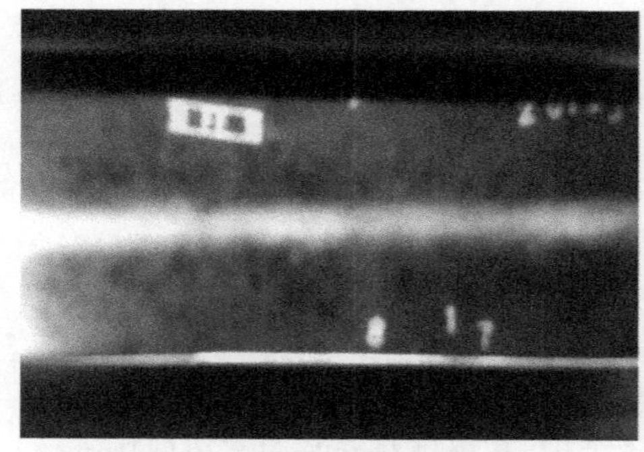

图2　9#段钢管未焊透缺陷示意图

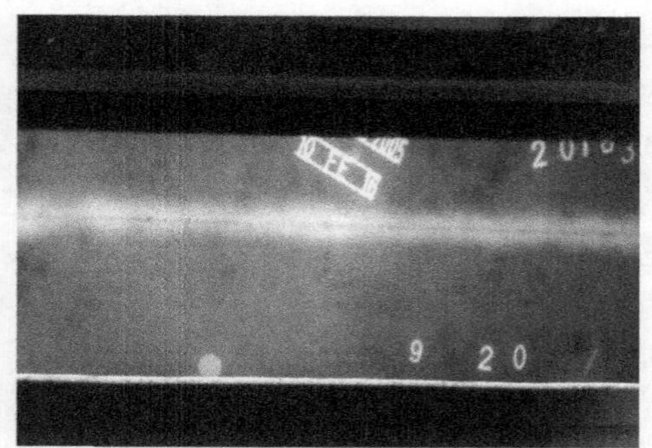

图3　10#段钢管未焊透缺陷示意图

因此对含缺陷的钢管建立有限元模型，并通过断裂力学应力强度因子法对两处未焊透缺陷进行安全评定，对其他引水式电站同类型压力钢管的安全判定提供了借鉴。

二、基于应力强度因子法的裂纹扩展评定

按照材料断裂面所受的外应力方向，裂纹可分为3种类型：张开型（Ⅰ型）、滑移型（Ⅲ型）以及撕裂型（Ⅲ型）[4-6]，Ⅰ型和Ⅱ型撕裂方式如图4所示。

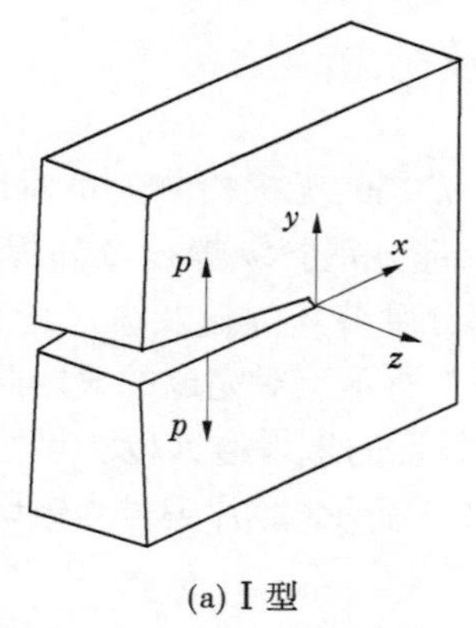

(a) Ⅰ型

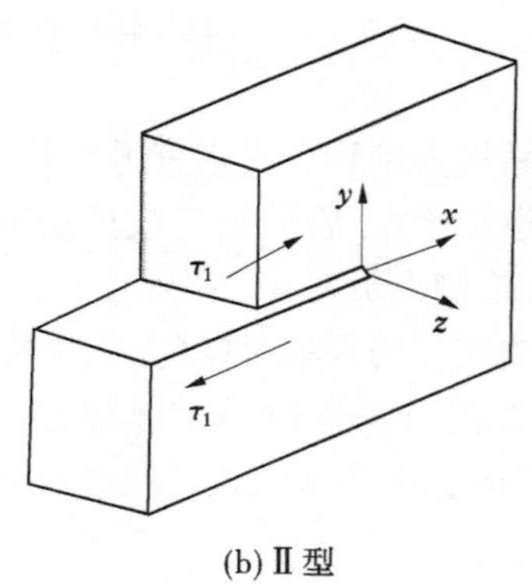

(b) Ⅱ型

图4　材料Ⅰ型以及Ⅱ型断裂示意图

Ⅰ型断裂的特征是外载荷 p 垂直于裂纹面，且裂纹表面的位移方向矢量垂直于这个表面，当裂纹扩张时，裂纹顶端以 z 方向扩展，沿着 x 方向延伸，并在 z 方向形成线状高应力区，用极坐标形式 (r,θ) 表示Ⅰ型裂纹尖端的应力场，则如式(1)所示：

$$\begin{cases}\sigma_{xx}(r_1,\theta_1)=p\sqrt{\dfrac{a}{2r_1}}\left[-\dfrac{1}{2}\sin\theta_1\sin\dfrac{3\theta_1}{2}+\cos\dfrac{\theta_1}{2}\right]\\ \sigma_{yy}(r_1,\theta_1)=p\sqrt{\dfrac{a}{2r_1}}\left[\dfrac{1}{2}\sin\theta_1\sin\dfrac{3\theta_1}{2}+\cos\dfrac{\theta_1}{2}\right]^{[4]}\\ \tau_{xy}(r_1,\theta_1)=p\dfrac{1}{2}\sqrt{\dfrac{a}{2r_1}}\left[\sin\theta_1\cos\dfrac{3\theta_1}{2}\right]\end{cases} \tag{1}$$

式中 a——裂纹长度的一半,mm;

r_1——裂纹尖端极坐标的半径,mm;

θ_1——裂纹尖端极坐标的角度,(°);

p——外载荷,N。

裂纹顶端的应力场在裂纹顶端相邻区域的“强度”能够用一个仅仅依赖于裂纹几何特征和载荷条件单一因子去表征,该因子就记为 K_{I},从而表征Ⅰ型裂纹的应力场就可写为式(2),其单位同式(1)相同:

$$\begin{cases}\sigma_{xx}(r_1,\theta_1)=\dfrac{K_{\mathrm{I}}}{\sqrt{2\pi r_1}}\cos\dfrac{\theta_1}{2}\left(1-\sin\dfrac{\theta_1}{2}\sin\dfrac{3\theta_1}{2}\right)\\ \sigma_{yy}(r_1,\theta_1)=\dfrac{K_{\mathrm{I}}}{\sqrt{2\pi r_1}}\cos\dfrac{\theta_1}{2}\left(1+\sin\dfrac{\theta_1}{2}\sin\dfrac{3\theta_1}{2}\right)^{[4,6]}\\ \tau_{xy}(r_1,\theta_1)=\dfrac{K_{\mathrm{I}}}{\sqrt{2\pi r_1}}\sin\dfrac{\theta_1}{2}\cos\dfrac{\theta_1}{2}\cos\dfrac{3\theta_1}{2}\right)\end{cases} \tag{2}$$

当材料出现Ⅰ型裂纹时,对于确定的裂纹尖端的附近某一点的位置(r,θ),其场应力、应变和位移分量决定于 K_{I} 值(应力强度因子 SIFS)。K_{I} 值反映了裂纹尖端应力场的强度,当应力 σ 和裂纹尺寸 a 增大到临界值,则在裂纹尖端足够大的范围内,场应力达到材料的断裂韧性,裂纹出现失稳扩展使材料完全断裂,这时 K_{I} 也达到临界值 K_{IC}(临界应力强度因子)[3]。因此,应力强度因子可用于包含裂纹和奇异应力场的结构的强度评估,为局部裂纹破坏提供了重要参考[7-8]。

根据 K_{I} 和 K_{IC} 的相对大小,可建立裂纹失稳扩展脆断 K 判据:$K_{\mathrm{I}}\geqslant K_{\mathrm{IC}}$[3]。根据 CVDA1984 规范,未熔合及未焊透缺陷均可视为Ⅰ型表面裂纹来处理,当缺陷部位的总应力低于材料的屈服强度时,可采用应力强度因子法进行缺陷评定,当 $K_{\mathrm{I}}\leqslant 0.6K_{\mathrm{IC}}$,那么所评定的缺陷可以接受,对压力钢管的运行不会造成影响[7]。

三、压力钢管有限元应力复核

(一)工况选择及材质参数确定

压力钢管除正常发电承受高处水头载荷外,也承受机组甩负荷产生的瞬间升压。根据《水电站压力钢管设计规范》(SL 281—2003)要求,两段钢管需考虑以下两种工况:①正常发电工况,即钢管管壁承受高处明渠到厂房内水流落差产生的水头;②水锤工况,即钢管管壁承受瞬间水压升高的情况。规范要求不能小于正常蓄水位静水压的10%[9],出于安全考虑本文取升压系数15%。

9#、10#段压力钢管主要材料为16Mn钢(等同于新标准的Q355B钢)。按照《水电站压力钢管设计规范》(SL 281—2003)设定16Mn钢弹性模量 $E=206\ 000$ MPa,泊松比 $\mu=0.30$,质量密度 $\rho=7.85\times10^{-6}$ kg/mm^3,重力加速度 $g=9\ 800$ mm/s^2。

(二)钢管有限元模型的建立

在 ANSYS Workbench 中根据业主提供的图纸建立 9#、10#段压力钢管包含镇墩支墩及伸缩节的三维模型,

因管壁多年使用后出现壁厚减薄,根据测厚仪测量数据,按照最薄弱原则,9#段压力钢管取壁厚 10.7 mm,10#段压力钢管取壁厚 11.48 mm。钢管及镇墩模型几何结构单一,为保证计算精度,压力钢管管壁及伸缩节组件的单元选择 Solid185 八节点实体单元,单元划分方式为扫掠网格划分,镇墩和支墩选择 Solid185 四节点实体单元,划分尺寸 30 mm,为体现镇墩对钢管的固定及支墩的支撑,钢管同镇墩间采用节点绑定(MPC)固定约束,支墩同钢管以及伸缩节内钢管连接部分采用未分离(No Separation)约束,即钢管同支墩接触面允许有小位移(伸缩节伸缩作用),最终完成的 9#段压力钢管和 10#段压力钢管段整体有限元模型如图 5 所示。

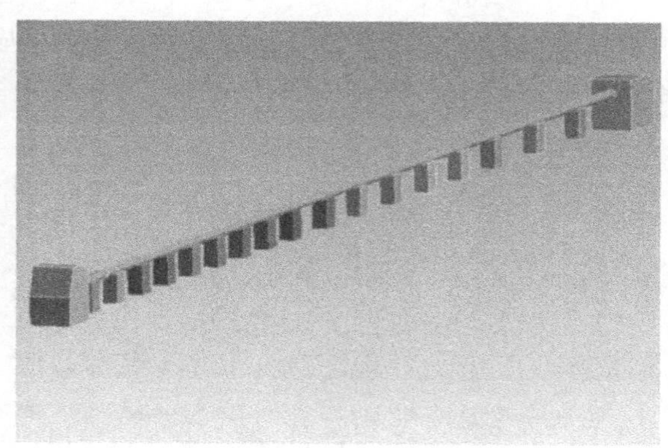

图 5　含缺陷的钢管段有限元模型示意图

(三)管壁静强度有限元计算

9#段和 10#段压力钢管约束边界条件设置完全相同,建立柱坐标坐标系,x 轴指向钢管径向,y 轴逆时针环向,z 轴指向钢管轴向,在管端截面建立位移约束限制钢管 x、y、z 方向移动,另一管端截面设置无摩擦约束。钢管在工作状态下承受的最主要载荷为内部水压力,其余钢管自重、管内水重、风载荷等暂不考虑(钢管两侧有沟墙,风载荷影响较小)。根据业主提供的压力钢管布置图纸计算钢管内水压强,具体见表 1。根据载荷边界条件和约束边界条件,计算出 9#段和 10#段压力钢管发电工况环向应力,见图 6、图 7。压力管道截面的应力通常由管道内内压、温度以及各种约束等而产生,因此纵向焊缝缺陷裂纹尖点的首要作用应力为钢管环向应力[7,10]。根据计算结果,在正常发电工况下,9#段压力钢管环向应力为 114.14 MPa,10#段压力钢管环向应力为 115.4 MPa;在水锤工况下,9#段压力钢管环向应力为 130.17 MPa,10#段压力钢管环向应力为 132.7 MPa,压力钢管管壁强度满足规范要求。因伸缩节的释放作用,两种工况下钢管轴向和径向应力不超过 4 MPa,作用在裂纹作用面的总应力小于 16Mn 钢屈服极限 345 MPa,具备使用应力强度因子法的条件[3]。

表 1　含缺陷钢管段水头载荷表

位置编号	上镇墩水位高程(m)	上下镇墩处水头差(m)	计算管壁水压(MPa)
前池正常水位	1 237.531	0	0
9#镇墩段钢管	937.403	300.128	2.941
10#镇墩段钢管	908.400	329.131	3.225

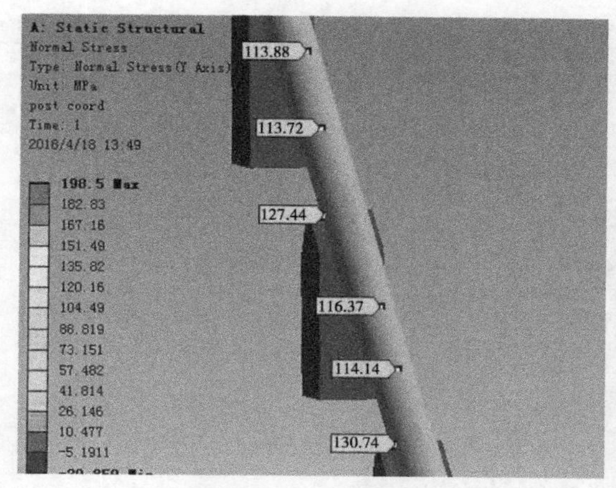

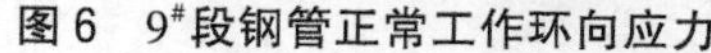
图6　9#段钢管正常工作环向应力

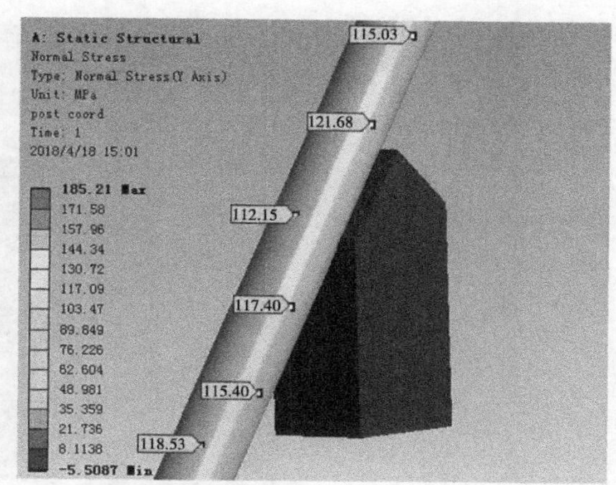

图7　10#段钢管正常工作环向应力

四、基于强度因子法的安全性校核

(一)16Mn 钢临界强度因子的确定

按照《压力容器缺陷评定规范》(CVDA1984)的规定,未焊透缺陷归为平面表面缺陷,按表面裂纹来进行缺陷评定,并可将缺陷视为长半径 c,短半径 a 的椭圆,因射线探伤无法获得缺陷深度,后采用相控阵超声探伤法探明两处未焊透的深度不超过 2 mm,本文设定深度 $a=2$ mm。另外,电站压力钢管钢材部分力学性能试验资料遗失,也无法对焊缝接头取样试验,因此,16Mn 钢的 SIFC 值需以现有文献资料中的类似数据作为参考,根据文献中类似材料焊缝金属 CTOD 试验数据,焊缝焊接接头的 CTOD(裂纹尖端张开位移)临界断裂韧性 δ_{cr} 为 0.057 7 mm[5,8],根据 CVDA1984 规范的推荐公式,在确定临界断裂韧性 δ_{cr} 以后,通过式(3)换算焊缝处 K_{IC} 的代用值:

$$K_{IC}=\sqrt{\frac{1.5E}{1-\mu^2}\sigma_s\delta_{Cr}} \tag{3}$$

式中　σ_s——断裂母材的屈服强度,MPa;

E——材料的弹性模量,MPa;

μ——材料的泊松比。

根据式(3),计算出焊缝材料的临界强度因子 K_{IC} 值为 2 599.9 N/mm$^{3/2}$。为同 ANSYS Workbench 单位统一,按照 CVDA1984 提供的单位换算表[3],换算焊缝材料的临界强度因子 K_{IC} 值为 2 339.3 MPa · mm$^{1/2}$。

(二)焊缝缺陷应力强度因子的计算

在 ANSYS Workbench 新版本中集成了材料断裂参数的计算功能,能够通过应力强度因子(SIFS)方法以及 J 积分(J Integral)方法两种准则判断含裂纹结构体在外界条件作用下裂纹尖端的强度以及裂纹的扩展趋势,其中半椭圆形裂纹(Semi-Eclipse Fracture)模块专门用于表面裂纹的计算。在静强度有限元计算模型基础上,对 9#段和 10#段压力钢管截取 2 m 长度的压力钢管作为焊缝缺陷应力强度因子的计算目标,载荷边界条件和约束边界条件同静强度计算相同。

管壁的焊缝未焊透缺陷位于钢管内壁焊缝根部,因此,在压力钢管内壁建立半椭圆形裂纹中心笛卡儿坐标系 CSYS1,其坐标原点位于内壁,x 轴指向内壁法线外侧,z 轴指向纵焊缝方向,y 轴指向坐标原点处面环向切线方向。设定半椭圆长半径(x 方向)长度为 105 mm,即 9#钢管纵焊缝缺陷半长 c,半椭圆短半径(z 方向)长度为 2 mm,即缺陷深度 a。因断裂参数计算模块不支持六面体网格,因此,必须采用 Solid185 四面体三角网格对钢管已划分网格重新划分,另外裂纹长度较长,裂纹网格纵向分段数划分为321段以保证网格质量，随后在钢管本体基单元上重新局部划分以形成“裂口”网格，10#钢管半椭圆长半径设定为120 mm，完成的焊缝缺陷网格模型如图8所示。

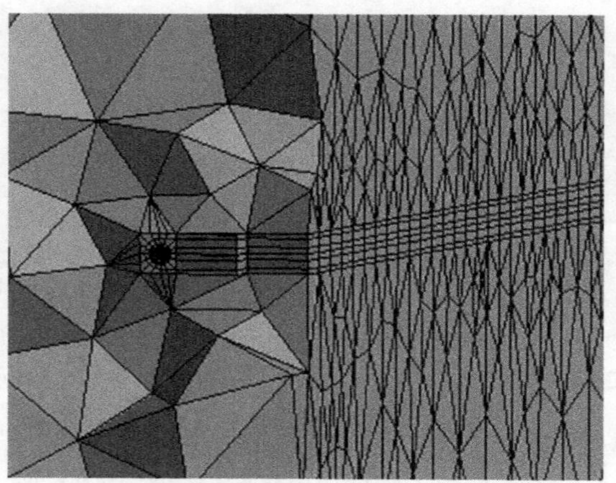

图8 管壁裂纹张口有限元模型

使用求解器完成计算后，在后处理中利用断裂参数工具提取未焊透裂纹尖点曲线处的应力强度因子（SIFS），见图9～图12，从中可看到9#钢管在正常发电工况下，裂纹尖点处中心SIFS值较大，中心向两端SIFS值逐渐减小，在裂纹边缘处SIFS值达到最小值。其中最大SIFS值为386 MPa · mm$^{1/2}$，在水锤工况下，因内水压升高15%，管壁环向应力增加，导致未焊透裂纹尖点最大SIFS值增大至443.8 MPa · mm$^{1/2}$，9#钢管在两种工况下，未焊透缺陷尖点的SIFS值均小于0.6K_{IC}（1 403.6 MPa · mm$^{1/2}$），即未焊透裂纹不会出现扩展的趋势，9#钢管安全性满足要求。10#钢管在正常发电工况下，未焊透裂纹尖点最大SIFS值为395 MPa · mm$^{1/2}$，在水锤工况下，未焊透裂纹尖点最大SIFS值增大至451.3 MPa · mm$^{1/2}$，10#钢管在两种工况下，未焊透缺陷尖点的SIFS值均小于0.6K_{IC}（1 403.6 MPa · mm$^{1/2}$），即未焊透裂纹不会出现扩展的趋势，10#钢管安全性满足要求。为验证ANSYS的计算结果，采用CVDA1984中表面裂纹Ⅰ型应力强度因子计算公式：

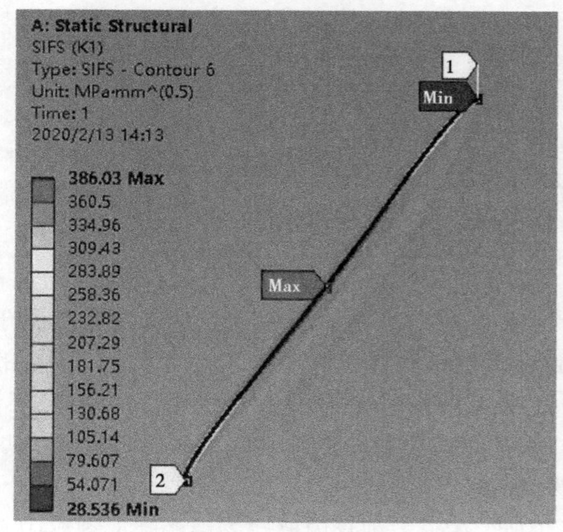

图9 正常发电工况下9#钢管管壁缺陷SIFS值

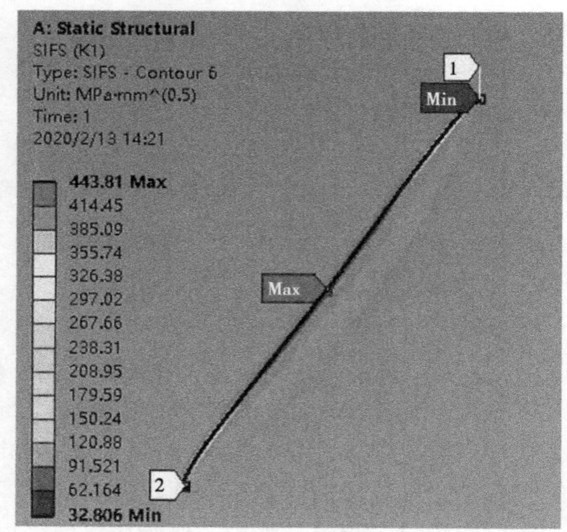

图10 水锤工况下9#钢管管壁缺陷SIFS值

$$K_{\mathrm{I}} = \frac{F}{\psi}\sigma\sqrt{\pi a} \tag{4}$$

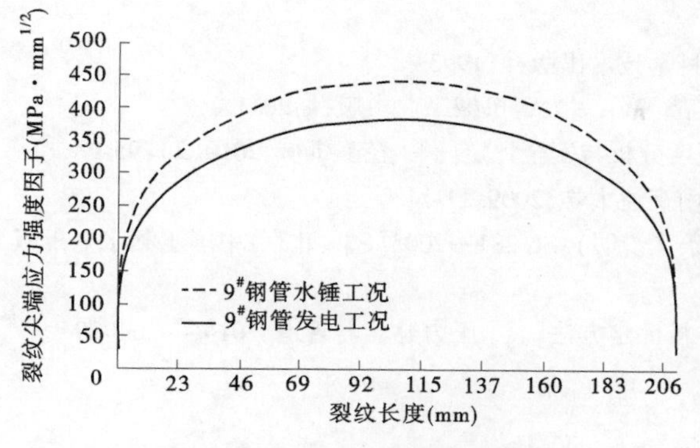

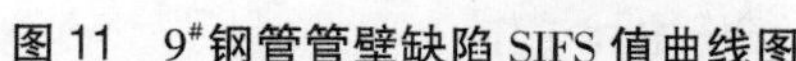
图 11　9#钢管管壁缺陷 SIFS 值曲线图

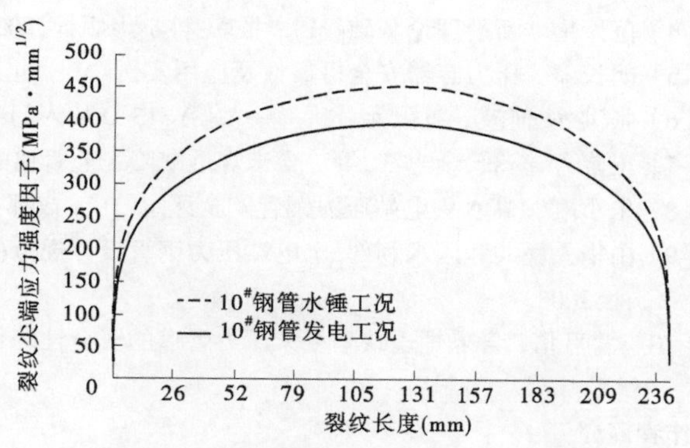

图 12　10#钢管管壁缺陷 SIFS 值曲线图

式中　F 和 ψ——计算系数；

σ——裂缝两侧应力，MPa；

a——裂缝深度，mm。

采用式(4)手工计算后，其应力强度因子计算结果与 ANSYS 计算值偏差仅为 0.6%，说明 ANSYS 断裂分析模块计算结果完全可信。

(三)焊缝缺陷的持续观测结果

9#、10#段压力钢管的焊缝未焊透缺陷，通过应力强度因子法判断该缺陷不影响钢管的正常使用。出于安全起见，在第一次安全检测的 8 个月后，检测人员重新对 9#段钢管第 17 管节纵焊缝以及 10#段钢管第 20 管节纵焊缝进行 X 射线探伤，以观察缺陷处增长情况，探伤后发现两处未焊透缺陷长度未发生变化，即裂纹没有出现继续扩展的趋势。

五、结　　语

本文基于 ANSYS Workbench 断裂分析模块，建立含缺陷钢管的有限元模型并求解管壁在工况下的环向应力，按照缺陷的特征在管壁处建立包含未焊透裂纹缺陷的网格模型，重新计算并提取工况下缺陷尖点的应力强度因子，根据临界应力强度因子准则判断 9#、10#段压力钢管未焊透缺陷不影响钢管的安全运行。结论如下：

(1) ANSYS Workbench 的断裂分析模块 Fraction 能够有效的计算薄壁结构表面或内部各种形式及尺寸的裂纹尖端应力强度因子及其他判定准则参数，为评估结构的安全性提供了重要参考。

(2) 对于采用 16Mn，Q345 同级别或更高的钢材，管壁厚度在 12~18 mm，管内水压在 3.5 MPa 左右的引水压力钢管，纵焊缝或环焊缝上存在个别深度在 3 mm 以下，长度不超过 240 mm 的未焊透缺陷对钢管的安全运行不会产生影响。

(3)对于存在未焊透缺陷的引水压力钢管，即使采用临界应力强度因子法评定为安全，仍要对含缺陷钢管进行定期巡视检查，建议每隔 6 个月对焊缝缺陷位置进行射线探伤以观察缺陷是否出现扩展，若发现缺陷长度增加，则钢管必须予以更换。

参　考　文　献

[1] 白杨．带有环向内裂纹的薄壁钢管结构断裂力学计算分析[J]．兰州理工大学学报，2014(10)：169-172.

[2] 王亚新，谢禹钧．基于 GB/T 19624—2004 对含缺陷压力管道的安全评定[J]．石油化工高等学校学报，2007(6)：54-57.

[3] 压力容器学会及化工机械与自动化学会．压力容器缺陷评定规范：CVDA—1984[S]．北京：化工出版社，1985.

[4] 范天佑．断裂理论基础[M]．北京:科学出版社,2003.
[5] 胡长廉．压力容器安全可靠性及应用实例[M]．北京:科学技术出版社,1993.
[6] 张洪才,何波．有限元分析——ANSYS13.0 从入门到实战[M]．北京:机械工业出版社,2011.
[7] 王晓芳,翁获,金志江,等．含未焊透缺陷工业管道的强度分析与安全评定[J]．轻工机械,2010(2):95-98.
[8] 朱小刚．高水头电站压力钢管安全评定[D]．成都:西南交通大学,2009:11-14.
[9] 中华人民共和国水利部.水电站压力钢管设计规范(附条文说明):SL 281—2003[S]．北京:中国水利水电出版社,2003.
[10] 孟昭北．含未焊透缺陷复杂压力管道的安全性综合分析评定方法[J]．压力容器与管道,2014(7):38-39.

作者简介:

李东明(1982—),男,高级工程师,主要从事研究水工金属结构检验测试技术工作。

浅谈水利水电工程压力钢管经济管径的确定

李　敏　张宝瑞　孙书南　林　浩

（中水北方勘测设计研究有限责任公司，天津　300222）

摘　要　水利水电工程压力钢管管径与其工程投资及电站效益密切相关。如何确定一个经济管径，使得钢管工程投资和电站效益达到经济最优，中外学者对此做了大量工作，文章归纳总结了目前常用的四种估算方法，即经济流速法、电能费用法、水头出力法以及抵偿年限法，并对其进行对比分析，为合理选用适宜的方法进行钢管经济管径的估算提供参考。

关键词　压力钢管；经济管径；经济流速法；电能费用法；水头出力法；抵偿年限法

管道的经济管径，系指投资偿还期内，管道投资年折算费用与年运行费用之和最小的管径。多年来，国内外学者通过各种方法获得了一些确定压力钢管经济管径的经验方法，例如一些欧洲国家及日本根据“由于增加管径所增加的年费用不超过相应多获得的年电能的价格”这一原则来计算[1]。美国压力钢管设计手册 ASCE No. 79 中关于钢管经济直径则是按照“使得压力钢管安装费用和其内水头损失所引起的发电收益损失超过偿还年限减至最小”[2]的原则确定钢管经济直径。目前，我国还没有技术经济管径的通用公式[3]，仅对钢管内水流流速进行限定，从而间接获得其经济管径。通过对上述几种确定压力钢管经济管径的经验方法不难看出，不论是抵偿年限概念、费用收益概念还是管道流速限定，其本质基本类似，都是为使得工程投资及收益损失达到最小。实际工程应用中，应根据项目特点，工程特征参数，压力钢管管型、布置形式、施工条件以及相应的电站效益指标等综合分析，选择适宜的估算方法对钢管的经济管径进行初步确定。

一、经济流速法

根据《水电站压力钢管设计规范》(SL 281—2003)相关内容，我国还没有技术经济管径的通用公式，一般经验：明管和地下埋管，当作用水头 100～300 m，流速取 4～6 m/s。坝内埋管，作用水头 30～70 m，流速 3～6 m/s；当作用水头 70～150 m，流速取 5～7 m/s；当作用水头 150 m 以上，流速约 7 m/s。坝内管较短，流速略大于引水式电站。水头提高，流速可适当加大。坝内埋管的进水口、拦污栅、闸门在总造价中所占比重、局部损失在总水头损失中所占比重均较大，都应参与比较。根据《水工设计手册》第 8 卷相关内容[4]，钢管经济直径可依据下式确定：

$$D = \sqrt[7]{\frac{KQ_{max}^3}{H}} \tag{1}$$

式中　K——计算系数，在 5～15，常取 5.2（钢材较贵、电价较廉时 K 取较小值）；

D——钢管直径，m；

Q_{max}——钢管最大设计流量，m^3/s；

H——电站设计水头，m。

钢管内的经济流速一般为 4～6 m/s。

二、电能费用法

根据一些欧洲国家及日本按照“由于增加管径所增加的年费用不超过相应多获得的年电能的价格”这一原则来计算压力钢管经济管径，可推得钢管经济直径的上限是

$$D = \sqrt[7]{\frac{fShQ^3}{1\ 000H} \cdot \frac{C_2}{C_1}} \tag{2}$$

式中 D——钢管经济直径，m；

S——钢材的允许应力，MPa；

f——钢管的摩阻系数；

h——年运行小时数，h；

Q——钢管平均输水流量，m^3/s；

H——电站设计水头，m；

C_1——每千克压力钢管年费用，$C_1=aC$，元；

C——每千克压力钢管造价，元/kg；

a——折旧、维修等费用率，一般取7%~12%；

C_2——发电机端每度电的价格，元/(kW·h)。

三、水头出力法

根据文献[5]中统计的很多大型水电站实际数据，认为钢管的经济直径可以用水轮机的额定出力及额定水头表示如下

$$D = 0.55N^{0.43}/H^{0.65} \tag{3}$$

式中 N——水轮机的额定出力，kW；

H——水轮机的额定水头，m。

四、抵偿年限法

美国压力钢管设计手册ASCE No. 79—2012中关于压力钢管经济管径的计算思路是使得压力钢管安装费用和其内水头损失所引起的发电收益损失超过偿还年限减至最小，为此提供了两种计算经济管径的方法，即按照钢管运输安装控制管壁厚度的最小管壁法和以内压控制钢管壁厚的内压法。为方便应用，下列各式已转换为国际单位。

(一)安装费用

根据规范，钢管单位长度安装费用按下式计算

$$U_1 = \pi WCtD \tag{4}$$

式中 U_1——单位长度压力钢管安装费用，元；

W——钢材密度，kg/m^3；

C——单位质量压力钢管安装费用，元/kg；

t——管壁厚度，m；

D——钢管内径，m。

1. 最小壁厚法

当钢管壁厚为满足装卸和运输要求的最小壁厚时，根据太平洋煤气电力公司公式确定钢管最小壁厚为

$$t=\frac{D}{288} \tag{5}$$

式中 t——管壁厚度，m；

D——钢管内径，m。

将式(5)代入式(4)，则以最小壁厚确定的压力钢管安装费用为

$$U_1=0.010\,9WCD^2 \tag{6}$$

2. 内压法

当钢管壁厚由内压确定时，其管壁厚度按照下式计算

$$t=\frac{FHD}{2S} \tag{7}$$

式中 F——水重的换算系数，0.01 N/(m · mm^2)；

H——设计水头，m；

S——钢材的允许应力，N/mm^2；

D——钢管内径，m。

将式(7)代入式(4)，则以内压确定的压力钢管安装费用为

$$U_2=\frac{0.015\,7WCHD^2}{S} \tag{8}$$

（二）发电收益损失

根据美国垦物局关于电站发电容量以水头损失表示的计算如下：

$$KW=9.8QE(H_L) \tag{9}$$

式中 Q——设计流量，m^3/s；

E——水轮机/发电机总效率；

H_L——钢管水头损失，m。

水头损失 H_L 按照 Darcy-Weisbach 方程计算为

$$H_L=\frac{fLV^2}{2gD} \tag{10}$$

式中 f——摩擦系数；

L——钢管长度，m ；

V——平均速度，m/s；

D——钢管内径，m；

g——重力加速度，9.8 m/s^2。

管内流速

$$V=\frac{4Q}{\pi D^2} \tag{11}$$

则单位长度压力钢管水头损失为

$$H_L=\frac{16fQ^2}{2g\pi^2D^5}=\frac{0.082\,8fQ^2}{D^5} \tag{12}$$

将式(12)代入式(9)，得

$$KW=\frac{0.811fEQ^3}{D^5} \tag{13}$$

对上式乘以组合功率值 M 和年发电小时数 h，则电站年发电收益损失

$$PRL = \frac{0.811fEQ^3hM}{D^5} \tag{14}$$

对式(14)引入一个给定利率和偿还期的现值系数(pwf)，则年发电收益损失现值为

$$X = \frac{0.811fEQ^3hM(\mathrm{pwf})}{D^5} \tag{15}$$

(三)经济管径

1.最小壁厚经济管径

将由最小壁厚确定的钢管安装费用加到式(15)中，可得钢管经济管径为

$$D = 2.11\left[\frac{fhMEQ^3(\mathrm{pwf})}{WC}\right]^{0.1429} \tag{16}$$

当采用特定壁厚 t 时，钢管经济管径为

$$D = 1.04\left[\frac{fhMEQ^3(\mathrm{pwf})}{WCt}\right]^{0.1667} \tag{17}$$

2.内压控制壁厚经济管径

将由内压法确定的钢管安装费用加到式(15)中，可得钢管经济管径为

$$D = 2.00\left[\frac{fhMESQ^3(\mathrm{pwf})}{WCH}\right]^{0.1429} \tag{18}$$

五、应用分析

结合前述4种计算压力钢管经济管径的常用方法，已知某电站相关参数如下：

设计引用流量 Q=82.12 m³/s，设计水头 H=135 m，钢管的摩阻系数 f=0.02，年利用小时数 h=7 075 h，组合功率值 M=0.35 元/(kW·h)，水轮机或发电机效率 E=0.85，利率 i=8.75%，投资回收期 n=50y，钢材容重 W=7 840 kg/m³，钢管安装费 C=54.78 元/kg，钢材允许应力 S=137.8 MPa，偿还期的现值系数 pwf=11.60。

则经济管径计算结果如表1。

表1 钢管经济管径计算结果对比

计算方法	计算公式	计算管径 D(m)	备注
经济流速法	$D=\sqrt[7]{\frac{KQ_{max}^3}{H}}$	4.13~4.83	K 取5.0~15.0
电能费用法	$D=\sqrt[7]{\frac{fShQ^3}{1\,000H}\cdot\frac{C_2}{C_1}}$	3.44	C_2 取0.30元/(kW·h)，a 取8%(见式(2))
水头出力法	$D=0.55N^{0.43}/H^{0.65}$	3.10	
抵偿年限法	$D=2.11\left[\frac{fhMEQ^3(\mathrm{pwf})}{WC}\right]^{0.1429}$	5.29	最小壁厚
	$D=2.00\left[\frac{fhMESQ^3(\mathrm{pwf})}{WCH}\right]^{0.1429}$	5.04	内压控制壁厚

通过上述 4 种估算方法计算结果可知,经济流速法当 K 取上限值时与抵偿年限法计算的钢管经济管径相近,其管内流速符合经济流速法的要求。而电能费用法和水头出力法计算结果接近,均在 3 m 左右,管内流速约 11 m/s,其远超钢管经济流速,经分析认为,电能费用法计算时,由于对发电机端电价以及折旧费率的取值存在不确定性,导致计算结果可能与实际不符。水头出力法中要求已知水轮机额定出力和电站额定水头,此处计算时代入了设计出力和设计水头,其计算结果与实际情况也必然存在偏差。因此,在工程建设初期,由于基本资料的缺乏,建议选用经济流速法对钢管经济管径进行初步估算,其所需参数较少且易于获取,同时结果也能满足设计要求。

六、结　　语

(1)水利水电工程压力钢管经济管径的确定是极其复杂的多元多目标最优化问题,很难用一般数学表达式求得精确解,尤其是对于估算公式中涉及的一些参数,在工程建设初期往往无法准确获知,因此,如何合理恰当的选取估算方法及相应计算参数显得尤为重要。

(2)一般可根据工程实际情况及已知条件选择上述 4 种方法进行钢管经济管径的初步估算。当前期资料缺乏时,推荐采用经济流速法进行经济管径的初步确定。若前期资料充足、完备时,可按照抵偿年限法进行经济管径的计算。

(3)文中所列压力钢管经济管径的 4 种估算方法除水头出力法外,其余 3 种方法中计算管径与电站设计引用流量的三次方正相关,即电站设计引用流量对计算管径最敏感,因此合理确定钢管设计引用流量对经济管径的确定至关重要。

(4)电能费用法和抵偿年限法考虑了由于管径变化所引起的钢管成本及收益的变化,虽然能比较全面的反映水利水电工程压力钢管经济管径的计算,但由于其并未对压力钢管结构类型(埋管,明管或回填管)进行区分,对钢管的成本仅以钢管造价或钢管安装费用来表示,笔者认为可能存在不足。建议应用这两种方法进行钢管经济管径计算时,充分考虑钢管类型对成本的影响,使得计算结果更加符合实际。

参 考 文 献

[1] 潘家铮. 压力钢管[M]. 北京: 电力工业出版社, 1982. 11-15.
[2] 美国土木工程师协会. ASCE Manuals and Reports on Engineering Practice No. 79 Steel Penstocks[S]. 2012.
[3] 中华人民共和国水利部. 水电站压力钢管设计规范(附条文说明):SL 281—2003[S]. 北京:中国水利水电出版社,2003.
[4] 水工设计手册(第 8 卷)[M]. 2 版. 北京: 中国水利水电出版社, 2014.
[5] G. S. 沙卡里尼. 压力钢管的经济直径——20 年的回顾,Water Power. Vol. 31. No. 11,1979.

作者简介:

李敏(1986—),男,工程师,主要从事水道及水工建筑物设计工作。

岔　管

我国钢岔管发展简史

钟秉章

（浙江大学，浙江 杭州　310058）

摘　要　作者自20世纪50年代末加入中国水电工程建设事业，一生经历了大大小小不少水电站工程建设，其中很多工程钢岔管的设计、钢材的选用以及各种事故的处理都具有典型意义，本人在此简单叙述罗列，利用埋地钢管会议的平台与业界同行分享，以期对今后的工程设计和事故处理具有借鉴意义。

关键词　钢岔管；事故处理；水电用钢

一、福建古田溪水电站岔管

福建古田溪龙亭水电站是50年代新中国建设的第一批水电站，调压井之后压力钢管经钢岔管至地面厂房的两台单机容量为65 MW的机组，其钢岔管钢材采用3号钢，相当于现在的Q235，由于肋板的钢板厚度受当年轧钢能力限制，且结构设计是手工粗算，为了保证钢岔管的结构安全，设计者在钢岔管内部增加两根钢柱，这种设计肯定对岔管内流态有影响。该工程钢岔管图纸以前看到过，但现在找不到了，这是我国设计的第一个钢岔管。

二、云南以礼河水电站的三梁式岔管

20世纪60年代初建设的以礼河三、四级水电站从捷克进口了机电设备，同时也进口了全部钢岔管。当时第一次见到三梁式钢岔管的U梁大部分内插入岔管内，两侧腰梁很矮小，用不大的圆钢柱焊在结构的顶部和底部，把两侧的腰梁和主梁焊接在一起。为了设备验收我们对该岔管做了水压试验，并埋设了管外的观察仪器。钢岔管系统承接管内径为2 200 mm的2号地下平洞，一分为二，支管直径为1 550 mm，继续对分，一直到为4台卧式机组（双水轮机，16个喷嘴）供水。我们在现场作水压试验的范围：上游用捷克进口的直径2 200 mm椭圆封头，下游用两个直径1 500 cm的椭圆封头，其中一个带有进人孔，该封头后来还用于以礼河四级水电站的工程方案决策试验，至今还留在四支洞试验现场。试验期间主要依靠以礼河建设工程局（后改为公司）中心试验室的人员和设备，在管内外粘贴电阻应变片和在管外布置原型观测仪器。原云南水电建设工程局中心试验室的蓝如策、苏秀玉、何仁德、赵灵武、武彪和我都是第一次从事这项试验。试验结果非常好，后来长期原型观测也得到很有价值的结果。

三、云南绿水河水电站三梁式岔管

绿水河三梁式钢岔管是当时昆明水电设计院学习以礼河捷克U型内插结构，没有厚板也没有强度较高的钢材，用三块中厚板叠合，但为了使三块板整体性更强，希望更好地联合受力，错误地用电锚钉焊接，而实际上在内水压力作用下管内的三块钢板无需用电锚钉，后来在出厂水压试验过程中，因电锚钉焊接质量问题渗水到组合肋板的管外部分，导致管外三梁张开破坏，不得不重新制作。

四、四川渔子溪水电站三梁式岔管

成都水电设计院做过渔子溪钢岔管设计，当时只有普通3号钢，按照美国垦务局的计算方法设计，岔管U型梁设计板厚230 mm，在黑龙江齐齐哈尔富拉尔基厂锻造后，运到北京良乡重机厂加工，然后再运到四川夹江水工厂组合焊接成三梁式钢岔管，同时在渔子溪工地搭建了简易的退火炉，以消除焊接残余应力。当时成都院盛洪文提出一种新的计算方法：即满足三梁的结合处竖向位移和力的平衡与位移协调外，同时增加力矩和转角的平衡与协调。为此还把有关成果寄给水利电力部北京水利水电规划设计总院，要求组织审查。

五、四川磨房沟水电站球形岔管

中国最早的球形钢岔管是在潘家铮指导下设计，应用于四川磨房沟水电站。球形岔管应用于一分为三的场合有其优势，主要问题是流态不好，特别是在非对称开启情况下，而且主管和三个支管需要有总共四个锻钢件分别和主、支管以及球壳焊接，安装制作比较困难。后来我们在陕西设计院的工程上也遇到过这样的问题，原供水工程的设计也是用球形岔管，担心支管侧非全开启时流态不好，最后用两个前后衔接的月牙肋岔管取代。

六、贵州猫跳河水电站月牙肋岔管肋板开裂处理

1961年，北京定福庄的机电安装局要求以礼河机电安装第七工程处派人去贵州猫跳河工程，了解并解决该梯级电站钢岔管肋板开裂问题，并给出处理解决方案。干沟钢管厂厂长徐世启通知我和处机关的金属结构主管技术员史绳武一起去贵州猫跳河。该钢岔管肋板采用60 mm厚鞍山钢铁公司生产的“三不保”钢板，即当时因设备能力不足，无法保证厚钢板表面和内部质量；无法保证冲击韧性；无法保证偏析和分层。现场考察后，准备用低倍组织试验法。要求从肋板余料切割取样并磨光一个面，10%浓度的盐酸、印相纸、定影液、烧杯、冲洗水源。试样在加热的浓盐酸溶液里，很快有反应，五分钟后取出用热水冲洗，用印相纸贴在试件磨光面，几分钟后把印相纸放入到定影液里，很快出现大量黑色条纹，像是千层饼，1/2厚度处最明显。岔管外伸肋板与支锥管焊接时使得肋板受到法向力作用，导致严重分层肋板被拉开。由于钢材本身的缺陷问题，该岔管肋板无法处理。但由于该钢岔管是按照明岔管设计，并没有考虑围岩的分担作用。而实际工作时因围岩分担，安全裕度足够，且管外的肋板不会进一步张开，而管内的肋板在内水压力作用下也不会分开，因此得出结论是不需要作任何处理。

七、无梁式钢岔管试验研究

1972年末，昆明水电勘测设计院李永庆、孙君实从“国外水电资料汇编”上看到新型无梁式钢岔管照片，找我们能不能制作模型试验，以便用于西洱河二级水电站。当时我国一般单位没有国外的杂志和资料。之前因以礼河三级盐水沟水电站出了高压钢管一平段爆裂事故，我们特地去上海材料研究所和钢铁研究所做了大量试验研究工作，并且接触了化工压力容器设计和试验的方法。拿到当时最新的美国ASME非直接受火压力容器设计和制造规范，了解到国外的设计和试验的方法与规定。1973年为无梁岔管球壳片加工，史绳武、陈勋立（钢管厂铆工主任）和我考察了兰州西固以及东北金州等地的一些厂家，了解到球壳片加工也可以在干沟钢管厂自行解决。回到干沟后，

请工程局的修配厂用铸铁完成压制球壳片所需要的上下模具,利用钢管厂已有的500吨油压机,完成了无梁钢岔管试验模型和以后原型的球壳片加工。我们确定用北京钢铁研究总院刘嘉禾先生推出的901钢材(16Mn,现在的Q345。几乎同时还推出902、903,就是现在的Q390的两种钢材,当时限于军工用钢)来制作1:2模型无梁钢岔管。因无梁岔管的体型的有关参数没有合适的设计方法,还请陈勋立手工制作了多个小模型,以比较体型的合理性。

八、南垭河三级水电站的钢岔管1:2模型水压试验

1973年要求我们从云南以礼河去支援成都勘测设计院科研所负责的钢岔管1:2模型水压试验,该电站地处四川石棉县,和詹乃堇、汪先绪带了电阻应变仪、接线箱去。对方项目总负责人是鲁慎吾(南垭河分局局长、后来先后到贵阳勘测设计院和成都勘测设计院任院长),试验负责人是成勘院科研所的毛朝平,余家玉等,参加试验的还有浙江大学周兆民、吴兴初等。到达现场后才知试验单位居然没有准备电阻片粘结剂,当时还没有502胶水,只能用自配的粘结剂勉强用于电阻应变片粘接。试验到高压时单面焊接的大封头(没有带进人孔的封头,焊工最后出口,无法作内部焊接)突然朝一侧接近水平向破裂,鲁慎吾淋了一身水。尽管出此意外,试验结果基本正常,证明设计没有问题。该处也是彝族周日下山来赶集的地方,虫草一元钱二十根,也有质量很好的天麻。工地到汉源不远,周日也会派车送我们去汉源县。带了铝饭盒去买小炒回锅肉,吃一份还带一份回来。汉源花椒出名也买了一些。当时我们有每天五角钱的出差补贴。除了模型试验之外,浙江大学诸位老师还参加了地下原型钢岔管的水压试验。

九、第一部水电站压力钢管设计规范的诞生

1974年4月在浙江梅城召开会议,正好是"文化大革命"期间邓小平一度复出,开始抓革命、促生产。参加会议的有规划总院副总奚景岳、郑顺伟、沈义生等3人,水利电力出版社等单位。各参加单位都报告了水电站工程的钢管和钢岔管计算、制作、试验研究等工作。如上海院下放到四川的设计人员报告了我国第一个球形钢岔管(潘家铮主持设计,但没有参会)设计计算;同济大学徐次达教授采用有限元分析方法进行了贴边岔管结构计算;原上海院下放在浙江的巫必灵、吕谷生等介绍了乌溪江水力发电厂与浙江大学材料力学教研组合作的试验研究工作;我带去以礼河三级水电站钢岔管水压试验和绿水河钢岔管的报告。这次会议最重要的成果是,大家深感我国需要一部水电站压力钢管设计规范,会后昆明院以诸葛睿鉴、金章瑄、黄伟为首,先翻译苏联的设计规范,结合我国的实际情况开始邀请有关人员参与规范的编写工作,经多次讨论和水利电力部组织审定,于1985年12月由水利电力出版社正式出版了《水电站压力钢管设计规范(试行)》(SD 144—85)。

图1为《水电站压力钢管设计规范(试行)》(SD 144—85)的封面和内页。

十、第一次模型钢岔管水压爆破试验

1975年5月开始做我国第一个模型钢岔管水压爆破试验。当时由昆明院科研所和以礼河工程局中心实验室人员一起参加测试,在爆破之前按照1.5倍工作压力做过多次应力测量工作,各个部位的应力和水压力与进水量保持良好的线性关系。在水压爆破试验之前特地邀请了水利电力部北京设计规划总院的奚景岳副总工、沈义生,同济大学的徐次达教授,昆明勘测设计院的吴奠清副总工,以及以礼河工程局李景沆总工等各方面技术领导来现场。试验进入塑性变形阶段之后居然经过50多h才爆破,断口呈典型的塑性撕裂,非常理想。爆破后马上开会给大家报告试验有关情

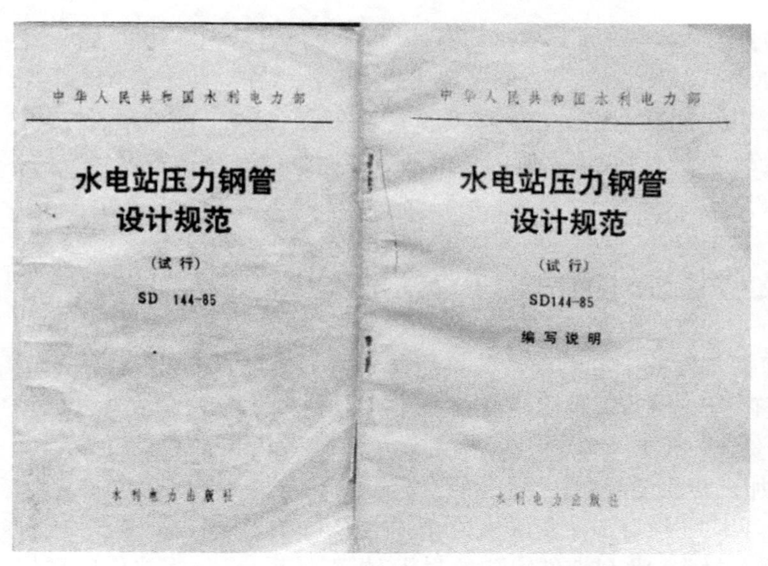

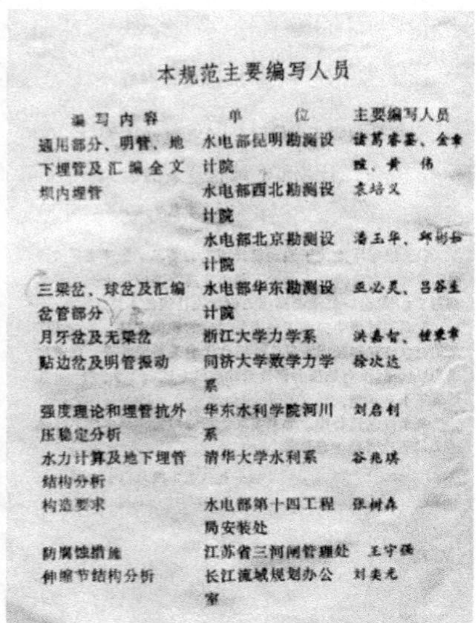

本规范主要编写人员

编写内容	单位	主要编写人员
通用部分、明管、地下埋管及汇编全文	水电部昆明勘测设计院	诸葛睿鉴、金[illegible]、黄伟
坝内埋管	水电部西北勘测设计院	袁培义
	水电部北京勘测设计院	潘玉华、邱彬如
三梁岔、球岔及汇编岔管部分	水电部华东勘测设计院	巫必灵、吕谷生
月牙岔及无梁岔	浙江大学力学系	洪嘉智、钟秉章
贴边岔及明管振动	同济大学数学力学系	徐次达
强度理论和埋管抗外压稳定分析	华东水利学院河川系	刘启钊
水力计算及地下埋管结构分析	清华大学水利系	谷兆祺
构造要求	水电部第十四工程局安装处	张树森
防腐蚀措施	江苏省三河闸管理处	王守强
伸缩节结构分析	长江流域规划办公室	刘昌光

图1　水电站压力钢管设计规范

况。这是我国首个模型钢岔管水压爆破试验,其中的一些宝贵经验后来用于上海宝山钢铁公司的800 MPa钢为仙居抽水蓄能电站钢岔管模型水压爆破试验,以及南京钢铁公司Q460C模型水压爆破试验。

十一、新疆托海水电站钢岔管钢材供货

在中国钢岔管发展简史里,新疆托海水电站的钢岔管有一个特殊的事例值得述及。该电站位于新疆边境地区的伊犁喀什河上,当时列为国家和新疆的重点建设项目。其钢岔管采用Y-卜型组合式一分四的月牙肋型,岔管主岔公切球直径8.12 m,主岔管壁厚32 mm,月牙肋板厚50 mm,钢材采用16MnR。由于当时国内订购不到所需特种厚钢板,而工期又在即,建设方提出要尽快改变设计方案。不得已,设计院立派主设邓介欧工程师到武汉,又通过熟人与武汉钢铁公司的特种钢分厂的负责人联系、请其给予帮助。那时正值改革开放初期,没有上级批文,无法进行生产。邓介欧原是武汉水利电力学院的毕业生(现武汉大学),在老同学的帮助下,了解到只要得到冶金部的批准,便可予以安排生产。邓介欧的一个在武汉民族学院教书的朋友,原是中山大学毕业的,曾在湖北黄石工作,他说有个同事的爱人就是冶金部的副部长,姓陆。邓介欧如获至宝,找到北京冶金部大院,传达室拨通电话,让邓接,对方是部长秘书,问:“我们有两个陆副部长,你要找哪一位?”邓说:“我要找他夫人姓孙的陆副部长。”已经跑了一天的邓介欧,终于在傍晚时找到了陆副部长的家,邓呈上新疆维吾尔自治区人民政府的报告和新疆水电设计院的介绍信,说明新疆水电工程急需,否则工程面临停工。中年、魁伟、但却满头白发的陆副部长,见是一个女设计人员亲自跑上门来、为工程急需申请特种钢材,很是感慨和同情,表示可以给予帮助。但他提出,此批钢材须由你们设计院直接订购和提货,不能作别用。当即批示,让武钢生产。见批文签字,方知陆副部长的名字。随后得知,陆副部长说:“我从来没有在家给人批过条子的。鉴于一个在边疆工作的女设计人员,不辞长途奔波,亲自为自己设计的工程来寻求特种钢材,我破天荒地给她特批。”武钢接到批示后,在最短的时间里,从配料到轧制,并直接发货给新疆院设计的工程工地,解决了电站工程的燃眉之急。

托海水电站的钢岔管制作完成后,未作水压试验,是采用了贴条状炸药以爆炸法消除焊接残余应力的方法。当时是请沈阳金属研究所派人来帮助实施的,三块钢板叠在一起,中间的是50 mm厚的,两边各16 mm厚的,加起来总厚度是82 mm,都是16MnR钢板。

十二、贵州响水水电站岔管不做水压试验

1999 年 4 月应邀去贵州六盘水,要对位于盘县的响水水电站钢岔管作出是否可不作水压试验的判断。邀请了诸葛睿鉴、陈奎昌、朱国纲、李明和我。我们要求去现场看看 600 MPa 钢材的钢岔管实际情况,到现场才知钢岔管和钢管都已经完成混凝土回填浇筑,无法看到管外焊接表面的实际情况,这让我们大家都感到非常为难,难以签字决定该工程岔管不做水压试验。会上贵州省水利水电勘测设计院介绍了整个工程情况,我的校友蔡守敬介绍了观测仪器埋设和观测数据。外水压力比较高,设计人员告诉我们钢管抗外压稳定设计的具体措施。整个钢管道设计没有一个加劲环,因外水压力高采用了混凝土隧洞外水压力打八折,这种设计应用于钢管道是错误的。在会议纪要里大家认可了钢岔管不作水压试验,但增加了对钢管道外压稳定的担心。

会后我去云南西双版纳等地,回程给该设计院总工程师杨怀中电话,希望再到贵阳和有关设计人员座谈。安排我住设计院内招待所,座谈有水工室主任,具体设计等人员参加。我提出建议在下平管道上方开挖水平排水洞以降低钢管道下平段的外水压力。之前在以礼河三级水电站一平洞段钢管破裂事故中,因为其上方有排水洞,避免了事故放水而继发的失稳事故。

十三、贵州响水水电站下平段钢管失稳处理

1999 年 9 月接到响水水电站通知,其下平段钢管发生严重的失稳事故,要求原先参加会议的人员都去。这时我已经购买好去美国的机票,无法前往响水水电站。2001 年贵州省设计院罗代明副总工邀请马善定老师和我去贵州荔波附近的浪洋水电站。研究埋藏式钢管道出口处和明厂房连接能不能不用伸缩节问题。马老师建议直接用钢衬钢筋混凝土管接出洞钢管和明厂房内的钢管(外包钢筋混凝土),方案简洁明了。事后回到贵阳,我们希望去钢管失稳事故处理后的现场看看。省设计院派车送我们到盘县,电站还没有发电,经济也极为困难。三家业主贵州六盘水地区、云南曲靖地区和珠江流域水利委员会都不肯继续投资,连送到浙江检修的蝴蝶阀都因缺少经费没有运回来,几家银行也不肯再贷款,接待我们的是有决策权的汪明华(珠委)也无可奈何。原因是外水压力并没有因钢管道修复而降低,大家担心投入运行后再次发生严重事故。了解情况后我们给出意见是:马上先发电,只要不放水,钢管道内压远高于外水压力,就不可能再发生失稳事故。我们讲,汪明华记,大家先讨论商量,事后我们写个文件,签上名邮寄给你。会后和设计院副总工曹骏仔细分析讨论,达成共识:马上先发电,不再作甩荷载。用地质钻机沿管道附近打孔,测量实际外水分布情况。银行听说可以很快发电,又主动联系要给放贷。

原先修复好的下平段,因温度变化(混凝土水化热散发和通水后)出现敲击声响,设计者担心空隙过大要求处理。想出办法给予处理(将来发电后如果放空钢管道也还会有冷却缝隙)。我们注意到响水水电站年发电小时数高达 8 000 多 h,这显然不合理,建议增加一条钢管和两台机组(另外建一个厂房),使得响水水电站担任电力系统的部分峰荷,可以得到更高的发电单价。因增加新厂房两台机组,需要有钢岔管,建议采用 Q390C 钢替代原先老厂的钢岔管用的 600 MPa 的高强钢,这一建议得到业主的认可和设计院支持。因之前已经把 Q390C(替代 600 MPa 的高强钢)用于亚太小水电中心设计的越南太安水电站。对于响水二期扩建工程,建议用 Q390C 钢(刘嘉禾先生在 20 世纪 60 年代推出的 902 钢或 903 钢)。为此作了该电站的钢岔管有限元计算和结构优化工作。这是我国钢岔管首次使用 Q390C 钢。

十四、Q390C 钢材的应用

20 世纪 60 年代末钢铁研究总院推出 3 个钢种,代号分别为 901、902、903,它们都是低合金钢种。901 就是现在的 Q345,而 902、903 则是含钛和含镍铬的低合金钢,当时属于军工用钢。现在则完全没有困难应用于任何工程,而且其性能和强度比 Q345 好。一个偶然的机会使我首先用于亚太小水电中心设计的越南太安水电站项目上。原设计为 600 MPa 高强钢月牙肋钢岔管,由于肋板材料数量少供应商表示无法提供。看了图纸之后和亚太小水电中心商量改用 Q390C,全部由湖南一家工厂制作,并按照原订单要求做了水压试验整体运输到越南太安,显著减少了越南工程的工期和现场水压试验困难。这是在水电工程上首次使用 Q390C 钢材替代 600 MPa 高强钢。

后来 Q390C 还应用于新疆富蕴布德哈特水电站的钢岔管。受新疆水利水电勘测设计院委托对哈德布特水电站钢岔管作有限元计算和结构优化,原先设计为 600 MPa 高强钢,经计算后建议改用 Q390C。投资方是广东搞土建和矿业开发的私人企业,特地组织多家设计院设计者一起审查其施工组织设计,目的是审查缺乏实际经验的施工单位施工不当,同时也是给参加会议的众多设计人员了解 Q390C 的钢材特性。后来应邀和陈奎昌去该电站看到钢岔管的实际情况的确还不错。

十五、新疆恰甫其海水电站钢岔管不做水压试验论证

2004 年新疆方面邀请陈奎昌、朱国芳、我和铁汉(已经在工地)商讨恰甫其海水电站钢岔管能不能不做水压试验。该岔管的主管管径 9.5 m,当地无法解决水压试验用封头,也无法从外地订购运输到工地。邀请我们去,看能不能按照专家意见,给出不做水压试验结论,将来可以做为竣工验收的依据。我们应邀到达工地,段利明负责施工,正在下料。这时就给出该钢岔管不做水压试验结论显然为时过早。我们仔细询问了他们的钢岔管制作安排,特别提醒肋板与两个支管之间的焊接容易焊裂(以往有过工程实例,而且处理困难),整条焊缝是变角度的焊缝。要求段利明提供钢岔管制作全过程细节。段利明还想到变角度下料两个支管与肋板的连接的坡口,并在切割过程中实现了。我们利用这段时间去了附近的地方,回来后看到该钢岔管工艺控制细节,施工旁站监理记录,探伤检测报告和焊缝表面情况。大家认定的确可以不做水压试验。而由郑州检测中心张伟平等作震动消应处理。随后浇筑了外围的钢筋混凝土。十几年过去了,运行情况正常。

图 2 为恰甫其海水电站钢岔管平面结构图。

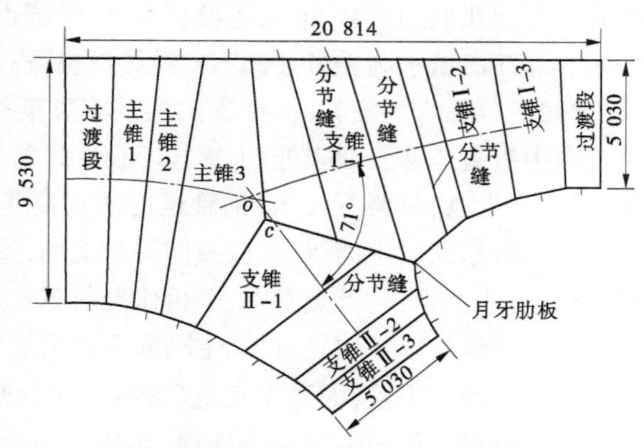

图 2　恰甫其海水电站钢岔管平面结构图　(单位:mm)

十六、冶勒水电站钢岔管破裂事故处理

2006 年在贵阳参加第六届中国水电站压力管道会议期间, 四川方面突然要求马善定、陈奎昌和我尽快去四川冶勒水电站,一起赶去的还有成勘院的马连升。到达之后,告诉我们是钢岔管破裂,是 60 级高强钢,水电七局施工。我们通过闸阀进入管内,注意到钢岔管和主管连接处顶部有两处不长的焊缝开裂漏水。陈奎昌查看焊道,用钢尺量一根焊条的施焊长度,发现输入线能量严重超

标。更为严重的是肋板和左侧(顺水流方向)支管有很长的开裂。随后回到会议室开会请设计院林颜意介绍有关设计情况,请水电七局万天明介绍施工有关焊接质量控制和检测情况。钢管顶部修复比较简单,排水后,陈奎昌要求清除原先裂缝的根部,加上 2 mm 厚的钢垫片,要求高级焊工单面焊双面成型。斜支管与内加强肋板开裂处,建议用电弧气刨看能不能吹到底部以求修补。过后告诉我们深不见底,只好停下来。从设计院处得悉冶勒钢岔管设计没有考虑围岩分担,且该处围岩条件很好,如果考虑围岩分担根本不需要用高强钢,Q345C 就足可以在合理的钢板厚度范围内满足要求。

图 3 可见顶部两处漏水轴向相距 200 mm。

图 3 漏水轴

冶勒水电站是南垭河 7 个水电站的龙头电站,钢岔管事故停水会影响下游各个电站发电。当时设计院一时给不出处理方案(设计院走程序过程很费时间),业主非常急于尽快处理。我给出的处理方案:①肋板和支管间的裂缝尽可能在外部作封闭焊接,以免今后锈蚀;②肋板和两边管壳之间加大量三角形加劲板;③在加劲板上加带有平压孔的导流钢板。

图 4 用多个近三角形加劲板连接管壳和肋板。

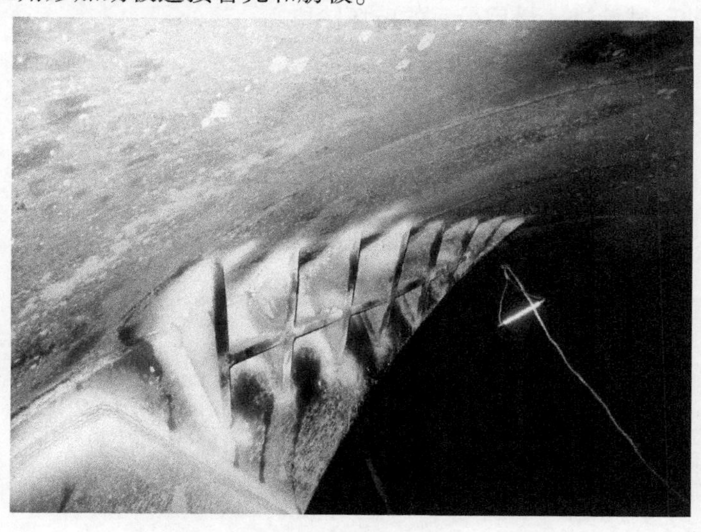

图 4 管壳和肋板

十七、几个水电站的钢岔管水压试验

(1)江苏铜官山钢岔管水压试验:江苏铜官山水电站,月牙肋钢岔管水压试验过程中发现实测肋板内缘应力超过原先计算值，分析认为是水压试验时3个支墩都无法位移所导致，没有打到1.25倍设计压力只好结束。

(2)呼和浩特抽水蓄能电站钢岔管水压试验：该电站钢岔管计算和结构优化委托浙大完成。湖南制作分片运到呼和浩特工地，组装焊接并置于几个支座上，试验时肋板内缘出现偏大的应力，究其原因还是支座轴向摩擦阻力影响，不得不提前结束水压试验。

(3)2008年夏天去四川毛尔盖水电站，两个月牙肋钢岔管接3台机组。钢材是上海宝钢生产的600 MPa高强钢。我们去时试验准备工作都做好，等待我们讨论试验有关的具体问题。注意到所有资料齐全，包括焊接线能量、傍站记录、焊道探伤记录。陈奎昌查看了钢岔管的焊接表面情况，线能量控制也较好。但3个支座没有考虑水压试验时位移的因素，这会导致和铜官山水电站、呼和浩特抽水蓄能电站的钢岔管水压试验同样的情况，即肋板内缘应力过高而不得不在没有达到1.25倍设计压力时提前终止试验。当时指定由我主持会议，讨论具体的试验有关细节。我提出先讨论是不是可以不做水压试验，这样可以加快工程进度。会议的结论签字可以作为竣工验收资料，事后请业主该付给水电七局的试验工作费用照常支付。因不做水压试验，马上就可以浇筑回填混凝土，节省了费用和提前了工期。

十八、800 MPa高强钢水压爆破试验

中国电建集团华东勘测设计研究院(以下简称华东院)结合仙居抽水蓄能工程需要，商定由上海宝山钢铁公司(以下简称宝钢)提供800 MPa的高强钢B780CF钢材，由华电郑州机械设计研究院(以下简称郑州院)负责测试，中国水利水电第十四工程局昆明水工厂(以下简称昆明水工厂)负责1:2模型钢岔管制作和现场试验，浙江大学陆强有限元计算和结构优化。

1:2模型钢岔管放置在钢板平台的3个钢支座上，两个支管的支座底部加聚四氟乙烯板以保证水压试验时不产生额外的轴向阻力，试验前充分排气。在设计压力7.683 MPa和1.25倍设计压力下获得满意的测试数据，整理初步成果无疑，开始继续加压，进行进一步的弹塑性试验。从图5水压力—进水量曲线判断，试验进入最后最后的破坏阶段。

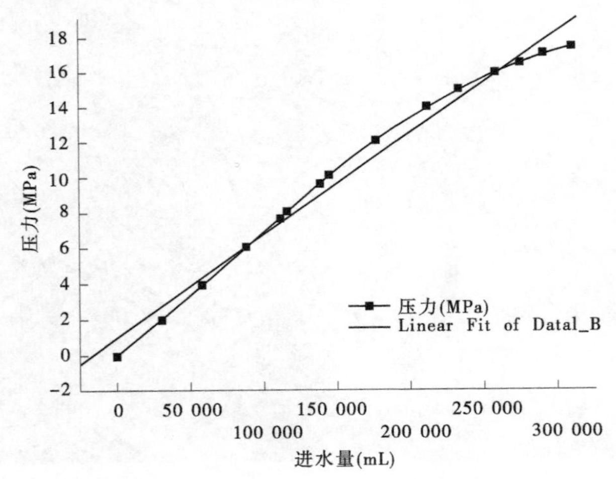

图5 水压力—进水量曲线

最后等待爆破阶段，撤除测试仪器设备，只留少量人员继续加压，并量测进水量—水压力数值，30 h后试验结束。结果非常理想，水压爆破瞬间见如下照片，如图6所示。

图6　水压爆破瞬间

十九、Q460C 钢水压爆破试验

一个偶然的机会，建议南京钢铁集团公司祝瑞荣总经理召集几家合作，把性能很好的 Q460C 钢设法通过钢岔管模型水压爆破试验考验，然后用到水电工程上去，目的是在一定条件下可以替代 600 MPa 高强钢，降低焊接预热温度，减少对焊接工人健康的伤害，降低生产成本。

因前述 B780 高强钢通过钢岔管模型水压爆破试验已有成功的经验和结果，故此次试验建议南京钢铁公司邀请华东院、郑机院、浙江大学和昆明水工厂合作。恰好华东院有一个国外工程其 HD 值合适用 Q460C，南京会议确定由华东院提供钢岔管设计图，浙江大学作有限元计算和结构优化，郑机院负责模型钢岔管试验测试，昆明水工厂负责模型制作和现场试验工作。

钢岔管模型制作如期高质量完成，进行几次设计压力下的水压试验均得到满意的预期结果，确定继续进行试验一直到爆破。结果表明，起爆点并没有在结构的高应力区，而在一处可能是焊接或母材微小缺欠点。断口呈现非常好的塑性撕裂，如图 7 所示。

图7　断口形状

在水压爆破之前邀请了有关设计院、大学、科研单位、工程公司等单位共64人参加。2017年7月18日,中国水利水电第十四工程局有限公司和南京钢铁股份有限公司,在昆明召开了"水利水电用Q460C钢板应用技术推广会"。各专家听取了水电十四局、南钢、华电郑州机械设计研究院、中国电建集团华东勘测设计研究院、浙江大学等单位关于水利水电用Q460C钢板的研发、焊评及模型钢岔管的设计、计算以及制作等情况汇报,观摩了模型钢岔管的水压爆破试验过程、爆破断口和试验记录,经讨论形成如下见证意见:

(1)针对大型水电工程用钢Q460C低焊接裂纹敏感性的要求,南钢采用低碳的成分设计思路,在控轧控冷的实验研究和工业试制基础上,合理确定了不同规格钢板的生产工艺参数,开发了一整套生产Q460C钢板的生产工艺技术,目前最大厚度可达到120 mm。

(2)通过分析冲击示波曲线和冲击断口形貌,Q460C钢板具备优异的力学性能,具有良好的低温韧性和抗撕裂能力。冲击示波曲线可作为水利水电用钢板的可靠评价指标。

(3)经焊接工艺评定,Q460C钢板焊接性能良好,具有低焊接裂纹敏感性,焊接接头性能优异,可实现无预热或较低预热温度下的焊接。

(4)水电十四局昆明水工厂国内首创完成了Q460C钢板模型岔管的制作和水压爆破试验,验证了设计计算成果,为该钢种应用于水利水电工程压力管道提供了宝贵的科学数据。

(5)南钢Q460C钢板能够满足水利水电工程基本要求及焊接需求,具有良好的推广应用前景。

二十、结　　语

受文章篇幅所限,以上工程钢岔管设计以及工程事故处理等内容无法展开叙述,期望对业界同行起到借鉴和启发作用。感谢浙江大学陆强老师对文稿的编辑和修订并承担了文中若干工程的有限元计算分析工作,感谢杜本立、邓介欧、段利明、谷玲、伍鹤皋、刘凤维等为本文提供了宝贵的经历和有关资料。

作者简介:

钟秉章(1936—),男,浙江大学退休教授、现武汉大学外聘客座教授,一直从事水利水电工程压力管道方面研究工作。

地下埋藏式高压钢岔管结构设计

李　康　赵建利

(中水北方勘测设计研究有限责任公司,天津　300222)

摘　要　地下埋藏式岔管结构受力复杂,高 HD 值岔管施工难度大,结合工程实例,归纳钢岔管结构的设计要点,为类似设计提供经验。比较中美规范中荷载和应力控制标准的差异,选用低焊接裂纹敏感性高强钢作为肋板钢材,采用结构力学方法初步拟定体型,三维有限元分析方法复核结构应力状态,最终确定合理的岔管体型。高 HD 值岔管结构设计应类比中外相关规范的异同,选择满足工程实际的控制标准,优化体型设计。

关键词　高 HD 值;埋藏式钢岔管;体型设计;应力校核;中美规范

一、工程概况

某水电站压力管道分为竖直段和水平段,呈 3 级台阶状布置,每条压力管道包含 4 个压力平洞段、3 个压力竖井段,最后压力平洞段后设置钢岔管,管径由 3.18 m 经分岔变为 2.12 m,再经分岔最终变为 1.86 m 管径的 4 条高压管道进入厂房,厂房机组最大净水头 922.72 m,最小水头 845.76 m。钢岔管埋深约 600 m,外水水头约 400 m,岔管 HD 值达到 3 399.42 m^2,属于高水头岔管[1]。岔管结构受力条件复杂,需要兼顾安全和制造方便的要求,有必要优化结构设计,确保工程安全。

二、岔管体型参数

参照国内外工程实例,钢岔管采用对称 Y 型月牙肋岔管,埋藏式岔管主管直径为 3.18 m,支管管径为 2.12 m,最大公切球直径为 1.857 m,分岔角为 70°,主管腰线折角 5°,钝角区腰线折角 9°,支管腰线折角 10°。肋板初步体型按照 EW 设计方法的解析公式法进行初拟,保证肋板最大截面形心与其合力作用点重合。肋板最大宽度为 793.91 mm,肋宽比为 0.344,外轮廓高度为 158.8 mm。岔管扩大率为 1.168,在 1.1~1.2 的合理区间内,岔管处分流与合流的水头损失较小。钢岔管平面布置图和月牙肋体型详图见图 1、图 2。

三、应力控制标准

高水头岔管对于钢管母材材质要求较高,要求钢材具有高强度、可焊性和低焊接敏感性,管壁采用国产高强钢 Q690S,肋板采用国产 SX780CF 低碳调质高强度结构钢[2],避免冷裂纹的产生,具体材料力学性能如表 1 所示。

《Steel Penstocks》(ASCE No. 79—2012)中 7.3.3 规定[3]:采用有限元计算方法时,允许应力 S 选取下面两者中较小值,即 $S_e \leqslant 0.67f_y$ 和 $S_e \leqslant 0.33f_t$;《ASME Boiler&Pressure Vessel Code》(ASME Ⅷ—2007)[4] 中允许应力 S 选取 $2/3f_y$ 和 $1/2.4f_t$ 的较小值,f_y 为屈服应力,f_t 为抗拉强度。

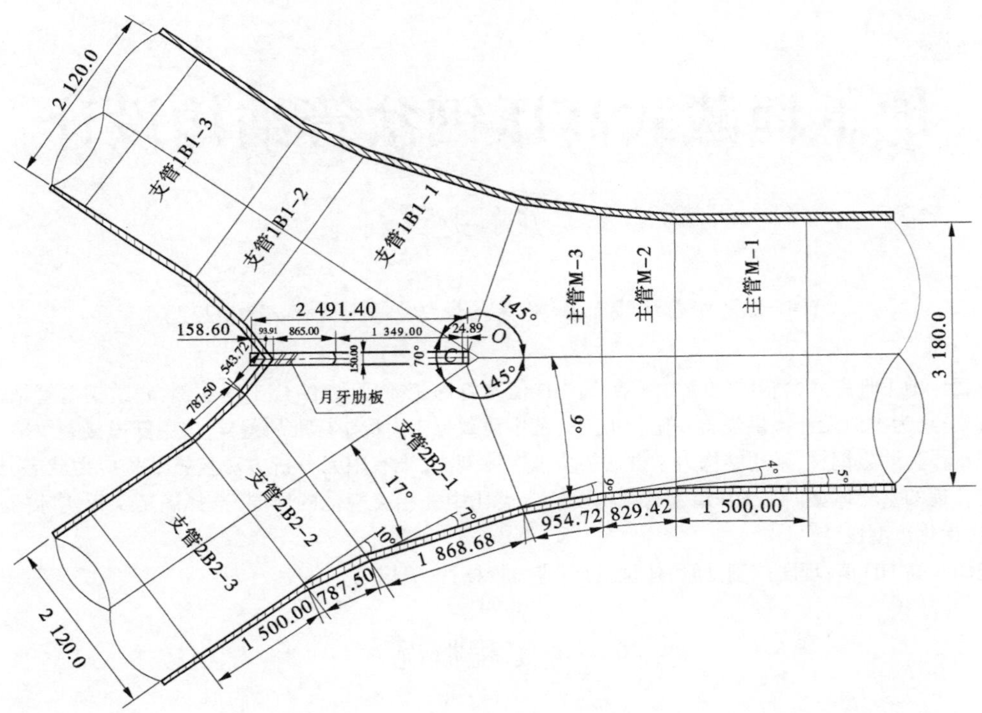

图1 钢岔管平面布置图 （单位:mm）

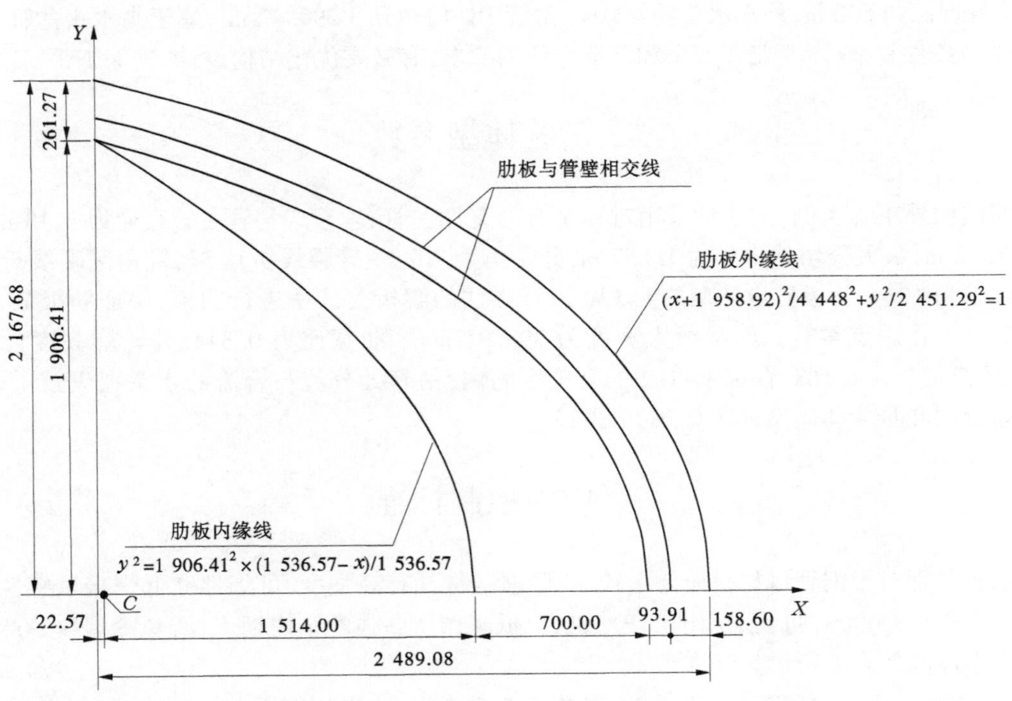

图2 月牙肋体型图 （单位:mm）

表1　　材料力学性能参数表

型号	板厚(mm)	力学性能			
		屈服强度	抗拉强度	断后伸长率	冷弯 $a=180°$
		$R_{p0.2}$(MPa)	R_m(MPa)	A (%)	$b=2a$, $D=3a$
SX780CF	120~150	≥650	740~900	≥15	外表面无裂纹
Q690S	50~100	≥670	760~930	≥15	

《水电站压力钢管设计规范》(SL 218—2003)中[5]管壁钢材 Q690S 的屈服强度 $\sigma_s=0.7\sigma_b=553$ MPa,肋板钢材 SX780CF 的屈服强度 $\sigma_s=0.7\sigma_b=546$ MPa。σ_b 为抗拉强度。

《水电站压力钢管设计规范》(NB/T 35056—2015)规定[6]结构构件的抗力限值 σ_R,计算 $\sigma_R=f/(\gamma_o\psi\gamma_d)$,$f_{sk}=0.7R_m=0.7\sigma_b$,$f=f_{sk}/1.111$,$f$ 为钢材强度设计值,ψ 为焊缝系数,γ_o 为结构重要系数,γ_d 为结构系数。岔管在不同标准下的允许应力值如表 2 所示。

表2　　岔管允许应力

工况		正常运行			水压试验		
应力种类	部位	允许应力(MPa)					
		SL 318—2003 ($\psi=0.95$)	NB/T 35056—2015 ($\psi=1$)	ASCE No. 79—2012	SL 318—2003 ($\psi=0.95$)	NB/T 35056—2015 ($\psi=1$)	ASCE No. 79—2012
膜应力	管壁	276.5	349	261	387.1	431	347
局部膜应力	管壁	442.4	437	391	553	473	522
	肋板	365.8	383	386	436.8	539	514
局部膜应力+弯曲应力	管壁	—	476	391	—	588	522
局部膜应力(P_L)+弯曲应力(P_b)+二次应力 Q	管壁	—	—	783	—	573	—

四、荷载工况

汇总中美规范关于水压试验的要求,结合工程实际,金结加工厂进行水压试验,试验值选用 1.25 倍最大内水压力。通过水电站水力机械过渡过程分析,调压井最高涌浪水位为 2 294.86 m,钢管末端喷嘴处最大压力为 10.7 MPa,由最大水力坡度线确定岔管中心处最大内水压力为 10.69 MPa。

主要对于岔管的正常运行和水压试验两种工况进行结构计算,确定合理的结构体型。

五、结构力学方法

岔管优化设计采用传统结构力学方法进行初步设计,建立岔管三维有限元模型进一步复核结构的强度和刚度,最终确定合理经济的体型。

(一)中国规范设计方法

管壁厚度主要由膜应力和局部膜应力两者计算的壁厚最大值确定：

管壁膜应力区壁厚计算值：

$$t_1 = \frac{K_1 Pr}{[\sigma]_1 \varphi \cos\alpha} \tag{1}$$

管壁局部膜应力区壁厚计算值：

$$t_2 = \frac{K_2 Pr}{[\sigma]_2 \varphi \cos\alpha} \tag{2}$$

肋板厚度计算值取两者最大值：

$$\begin{cases} \sigma = \dfrac{V}{B_T t_w} \\ \tau = \dfrac{3H}{2B_T t_w} \\ \sigma_1 = \dfrac{1}{2}(\sigma + \sqrt{\sigma^2 + 4\tau^2}) \\ \sigma_2 = \dfrac{1}{2}(\sigma - \sqrt{\sigma^2 + 4\tau^2}) \\ [\sigma]_3 = \sqrt{(\sigma_1^2 + \sigma_2^2 - \sigma_1\sigma_2)} \end{cases} \tag{3}$$

$$t_w = \frac{\sqrt{V^2 + H^2}}{[\sigma]_3 B_T} \tag{4}$$

式中 $[\sigma]_1$——整体膜应力计的抗力限值，MPa；
$[\sigma]_2$——局部膜应力计的抗力限值，MPa；
$[\sigma]_3$——局部膜应力加弯曲应力计的抗力限值，MPa；
$K_{1,2}$——腰线转折角集中系数；r 为钢管半径，m；
α——钢管半锥顶角，(°)；
V——肋板截面竖向内力，N；
H——肋板截面水平内力，N；
B_T——肋板最大截面宽度，mm。

(二)瑞士 EW 设计方法

管壁厚度计算值：

$$t_1 = \frac{pr}{[\sigma]_1} \tag{5}$$

肋板厚度计算值：

$$t_w = Kt_1 \frac{\sqrt{3}}{\cos\varepsilon} \tag{6}$$

式中 K——锥管体型修正系数，取 0.95；
ε——分岔角，(°)。

钢岔管采用结构力学方法初拟壁厚如表 3 所示。

表 3　　岔管初拟壁厚

项目		管壁厚度(mm)			肋板厚度(mm)		
工况	内水压力(MPa)	SL 218—2003	NB/T 35056—2015	EW	SL 218—2003	NB/T 35056—2015	EW
正常运行	$P_1=10.69$	86	62	68	276	224	142
水压试验	$P_2=13.36$	78	64	86	292	202	178

注:上述厚度包含 2 mm 的锈蚀裕度。

六、三维有限元分析复核

(一)计算模型

计算模型采用笛卡儿直角坐标系,*xoy* 面为水平面,竖直方向为 *z* 轴,向上为正,坐标系成右手螺旋,坐标原点放置在最大公切球球心处,如图 3 所示。对于正常运行工况认为混凝土回填包围,主支锥管端部受到轴向变形约束,为减少端部约束的影响,主支管轴向长度取为 3 倍最大公切球直径,模型端部采用轴向约束。水压试验工况,结合工厂水压试验需要,真实建立闷头模型,模型不施加约束。计算采用基本假定:①钢材为完全线弹性材料;②钢管单独承担内水压力;③水压力均为静力荷载。有限元模型如图 3~图 5,岔管管壁各应力控制关键点如图 6。

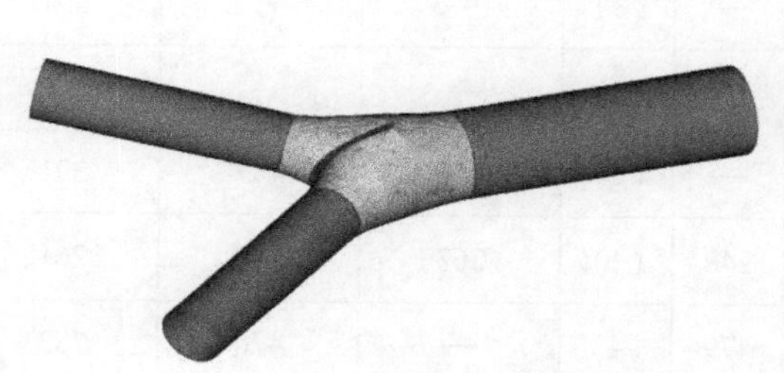

图 3　正常运行工况下有限元模型

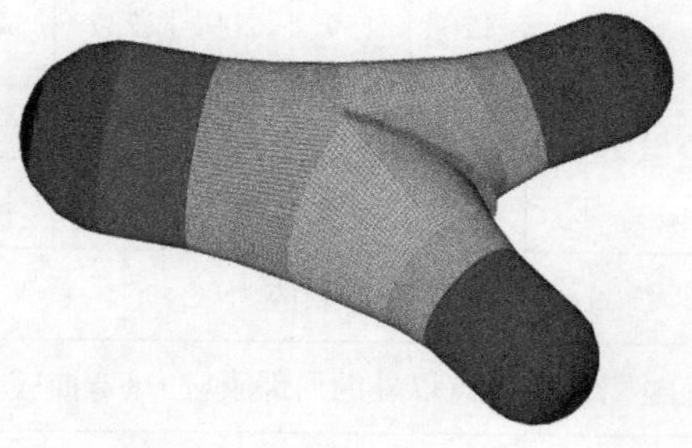

图 4　水压试验工况下有限元模型

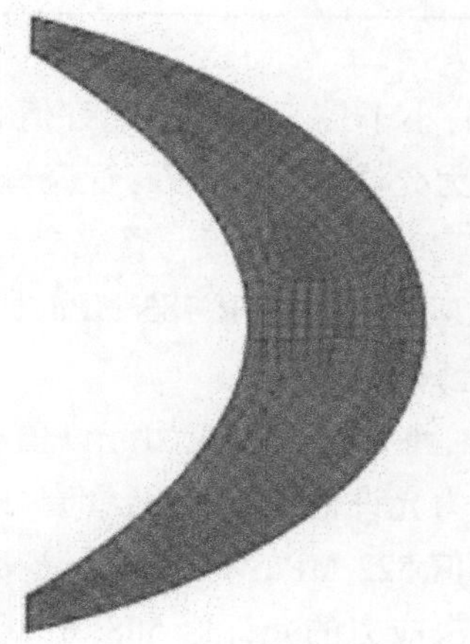

图 5　月牙肋有限元模型

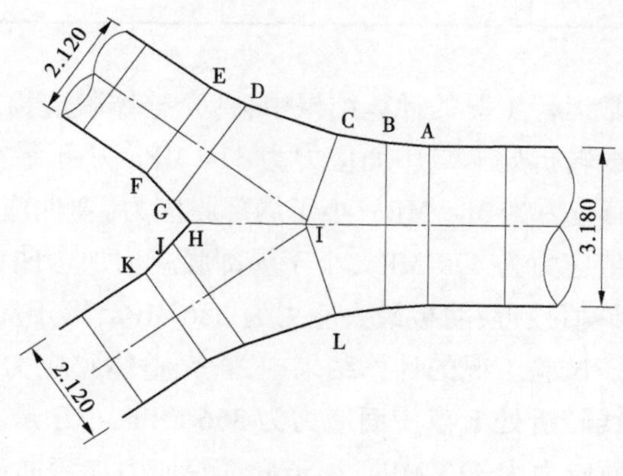

图 6　钢岔管关键点位置示意图　(单位:mm)

(二)应力结果

依据岔管应力结果,调整优化管壁和肋板厚度,确定最优壁厚,管壁厚度 72 mm,肋板厚度 144 mm。汇总岔管在正常运行工况下关键点 Mises 应力见表 4、表 5,表中应力种类一栏中,(1)为整体膜应力;(2)为局部膜应力,(3)为局部膜应力+弯曲应力,(4)为局部膜应力+弯曲应力+二次应力。

表 4　　正常运行工况下岔管关键点 Mises 应力

部位		关键点应力(MPa)							应力种类	允许应力(MPa)		
										SL 281—2003	NB/T 35056—2015	ASCE No. 79—2012
		A	B	C	D	E	F	G				
管壳 72 mm	内	205	321	251	294	180	175	195	(3)	—	—	391
	外	297	193	378	158	255	225	202	(3)	—	—	391
	中	245	256	306	221	202	194	185	(2)	420	437	391
		H	I	J	K	L	—	—	—	—	—	—
	内	120	159	209	232	384	—	—	(3)	—	—	391
	外	249	112	212	193	255	—	—	(3)	—	—	391
	中	139	127	187	202	314	—	—	(2)	420	437	391
整体膜应力区								248	(1)	263	349	261
上述管壳关键点以外的局部膜应力+弯曲应力区域								479	(4)	—	476	783
肋板(144 mm)	肋板最大截面处(内侧)			386	肋板最大截面处(外侧)			43	(2)	348	383	386

正常运行工况的计算结果中,管壳整体膜应力为 248 MPa,小于最小膜应力允许值 261 MPa;管壳母线转折处 L 点中面应力为 314 MPa,小于最小局部膜应力允许值 391 MPa;管壳母线转折处 L 点表面应力为 384 MPa,小于局部膜应力+弯曲应力的允许值 391 MPa;肋板与管壳交点 I 点附近表面峰值应力为 479 MPa,小于局部膜应力加弯曲应力及二次应力的允许值 783 MPa,同时和 476 MPa 允许值接近;肋板最大应力为 386 MPa,等于局部膜应力允许值。

水压试验工况的计算结果中,管壳整体膜应力为 317 MPa,小于最小膜应力允许值 347 MPa;管壳母线转折处 L 点中面应力为 366 MPa,小于最小局部膜应力允许值 522 MPa;管壳母线转折处 C 点表面应力为 413 MPa,小于局部膜应力加弯曲应力的允许值 522 MPa;肋板与管壳交点 I 点附近表面峰值应力为 400 MPa,小于局部膜应力+弯曲应力及二次应力的允许值 588 MPa;肋板最大应力为 304 MPa,小于最小局部膜应力允许值 415 MPa。以上说明,优化后的岔管体型结构合理、管壁壁厚和肋板尺寸较为合适。

表 5　　水压试验工况下岔管关键点 Mises 应力

部位		关键点应力(MPa)							应力种类	允许应力(MPa)		
										SL 281—2003	NB/T 35056—2015	ASCE No. 79—2012
		A	B	C	D	E	F	G				
管壳 72 mm	内	291	278	389	270	227	228	237	(3)	—	—	522
	外	296	307	413	225	245	232	227	(3)	—	—	522
	中	291	280	356	242	231	223	228	(2)	525	539	522
		H	I	J	K	L	—	—	—	—	—	—
	内	248	184	235	227	372	—	—	(3)	—	—	522
	外	185	157	227	231	399	—	—	(3)	—	—	522
	中	204	154	228	223	366	—	—	(2)	525	539	522
整体膜应力区								317	(1)	368	431	347
上述管壳关键点以外的局部膜应力+弯曲应力区域								400	(4)	—	588	—
肋板（144 mm）	肋板最大截面处（内侧）			304	肋板最大截面处(外侧)			104	(2)	415	473	514

在管壳整体膜应力和局部膜应力允许值方面，美国规范比中国规范更严格。在弯曲应力、二次应力和肋板应力允许值方面，中国规范相对美国规范更严格。合理确定岔管体型需要综合考虑中外规范，同时选择满足工程实际的应力控制标准也十分关键。

(三)肋板侧向弯曲

观察水压试验工况下肋板中面、表面和内面的应力分布情况，Mises 组合应力沿各截面均匀分布(如图 7~图 9)，不存在侧向弯曲现象，肋板处于小偏心受拉状态[7]，体型合理。

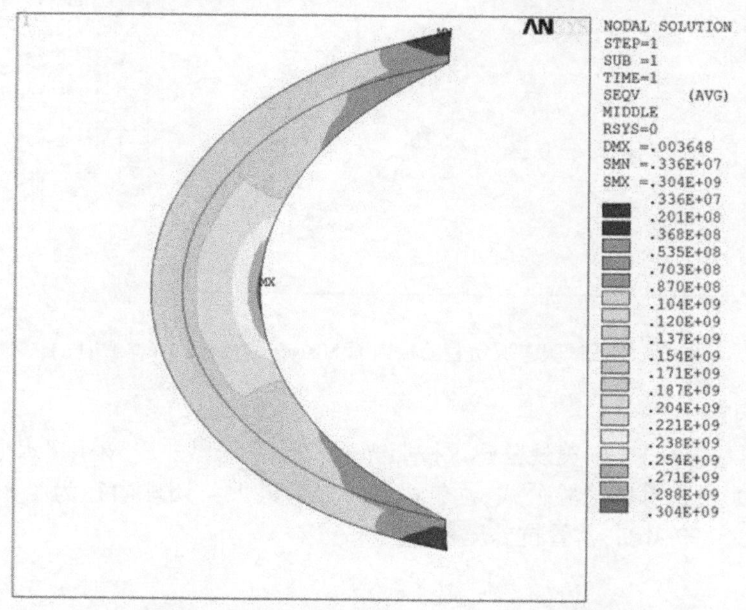

图 7　水压试验工况岔管肋板中面 Mises 应力云图　(单位:Pa)

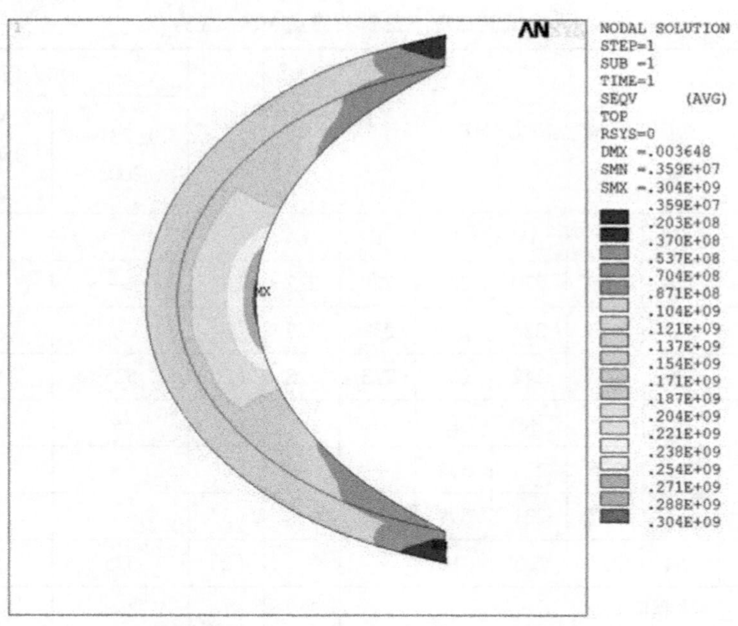

图 8　水压试验工况岔管肋板表面 Mises 应力云图　（单位：Pa）

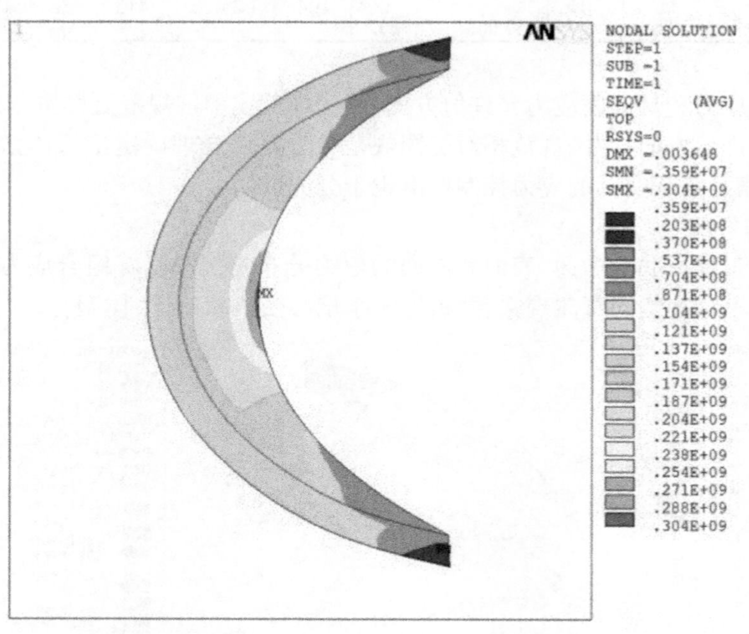

图 9　水压试验工况岔管肋板内面 Mises 应力云图　（单位：Pa）

（四）抗外压稳定

钢岔管抗外压稳定计算，中美规范建议按照光面管计算临界外压，采用《水电站压力钢管设计规范》（SL 281—2003）推荐的经验公式，岔管内径 r 取为最大公切球内径为 1.857 m，安全系数为 2，允许临界外压为 5.99 MPa，岔管抗外压稳定。

七、结　　语

（1）钢岔管为典型的空间结构，容易出现弯曲应力和环向应力集中现象，传统结构力学方法无法准确考虑。特别对于高 HD 值岔管，应进行三维有限元分析，对岔管应力分布有直观了解，以便进一步优化体型设计，有效利用钢材的力学性能。

（2）低焊接裂纹敏感性高强钢材在高水头岔管应用将进一步改善肋板应力应变状态，降低施工难度，同时设计中应注意其可焊性，明确焊接工艺和检测要求，保证焊接质量。

（3）中美规范对于岔管钢材允许应力和试验水压值有不同要求，建议国际工程中的高压岔管结构设计应类比其规定异同，选择满足工程实际的荷载和应力控制标准。

（4）高压岔管设计需验证肋板横截面处的不平衡力，减小肋板的侧向弯曲变形，保证水流平顺，防止肋板在水压力下发生撕裂破坏。

参 考 文 献

[1] 赵瑞存，孟江波，陈丽芬．某高水头电站地下埋藏式钢岔管体型优化[J]．人民长江，2017，48(S2)：263-264.

[2] 中华人民共和国能源局．大型水电工程高强度低焊接裂纹敏感性钢板技术条件：Q/CTG 24—2015[S]，2015.

[3] ASCE Manuals and Reports on Engineering Practice No. 79，Steel Penstocks [S]．American，2012.

[4] ASME Boiler&Pressure Vessel Code Section Ⅷ Rules for Construction of Pressure Vessels Division 2 Alternative Rules [S]．New York，2007.

[5] 中华人民共和国水利部．水电站压力钢管设计规范（附条文说明）：SL 218—2003[S]．北京：中国水利水电出版社，2003.

[6] 中华人民共和国能源局．水电站压力钢管设计规范：NB/T 35056—2015[S]．北京：中国电力出版社，2016.

[7] 苏凯，李聪安，胡馨之，等．埋藏式月牙肋钢岔管肋板受力特性和体型优化方法[J]．天津大学学报（自然科学与工程技术版）．2018，51(3)：236-238.

作者简介：

李康（1990—），男，工程师，主要从事水工结构设计工作。

莫赫曼德水电站压力钢岔管结构研究与探讨

彭小川　裴向辉

（中水北方勘测设计研究有限责任公司，天津　300222）

摘　要　依据巴基斯坦莫赫曼德水电站大直径钢岔管进行研究，分析了大直径高 HD 值的钢岔管设计的研究意义和必要性。大直径钢岔管体型设计通常选择月牙肋形式，在满足水头损失的情况下，结构上要设计合理的体型，使得受力条件最好。根据瑞士 EW 计算方法计算得出初拟壁厚。然后通过有限元模型分析，对岔管的结构设计进行验证。设计出最优的结构体型。

关键词　钢岔管；高 HD 值；结构设计；体型设计；有限元

莫赫曼德水电站装机 800 MW，发电引水系统采用单洞一管四机布置。其中压力钢管段主管直径 13.2 m，长度约为 345.52 m；压力钢管主管末端通过直径 13.2～10 m 的渐变段与钢岔管连接。钢岔管采用卜型岔管，共三级，每级岔管均分出直径为 5 m 的支管，钢岔管最大设计水头为 240 m，直径为 10 m。钢岔管 HD 值为 2 400 m·m，属高 HD 值岔管。压力钢岔管的设计难度属于世界级难度。对大直径的钢岔管进行深入的研究和分析是十分必要的，也为类似工程的设计提供参考。

一、研究的必要性

在我国水电建设中，采用高 HD 值岔管的水电站项目并不罕见，但大多是高水头中等直径。如宜兴抽水蓄能电站、西龙池抽水蓄能电站[1]、呼和浩特抽水蓄能电站、巴基斯坦 SK 水电站等，主管直径均在 6 m 以下；高 HD 值大直径的压力钢管多采用单管单机引水方式，因此，高 HD 值大直径压力钢岔管的案例则比较少见。压力钢管主管直径超过 10 m 且设置分岔管的引水式电站，目前仅有巴基斯坦塔贝拉[2]（HD 值 2 145 m·m）、巴基斯坦达苏（HD 值 4 021 m·m）和巴基斯坦莫赫曼德（HD 值 2 400 m·m）三例。在我国近年建设的许多大型水电站工程中，月牙肋岔管是最常见的岔管结构型式；莫赫曼德项目招标阶段钢岔管在空间上为平底岔管，采用这种左右对称而上下不对称的钢岔管的工程案例国内仅有 1 例（夏特水电站，直径 4.7 m，HD 值 1 692 m·m）。大直径钢岔管采用平底岔管体型，设计和施工制安难度更大，因此在设计阶段根据前期的研究和分析，采用了上下对称的中心线方案，中心线对称方案便于施工，结构设计也相对简单[3]。在做好排水的前提下较平底岔方案具有一定的优势。

二、岔管体型设计研究

本工程钢岔管主管直径 10 m，最大内水压力为 2.5 MPa，HD 值超过 2 400 m·m，而岔管段又是整个压力钢管系统中的关键部位，选择适当的岔管形式对于工程的设计和施工均有重要意义。工程中常用的岔管型式有：月牙肋岔管，三梁式岔管，贴边式岔管及球形岔管等。本工程 HD 值高且管径大，综合考虑各类型岔管的适用范围，最终选择应用广泛且成熟安全的月牙肋岔管。

月牙肋岔管是由月牙肋板作为主要支撑构件，主要体型由主锥和支锥组成，体形按照如下原则[4]确定：分岔角为55°～90°；钝角区腰折角 $\alpha_1=10°\sim15°$；支锥管腰线折角 α_2 小于等于20°为宜；主锥管腰线折角 α_3 宜用10°～15°；最大公切球半径 R_0，宜为主管 R_1 半径的1.1～1.2倍，如图1～图4所示。

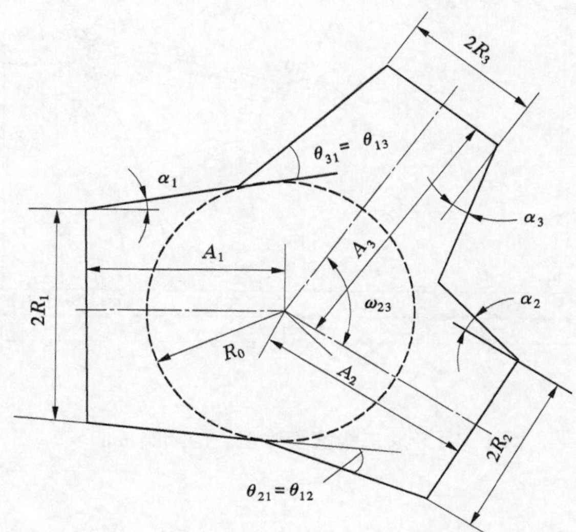

图1　月牙肋岔管体型示意图

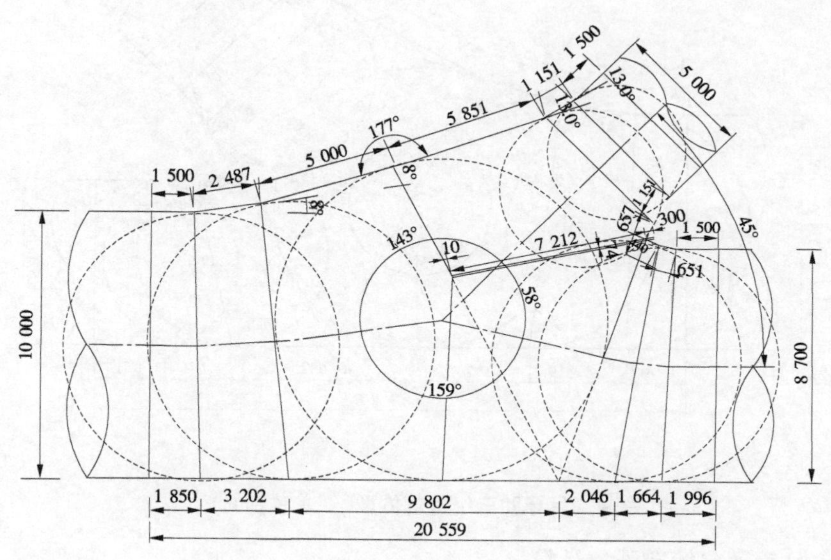

图2　月牙肋一级岔管体型　（单位：mm）

三、岔管结构设计研究

对于岔管段，采用瑞士EW计算方法计算得出初拟壁厚。按式（1）计算出各个锥形管节中的环向应力 σ_z，第二步根据组成分岔管的各个锥形管节连接处的管壁折角 β 值，按公式（2）计算出形状系数 K_i，然后查出应力集中系数 f。将环向应力 σ_z 乘以应力集中系数 f_i，即得到各个不同锥度的锥形管节连接处的管壁应力。

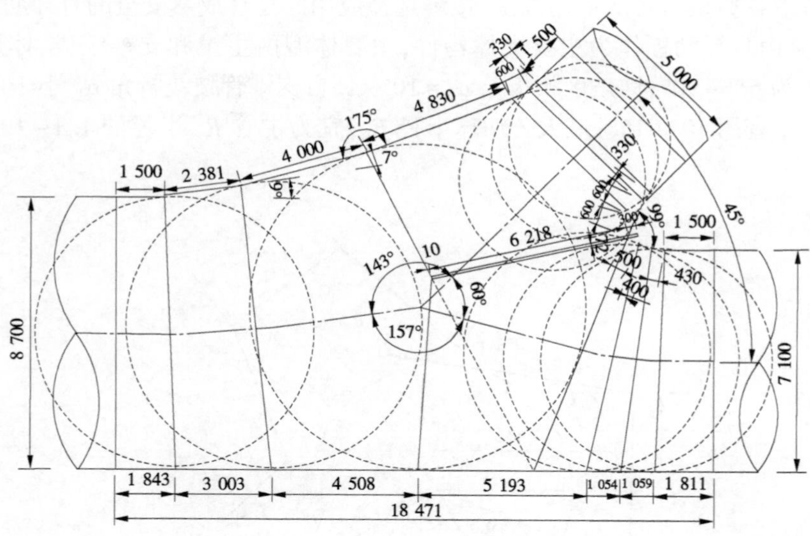

图3　月牙肋二级岔管体型　（单位:mm）

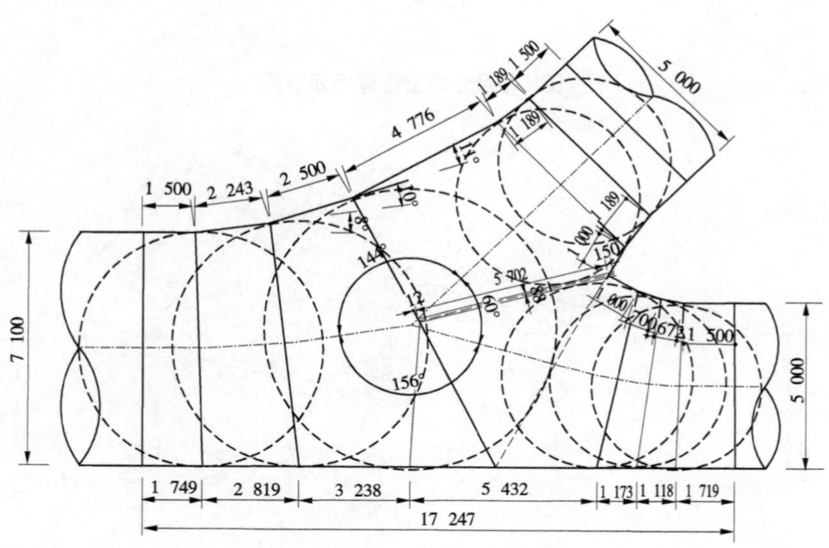

图4　月牙肋三级岔管体型　（单位:mm）

(一)计算点岔管环向管壁强度计算

$$\sigma_z = PR/\delta \tag{1}$$

式中　P——分岔管计算断面处的内水压力,MPa;

R——分岔管计算断面处的半径,mm;

δ——分岔管计算断面处的壁厚,mm。

(二)形状系数 K_i 的计算

$$K_i = \sqrt{\frac{R}{\delta_i}}\sin\beta_i \tag{2}$$

式中 K_i——计算点形状系数；

β_i——管壁折角。

(三)管壁的组合应力 σ_r 的计算

环向管壁局部应力 $\sigma_1=f\sigma_z$；

轴向管壁局部应力 $\sigma_2=0.5\sigma_1$；

计算组合应力，按第四强度理论：

$$\sigma_r=\sqrt{\sigma_1^2+\sigma_2^2-\sigma_1\sigma_2}=\sqrt{0.75}\sigma_1 \tag{3}$$

由于月牙肋岔管是由几个圆锥相交而成，体型非常复杂，使用理论公式计算时对岔管的体型以及受力情况做了很多简化和假定，用理论公式计算获得压力钢管的准确应力是很困难的。首先采用经验公式初拟壁厚，使用 EW 方法确定肋板厚度，再根据初拟厚度建立模型，应利用有限元软件分析进行精确的验证。

四、岔管有限元计算分析

压力钢岔管的体型尺寸较大，结构复杂，是引水系统高压管线中非常重要的结构。为保证钢岔管的结构安全可靠，在按照规范及 EW 方法初步设计钢岔管体型后，须使用三维有限元程序对整个结构的强度进行复核[5]。

(一)荷载和荷载组合

1. 计算荷载

(1)机组甩负荷时，承受的最大内水压力 P_1；

(2)隧洞检修时，最大外水压力 P_2。

2. 荷载组合

钢岔管结构分析的计算工况与荷载组合见表 1。

表 1　钢岔管结构分析的计算工况与荷载组合

序号	荷载		基本荷载组合		特殊荷载组合
			正常运行工况	放空工况	水压试验工况
1	内压	正常工况+水锤压力	√		
		水压试验内水压力			√

根据 ASCE No. 79[6]，水压试验压力取 1.5 倍正常运行水压。因水压试验工况下钢材允许应力为 0.8 倍的钢材屈服强度，大于正常运行工况下钢材允许应力的 1.5 倍，故正常运行工况为内压工况的控制工况。

(二)钢材的允许应力及钢管抗外压计算安全系数

根据 ASCE No. 79 压力钢管规范规定，钢板正常运行工况允许应力取值为：

$$S=\mathrm{Min}(\sigma_s/1.5,\sigma_t/2.4) \tag{4}$$

选取焊缝折减系数 E 为 0.85，允许应力提高系数 K 按照 ASCE No. 79 规定选取。

所以，钢板衬砌的允许应力计算按照下式计算：

$$\sigma=E\times K\times S \tag{5}$$

式中 σ_s——钢管屈服强度，MPa；

σ_t——钢管抗拉强度,MPa;

E——焊缝折减系数,取0.85;

K——允许应力提高系数,正常工况1.0,紧急工况1.5,局部应力系数为1.5。

(三)一级岔管FEA分析

一级钢岔管管壳整体膜应力约为243.35 MPa,小于钢材整体膜应力允许值273 MPa;一级钢岔管管壳母线转折处中面最大Mises应力为268.2 MPa,小于钢材的局部膜应力的允许值409 MPa;管壳母线转折处外表面应力为270.82 MPa,小于钢材的局部膜应力加弯曲应力的允许值409 MPa;肋板最大Mises应力为249.56 MPa,小于相应的膜应力允许值251 MPa。从计算结果分析可以看出拟定的一级钢岔管管壁厚度和肋板尺寸在正常运行工况下是安全的(见表2)。

表2　各工况允许应力表　　单位:MPa

工况	厚度t(mm)	$3<t\leqslant50$	$50<t\leqslant100$	$100<t\leqslant150$
正常工况	膜应力(P_m)	273	269	251
	局部膜应力(P_L)	409	404	377
	弯曲应力(P_b)	409	404	377
	局部膜应力(P_L)+弯曲应力(P_b)	409	404	377
	局部膜应力(P_L)+弯曲应力(P_b)+二次应力Q	770	760	710

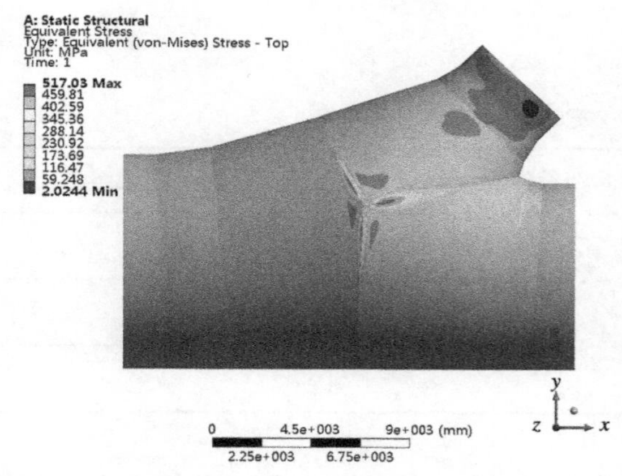

图5　一级岔管外表面应力云图　(单位:MPa)

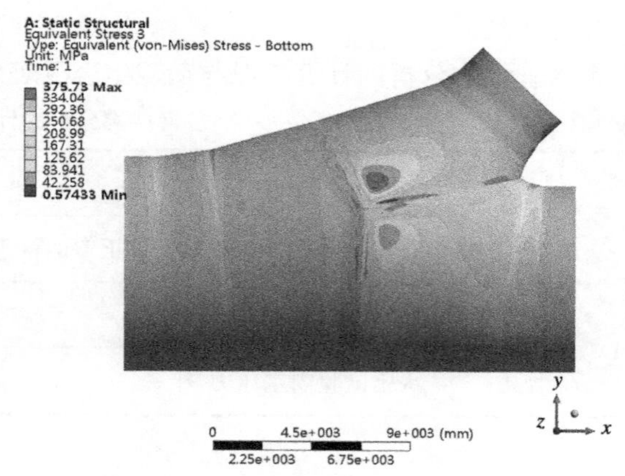

图6　一级岔管内表面应力云图　(单位:MPa)

(四)二级岔管FEA分析

二级钢岔管管壳整体膜应力约为246.7 MPa,小于钢材整体膜应力允许值273 MPa;二级钢岔管壳母线转折处中面最大Mises应力为396.9 MPa,小于钢材的局部膜应力的允许值409 MPa;管壳母线转折处外表面应力为408.5 MPa,小于钢材的局部膜应力加弯曲应力的允许值409 MPa;肋板最大Mises应力为207.6 MPa,小于相应的肋板膜应力允许值273 MPa。从计算结果分析可以看出拟定的二级钢岔管管壁厚度和肋板尺寸在正常运行工况下是安全的。

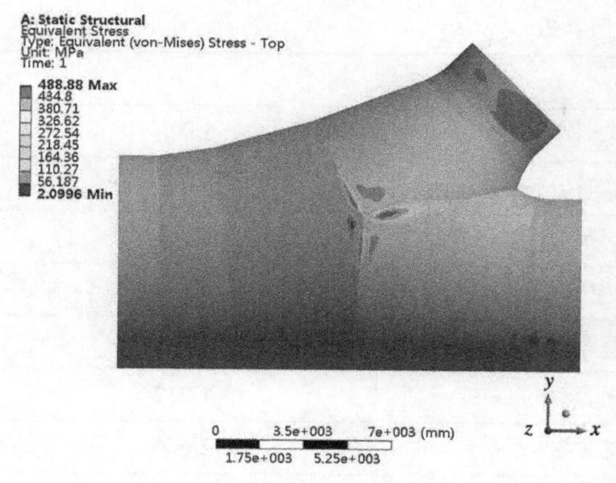

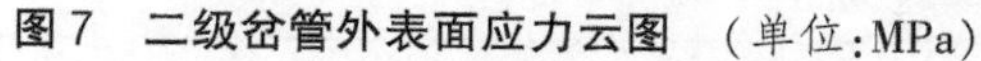

图 7 二级岔管外表面应力云图 (单位:MPa)

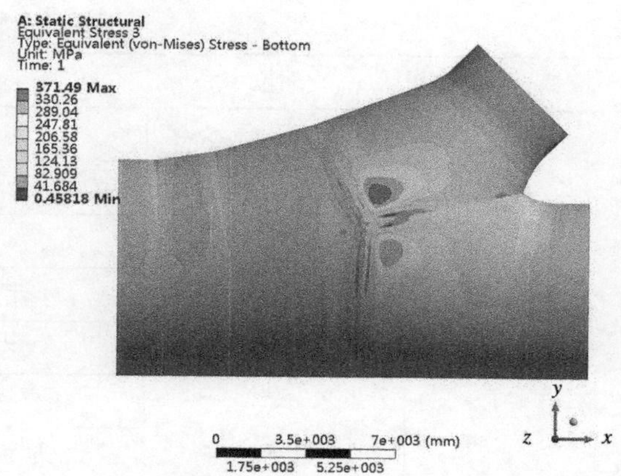

图 8 二级岔管内表面应力云图 (单位:MPa)

(五)三级岔管 FEA 分析

三级钢岔管管壳整体膜应力约为 224.7 MPa,小于钢材整体膜应力允许值 273 MPa;三级钢岔管壳母线转折处中面最大 Mises 应力为 329.9 MPa,小于钢材的局部膜应力的允许值 409 MPa;管壳母线转折处外表面应力为 342.7 MPa,小于钢材的局部膜应力加弯曲应力的允许值 409 MPa;肋板最大 Mises 应力为 228.5 MPa,小于相应的肋板膜应力允许值 251 MPa。从计算结果分析可以看出拟定的三级钢岔管管壁厚度和肋板尺寸在正常运行工况下是安全的。

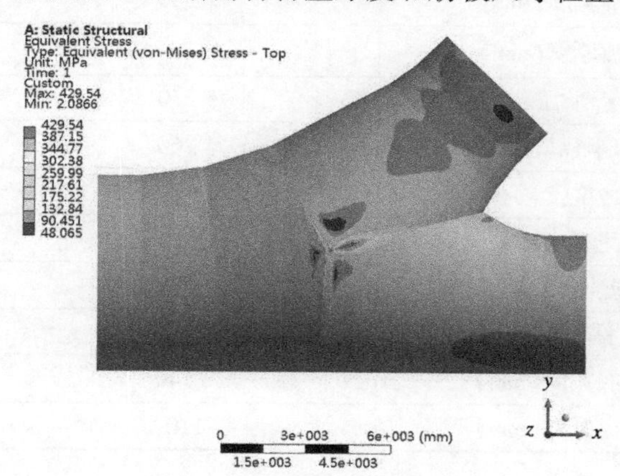

图 9 三级岔管外表面应力云图 (单位:MPa)

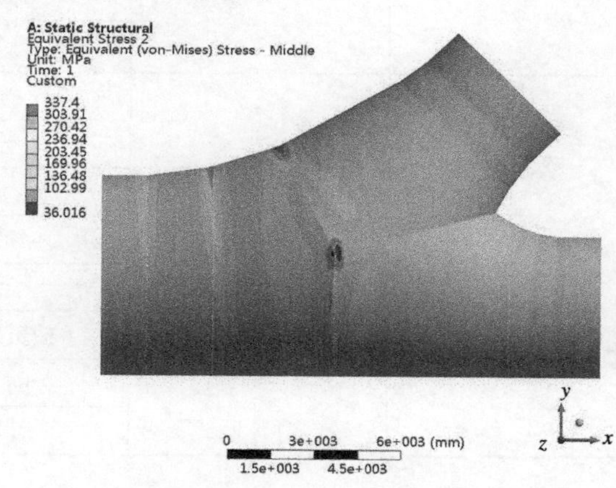

图 10 三级岔管内表面应力云图 (单位:MPa)

五、结 语

通过计算确定月牙肋岔管主要体型参数如下(见表 3):

本文分析了大直径高 HD 值的钢岔管设计的研究意义和必要性。大直径钢岔管体型设计通常选择月牙肋形式,在满足水头损失的情况下,根据瑞士 EW 计算方法计算得出初拟壁厚,然后通过有限元模型分析对岔管的结构设计进行验证。设计出最优的结构体型。为其他类似工程的设计提供了参考和依据。

表 3　月牙肋岔管体型参数

编号	部位	参数	
1#岔管 1	主锥	主管半径	5 000
		公切球半径(mm)	6 000
		分岔角(°)	58
		计算管壁厚(mm)	52
		设计壁厚(mm)	54
	月牙肋	相贯线水平投影长(mm)	7 212
		肋板根部宽度(mm)	2 600
		计算肋板厚度(mm)	140
2#岔管	主锥	主管半径	4 350
		公切球半径(mm)	5 220
		分岔角(°)	60
		计算管壁厚(mm)	46
		设计壁厚(mm)	48
	月牙肋	相贯线水平投影长(mm)	6 217
		肋板根部宽度(mm)	2 300
		计算肋板厚度(mm)	120
3#岔管 1	主锥	主管半径	3 550
		公切球半径(mm)	4 260
		分岔角(°)	60
		计算管壁厚(mm)	38
		设计壁厚(mm)	40
	月牙肋	相贯线水平投影长(mm)	5 702
		肋板根部宽度(mm)	2 140
		计算肋板厚度(mm)	110

参 考 文 献

[1] 王志国,陈永兴．西龙池抽水蓄能电站内加强月牙肋岔管水力特性研究[J]．水力发电学报，2007，26(1)：42-47.

[2] 张桥,岳廷文,金胜．塔贝拉水电站超大型压力钢管的技术优化[J]．四川水力发电，2018，37(3)：100-101.

[3] 苏凯,李聪安,伍鹤皋,等．水电站月牙肋钢岔管研究进展综述[J]．水利学报，2017，48(8)：968-976.

[4] 中华人民共和国能源局.水电站压力钢管设计规范:NB/T 35056—2015[S]．北京:中国电力出版社,2016.

[5] 陆强．地下埋藏式钢岔管结构优化方法[C]//中国电建集团昆明勘测设计研究院有限公司．第九届全国水利水电工程压力管道学术会议论文集：北京：中国电力出版社，2018:236-240.

[6] ASCE Manuals and Reports on Engineering Practice No. 79 , Steel Penstocks [S]. American,2012：25-36.

作者简介：

彭小川(1982—),男,高级工程师,主要从事压力钢管结构分析工作。

某高水头电站大管径高强钢月牙肋岔管疲劳计算

陈天恩 王化恒 张 帆 王 伟

(中国电建集团西北勘测设计研究院有限公司,陕西 西安 710000)

摘 要 相对普通钢材,高强钢设计允许应力值高,应力幅值较大,耐疲劳性问题更为突出。本文结合某电站高强钢月牙肋岔管,提出了耐疲劳性验算的思路。计算结果表明,对于体型复杂,厚度较厚的岔管,满足结构强度时,不一定满足耐疲劳性,同时正应力幅值允许值,随着机组开停频率的增加而降低,因此为保证电站设计年限内安全运行,对于开停频率高的水电站高强钢岔管宜进行疲劳验算。

关键词 高强钢;月牙肋岔管;正应力幅值;耐疲劳性

月牙肋钢岔管由管壳和肋板共同承担内水压力,具有受力明确合理、设计方便、水流流态好、水头损失小、结构可靠、制作安装容易等特点,在国内外大中型常规和抽水蓄能电站中得到广泛的应用[1-3]。对于高水头大管径月牙肋岔管,采用普通钢材,管壁往往会较厚,制作安装存在较大困难。尤其对于国外工程,现场焊接条件较差,钢板较厚时,焊缝难以焊透。为减小管壁厚度,高强钢逐步应用于大中型水电站钢管。相对普通钢材,高强钢屈服强度和抗拉强度较高,设计允许应力值大,正应力幅值较大,耐疲劳性问题更为突出。水电站在电力系统中具有很好的调峰调频作用,通过变化导叶开度,改变发电流量,调整出力,导致岔管所承受的内水压力不断变化。因此,对于开停频率较高电站的高强钢岔管,在满足结构安全的同时,宜对岔管的耐疲劳性进行验算。目前压力钢管设计规范暂无钢管耐疲劳性验算的相关指导与要求,本文以东南亚某电站为例,对高强钢月牙肋岔管结构耐疲劳性进行初步研究。

一、月牙肋钢岔管体型布置

该电站引水发电系统由进水口、隧洞、调压井、竖井、压力管道组成,主要建筑物工程级别为2级。压力管道采用“一管三机” 布置形式,设计引用流量为178.92 m^3/s。岸边地面厂房内安装3台160 MW的水轮发电机组。岔管布置形式如图1所示。岔管采用月牙肋岔管形式,1#岔管后接2#岔管,1#岔管主管直径为5.8 m,支管直径分别为3.3 m和4.5 m,2#岔管主管直径为4.5 m,支管直径为3.3 m。岔管按明岔管设计,单独承担内水压力。

二、疲劳计算

(一)计算方案和模型

钢岔管管壳和加强梁钢板均采用Q690(GB/T 1591)钢材[4],钢材的力学性能见表1。

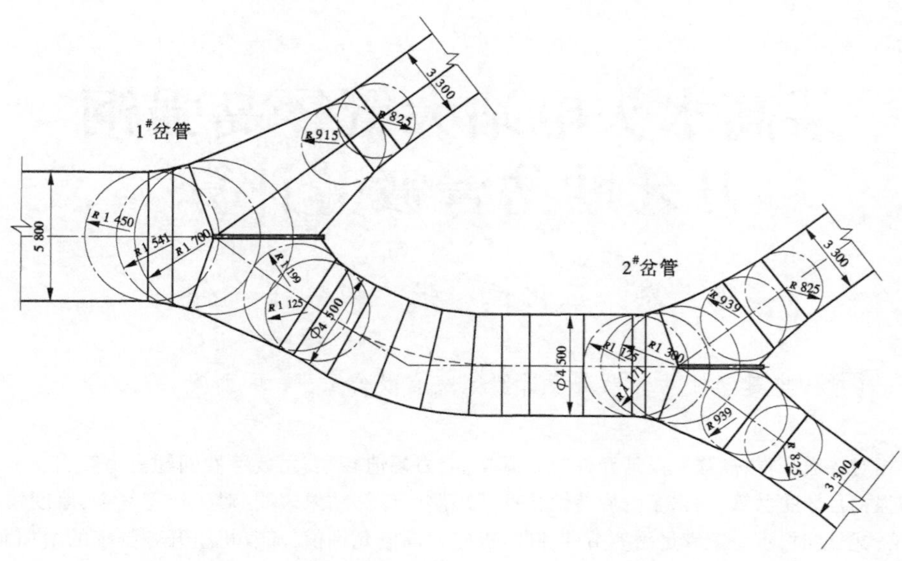

图1　月牙肋钢岔管布置图　(单位:mm)

表1　**钢材的基本力学性能参数**

钢 号	厚度 t(mm)	强度设计值 f(MPa)	弹性模量 E_s(N/mm²)	泊松比
Q690(GB/T 1591)	>40~63	470	2.06×10⁵	0.3
Q690(GB/T 1591)	>63~80	460	2.06×10⁵	0.3

钢材抗力限值 σ_R 按下式计算[4]:

$$\sigma_R = \frac{1}{\gamma_0 \psi \gamma_d} f \tag{1}$$

式(1)中结构重要性系数 $\gamma_0=1.0$,正常运行工况设计状况系数 $\psi=1.0$,水压试验工况设计状况系数 $\psi=0.9$,结构系数 γ_d 及钢材的抗力限值计算结构见表2。

表2　**钢材抗力限值**

结构部位	应力种类	正常运行工况			水压试验		
		结构系数 γ_d	抗力限值(MPa)(>40~63)	抗力限值(MPa)(>63~80)	结构系数 γ_d	抗力限值(MPa)(>40~63)	抗力限值(MPa)(>63~80)
管壁	整体膜应力	1.76	267.0	261.4	1.584	329.7	322.7
	局部膜应力	1.43	328.7	321.7	1.287	405.8	397.1
	局部膜应力+弯曲应力	1.21	388.4	380.2	1.089	479.5	469.3
加强肋	弯曲应力	1.43	328.7	321.7	1.287	405.8	397.1

计算模型的范围按不影响钢岔管单元应力、应变分布,满足精度要求进行考虑。根据岔管的实际受力状态,为了减小端部约束的影响,主、支管段轴线长度从公切球球心向上、下游分别取最大公

切球直径的 1.5 倍以上。管壳采用四节点板壳单元，肋板采用八节点实体单元，1#岔管和 2#岔管的管壳和肋板的有限元模型如图 2～图 5 所示。

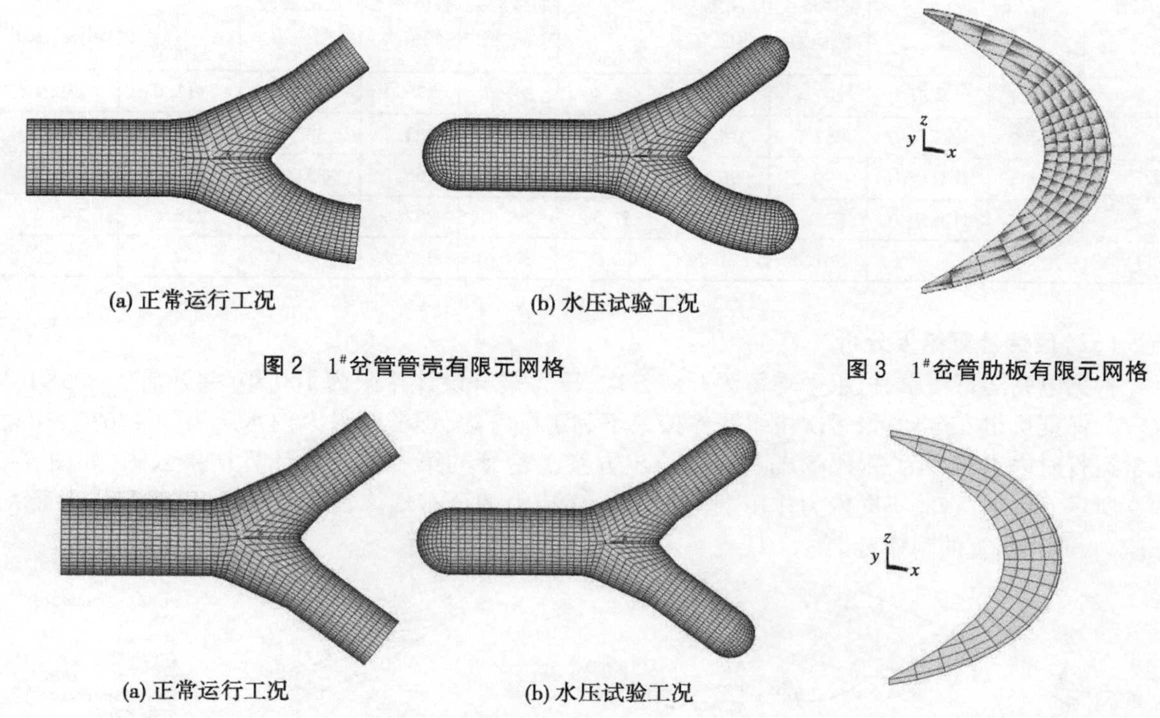

(a) 正常运行工况　(b) 水压试验工况

图 2　1#岔管管壳有限元网格

图 3　1#岔管肋板有限元网格

(a) 正常运行工况　(b) 水压试验工况

图 4　2#岔管管壳有限元网格

图 5　2#岔管肋板有限元网格

根据试算结果，对每个岔管初拟两种厚度计算方案，各方案肋板尺寸不变，计算方案见表 3。根据调节保证计算结果，岔管处最大内水压力为 4.682 MPa，水压试验取为最大内水压力的 1.25 倍，正常运行时的内水压力为 3.17 MPa。

表 3　岔管计算方案

岔管	计算方案	最大公切球内半径（mm）	计算厚度（mm）	肋板厚度（mm）	肋板最大截面宽度（mm）
1#岔管	方案 1	3 400	64	130	1 620
	方案 2	3 400	60	130	1 620
2#岔管	方案 1	2 600	54	120	1 220
	方案 2	2 600	50	120	1 220

(二) 结构计算结果分析

根据三维有限元计算结果，岔管各部分的应力见表 4，由表可知，1#和 2#岔管各方案下所有应力均满足规范要求，随着管壳厚度的增大，管壳应力有所下降，而对肋板的影响较小。方案 2 的管壁较薄，最大应力更接近允许应力，材料强度得以充分利用，经济上更加合理。

表4　钢岔管各方案下应力计算结果　单位:MPa

岔管	计算方案	应力类型	正常运行工况				水压试验工况			
			整体最大膜应力	局部最大膜应力	局部膜应力+弯曲应力最大值	肋板最大Mises应力	整体最大膜应力	局部最大膜应力	局部膜应力+弯曲应力最大值	肋板最大Mises应力
1#岔管	方案1	计算应力	207.1	298.0	348.4	303.7	276.0	373.0	411.0	238.9
	方案2	计算应力	257.8	316.8	376.2	308.5	283.3	382.6	421.7	240.7
2#岔管	方案1	计算应力	199.2	296.0	336.2	289.2	265.1	351.9	381.7	249.8
	方案2	计算应力	225.1	318.8	357.5	292.0	297.6	397.0	426.6	246.9
允许应力			261.4	321.7	380.2	321.7	322.7	397.1	469.3	397.1

(三)疲劳计算结果分析

根据电站运行要求,机组平均每天开停5次,压力钢管设计年限为100年,共开启 1.825×10^5 次。为保证机组安全运行,每次机组开停按最不利工况考虑,即岔管最大内水压力为4.682 MPa。正常运行时内水压力为3.17 MPa。本文给出方案1岔管的第一主应力计算结果云图,如图6~图9所示。由图可知,不同内力作用下,岔管第一主应力的分布规律及方向一致,可将其作为最大正应力,验算岔管的耐疲劳性。

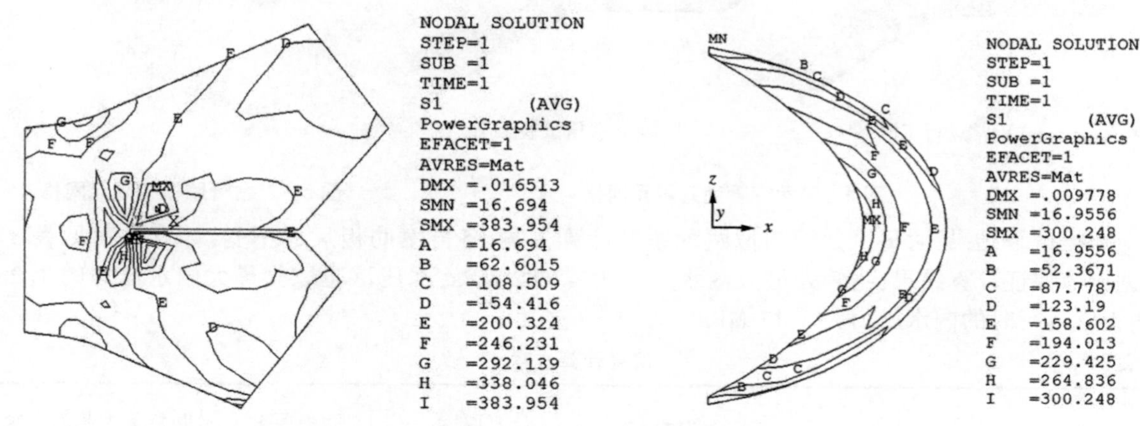

图6　方案1(1#岔管最大正应力)　(单位:MPa)

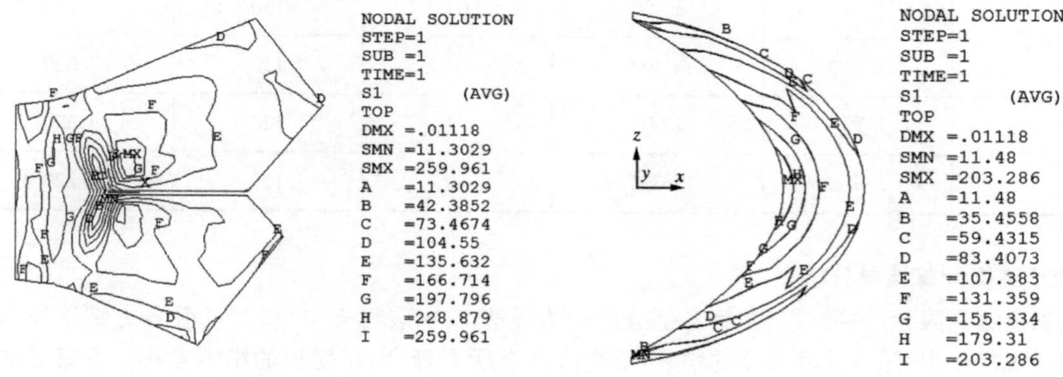

图7　方案1(1#岔管最小正应力)　(单位:MPa)

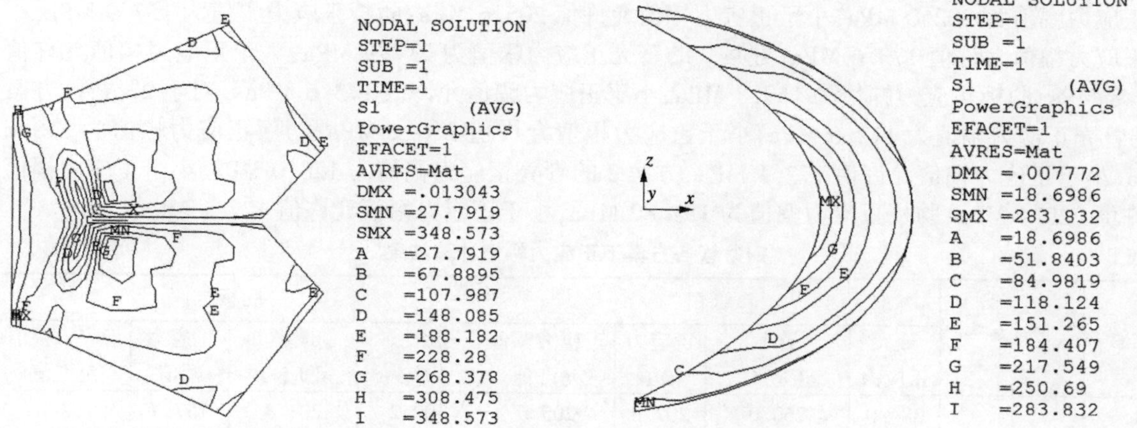

图 8　方案 1（2# 岔管最大正应力）（单位：MPa）

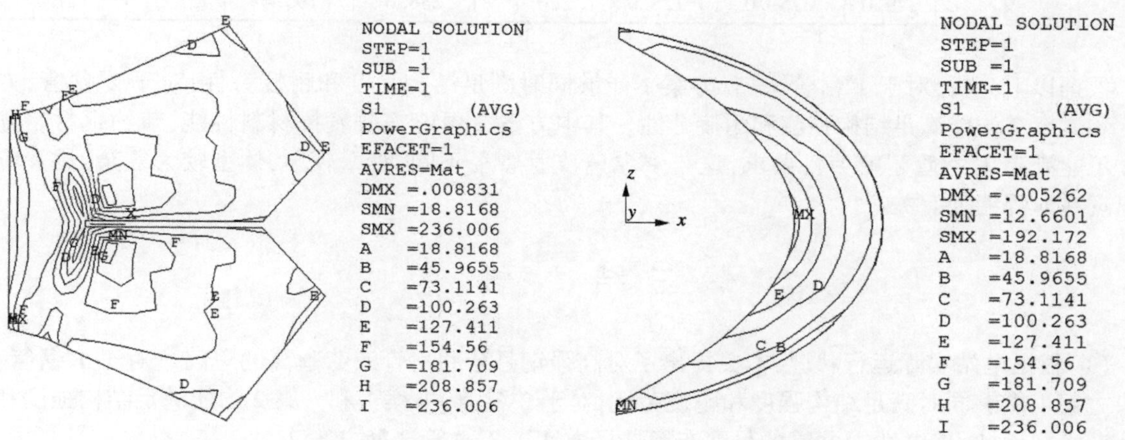

图 9　方案 1（2# 岔管最小正应力）（单位：MPa）

由图 6~图 9 可知，1# 岔管管壳最大应力出现在非焊缝处，2# 岔管管壳最大应力出现在焊缝处，肋板最大应力均出现在非焊缝处。根据《钢结构设计规范》（GB 50017—2017），正应力幅的疲劳计算应符合下式规定[5]：

$$\Delta\sigma \leqslant \gamma_t \times [\Delta\sigma] \tag{2}$$

式（2）中应力幅应为：

对于非焊缝处：

$$\Delta\sigma = \sigma_{max} - 0.7 \times \sigma_{min}$$

对于焊缝处：

$$\Delta\sigma = \sigma_{max} - \sigma_{min}$$

对于本电站，设计寿命期循环次数为 1.825×10^5 次，允许正应力幅值为：

$$[\Delta\sigma] = \left(\frac{C_z}{n}\right)^{\frac{1}{\beta_z}} \tag{3}$$

式中　C_z、β_z——与构件和连接相关的参数，对于岔管，分别取为 861×10^{12}、4。

γ_t——板厚修正系数，$\gamma_t = \left(\frac{25}{t}\right)^{0.25}$，式中 t 为岔管的厚度（mm）。

岔管正应力幅值及允许值计算结果如表5所示。根据计算结果可知,对于1#岔管,方案1的管壳正应力幅值为202.0 MPa,小于正应力幅值允许值205.6 MPa;肋板正应力幅值为157.9 MPa,小于正应力幅值允许值173.6 MPa;方案2的管壳正应力幅值为217.9 MPa,大于正应力幅值允许值208.8 MPa;肋板正应力幅值为159.8 MPa,小于正应力幅值允许值173.6 MPa。对于2#岔管,方案1的管壳正应力幅值为112.6 MPa,小于正应力幅值允许值216.2 MPa;肋板正应力幅值为118.6 MPa,小于正应力幅值允许值177.1 MPa;方案2的管壳正应力幅值为128.0 MPa,小于正应力幅值允许值220.4 MPa;肋板正应力幅值为151.82 MPa,小于正应力幅值允许值177.1 MPa。

表5　钢岔管各方案下正应力幅值计算结果　单位:MPa

岔管	方案	管壳				肋板			
		最大正应力	最小正应力	正应力幅值	正应力幅值允许值	最大正应力	最小正应力	正应力幅值	正应力幅值允许值
1#	1	384.0	260.0	202.0	205.6	300.2	203.3	157.9	173.6
	2	414.2	280.4	217.9	208.8	303.8	205.7	159.8	173.6
2#	1	348.6	236.0	112.6	216.2	283.8	236.0	118.6	177.1
	2	379.0	251.0	128.0	220.4	288.6	195.4	151.82	177.1

根据以上分析,对于1#岔管,只有方案1能够同时满足结构强度和耐疲劳性;对于2#岔管,方案1和方案2均能满足结构强度和耐疲劳性。其中方案2更能充分发挥材料性能,节约钢材。方案2不能满足1#岔管耐疲劳性要求,这与1#岔管支管管径不同,管壁较厚,体型较为复杂,最大应力出现在非焊缝处有关。

三、结　　语

(1)根据电站实际运行状况,本文提出了对高强钢月牙肋岔管疲劳验算的思路。对于1#岔管,只有方案1能够同时满足结构强度和耐疲劳性;对于2#岔管,方案1和方案2均能满足结构强度和耐疲劳性。因此,该电站1#岔管的最终布置选择方案1,2#岔管选择方案2。

(2)计算结果表明,对于体型复杂、厚度较厚的高强钢岔管,在满足强度要求的条件下,不一定满足耐疲劳性要求。同时,不同地区、国家的电网状况不同,对电站的开停要求不同,随着开停频率的升高,正应力幅值允许值会下降,因此当岔管采用高强刚时,建议考虑耐疲劳性的验算。

(3)目前高强钢在大中型电站钢管中应用广泛,而压力钢管设计规范中暂无对钢管及岔管耐疲劳性验算的指导和要求,为保证电站设计年限内运行安全,岔管结构经济合理,建议压力钢管规范增加对机组开停频繁电站高强钢岔管耐疲劳性验算的指导与要求。

参 考 文 献

[1] 王仁坤,张春生. 水工设计手册(第八卷)[M]. 2版. 北京:中国水利水电出版社,2013.
[2] 马善定,汪如择. 水电站建筑物 [M]. 北京:中国水利水电出版社,1996.
[3] 马善定,伍鹤皋,秦继章. 水电站压力管道[M]. 武汉:湖北科学技术出版社,2002.
[4] 中华人民共和国能源局. 水电站压力钢管设计规范:NB/T 35056—2015[S]. 北京:中国电力出版社,2016.
[5] 中华人民共和国住房和城乡建设部、中华人民共和国国家质量监督检验检疫总局. 钢结构设计标准:GB 50017—2017[S]. 北京:中国建筑工业出版社,2017.

作者简介:

陈天恩(1990—),男,工程师,主要从事水工结构设计相关工作。

某水电站地面气垫式调压室贴边岔管设计分析

杜 超 赵桂连 谷 玲 张清琼

(中国电建集团成都勘测设计研究院有限公司,四川 成都 610072)

摘 要 某水电站采用地面钢结构气垫式调压室,气垫式调压室与连接管间的贴边岔的设计十分重要。为了使气垫式调压室贴边岔的有限元分析结果更能反映实际情况,笔者通过调整有限元计算模型,将各计算方法横向对比,并与现场实际情况比较,找到更接近于贴边岔实际受力情况的计算方式。当管壁厚度超过一定程度后,模型使用 shell181 单元的计算结果,要比使用 shell63 的更加接近实际;气垫式调压室贴边岔不同于长直压力管道中的钢岔管,所以在进行有限元分析时宜建立完整气垫式调压室模型。

关键词 气垫式调压室;贴边岔管;单元类型;有限元计算

某水电站位于新疆维吾尔自治区境内,是以发电为主的引水式电站。电站设计水头 199.2 m,发电引用流量 140 m^3/s,装机容量 244 MW。工程枢纽由渠系建筑物、压力管道及气垫式调压室、发电厂房及尾水渠等组成。常规气垫式调压室一般为地下埋藏式结构,根据围岩条件采用围岩闭气或钢包闭气,受现场地形条件限制,同时考虑地面高调压塔抗震稳定性较差,设计中采用了新型的地面钢结构气垫式调压室,其气室钢管与连接压力管道的连接管以贴边岔管型式相接,为确保结构的合理性,需要对该贴边岔管结构进行详细计算分析。

一、气垫式调压室布置简介

本水电站压力管道及气垫式调压室采用“一管一室两机”的基本布置格局,共 2 个水力单元。两条压力管道平行布置,气垫式调压室平行于压力管道纵轴线方向布置,两个气室与同侧压力管道中心线间距分别为 18.0 m 和 17.7 m。1[#]、2[#]气垫式调压室总长分别为 180.0 m 和 135.0 m,其中标准段长分别为 90.0 m 和 45.0 m,两端渐变段均长 45.0 m,标准段钢管内径 12.0 m,渐变段钢管内径 12.0~6.5 m,末端为封堵结构。2 个气垫式调压室与同侧压力管道通过连接管相接,1[#]连接管内径 3.0 m,2[#]连接管内径 2.6 m,连接管进口与压力管道均形成贴边岔管。调压室区域平面布置如图 1 所示。

二、贴边岔管初步设计

(一)设计参数

本文仅以 1[#]气垫式调压室与 1[#]连接管间的贴边岔管为研究对象。根据水力过渡过程计算成果,1[#]气室最大内水压力为 1.75 MPa;工程现场考虑调压室规模及其功能新颖性,取气室钢管水压试验最大压力为 2.0 MPa。气室钢管及贴边岔管全部采用 07MnMoVR 调质高强钢,钢材的允许应力见表 1。

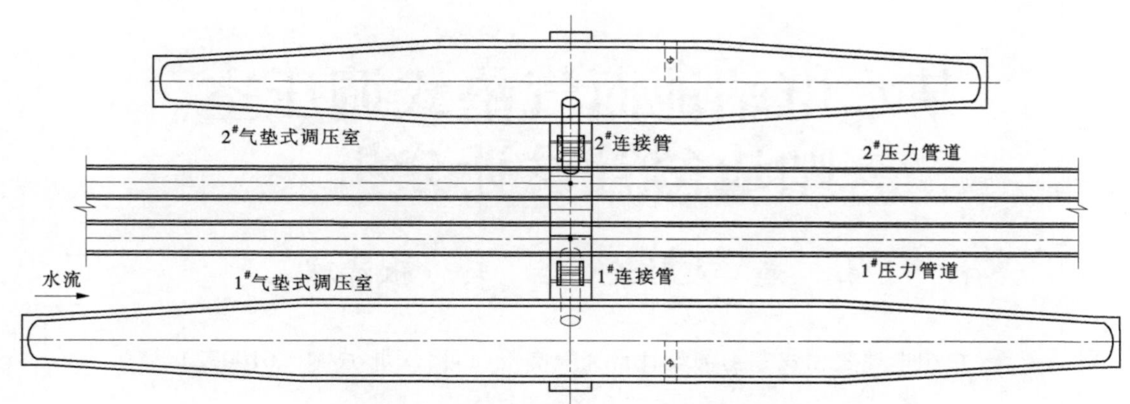

图1 调压室区域平面布置图

表1 明岔管抗力限值

应力种类	部位	抗力限值 σ_R(MPa)	
		正常运行	水压试验
整体膜应力	膜应力区的管壁	215.9	239.9
局部膜应力	肋板、补强环	265.7	295.3
	距承受弯矩的加强构件 3.5 $\sqrt{rt}$ 以内及转角点处管壁中面、加强梁	265.7	295.3
局部膜应力+弯曲应力	距承受弯矩的加强构件 3.5 $\sqrt{rt}$ 以内及转角点处管壁表面、补强板	314.1	348.9

(二)管壁厚度设计

按照规范[1-2],膜应力估算的管壁厚度 t_{y1}:

$$t_{y1}=\frac{k_1pr}{\sigma_{R1}\cos A} \tag{1}$$

式中 t_{y1}——按膜应力估算的壁厚,mm;

k_1——腰线转折角处应力集中系数;

p——内水设计压力值,N/mm²;

r——该节管壳计算点到旋转轴的旋转半径(垂直距离),对于等径管即为钢管半径,mm;

A——该节钢管半锥顶角,(°);

σ_{R1}——压力钢管结构构件按整体膜应力计的抗力限值,MPa。

经过初步试算,贴边岔管拟定主、支管壁厚 52 mm,两层贴边补强板布置于岔管外表面,每层补强板厚 42 mm,两个岔管第一层贴边宽度均为 2.0 m,第二层贴边宽度均为 1.6 m。

三、贴边岔管有限元计算分析

(一)有限元计算模型分析

本次有限元计算分析基于 ANSYS 软件进行。传统贴边岔管有限元计算习惯使用 shell63 单元对壳单元进行模拟[3-4],该单元建立在 Kirchhoff-Love 板壳理论假设基础上[5],具有弯曲能力和膜力,是最常用的三维一次壳单元,属于薄壳单元,忽略单元横向剪切变形[6]。shell181 单元具有弯曲能力和膜力,并且考虑单元横向剪切变形,适用于薄—中等厚度的壳结构,并且还可以定义复合材料多层壳[6]。常规将板的厚度小于板中面最小边长的2%定义为薄板,本文贴边岔管壁厚最大处为136 mm(包含两层贴边补强板),贴边厚与板中面长度比值为0.07,理论上适宜采用shell181单元。为分析两种计算单元在本工程中的合理性,本文分别采用两种单元进行计算,并与现场水压试验结果进行对比论证。

(二)有限元建模及网格划分

本次计算模型包括1#气室钢管整体结构、贴边岔管、连接管(至波纹管伸缩节处截止),整体模型及贴边岔管局部网格模型如图2和图3所示。

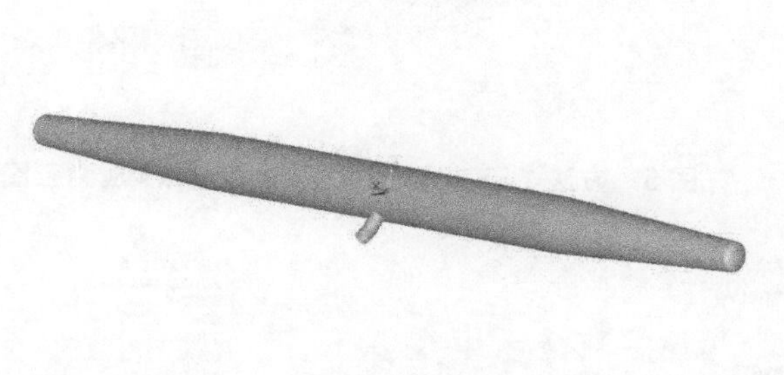

图2 整体模型图

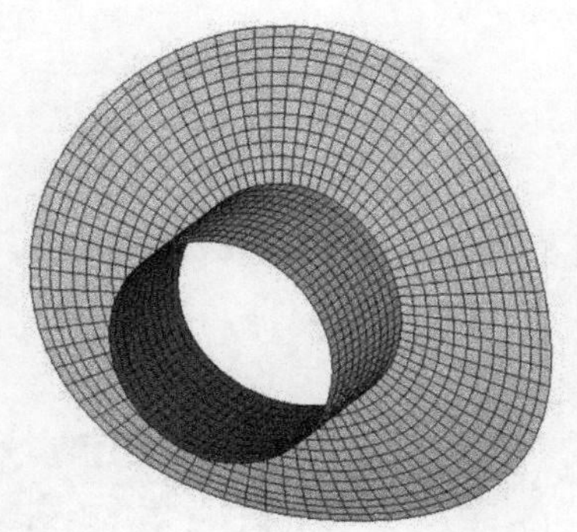

图3 贴边岔管局部网格图

有限元模型建立在笛卡儿坐标系下,xOy平面为铅直面,y轴铅直向上,z轴平行于气垫式调压室纵轴线。所有网格划分全部采用4节点网格。依据气垫式调压室各管段的实际受力情况,在气垫式调压室端部进行x及y方向的约束,将结构对称面(z坐标为0)上的节点进行z向约束。将模型网格使用shell63单元的方法记为方法1,将模型网格使用shell181单元的方法记为方法2。

(三)有限元计算结果分析

(1)贴边岔管以承担内水压力为主,针对方法1和方法2,分别进行了正常运行工况及水压试验工况的计算,相应的计算结果见表2及图4~图11。

表2 贴边岔管Mises应力最大值表 单位:MPa

计算工况	应力种类	整体膜应力	局部膜应力	局部膜应力+弯曲应力
方法1正常运行工况	最大应力σ_{max}	211.2	221.2	275.8
方法2正常运行工况	最大应力σ_{max}	210.4	210.8	228.8
抗力限值σ_R		215.9	265.7	314.1
方法1水压试验工况	最大应力σ_{max}	242.9	254.4	317.2
方法2水压试验工况	最大应力σ_{max}	236.9	242.4	263.1
抗力限值σ_R		239.9	295.3	348.9
	部位	主管标准段	贴边岔管相贯线之外部位	贴边岔管相贯线部位

分析表2与图4~图11:(1)正常运行工况下,两种方法中贴边岔管各部位的Mises应力均未超过应力限值,满足规范要求。水压试验工况下,方法1的整体膜应力略微超过应力限值,其他各部

ANSYS 14.5
NODAL SOLUTION
STEP=1
SUB =1
TIME=1
SEQV (AVG)
MIDDLE
RSYS=0
DMX =.009111
SMN =11.5304
SMX =228.611
11.5304
29.6205
47.7105
65.8006
83.8906
101.981
120.071
138.161
156.251
174.341
192.431
210.521
228.611

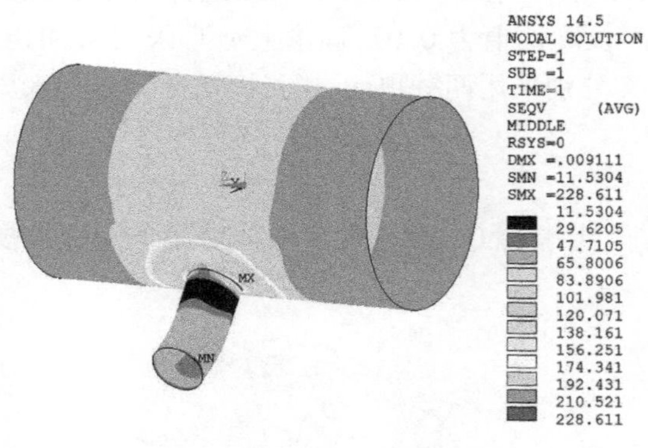

图 4　方法 1 正常运行工况岔管 Mises 应力云图

ANSYS 14.5
NODAL SOLUTION
STEP=1
SUB =1
TIME=1
SEQV (AVG)
MIDDLE
RSYS=0
DMX =.003456
SMN =15.5378
SMX =228.611
15.5378
33.2939
51.05
68.8061
86.5622
104.318
122.074
139.831
157.587
175.343
193.099
210.855
228.611

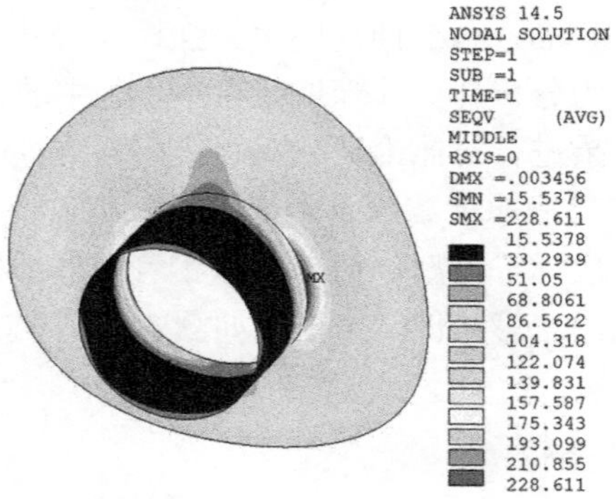

图 5　方法 1 正常运行工况贴边板 Mises 应力云图

ANSYS 14.5
NODAL SOLUTION
STEP=1
SUB =1
TIME=1
SEQV (AVG)
MIDDLE
RSYS=0
DMX =.011825
SMN =15.3793
SMX =199.254
15.3793
30.7023
46.0252
61.3481
76.671
91.994
107.317
122.64
137.963
153.286
168.609
183.932
199.254

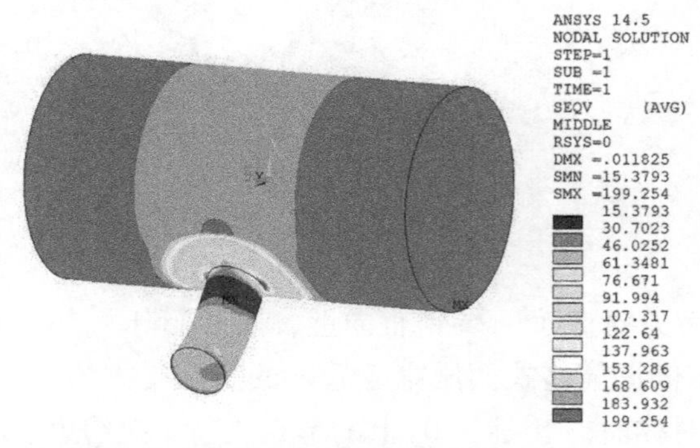

图 6　方法 2 正常运行工况岔管 Mises 应力云图

ANSYS 14.5
NODAL SOLUTION
STEP=1
SUB =1
TIME=1
SEQV (AVG)
MIDDLE
RSYS=0
DMX =.003514
SMN =15.3793
SMX =196.568
15.3793
30.4784
45.5774
60.6765
75.7755
90.8746
105.974
121.073
136.172
151.271
166.37
181.469
196.568

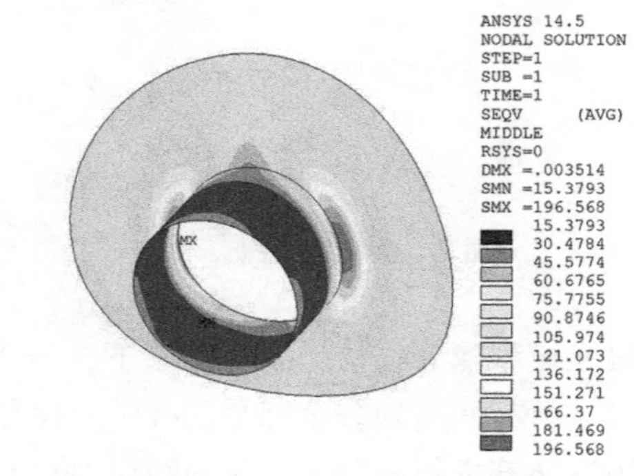

图 7　方法 2 正常运行工况贴边板 Mises 应力云图

ANSYS 14.5
NODAL SOLUTION
STEP=1
SUB =1
TIME=1
SEQV (AVG)
MIDDLE
RSYS=0
DMX =.010478
SMN =13.26
SMX =262.903
13.26
34.0635
54.8671
75.6706
96.4742
117.278
138.081
158.885
179.688
200.492
221.296
242.099
262.903

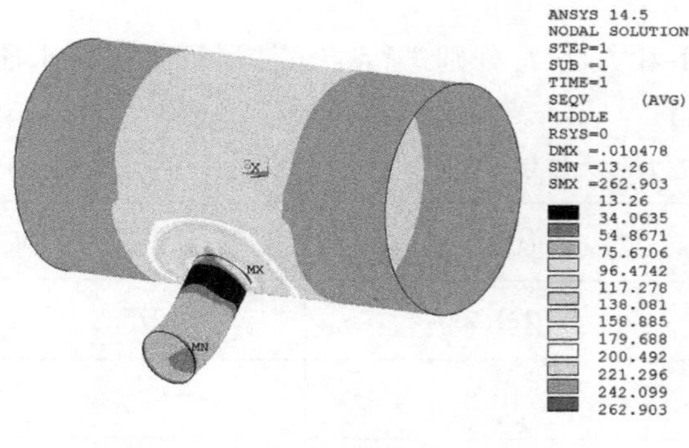

图 8　方法 1 水压试验工况岔管 Mises 应力云图

ANSYS 14.5
NODAL SOLUTION
STEP=1
SUB =1
TIME=1
SEQV (AVG)
MIDDLE
RSYS=0
DMX =.003974
SMN =17.8685
SMX =262.903
17.8685
38.288
58.7075
79.127
99.5465
119.966
140.386
160.805
181.225
201.644
222.064
242.483
262.903

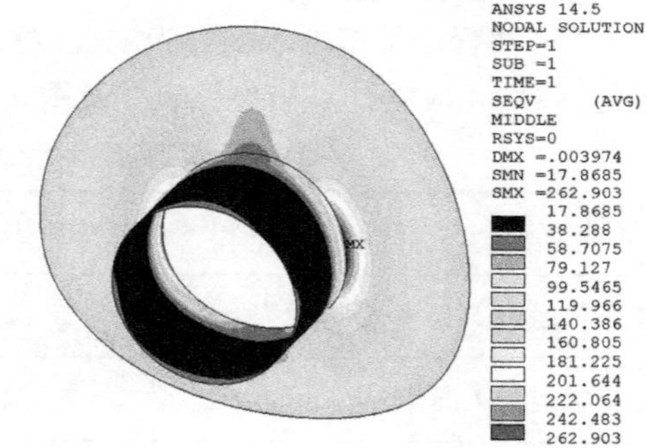

图 9　方法 1 水压试验工况贴边板 Mises 应力云图

位应力低于应力限值;方法 2 的各部位 Mises 应力低于应力限值。从现场实际水压试验结果来看,贴边岔主管标准段实测应变值低,试验阶段运行良好,水压试验未反映出钢板应力超过应力限值。由此可见,方法 2 的计算结果更加接近实际情况。

(2)水压试验工况下,方法 1、2 之间,主管标准段 Mises 应力相差 2.5%,贴边岔管相贯线之外部位 Mises 应力相差 5.0%,而贴边岔管相贯线部位 Mises 应力相差 20.6%,说明在管壁厚度越大的部位,两方法的 Mises 应力计算结果相差越大。该结果表明,当管壁厚度达到一定范围之后,使用 shell181 单元进行建模计算,更能反映中厚板的实际受力情况。

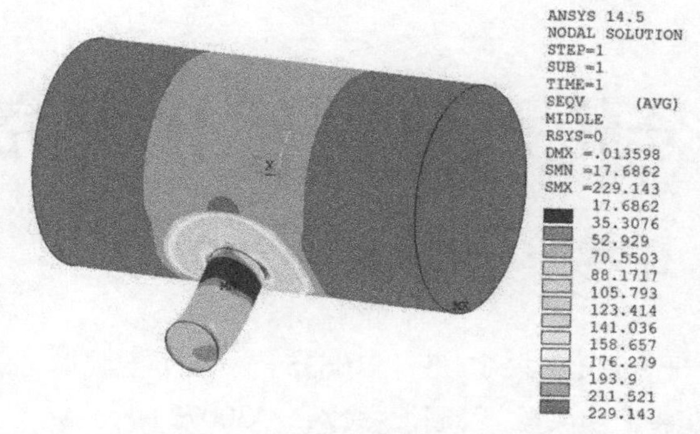

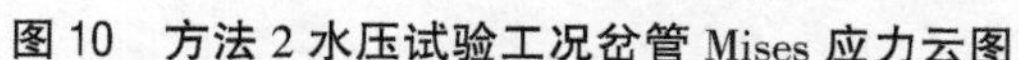
图 10 方法 2 水压试验工况岔管 Mises 应力云图

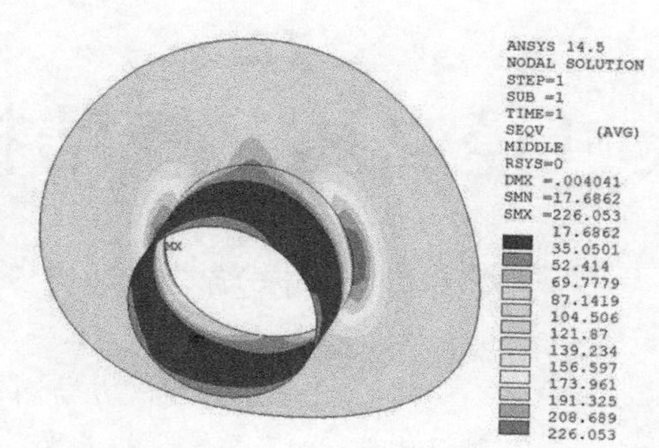

图 11 方法 2 水压试验工况贴边板 Mises 应力云图

四、结　语

本文气垫式调压室为国内首个大型地面钢结构气垫式调压室,气室钢管直径达 12.0 m,内介质为水和压缩空气混合体,气室结构及贴边岔管设计尤为重要。笔者在设计过程中得到如下认知:

(1)对于管壁厚度超过一定数值之后的贴边岔管,使用 shell181 单元建模计算,更能反映出钢管结构实际的受力情况;

(2)钢结构气垫式调压室中贴边岔管不同于长直压力管道结构,将整个气室钢管与连接管进行整体建模,采用合理的边界条件,可以更好地反映所有结构部位的受力状况。

参 考 文 献

[1] 中华人民共和国电力工业部. 水工建筑物荷载设计规范:DL 5077—1997[S]. 北京:中国电力出版社,1998.

[2] 中华人民共和国能源局. 水电站压力钢管设计规范:NB/T 35056—2015[S]. 北京:中国电力出版社,2016.

[3] 刘园, 伍鹤皋, 石长征, 等. 基于 CATIA 的贴边钢岔管辅助设计程序开发应用[J]. 人民长江, 2015(4): 37-41.

[4] 杨兴义, 伍鹤皋, 石长征, 等. 基于美国 ASCE 规范的 GIBE Ⅲ水电站引水钢岔管设计[C]//水电站压力管道——第八届全国水电站压力管道学术会议论文集.

[5] 刘文涛, 陈冰冰, 高增梁. ANSYS 特征值法在计算外压圆筒弹性失稳中的应用讨论[J]. 压力容器, 2012, 29(5):20-25,41.

[6] 黄明镜. 受感部力学特性数值模拟方法研究[D]. 电子科技大学, 2009.

作者简介:

杜超(1992—),男,主要从事压力管道及地下结构设计工作。

大口径高压岔管结构分析及体型优化研究

冯文涛[1] 严振瑞[1] 刘婵玉[1] 伍鹤皋[2] 徐文韬[2] 江 山[2]

(1.广东省水利电力勘测设计研究院,广东 广州 510635;
2.武汉大学 水资源与水电工程科学国家重点实验室,湖北 武汉 430072)

摘 要 本文结合珠江三角洲水资源配置工程实例,为满足检修通车岔管交通要求,在原有三梁岔管体型基础上,设计了支管底部水平,并与主管底部等高或略高的新型平底贴边岔管,并利用软件ANSYS进行了有限元分析。计算结果表明,平底贴边岔管可有锥形、等径支管两种形式,不论是锥形支管半锥顶角增大,抑或是使等径支管轴线高度降低,主管开口面积均会增大,导致相贯线锐角区及管底处内外表面应力增加,使管壳应力和变形受到一定影响,用钢量呈递增趋势,但均小于三梁岔管形式,通车性有所提升。综合考虑岔管受力及通车条件,平底贴边岔管体型可采取支管底部距主管底面200 mm的锥形支管或等径支管方案。

关键词 引调水工程;大管径钢管;平底贴边岔管;三梁岔管;有限元法

一、工程概况

珠江三角洲水资源配置工程是为优化配置珠江三角洲地区东、西部水资源,从珠江三角洲网河区西部的西江水系向东引水至珠江三角洲东部,主要供水目标是广州市南沙区、深圳市和东莞市的缺水地区,解决城市生活、生产缺水问题,提高供水保证程度,同时为香港特别行政区以及广东省番禺、顺德等地区提供应急备用供水条件。

珠江三角洲水资源配置工程从广东省佛山市顺德区境内的西江干流取水,经隧洞、箱涵、管道输水至深圳市公明水库、东莞市松木山水库和广州市南沙区黄阁水厂。工程输水管线全长113.1 km,多年平均引水量17.87亿m^3,供水量17.08亿m^3,其中广州市南沙区5.31亿m^3,深圳市8.47亿m^3,东莞市3.30亿m^3。

本工程由输水干线工程(鲤鱼洲取水口—罗田水库)、深圳分干线(罗田水库—公明水库)、东莞分干线(罗田水库—松木山水库)和南沙支线(高新沙水库—黄阁水厂)组成,输水线路总长度113.1 km,主要建筑物有:3座泵站、2座高位水池、1座新建水库、5座输水隧洞、1条输水管道、1座倒虹吸、4座进库闸、2座进水闸、量水间8座、各类阀井35座。本工程等别为Ⅰ等,大(1)型。输水干线主要建筑级别为1级,次要建筑级别为3级。深圳分干线、东莞分干线和南沙支线主要建筑级别为1级,次要建筑级别为3级。

本工程输水管线穿越珠江三角洲核心建成区,为减少工程建设对沿线城市环境、交通、规划及人民生产生活的影响,采用深埋盾构隧洞作为主要输水建筑物形式,占输水线路总长度的75%。本工程盾构隧洞埋深30~50 m,加上泵站扬程,静水压力高达1.0~1.2 MPa,由于盾构管片难以承受如此高的内水压力,本工程在盾构隧洞内部设置了钢管或预应力钢筋混凝土管作为二次衬砌来承受内水压力。内衬钢管壁厚达20~28 mm,预应力钢筋混凝土壁厚550 mm。

本工程设计使用期限为100年,为保证工程的正常使用,需要定期对盾构隧洞、输水隧洞、箱涵和隧洞等输水建筑物进行监测、检查、诊断、维护和修复,定期清理输水建筑物内沉积的泥沙、壁面附着的淡水壳菜等水生生物。本工程输水线路总长达113.2 km,输水隧洞内径达2.9~8.2 m,检修维护工作量大,人工步行检查和维护效率低,难以在较短的检修停水期内完成巡检和维护工作,需要采用机动车辆作为交通工具。根据输水隧洞长度、底部高程、断面形式、行车条件、通风条件等因素,本阶段拟采用通用机动车辆作为检修交通工具,检修车辆净长不超过4.8 m,轴距不超过1.8 m,满载质量不超过3 t。

根据工程布置特点,需要在盾构工作井内设置检修三通岔管作为检修车辆的进出口,其中主管内径DN4800钢岔管4个,DN6400钢岔管1个,支管末端直径均为3.4 m,设计压力分别达到1.1 MPa和1.35 MPa,PD分别为528 m^2和864 m^2,属于较高PD值岔管。与水电站高压岔管相比,本工程岔管PD值虽然相对较小,但岔管处于盾构工作井中,外包混凝土厚度最薄处仅1 m,无法依靠外包混凝土和围岩分担内水压力,需要岔管自身承担巨大的内水压力,对岔管本身结构强度和刚度要求较高。另外本工程钢岔管承担停水检修期通车任务,岔管的支管末端设置有可开启钢制堵板(闷头)作为检修车辆的进出口。由于岔管设计压力高,为避免堵板漏损坏工作井内设备,对堵板密封的性能要求很高,进而对支管的变形控制要求也很高。目前,虽然有解析公式可以计算岔管应力,但结算结果不够精确,有必要采用有限元分析方法对检修三通岔管进行结构应力和变形进行分析,并对岔管壁厚、三岔梁的高度和壁厚、主管和岔管交角等参数进行优化,以满足堵板密封变形控制要求。

二、检修通车岔管布置设计

本工程检修三通岔管共有5种结构尺寸,其中主管DN4800的钢岔管3种,主管DN6400钢岔管2种,这些岔管材质均采用Q345R。按照功能这5种岔管可分为通车检修三通岔管和进人检修三通岔管。通车检修三通岔管的主管有DN4800和DN6400两种管径,主管外侧均外包一层0.8~3 m厚的钢筋混凝土,主管与支管之间采用三梁岔的结构形式进行连接,U梁与腰梁的壁厚70~110 mm,高度1.6~2.3 m。支管与主管之间的夹角65°~90°,支管末端内径3.4 m,支管末端设置有椭圆形闷头,通过螺栓、法兰与岔管进行连接。这3种通车岔的主要参数及初拟的加强梁参数见表1。

表1　本工程通车检修三通岔管主要参数表

序号	所在工作井编号	主管直径(m)	主管名义壁厚(mm)	支管长度(m)	支管末端直径(m)	支管名义壁厚(mm)	支管与主管交角(°)	设计压力(最大水锤压力)(MPa)	U梁高度(mm)	腰梁高度(mm)	U梁腰梁厚度(mm)
通车岔1	LG01#	4.8	30	4	3.4	30	65	0.9	1 800	1 800	80
通车岔2	LG08#	4.8	30	4	3.4	30	90	0.9	1 600	1 600	70
通车岔3	GS01#	6.4	40	5.0	3.4	40	90	1.3	2 300	2 300	100

3种通车岔的平面布置示意图如图1~图3所示。本文选取通车岔1进行三维有限元计算,比较了三梁岔管和贴边岔管两种结构形式。

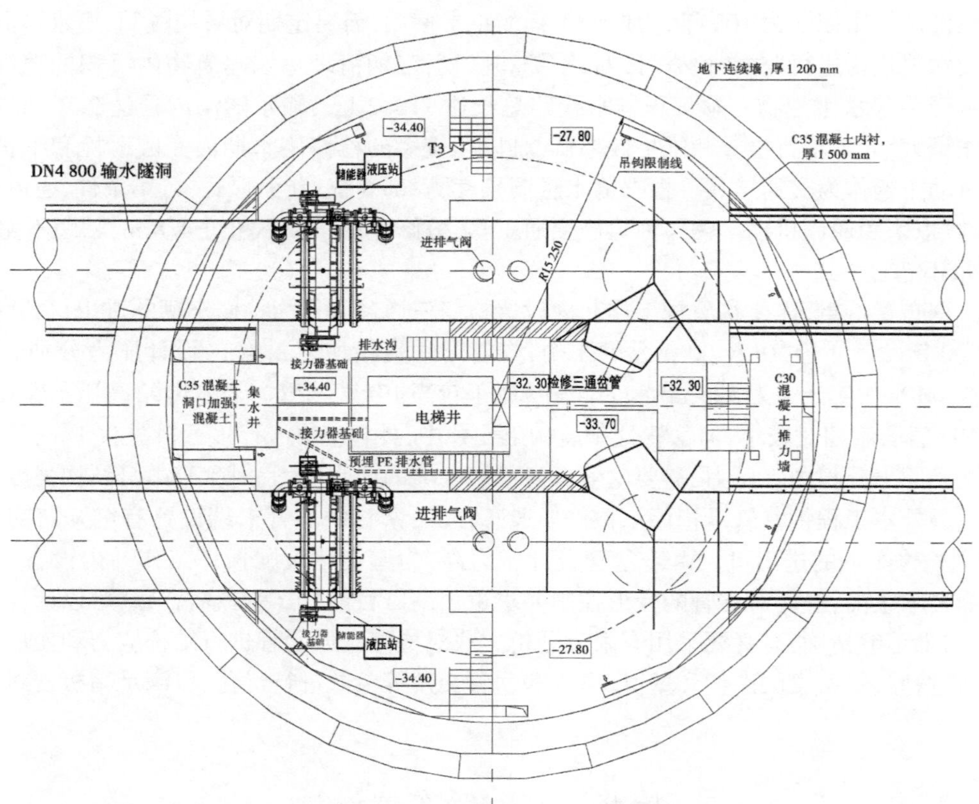

图 1　通车岔 1 检修通车三通平面布置示意图

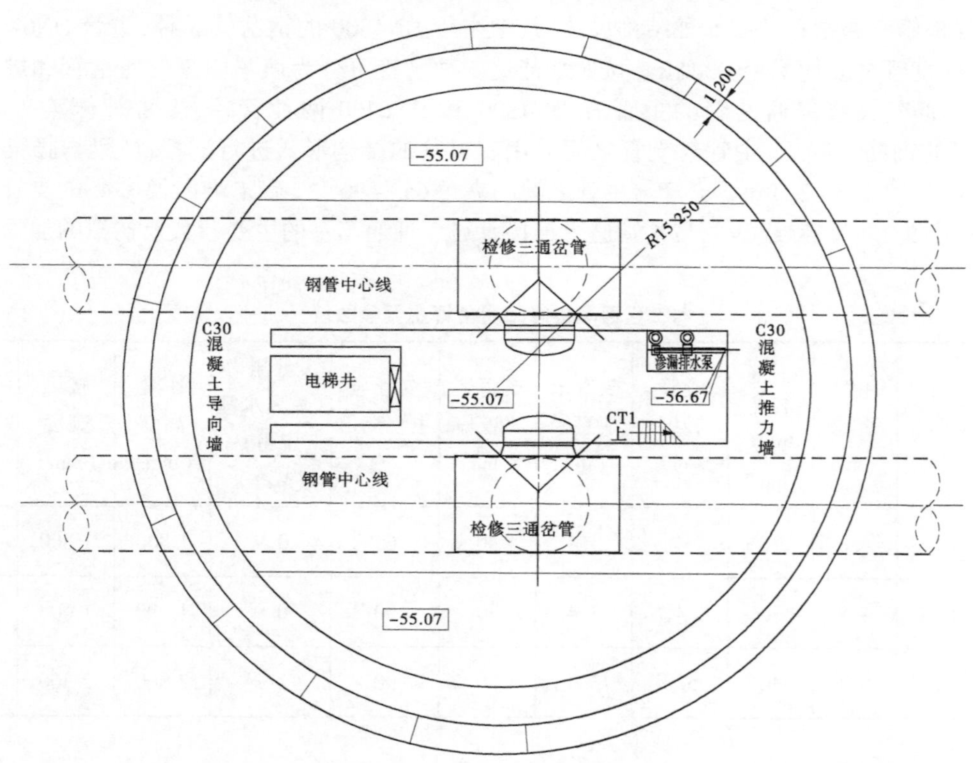

图 2　通车岔 2 三通岔管平面布置示意图

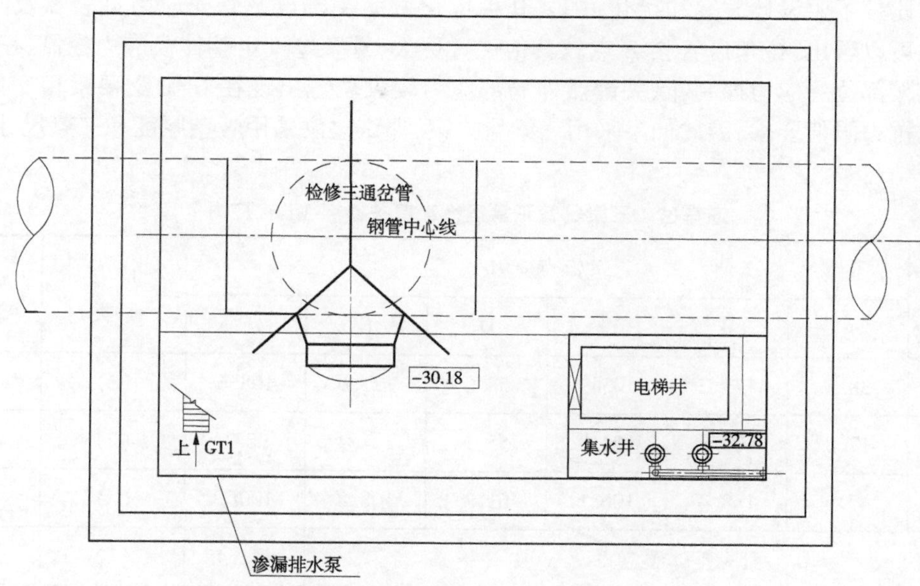

图 3 通车岔 3 三通岔管平面布置示意图

三、三梁钢岔管结构计算研究

经过分析,适用于本引水工程且有通车要求的钢岔管主要有三梁和贴边两种形式,本节首先对检修通车三梁岔管结构形式进行研究,主要参数见表 2,计算模型及网格如图 4 所示。其中本工程钢制品锈蚀厚度为 2 mm,计算壁厚=壁厚-锈蚀厚度。关键点位置示意图如图 5 所示。

表 2 通车岔 1 三梁岔管主要参数表

序号	主管直径(mm)	主管壁厚(mm)	支管长度(mm)	支管末端直径(mm)	支管壁厚(mm)	主管与支管交角(°)	U 梁高度(mm)	腰梁高度(mm)	U 梁腰梁厚度(mm)	设计内压(MPa)
原设计	4 800	30	4 000	3 400	30	65	1 800	1 800	70	0.9
优化方案	4 800	22	4 000	3 400	22	65	1 600	1 600	60	0.9

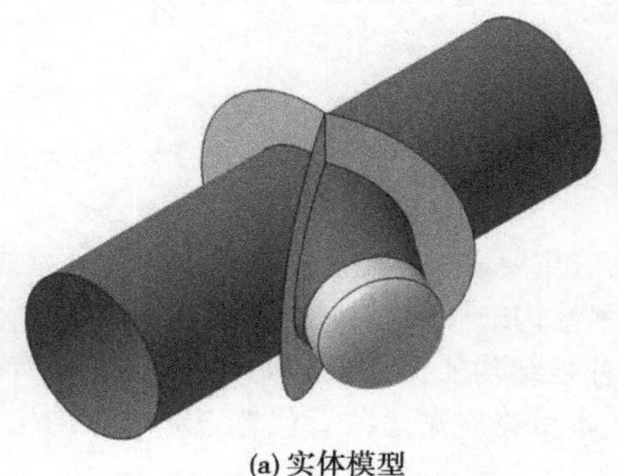

(a) 实体模型

(b) 计算网格

图 4 三梁岔管计算模型

计算时比较了原设计方案和优化方案，其中优化方案关键点及管壳应力见表3及图6所示。从相关图表可以看出，锐角区管腰B点较其他位置更大，管壁厚度由整体模应力控制，三梁尺寸及厚度由内侧腰部位置应力控制，除关键点外局部应力较大位置出现在U梁及腰梁相交处管壁上，均满足钢材抗力限值要求，因此如果采用三梁岔方案，那么建议采用管壁厚度和三梁尺寸均较小的优化方案。

表3　　通车岔1三梁岔管正常运行工况关键点 Mises 应力　　单位：MPa

<table>
<tr><th colspan="2" rowspan="2">部位</th><th colspan="6">关键点应力</th><th rowspan="2">应力种类</th><th rowspan="2">允许应力</th></tr>
<tr><th>A</th><th>B</th><th>C</th><th>D</th><th>E</th><th>F</th></tr>
<tr><td rowspan="3">管壳</td><td>外</td><td>38.8</td><td>173.2</td><td>103.9</td><td>58.0</td><td>121.6</td><td>108.6</td><td>(2)</td><td>247</td></tr>
<tr><td>中</td><td>17.8</td><td>179.8</td><td>104.9</td><td>55.1</td><td>101.4</td><td>98.1</td><td>(2)</td><td>247</td></tr>
<tr><td>内</td><td>47.3</td><td>188.4</td><td>106.1</td><td>61.3</td><td>108.8</td><td>100.1</td><td>(2)</td><td>247</td></tr>
<tr><td colspan="7">管壳整体膜应力</td><td>141.4</td><td>(1)</td><td>154</td></tr>
<tr><td colspan="7">上述管壳关键点以外的局部膜应力+弯曲应力区域</td><td>209.2</td><td>(2)</td><td>247</td></tr>
<tr><td colspan="2">U梁</td><td colspan="2">U梁内侧</td><td colspan="2">193.6</td><td colspan="1">U梁外侧</td><td>44.4</td><td>(3)</td><td>194</td></tr>
</table>

注：表中应力种类一栏中，(1)为整体膜应力，(2)为局部应力，(3)为加强梁局部应力。

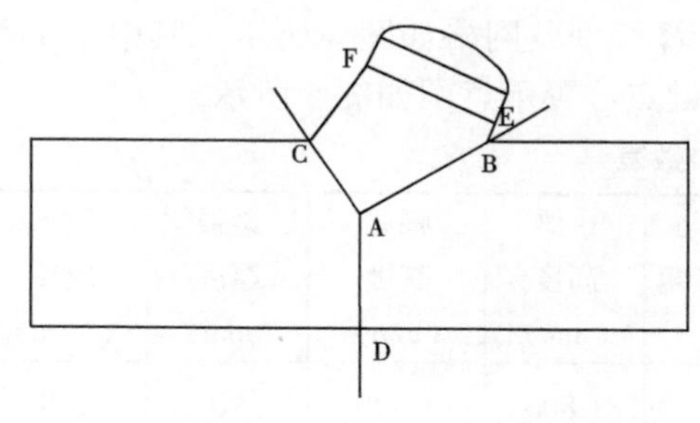

图5　关键点位置示意图

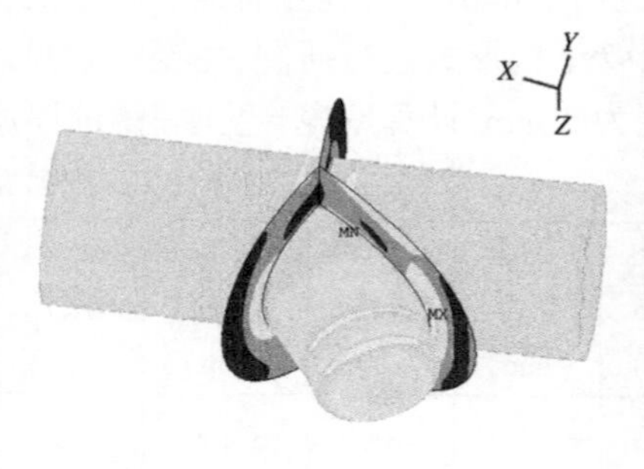

图6　三梁岔管应力云图　（单位：MPa）

四、贴边岔管锥形支管方案分析

如上述所述，适用于本引水工程且有通车要求的钢岔管主要有三梁岔管和贴边岔管两种型式。其中贴边岔管多用于主、支管呈不对称布置的情况，其补强结构未伸入管壁内，不干扰水体流动，水头损失较小，且不影响通车运行。同时相比三梁岔管，其补强结构能得到更加充分的利用，在有外包钢筋混凝土的情况下，更小的体型使施工更为便利。故本节将对贴边岔管代替三梁岔管结构型式的可行性进行计算分析。

由于钢岔管用于检修车辆的进出，在设计时不仅要考虑钢岔管运行时内水压力作用下的应力应变值，同时需关注管道内填充部分混凝土后可供车辆行使空间的大小。此外，三梁岔管方案支管轴线与主管轴线保持水平，支管底部素线与水平线呈一定角度，填充混凝土（图中灰色部分）难以在支管与主管处保持水平，不利于施工浇筑及车辆行驶，如图7所示。故在设计贴边岔管时将支管底部腰线保持水平，计算其应力与变形。

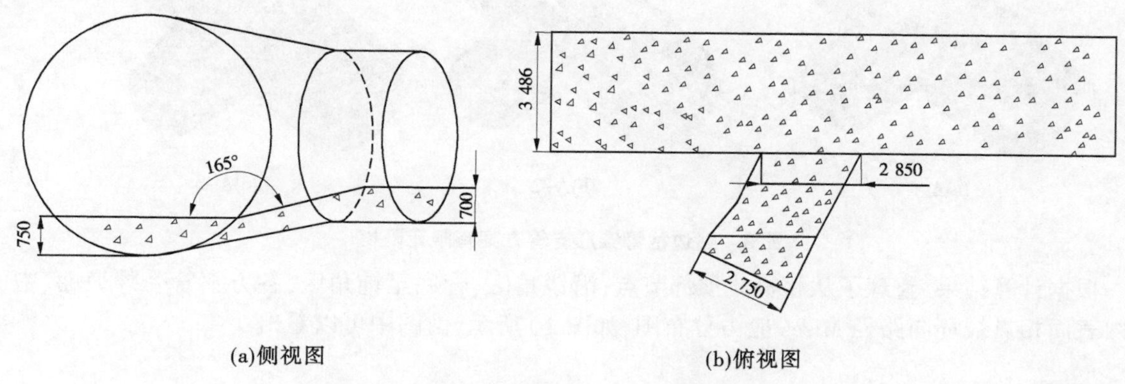

(a)侧视图 (b)俯视图

图7 填充混凝土尺寸图 （单位：mm）

对于支管为锥形的型式，可使支管轴线与主管轴线斜交，通过改变主管与支管底部素线的相对高度，实现不同的主管开口大小和支管的半锥顶角。计算方案见表4及图8所示，有限元网格如图9所示。

表4 **贴边岔管锥形支管方案主要参数表**

序号	主管直径（mm）	主管壁厚（mm）	支管底部相对高度（mm）	支管末端直径（mm）	支管壁厚（mm）	主管与支管交角（°）	贴边宽度（mm）	贴边厚度（mm）	设计内压（MPa）
A-1	4 800	26	500	3 400	26	65	1 000	52	0.9
A-2	4 800	26	200	3 400	26	65	1 000	52	0.9
A-3	4 800	26	0	3 400	26	65	1 000	52	0.9

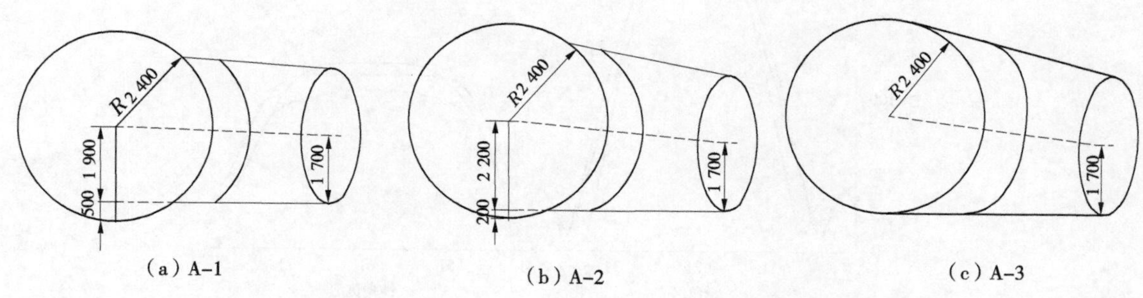

（a）A-1 （b）A-2 （c）A-3

图8 贴边岔管锥形支管方案示意图 （单位：mm）

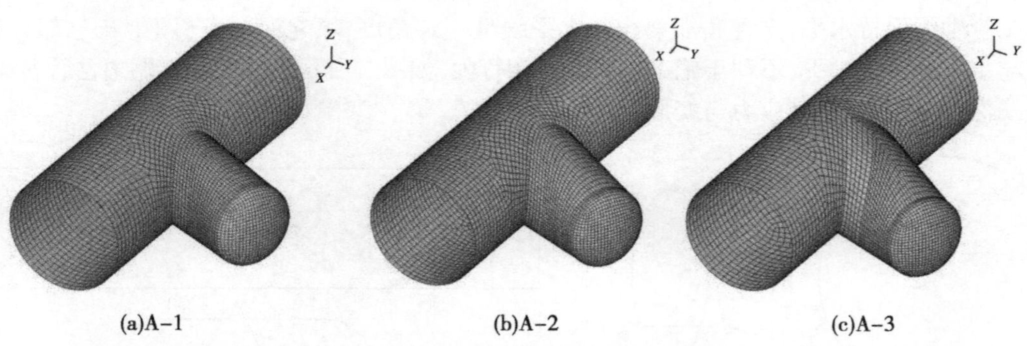

图 9　贴边岔管锥形支管方案有限元网格

根据计算结果，整理了从相贯线顶部节点，沿锐角区、管底至钝角区，各方案管壳外表面、中面及内表面相贯线环向路径 Mises 应力分布图，如图 10 所示，由图中可以看出：

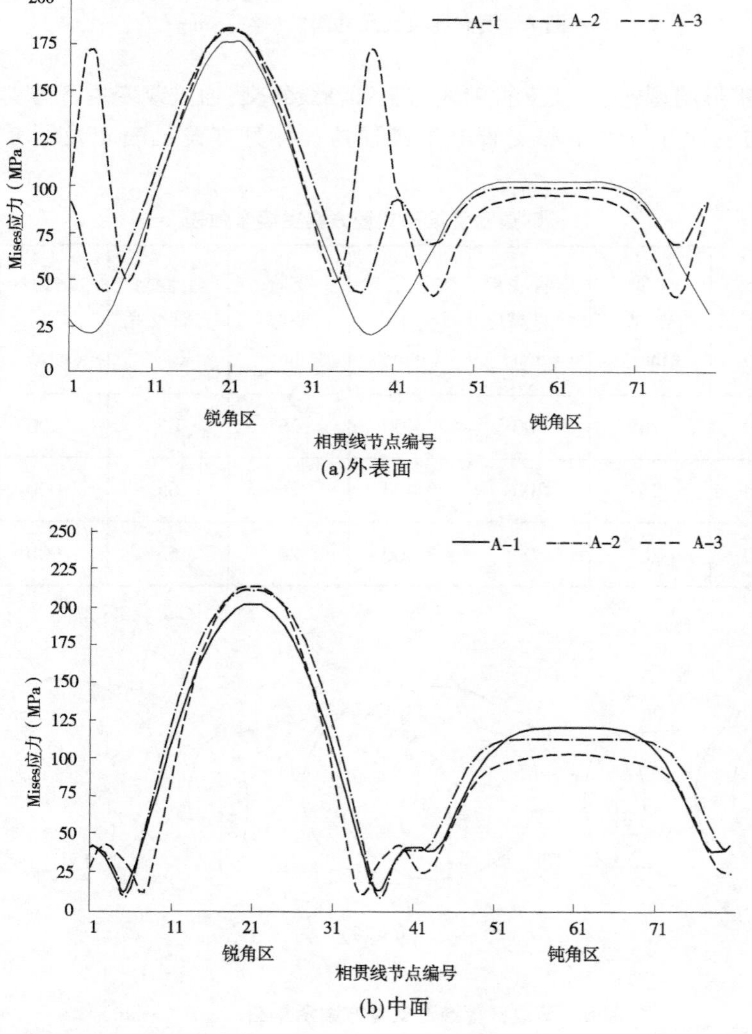

图 10　贴边岔管锥形支管方案相贯线 Mises 应力分布曲线　（单位：MPa）

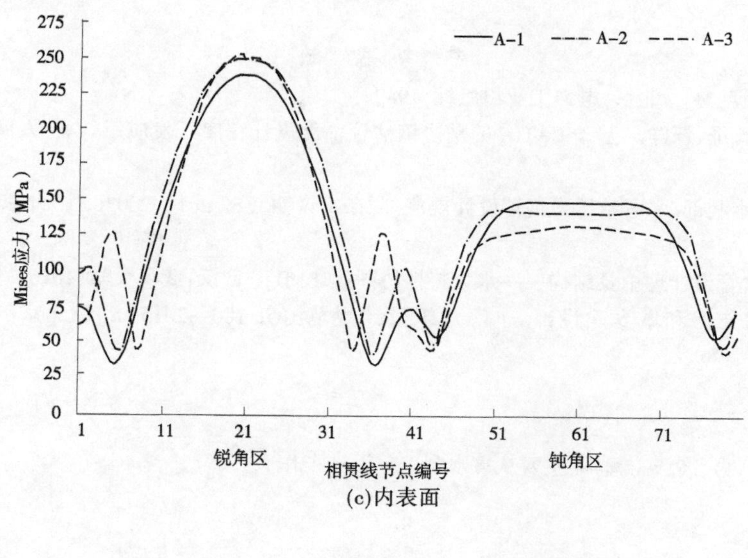

(c)内表面

续图 10

(1)整体来看各方案均能满足钢材允许应力要求,内表面应力水平最大,中面其次,外表面最小,在主、支管整体膜应力区差值较小,在局部应力区存在较明显差值;贴边处除相贯线外应力水平较小,加强作用发挥明显。

(2)对比相贯线处应力,三种锥形支管方案管腰线上、下侧应力分布基本对称;A-1 方案 Mises 应力最大值均出现在锐角区管腰部位置,钝角区管腰部次之,其余部位应力水平较低;当相贯线处主管开口增大至 A-2 方案时,各表面锐角区峰值应力均有提升,钝角区峰值有所降低,对于外表面及内表面,管顶及管底局部位置应力有所增长且较为明显,中面分布规律未有变化;当相贯线处主管开口进一步增大,A-3 方案各表面锐角区峰值应力不再明显增加,钝角区则继续减小,管顶与管底局部应力尤其是外表面增长更为明显,且逐步向锐角区转移,出现一定的应力集中。

综合考虑岔管应力和通车适应性程度,建议采用 A-2 方案。

五、结　　语

本文结合珠江三角洲水资源配置工程实例,对检修通车钢岔管体型进行了设计和有限元分析,可得到以下结论:

(1)正常运行工况下,对于平底贴边岔管形式,从内表面至中面再到外表面 Mises 应力递减,仅主、支管相贯线区域应力较高,锐角区管腰部位置最大,其余位置较小,贴边加强作用显著。而三梁岔管虽能满足结构应力要求,但体型较大,钢材利用率低。

(2)不论是锥形支管半锥顶角增大,抑或是使等径支管轴线高度降低,平底贴边岔管形式主管开口面积均增大,相贯线锐角区应力有所增长,钝角区减小,管底处内外表面应力增加较为显著,且逐步向锐角区转移;开口处管壳应力和变形及闷头位移均受到不利影响,且用钢量呈递增趋势,但通车适应性有所提升。

故适合本工程的平底贴边岔管体型建议为支管底部素线距底面 200 mm 的锥形支管或等径支管方案。

参 考 文 献

[1] 潘家铮．压力钢管[M]．北京:电力工业出版社,1982.
[2] 刘园,伍鹤皋,石长征,汪洋．基于CATIA的贴边钢岔管辅助设计程序开发应用[J]．人民长江,2015,46(4):37-41.
[3] 中华人民共和国水利部.水电站压力钢管设计规范(附条文说明):SL 281—2003[S]．北京:中国水利水电出版社,2003.
[4] 汪洋.水平底钢岔管设计理论及结构——水力特性协同优化[D]．武汉:武汉大学,2016.
[5] 中华人民共和国住房和城乡建设部.车库建筑设计规范:JGJ 100—2015[S]．北京:中国建筑工业出版社,2015.

作者简介:
冯文涛(1983—),男,高级工程师,主要从事水利工程设计工作。

基于CFD的压力钢管水力特性分析

许 艇 耿庆柱 杨柳荫

(中水北方勘测设计研究有限责任公司,天津 300222)

摘 要 压力钢管尤其是钢岔管中的水流流态及水头损失直接影响到水电站的运行效率及长期效益,在水电站设计中一直备受关注。在满足结构设计的前提下,对压力钢管应以减小水头损失、改善压力钢管内水流流态为优化目标。本文应用CFD方法对国外某水电站压力钢管段进行整体及局部水力特性研究。首先根据当前理论及研究现状选取合适的计算方法,通过分别模拟分析钢岔管段及完整压力钢管段不同方案各运行工况下压力钢管中的整体及局部水流流态及水头损失,分析不同方案下竖井钢管与岔管段间的相互影响。计算结果表明,当前设计方案均可满足水头损失要求,且水平渐缩弯管方案水损更小,水力特性较好,可为类似压力钢管结构设计提供一定参考。

关键词 压力钢管;竖井;钢岔管;水力特性;CFD

压力钢管是水电站输水系统的重要组成部分,按结构与部位不同,可将整体压力钢管按部位分为上平段、竖井段、岔管段等。其体型对水头损失影响较大,而降低水头损失一直是压力钢管设计的重要任务之一。由于压力钢管内岔管水流流态的复杂性,现有规范尚未对岔管局部水头损失有准确的计算公式,且对于复杂结构压力钢管,岔管段、竖井段等结构间的相互影响也会进一步影响水头损失及水流流态。具体工程通常通过模型试验来确定压力钢管及岔管较为准确的水头损失系数。近年来,计算流体力学在压力钢管水力计算优化方面得到了越来越广泛的应用,可利用CFD技术进行数值模拟求得压力钢管整体及各部位局部水头损失。

近年来,众多学者及研究人员对针不同工程对不同体型形态的压力钢管、岔管等进行了研究,如:张晓曦等[1]研究了不同体型岔管群的水力损失规律,对比分析了不同岔管群布置形式和运行方案下的水头损失;梁春光等[2]对抽水蓄能电站岔管进行水力优化分析,并总结体型优化规律;汪洋[3]针对水电站平底岔管做了系统的结构及水力特性分析;等等。

本文基于国外某水电站压力钢管设计,由于体型的交错复杂性,使得仅模拟岔管段部分不能完全体现最终结果。因而针对不同方案,分别对压力钢管中钢岔管及完整压力钢管进行数值模拟,并分析竖井段岔管间的相互影响,给出对应水头损失及流态情况。

一、数学模型及计算方法

(一)湍流模型

目前计算湍流的方法有雷诺平均的NS方程法(Reynolds Averaged Navier-Stokes,RANS)、大涡模拟法(Large-Eddy Simulation,LES)和直接数值模拟法(Direct Numerical Simulation,DNS)。后两种由于需要的计算资源庞大而不适用于本问题计算。$k-\in$模型计算量适中且精度和适用性好,为目前工程计算中常用的湍流模型。考虑到岔管的流动特点,参考现有有关问题的模拟经验[4],综合认为,本文最终选用可行化$k-\in$模型(Realizable $k-\in$ Model)进行计算。

(二)壁面处理

边界层内有较大的流速梯度及剪切应力,对压力钢管壁面的模拟对摩阻系数、压力变化和分离点位置等有明显影响。RANS 湍流模拟方法是用时间平均后的 NS 方程模拟平均流动，用湍流模型描述湍动并模拟含有壁面的流场时，必须对边壁加以考虑。目前边壁处理方法有两种，其中两层法(Two-Layer Model)适用于低雷诺数流动，且要求近壁层内网格足够细；壁函数法(Wall Function)则适用于高雷诺数流动且无须过细的近壁网格。本计算中选用标准壁函数法对岔管及压力钢管边壁进行模拟。

(三)计算方法

采用非结构化网格离散计算区域，用有限体积法(Finite Volume Method)将以上方程转化为代数方程组。采用一阶迎风格式，SIMPLEC 算法耦合速度及压力方程。

二、水头损失及流态分析

(一)计算条件

1. 项目概述

巴基斯坦某水电站为引水式电站，装机 4 台单机容量 200 MW 的混流式机组，额定流量 544 m^3/s，引水系统为地下埋管，采用单洞一管四机布置。压力钢管包含上平段、竖井段及岔管段。主管直径为 13.2 m，在竖井段后管径 10 m，钢岔管采用卜型岔管，共三级，直径由 10~7.1 m。每级岔管均分出直径为 5 m 的支管，支管末端与厂房蜗壳进口相连。考虑水锤后最大内水压力为 253.5 m，钢管的 HD 值为 2 535 m · m。

2. 计算网格

采用混合网格划分，并在边壁上划分边界层，最终压力钢管模型中包含单元约 2.5×10^6 个。

3. 边界条件

主管进口采用速度入口(Velocity Inlet)，4 根支管出流断面采用出流(Outflow)并给定分流比。为了观测及计算压力钢管水头损失，沿管道设置 10 个监测断面。压力钢管体型及监测断面如图 1 所示。

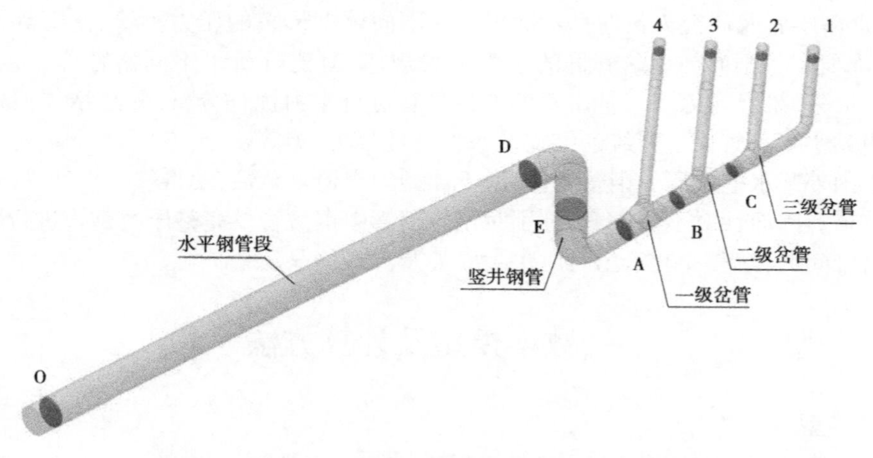

图 1 压力钢管体型及监测断面示意图

4. 计算工况

本工程采用一管四机，对应发电机组不同可分为四机发电、三机发电、两机发电、一机发电四组组合共 15 个工况，对应工况组合如表 1 所示。

表1　计算工况组合表

编号	工况编号	运行机组	运行机组数量(台)
1	T1111	1#、2#、3#、4#	4
2	T0111	2#、3#、4#	3
3	T1011	1#、3#、4#	
4	T1101	1#、2#、4#	
5	T1110	1#、2#、3#	
6	T0011	3#、4#	2
7	T0101	2#、4#	
8	T0110	2#、3#	
9	T1001	1#、4#	
10	T1010	1#、3#	
11	T1100	1#、2#	
12	T0001	4#	1
13	T0010	3#	
14	T0100	2#	
15	T1000	1#	

(二)计算结果分析

1. 水头损失分析

经过模拟,各工况下压力钢管起点O至各直管出口处的水头损失及水头损失系数结果见表2。

表2　水头及水头损失系数计算结果

运行机组数量(台)	编号	工况	水头损失(m)				水头损失系数			
			Δh_{O1}	Δh_{O2}	Δh_{O3}	Δh_{O4}	ξ_{O1}	ξ_{O2}	ξ_{O3}	ξ_{O4}
4	1	T1111	0.984	1.063	1.248	0.986	0.247	0.268	0.314	0.248
3	2	T0111	0.465	0.901	0.879	0.803	0.156	0.302	0.295	0.269
	3	T1011	0.980	0.441	0.880	0.803	0.329	0.148	0.295	0.269
	4	T1101	0.852	1.268	0.654	0.804	0.286	0.425	0.219	0.270
	5	T1110	0.967	1.037	1.529	0.410	0.324	0.348	0.513	0.138
2	6	T0011	0.168	0.166	0.976	0.766	0.084	0.083	0.491	0.385
	7	T0101	0.330	0.862	0.176	0.766	0.166	0.434	0.088	0.385
	8	T0110	0.323	0.945	0.998	0.105	0.163	0.475	0.502	0.053
	9	T1001	0.913	0.461	0.176	0.766	0.459	0.232	0.089	0.385
	10	T1010	0.886	0.378	1.002	0.256	0.446	0.190	0.504	0.129
	11	T1100	0.840	1.297	0.759	0.256	0.422	0.653	0.382	0.129
1	12	T0001	0.050	0.049	0.050	0.934	0.050	0.050	0.050	0.939
	13	T0010	0.039	0.045	1.068	0.014	0.039	0.045	1.075	0.014
	14	T0100	0.186	0.915	0.201	0.009	0.187	0.920	0.202	0.009
	15	T1000	0.871	0.411	0.188	0.067	0.876	0.413	0.189	0.068

由上表可知：

(1)部分机组运行时，在包括主管及各支管沿程水头损失的情况下，不同机组的组合所带来各支管分岔处局部水头损失相差较大：

单机工况，1#机组运行水头损失最小，为0.871 m；3#机组运行的水头损失最大，为1.068 m；

两机运行工况，2#和4#机组组合的水头损失最小，分别为0.862 m和0.766 m；1#和2#机组组合的水头损失最大，分别为0.840 m和1.297 m；

三机运行时，2#、3#和4#机组组合的局部水头损失最小，分别为0.901 m、0.879 m、0.803 m；1#、2#和3#机组组合的损失最大，分别为0.967 m、1.037 m、1.529 m；

4台机之间比较时，4#支管水头损失最小，均值为0.828 m；3#支管水头损失最大，均值为1.073 m；1#和2#支管水头损失居中间。

(2)比较水头损失系数，4台机组全运行工况好于3台机组，三机工况好于双机工况，双机工况好于单机工况。

(3)由于竖井段、各级分岔水流流态间的相互影响，各支管的水头损失也会随运行工况而变化。在不同运行工况下，1#支管水头损失变化范围为0.840~0.984 m，变化幅度为0.144 m。2#支管水头损失值的变化范围为0.862~1.297 m，变化幅度为0.435 m。3#支管水头损失变化范围为0.879~1.529 m，变化幅度为0.650 m。4#支管水头损失变化范围为0.766~0.986 m，变化幅度为0.220 m。

2. 流态分析

以4台机运行为例，岔管横剖面及压力钢管纵剖处流速云图如图2所示。由于压力钢管中弯管段、竖井段和岔管的特殊布置(各支管均不对称)和体型(竖井、转弯、分岔、扩散、收缩、拐角、肋板)，各工况的流场分布相对都不均匀，经分析可知：

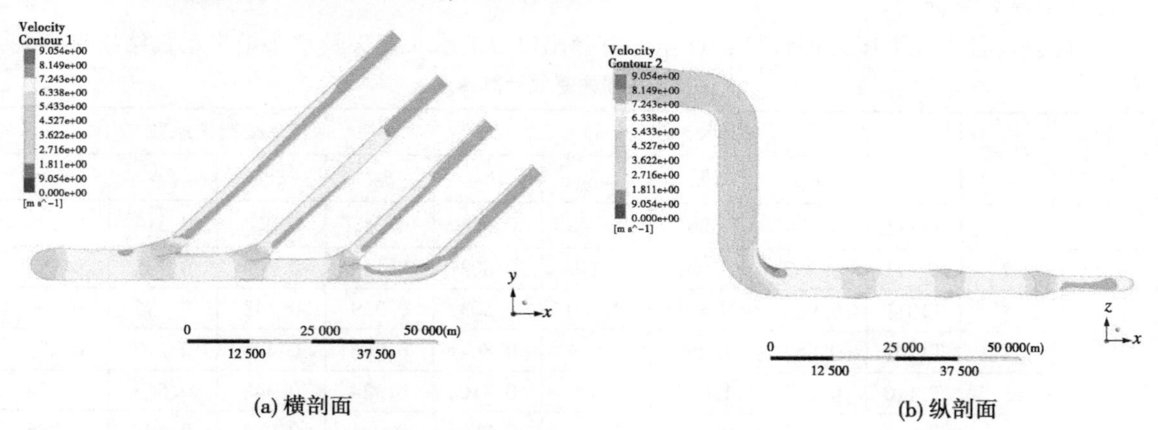

(a) 横剖面　　(b) 纵剖面

图2　流速分布云图(T1111 工况)

(1)竖井及岔管弯曲段由于离心作用，外侧压力大，内侧压力小，岔管处主流偏心并有明显双环形二次流。

(2)扩散段流速减小压力增大，收缩段速度增大压力减小。

(3)分岔处由不同工况产生不同的流动现象，伴随分离及回流现象。

(4)肋板处由于肋板阻碍流道的作用，使肋板后主流流速减小，有局部分离和回流现象。

总体来看，竖井段内流速越大，竖井及弯管段流速分布越不均匀。四台机组同时运行时岔管段各支管流态较对称，总体流态较好。部分机组运行工况下，分岔流量对称时的流态基本对称，流态平稳；当分岔流量不对称时的流态也不对称，不运行侧支管会产生明显回流，流态较差。

三、水力特性优化分析

根据本工程当前布置方案,压力钢管中竖井段与岔管段距离较近,且竖井上弯段及下弯段转弯半径仅有1倍管径,因而进入岔管段的水流流态及局部水头损失将一定程度上受到竖井段钢管的影响,对比国内外规范相应要求[5],研究不同弯管段方案下对岔管水头损失的影响。

(一)与仅含岔管段对比

本节对压力钢管中岔管段进行单独计算分析,参考相关经验[6],为了减小水流稳定对岔管段计算结果的影响,岔管上游延伸距离至一级岔管最大公切球半径10倍以上距离。为便于比较,监测断面与A、B、C及各支管断面位置与完整压力钢管模型相同。

完整压力钢管模型岔管段与仅含岔管段模型水头损失计算结果如表3所示。

表3　水头损失结果对比表　单位:m

运行机组数量(台)	编号	工况	Δh_{A1}		Δh_{A2}		Δh_{A3}		Δh_{A4}	
			完整	仅岔管	完整	仅岔管	完整	仅岔管	完整	仅岔管
4	1	T1111	0.677	0.630	0.665	0.710	0.801	0.894	0.772	0.632
3	2	T0111	—	—	0.699	0.696	0.630	0.674	0.614	0.598
	3	T1011	0.796	0.775	—	—	0.630	0.674	0.614	0.597
	4	T1101	0.654	0.646	1.046	1.061	—	—	0.614	0.598
	5	T1110	0.667	0.794	0.748	0.863	1.239	1.355	—	—
2	6	T0011	—	—	—	—	0.850	0.881	0.673	0.671
	7	T0101	—	—	0.777	0.767	—	—	0.673	0.671
	8	T0110	—	—	0.732	0.892	0.948	0.945	—	—
	9	T1001	0.830	0.818	—	—	—	—	0.673	0.671
	10	T1010	0.782	0.791	—	—	0.875	0.908	—	—
	11	T1100	0.744	0.745	1.224	1.202	—	—	—	—
1	12	T0001	—	—	—	—	—	—	0.902	0.908
	13	T0010	—	—	—	—	0.960	1.050	—	—
	14	T0100	—	—	0.815	0.911	—	—	—	—
	15	T1000	0.864	0.846	—	—	—	—	—	—

由表3可知,在相同监测断面条件下,完整压力钢管模型岔管段1#、2#、3#机组水头损失均大于仅含岔管模型对应水头损失,分别较仅含岔管模型大0.72%、6.73%及6.43%。原因是由于弯管段后水平段较短,完整模型结果中包含竖井段残余水头损失所致,符合客观规律。4#机组仅含岔管模型较完整模型水头损失大3.27%,对比一级岔管处流速矢量(图3)可知,仅含岔管模型一级岔管处流速分布更均匀,完整压力钢管模型一级岔管处流速及流态相对较差,推测水头损失较小原因为监测A断面离一级岔管较近因而受不均匀水流及部分轻微回流扰动影响导致。

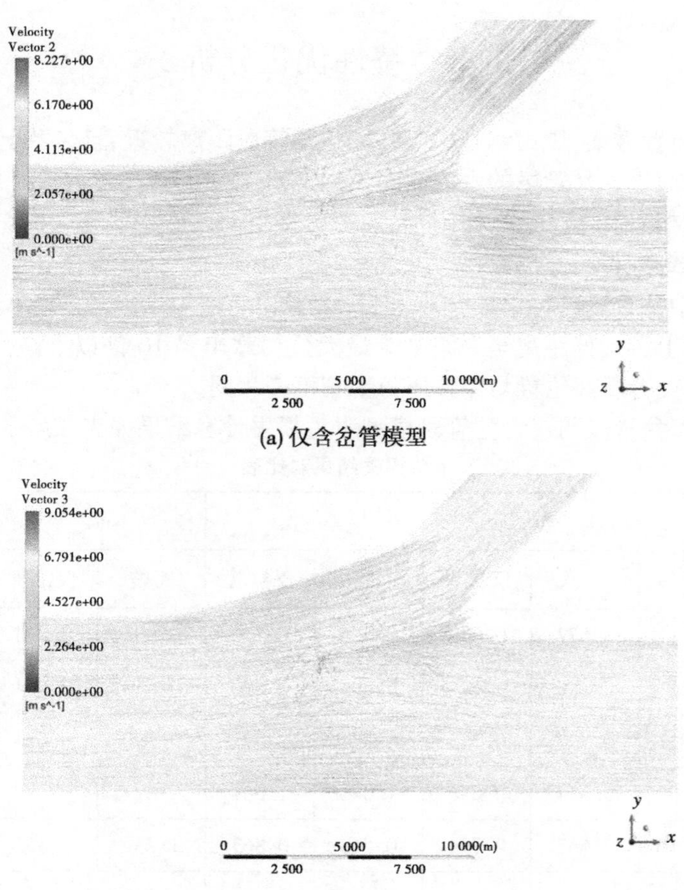

(a) 仅含岔管模型

(b) 完整压力钢管模型

图 3　一级岔管处流速矢量对比(T1111 工况)

综合 4 台机组结果,受竖井段影响,完整压力钢管模型岔管段水头损失较仅含岔管段模型水头损失大 2.65%,且流态分布较仅含岔管模型更为不均匀,在一级岔管处影响最为明显。

(二)比选方案对比

竖井段结构对岔管段及整个压力钢管段水头损失有一定影响,弯管段特别是下弯段渐缩处流速变化较大。本节通过改变下弯段结构,将原方案中弯管段渐缩结构改为下弯段后水平渐缩管,以比较对应水头损失及流态变化情况。比选方案与原方案压力钢管水头损失对比如表 4。

表 4　比选方案较原方案水头损失结果变化率

运行机组数量(台)	编号	工况	较原方案水头损失减小(%)			
			Δh_{01}	Δh_{02}	Δh_{03}	Δh_{04}
4	1	T1111	4.33	0.05	0.02	0.06
3	2	T0111	—	0.02	0.01	0.04
	3	T1011	2.05	—	0.01	0.04
	4	T1101	2.69	0.01	—	0.04
	5	T1110	5.90	0.05	-0.01	—

续表 4

运行机组数量（台）	编号	工况	较原方案水头损失减小(%)			
			Δh_{O1}	Δh_{O2}	Δh_{O3}	Δh_{O4}
2	6	T0011	—	—	0.00	0.01
	7	T0101	—	0.01	—	0.03
	8	T0110	—	0.15	-0.02	—
	9	T1001	1.65	—	—	0.01
	10	T1010	1.88	—	-0.02	—
	11	T1100	-0.76	-0.02	—	—
1	12	T0001	—	—	—	-0.01
	13	T0010	—	—	0.12	—
	14	T0100	—	0.07	—	—
	15	T1000	-0.32	—	—	—

由表 4 可知，综合各工况，比选方案 1#～4# 机组分别较原方案水头损失平均减小 2.18%、0.04%、0.01%及 0.03%。

由表 5 可知，综合各工况，比选方案岔管段 1#～4# 机组分别较仅含岔管模型水头损失增加 0.01%、0.03%、0.07%、-0.03%，4 台机组岔管段综合水头损失仅比仅含岔管段模型大 0.02%。可知比选方案竖井段对岔管段水头损失影响较原方案明显减小。

表 5　　比选方案岔管段较仅含岔管模型水头损失变化率

运行机组数量(台)	编号	工况	较仅含岔管模型水头损失增加(%)			
			Δh_{A1}	Δh_{A2}	Δh_{A3}	Δh_{A4}
4	1	T1111	0.05	-0.07	-0.15	0.19
3	2	T0111	—	-0.02	-0.11	0.03
	3	T1011	0.01	—	-0.11	0.03
	4	T1101	0.00	-0.04	—	0.03
	5	T1110	-0.14	-0.12	-0.12	—
2	6	T0011	—	—	-0.05	-0.01
	7	T0101	—	0.01	—	0.01
	8	T0110	—	0.01	0.01	—
	9	T1001	0.02	—	—	-0.01
	10	T1010	-0.01	—	-0.07	—
	11	T1100	-0.03	-0.02	—	—
1	12	T0001	—	—	—	-0.03
	13	T0010	—	—	0.04	—
	14	T0100	—	-0.02	—	—
	15	T1000	0.01	—	—	—

选取额定流量下支管出口处流速(7.212 m/s)为等值面,不同方案压力钢管流速等值线云图如图4所示。由图可知,比选方案下竖井弯管后流速分布较原方案更好,岔管内模型整体流速分布更为均匀。

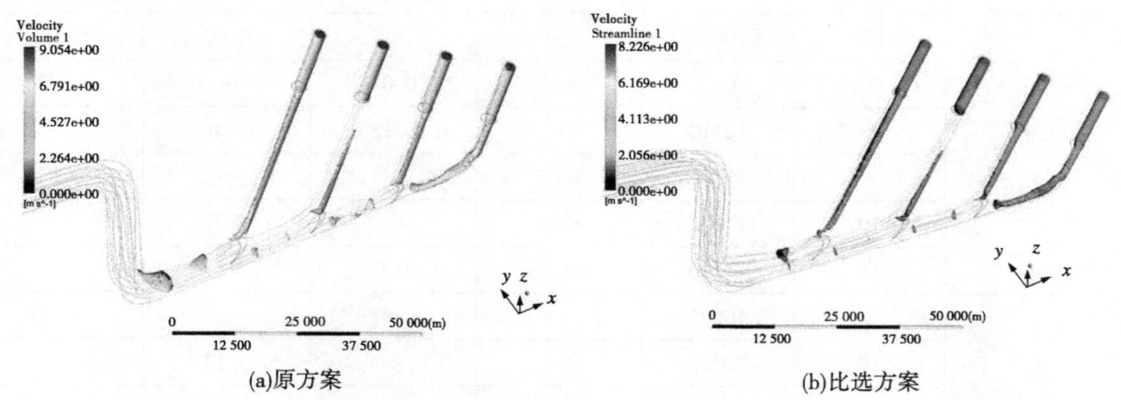

(a)原方案　　(b)比选方案

图4　流速等值面云图(T1111工况)

综上所述,比选方案压力钢管模型较原方案水头损失有所降低,竖井段对岔管段水头损失影响明显减小,管内流态有较大改善。

四、结　　语

本文采用CFD技术,计算了包含竖井段、岔管段的压力钢管在不同运行工况下的水头损失及水头损失系数。分析了不同工况下各部位的水头损失及流态分布规律。通过对比仅含岔管计算模型,分析竖井段及岔管段间的相互影响。通过比较不同方案结果对比,得出水头损失及流态更优方案。

参　考　文　献

[1] 张晓曦,陈迪,程永光. 不同体型岔管群水力损失规律分析[C]//第八届全国水电站压力管道学术会议论文集. 2014:284-291.

[2] 梁春光,程永光. 基于CFD的抽水蓄能电站岔管水力优化[J]. 水力发电学报,2010,29(3):84-91.

[3] 汪洋,伍鹤皋,石长征,等. 水电站水平底钢岔管结构及水力特性[J]. 华中科技大学学报(自然科学版),2015,43(11):121-126.

[4] 程永光,刘晓峰,杨建东. 大型尾水调压室底部交汇型式CFD分析与优化[J]. 水力发电学报,2007(5):68-74.

[5] 陈涛,周华卿,陈丽芬. 浅谈水电站压力明钢管中美设计标准之异同[C]//第八届全国水电站压力管道学术会议论文集,2014:618-623.

[6] 汪洋. 水平底钢岔管设计理论及结构——水力特性协同优化[D]. 武汉:武汉大学,2016.

作者简介:

许艇(1989—),男,工程师,主要从事水工设计研究工作。

基于透水理论的混凝土岔管结构配筋设计

钱 坤 丁佳峰

（中水北方勘测设计研究有限责任公司，天津 302222）

摘 要 地下混凝土岔管作为一种输水结构是水电站的重要组成部分，在配筋设计中经常面临高水压力与高地应力的难题，使用 FLAC^{3D} 程序对初始地应力场进行反演，并模拟土体开挖应力释放的过程，借助其中的多孔介质模型对透水岔管结构进行流固耦合计算，可以有效模拟多种因素对于岔管受力的影响，为工程设计和施工提供了理论支撑。

关键词 混凝土岔管；FLAC^{3D}；流固耦合

高地应力、高渗透水压、高低温等复杂因素使得深埋岩体的力学行为和开挖特征与浅埋岩体有明显区别，深埋岩体中，在大流量的水电站中使用钢筋混凝土岔管代替钢岔管是一种常见的设计方式。大量试验资料及工程实践均表明，在高水头深埋混凝土岔管结构中使用限裂配筋会导致衬砌中钢筋应力设计值远远大于其实际应力[1]，造成工程投资形成不必要的浪费。对此，透水衬砌理论认为，高内水作用下混凝土衬砌难免会开裂，此时内水外渗，在稳定渗流过程中，内水压力以体积力作用于围岩与衬砌之上[2]，在衬砌内配筋能使衬砌在有限的裂缝拓展宽度内起到保护围岩稳定、改善粗糙度及平滑水流的作用，相应的，高渗压的存在亦会改变岩体的应力状态，可能会造成岩体水力劈裂，这是一个复杂且不确定因素较多的过程。为保证混凝土岔管在取得最大经济效应的前提下长久稳定的运行，本文以实际工程为例，借助现代数值模拟技术，实现了复杂的力学模型及边界条件，为工程安全、合理设计及施工提供了思路。

一、计算原理

在岩体流固耦合计算中常将岩体假定为多孔连续介质，即裂隙孔隙相互贯通且均匀分布在岩体内，在流固耦合中通常包含两种现象：一是孔隙水压力的改变导致有效应力的改变，导致岩体力学性能改变；二是岩体中岩体体积的改变会对流体起反作用，表现为孔压及渗透系数的变化。将岩体概化为等效连续介质考虑，计算时流体在岩体中应同时满足达西（darcy）定律和比奥（biot）固结理论[3]。比奥固结理论可以准确地反映孔隙水压力的消散与土颗粒骨架变形的相互关系，在土工非线性有限元计算中，基于比奥固结理论的有限元方程增量形式可以表示为：

$$\begin{bmatrix} \bar{K} & K' \\ K'^{\mathrm{T}} & -\Delta t K \end{bmatrix} \begin{Bmatrix} \Delta\delta \\ \Delta\beta \end{Bmatrix} = \begin{Bmatrix} \Delta F \\ \Delta S \end{Bmatrix} \tag{1}$$

式中 $\bar{K}$——普通意义下的刚度矩阵；

K'——压力—渗流耦合矩阵；

$\Delta\delta$——Δt 时间内节点位移的增量；

$\Delta\beta$——节点孔隙水压力增量；

ΔF——各节点外荷载向量的增量；

K'^{T}——材料的渗透特性矩阵；

ΔS——t 时刻的前一时刻节点孔隙压力对应的节点流量，可以表示为：

$$\Delta S=\Delta t K\beta_{t-\Delta t} \tag{2}$$

式中 $\beta_{t-\Delta t}$——t 时刻的前一时刻的节点孔隙水压力。

二、工程实例计算

（一）工程概况

巴基斯坦苏基克拉里（SK）水电站厂房系统包括调压井、压力钢管、地下厂房、尾水洞及地面开关站等。调压井后设置钢筋混凝土岔管，隧洞由一分二，与两条压力钢管相连接。调压井与引水隧洞交叉段断面形式为内圆外马蹄形，混凝土岔管的主支管衬砌断面均为圆形，主管内径 6.3 m，支管内径 3.18 m。主支管的底高程相同，方便在检修工况时，形成自流排水。衬砌厚度为 1 m，分岔角为 60°，腰部转折角为 154°。埋深约为 250 m，正常水头约为 180 m。

（二）计算模型及计算参数

岔管中心线高程为 2 050 m，图 1 为岔管中心线水平切面，岔管部分前端设有调压井，有限元模型计算范围约为 320 m×190 m×430 m（长×宽×高），整体单元图如图 2 所示，岔管段单元图如图 3 所示。岩体划分为四节点四面体单元，岔管衬砌划分为六面体八节点单元，模型一共 348 525 个单元，163 080 个节点，根据相关地质勘测报告并结合当地地质条件及钻孔资料，同时假设衬砌有不同透水能力，以此确定计算模型所在洞段的围岩属性及衬砌结构的相关参数（表 1），以此作为数值模拟计算参数。

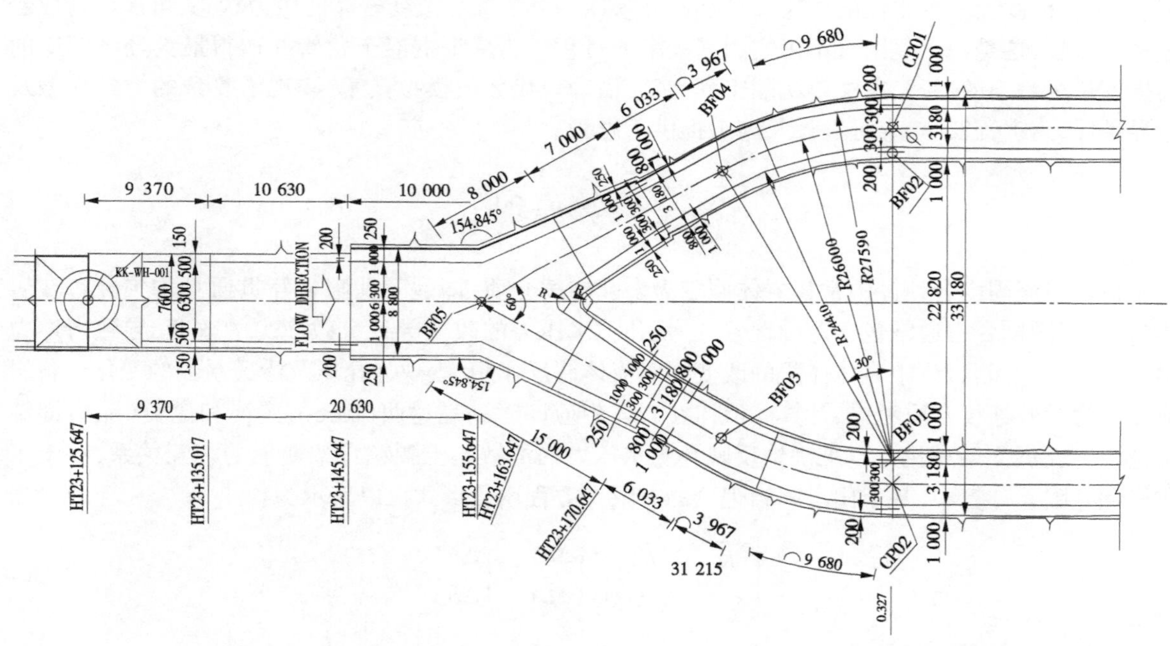

图 1　岔管体型图　（单位：mm）

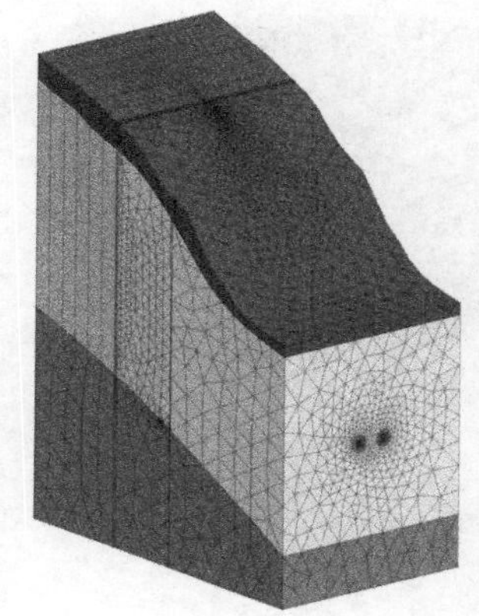

图2 整体单元图

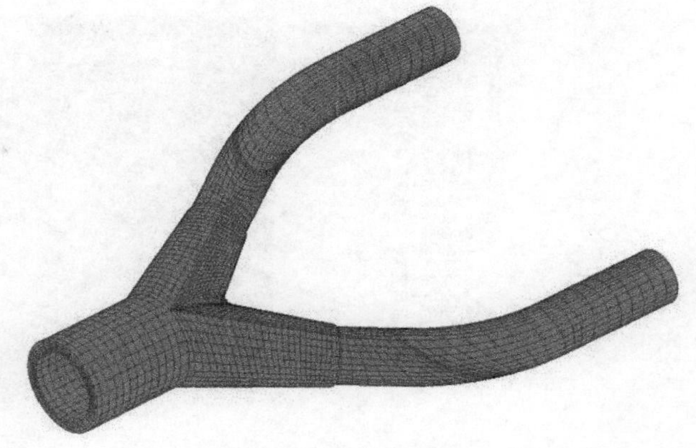

图3 岔管段单元图

表1 主要材料的计算参数

材料分区	透水情况	渗透系数(m/s)	密度ρ (g/cm^3)	弹性模量(GPa)	泊松比μ	抗剪断参数
围岩	透水	1×10^{-6}	2.6	8	0.33	$f=0.6$ $c=0.5$ MPa
混凝土衬砌	不透水	—	2.4	28	0.167	—
	低透水	1×10^{-7}				
	中透水	2×10^{-7}				
	强透水	5×10^{-7}				

围岩中存在初始应力场，根据当地ZKC13钻孔水压致裂法地应力测试结果，初始地应力场的3个主应力值分别为$\sigma_H=8.3$ MPa，$\sigma_h=4.7$ MPa，$\sigma_z=7.0$ MPa，在本文中使用多元线性回归方法对初始地应力场进行反演。

(三)计算过程

根据SK水电站工程岔管施工过程及运行状况，计算流程为：首先模拟岔管施工，在初始地应力场的影响下对围岩开挖、衬砌施工、固结灌浆等，此时仅考虑原地下水的渗流作用，第一步计算完成后，在其基础上模拟充水运行工况，此时计算时内水水头181 m，考虑衬砌不同透水能力，对衬砌进行应力及配筋分析。

(四)计算结果分析

在内水作用下，考虑衬砌透水，某一时刻岔管横断面压力水头分布如图4所示，可见孔隙水压力沿岔管径向逐渐减小至消散，不同渗透系数情况下孔隙压力分布规律一致，仅岔管段外水压力水头有所区别。表2给出了渗流计算稳定后不同渗透系数的岔管外渗水头值，可见考虑衬砌透水后，衬砌并没有承担全部水头，水压力作为体力由岔管衬砌及外围的灌浆圈和岩石一同承担，且随着混凝土衬砌透水能力的增加，岔管段外水压力水头也会相应的增加，此时衬砌相应的承受水压力就会越小，结果符合预期。

在混凝土衬砌渗透系数为1×10^{-7} m/s时，岔管段实际承受水头为78~110 m，当混凝土衬砌渗透系数为5×10^{-7} m/s时，岔管段实际承受水头会降低至26~89 m，其余水头均为围岩承担，这说明在高水头大流量混凝土岔管设计中，除了考虑岔管本身的设计合理性，应更多地考虑到围岩的强度及其渗透稳定性，防止围岩在高水头作用下产生水力劈裂，同时可以预见的是，假设衬砌透水后，衬砌实际所需配筋量也会大大减小。

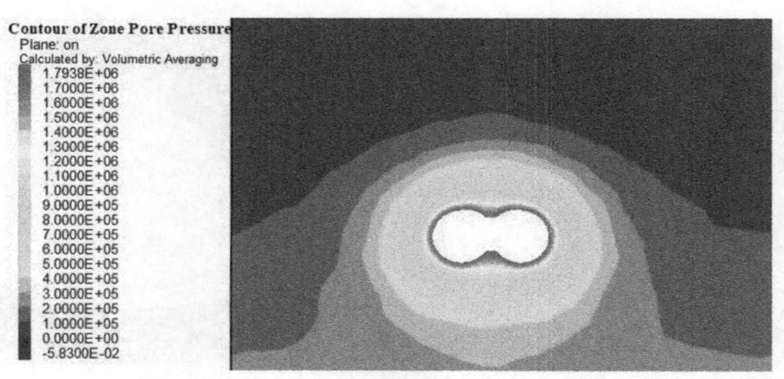

图4　渗流过程某一时刻岔管横断面压力水头图　（单位:Pa）

表2　钢筋混凝土衬砌开裂后不同衬砌渗透系数内外水压力范围值

材料分区	透水情况	渗透系数(m/s)	岔管段内表面水头(m)	岔管段外表面水头(m)	岔管段实际承受水头(m)
混凝土衬砌	不透水	—	181	0	181
	低透水	1×10^{-7}	181	71~103	78~110
	中透水	2×10^{-7}	181	104~139	42~77
	强透水	5×10^{-7}	181	112~155	26~69

为了方便对SK水电站工程岔管结构流固耦合的计算结果进行分析，如图5所示，取出3个断面进行应力分析。基于有限元计算可以得到三个断面的应力、轴力及弯矩，配筋计算可通过现有规范限裂配筋要求进行配筋，配筋结果见表3，限于篇幅，仅给出断面1在不同渗透系数下的应力值，如图6~图8所示。

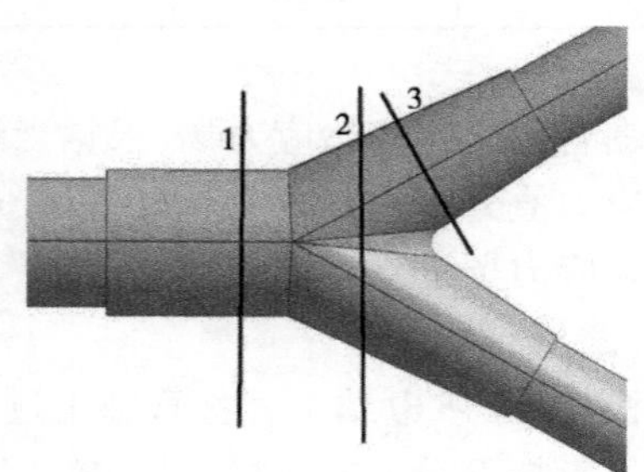

图5　岔管分析断面示意图

可见随着衬砌透水能力的增加，各断面所需要的配筋量会逐渐减小，衬砌在渗透系数为5×10^{-7} m/s时，断面2及断面3所需配筋量只有面力配筋量的约40%，在实际情况中衬砌渗透系数可能会接近岩体本身渗透系数，则所需配筋量会进一步削减。

表3　岔管混凝土衬砌限裂配筋计算结果

特征断面	渗透系数(m/s)	截面应力最大值(MPa)	截面应力最小值(MPa)	配筋面积(mm^2)	与面力配筋结果对比
断面1	不透水	4.67	1.27	6 945	—
	1×10^{-7}	4.56	1.22	6 795	97.8%
	2×10^{-7}	3.61	1.20	5 894	84.9%
	5×10^{-7}	3.12	0.75	4 275	61.6%

续表 3

特征断面	渗透系数（m/s）	截面应力最大值（MPa）	截面应力最小值（MPa）	配筋面积（mm^2）	与面力配筋结果对比
断面 2	不透水	5.77	1.23	8 795	—
	1×10^{-7}	3.68	1.14	6 064	68.9%
	2×10^{-7}	3.31	1.09	5 534	62.9%
	5×10^{-7}	2.35	0.40	3 454	39.3%
断面 3	不透水	3.92	1.32	6 702	—
	1×10^{-7}	3.31	1.12	5 630	84.0%
	2×10^{-7}	3.27	1.01	5 445	81.2%
	5×10^{-7}	2.09	0.52	2 792	41.7%

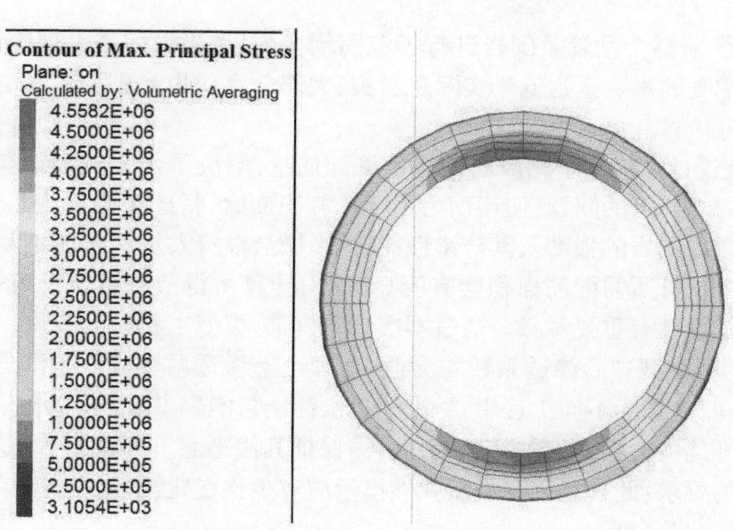

图 6　衬砌渗透系数为 1×10^{-7}m/s 时断面 1 大主应力分布

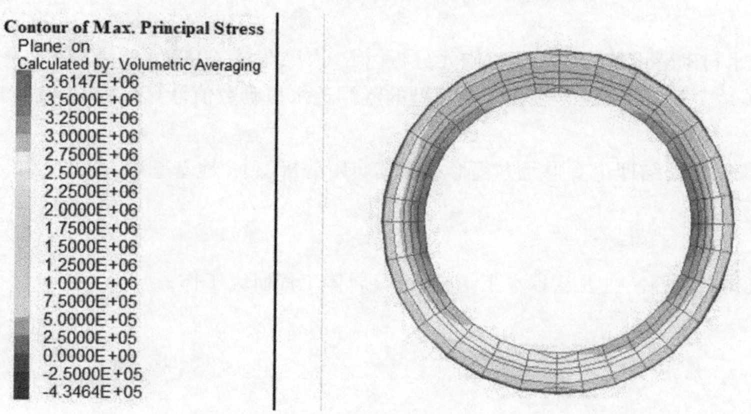

图 7　衬砌渗透系数为 2×10^{-7} m/s 时断面 1 大主应力分布

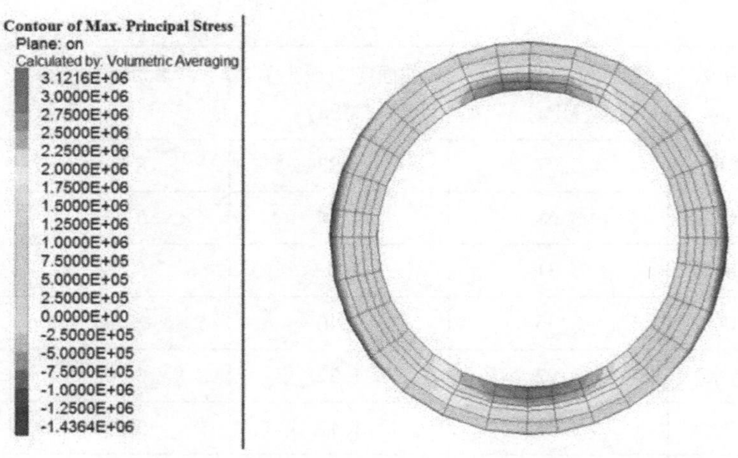

图 8　衬砌渗透系数为 5×10^{-7} m/s 时断面 1 大主应力分布

三、结　　语

(1)采用 FLAC^{3D} 对整个岔管及围岩进行了流固耦合分析,当采用透水理论计算时,从结果可知混凝土岔管衬砌承受的水头远远低于实际总水头,大部分水头由衬砌周围的岩石和固结灌浆圈承担。

(2)通过透水理论计算得到了相应断面的岔管配筋量,解决了水工衬砌计算中出现的实际钢筋应力与计算所得应力不符的问题,使用面力理论计算配筋时,衬砌中会出现超量配筋,这种设计方式没有充分利用较好围岩的强度及其防渗性能,这么做会浪费大量钢筋且加大施工难度,相比之下在透水理论下水工岔管所需配筋面积会有明显减小,计算所得节省钢材量可达 60%,这对降低工程成本及加快施工进度有重要意义。通过本次计算,可为类似工程提供借鉴。

(3)本文采取的衬砌开裂后渗透系数均为假定,理论上渗透系数应介于围岩渗透系数与混凝土本身渗透系数之间,在实际不同工程中,衬砌的透水性能与围岩参数,承受水头值应有密切联系,应通过试验得到更准确的数据;考虑衬砌透水后,需保证其渗透量亦不能过大,这就对围岩及灌浆圈质量提出了更高的要求;此外衬砌开裂后弹性模量应有少许变化,本文在衬砌中未使用非线性本构进行计算,有待进一步研究。

参　考　文　献

[1] 卢兆康. 高压透水衬砌隧道的边界元与有限元分析[J]. 人民珠江, 1998,(3): 23-27.
[2] 何明, 许晓亮, 韩晶. 基于 FLAC^{3D} 多孔介质模型的隧洞透水衬砌数值计算分析[J]. 水电能源科学, 2014, 32(5): 79-82.
[3] 王成华,金小惠. 比奥固结理论有限元方程形式及其应用分析[J]. 地基基础, 2002, 22(2): 69-70.

作者简介:

钱坤(1994—),男,工程师,主要从事水工结构设计、岩体工程研究工作。

材料及工艺

超大型、超重压力钢管运输翻身安全施工技术

杨联东

（中国水利水电第三工程局有限公司，陕西 西安 710032）

摘　要　针对蓄能电站超大型、超重压力钢管运输、翻身难题，研制开发多线专利技术，从公路运输、洞口翻身、洞内运输、斜坡段溜放、竖井口翻身、竖井安装等关键工序，研究出一套成熟的施工工艺和运输设备，取得了较好的工程效果，对于提高现场安全管理工作有着积极的意义。

关键词　超大型压力钢管；超重；运输；翻身；安全

随着我国抽水蓄能电站的建设高峰来临，随着行业不断技术进步，目前，电站装机容量的越来越大，大型蓄能电站的机组装机普遍在 25×10^4 kW 以上，要求压力钢管直径也越来越大、安装单元重量日趋增加，因此研究大型超大直径、超重钢管整体运输进洞安装的技术，已越来越显示其紧迫性，抽水蓄能电站往往面临大断面的隧洞开挖，前期的开挖对整体工程的工期和成本均会造成较大影响，在面临复杂地质条件时，对后期压力钢管运输安装也会造成直接影响，在复杂地质条件下，兼顾隧洞开挖断面直径和钢管运输翻身工艺，进行整体钢管管运输安装，是水电行业施工中的难题。

钢管直径也随之加大，随着高强钢在压力钢管上的大量运用，钢管材质从初期的 600 MPa 级，逐渐发展到近年来的 800 MPa 级甚至以上的趋势，鉴于高强钢对于焊接条件的限制，钢管在洞外拼装焊接、完成水压试验后整体运输进洞安装，对于保证钢管质量、缩短工期、降低成本有着积极的意义。

由于钢管焊接时确保后期安全运行的基本保证，所以在条件许可的前提下，尽可能减小洞内焊接工程量，因此大型钢管摞节制作、整体运输安装的工艺具有缩短工期、提高现场焊接质量、降低施工成本的优势，特别是直径大于 8 m 以上的钢管，洞内焊接量很大，优势更加明显。

一、工程概况

江苏溧阳抽水蓄能电站地处江苏省溧阳市，枢纽建筑物主要由上水库、输水系统、发电厂房（含地面开关站及副厂房）及下水库等 4 部分组成。电站安装 6 台单机容量 250 MW 的可逆式水泵水轮发电机组，总装机容量 1 500 MW。中国水利水电第三工程局有限公司承担的（LX/C3 标）主要内容为引水系统、地下厂房及部分尾水系统工程的施工，其中钢管制作安装工程量为 2. 05 万 t，2011 年 4 月电站主体工程开工，2017 年建成投产，建设工期 80 个月。

中国水利水电第三工程局有限公司采用的“水电站大体型钢管洞内整体运输安装工法”于 2014 年 1 月至 2015 年 10 月在江苏抽水蓄能电站地下厂房工程引水系统 1#引水系统上平段及竖井段压力钢管安装施工中得到应用，压力管道材质有 600 MPa 级高强钢、Q345D、Q345C 三种，1#引水系统上平段管节合计 150 节，安装单元 85 个，总重量约 4 500 t（不含角钢、槽钢等附件）。

二、施工工艺流程

(一)施工工艺流程

钢管运输翻身施工工艺流程(图1),本图显示为1#引水系统钢管的运输安装顺序,2#引水系统钢管运输安装顺序相同。

(二)施工前准备

(1)公路运输条件提前进行勘测,沿途运输道路清理,钢管整个运输过程经过模拟实验确认,沿途无任何障碍,以及超高限位。

(2)钢管已经通过厂内验收,防腐施工已经完成。

(3)测量放点完成,初步计算出钢管加固时底部钢支撑的高度,提前制作。

(4)运输轨道满足运输需求。

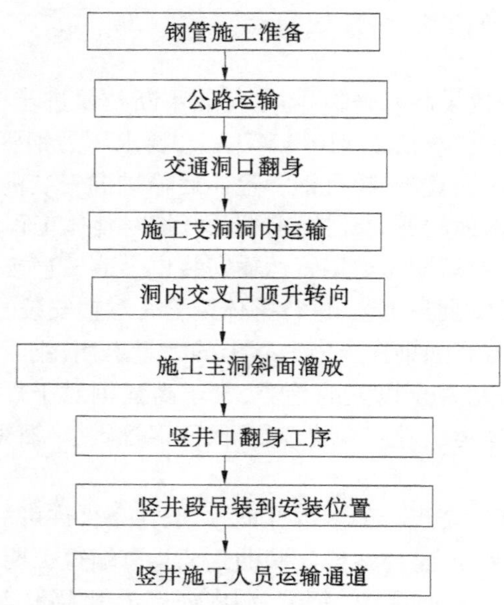

图1　钢管运输翻身施工工艺流程

(5)洞内安装用的卷扬机、各吊点(环)、起吊设备、滑轮(滑轮组)等已安装准备完成并安全验收合格。

(6)对相关人员进行技术交底,交底包括施工方案、质量控制要点、主要注意事项、安全措施、应急预案等。

(7)洞内照明满足安装施工需要,并配备足够的应急照明设施。

(三)钢管在公路上的运输

1. 钢管在制造厂的装车及加固

钢管在制造厂装车采用2台50 t移动式门机进行抬吊进行,钢管9.2 m直径,摞节高度达6 m,为公路运输安全考虑,采用钢管轴线垂直水平方向布置,如图2和图3所示,钢管底部支撑牢靠,四周用5 t倒链配合收紧。

钢管在公路上的运输,主要是钢管制造厂到交通洞口的运输,此处运输主要考虑公路的限高、限宽、公路承载力等因素,需要提前对道路进行勘测,沿途高压线、电线电缆等设施是考虑的重点,另外公路运输时，钢管在拖车上的固定必须牢靠，支撑平稳，本引水系统上平段及竖井钢管摞节平均重量约 80 t，最大重量 96 t，为运输安全，采用 100 t 拖车进行公路运输，时速控制在 10 km/h。

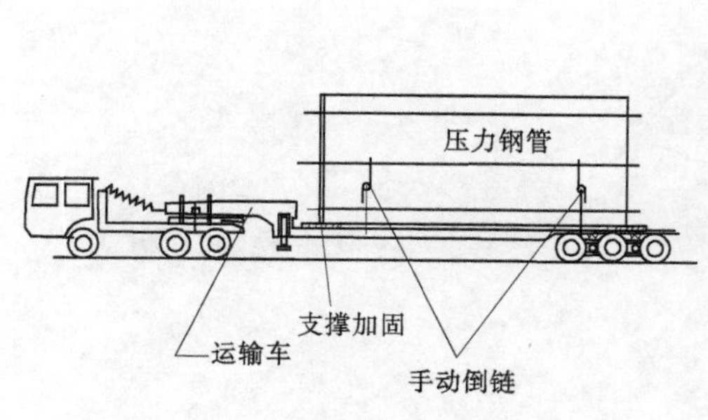

图 2　钢管公路运输

图 3　钢管公路运输现场

2. 拖车安全支撑装置

利用主支撑结构对大直径压力钢管向拖车所施加的压力进行分散，使得拖车尾部受力均匀，有效地避免了大直径压力钢管对拖车所造成的损伤，同时也确保了大直径压力钢管在运输过程中，不会发生左右倾翻，确保了运输安全，如图 4 所示。

图 4　拖车支撑装置现场

3. 钢管运输安全辅助装置

在道路运输时，将钢管在运输拖车上固定好后，将本装置的支撑固定装置先安装在钢管加劲环上，用锁紧螺栓固定，再将螺母装置安装好，最后将轮子机构安装到螺母装置上，调整好高度，进行运输，在运输途中，根据道路情况进行及时调整轮子机构和地面的高度，保证正常运输时，轮子与地面的安全距离，也可以根据钢管直径大小和道路宽度调整本装置在钢管上的位置，到达调整的目的，极端不利的条件下，如果钢管发生侧翻，本装置将起到安全防护作用，避免造成钢管与拖车的整体倾翻，如图 5、图 6 所示。

（四）钢管在洞口的卸车翻身

对于大型压力钢管施工，压力钢管洞内运输还包括洞口的卸车，翻身以及转运到运输台车上，以及洞内运输到安装部位等工序过程。本工法中钢管最重达 96 t，在洞口布置一台固定式 100 t 单吊点固定式门机，为确保翻身安全顺利，因此需要利用底部设置移动链轮组装置帮助翻身。

运输时钢管厂装车时管轴线与地面垂直，但是，由于施工支洞开挖断面受限，因此管节运输到施工支洞口需要进行卸车翻身，使得钢管轴线与水平面平行，方能顺利在洞内运输。

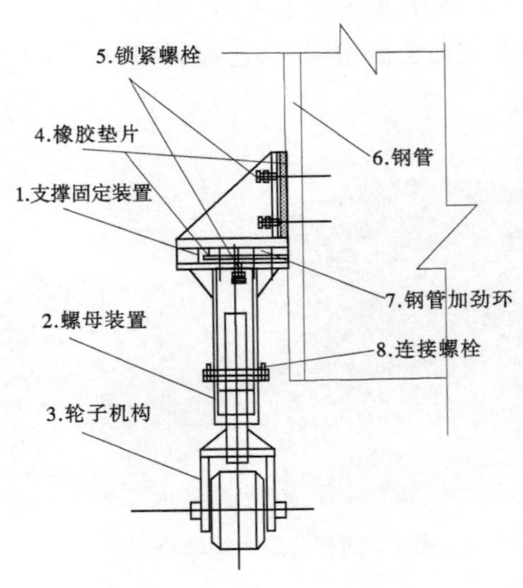

图5　钢管运输安全辅助装置简图

图6　安全装置现场

卸车翻身工序如图7所示。

(1)运输拖车施工支洞交叉处倒车进入门机翻身部位。

(2)利用门机大钩卸车,运输拖车退出,移动台车就位。

(3)门机起吊钢管翻身,翻身利用门机主吊钩吊起钢管,利用钢管底部制造的简易移动台车进行重心移动,辅助进行翻身。

(4)翻身完成后,移动台车退出。

(5)翻身后的钢管还需要旋转90°,钢管轴线与水流方向垂直。

(6)吊装钢管到洞内运输台车上进行固定,至此洞口卸车翻身工艺完成。

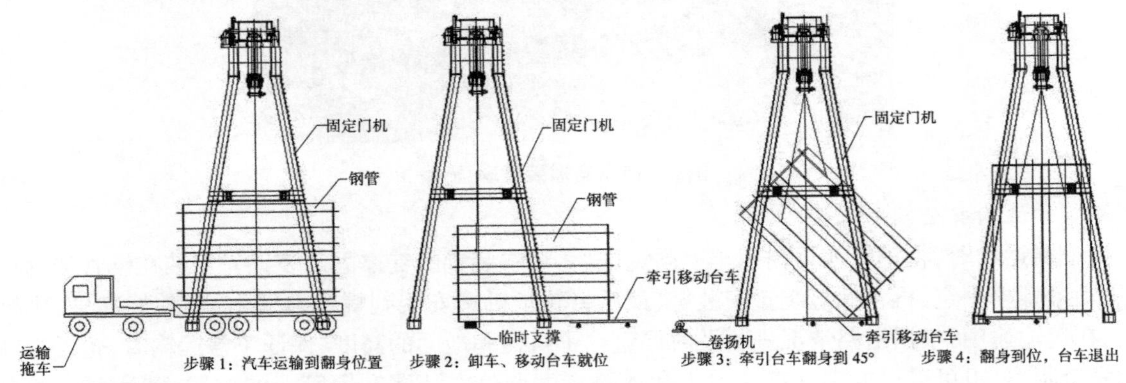

图7　卸车翻身工序

(五)钢管在施工支洞内的运输

钢管在交通洞内的运输,主要是从交洞口到施工支洞与施工主洞交叉口。采用100 t专用运输台车进行,底部铺设轨道,为减小洞内断面扩挖尺寸,降低钢管运输高度,轨道宜铺设方钢,牵引采用洞内布置的10 t卷扬机,配合导轮系统进行,由于进入洞内,需要考虑洞内转弯半径、洞内其他辅助设施的影响,主要是各种管路、线缆等,提前钢管模拟运输时,必须将所有障碍清除,运输过程中前后均需专人监控指挥,时速控制在5 km/h。

1. 专用台车优化设计研制

根据9.2 m直径钢管运输特点,运输台车的设计需要遵循以下原则:

(1)钢管直径大,重量重,首先考虑结构强度、刚度和稳定性,保证运输安全性;

(2)由于洞内有弯段运输,台车轮子需要转向功能;

(3)有斜坡段运输,需要考虑钢管在台车上的防倾翻装置。

2. 上平段、竖井段钢管运输台车简介

根据以上原则,结合现场施工情况,我们设计了以下运输台车,台车由万向轮机构、台车主结构、顶升转向油缸、牵引吊耳、防止倾翻装置、附件等组成,在实际使用中,出现万向轮装置轴承承载力过大损坏严重,后面经过优化采用自润滑无油轴承,解决了此问题。由于钢管数量大、运输频率高,加工制作了两台运输台车,分别由于1#、2#引水系统安装。

(六)钢管在施工支洞与主洞交叉口处的顶升转向

在洞内运输钢管时,经常会遇到交叉口,由于开挖尺寸和地下围岩结构限制,不能布置成圆弧过渡断面,无法直接牵引通过,这时钢管在运输时,就需要进行顶升转向施工,由施工支洞运输转换到施工主洞内运输。

顶升转向工艺说明:

步骤1:利用卷扬机将台车运输到施工支洞与施工主洞交叉口停稳;

步骤2:利用布置在台车主梁上的4个机械千斤顶分别顶升台车,使得车轮高于轨道面20~30 mm;

将台车上的万向轮转动90°,对准施工主洞轨道;

将降落千斤顶,台车整体降落,让台车万向轮轮子在施工主洞的轨道上支撑,撤离千斤顶,安装好活动轨道,利用布置施工主洞内的卷扬机牵引台车到安装部位。

(七)钢管在施工主洞斜坡道的溜放

洞内牵引主要根据施工道路进行布置,轨道布置要随施工支洞、施工主洞中心线进行沿途安装,测量先进行放点,根据测量点进行左右分中布置,特别是施工安装部位的轨道,要相对布置准确,与设计钢管理论中心线左右偏差不超过20~30 mm,可以减少后续安装中的调整工程量,钢管运输在台车上的实际中心高程要比设计高程低约50 mm,便于安装时调整。

工程实例如图8所示,某抽水蓄能电站引水系统布置简图,轨道铺设沿引水支洞、主洞进行,在转弯段随硐室开挖尺寸走,在两个引水交叉口布置活动轨道,便于顶升转向,在土建开挖初期进行卷扬机硐室设计,便于后期牵引施工,牵引导向轮布置在合适位置,如果运输质量大,需要布置专门的地锚,地锚数量以及埋设深度根据牵引力计算确定。

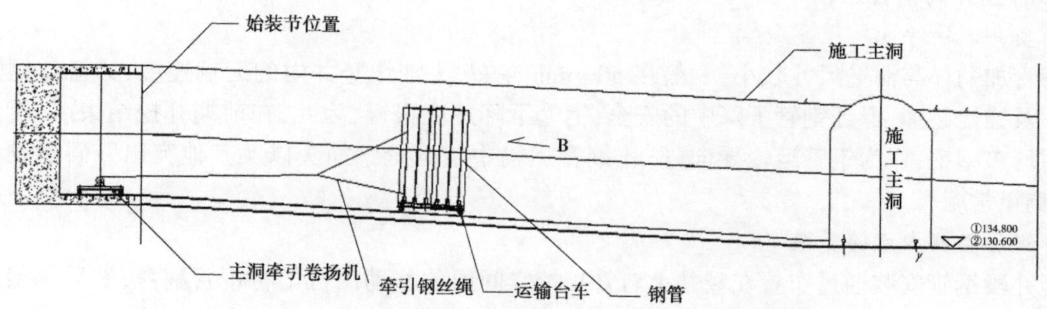

图8　引水钢管安装卷扬牵引示意图

(八)钢管竖井口的翻身

1. 移动式门机的设计

竖井压力钢管安装吊装设备主要是竖井翻身平台上布置的双吊点移动式门机,如图9所示,门机主要由行走机构、门腿、主梁、起升机构、大钩等组成,在大型竖井压力钢管安装施工中,门机是主要翻身吊装手段,对工程进度、质量、安全以及工期起到关键作用,因此需要前期设计制作以及安装中高度重视,并且在使用前需要进行特种设备验收相关手续,获得证书后方可投入使用,操作人员也要有特种设备资质证书以及进行相关培训后上岗。

图9 移动式门翻身钢管工序简图

2. 移动门机基础处理

由于门机自重以及钢管重量,门机底部承载力需要进行校核,在地质条件较差的部位,还需要进行强化处理,否则将给后续施工造成极大的安全隐患,一般处理方式是在门机轨道基础布置岩锚梁,或者锁扣梁形式。

3. 现场卸车翻身工艺流程

钢管在竖井口的卸车翻身吊装工艺流程与前面洞口处基本上相同,不同之处在于,钢管轴线平行地面,翻身后钢管轴线与地面垂直,与公路运输时相同。主要吊装翻身设备移动式双吊点门机,为确保钢管翻身安全,钢管采用不吊离地面方式,减小门机负荷。

(1)工序1:钢管到达翻身平台后,利用门机将钢管从台车上卸车,安装好翻身钢丝绳。

(2)工序2:进行翻身作业,边翻身门机随钢管重心边移动。

(3)工序3:为安全考虑,钢管向上游翻身,翻身后钢丝绳换钩。

(4)工序4:利用钢管内部布置的四个吊耳板,将钢管水平运输到安装部位。

现场卸车翻身照片如图9所示。

(九)竖井内钢管运输

1. 竖井运输导向

钢管加劲环与洞壁尺寸较小,一般在500 mm左右,为加快竖井内的运输速度,为避免钢管与开挖面及锚栓碰撞,保证钢管下降中的安全,钢管下降速度很慢,为此,在前期开挖结束后,沿竖井内四周均布型钢,作为钢管运输导向,防止钢管运输中与洞壁钢筋头以及其他突出障碍物发生碰撞,影响正常施工。

2. 钢管竖井内运输吊装

竖井段钢管安装通过布置在竖井上弯管扩挖空间内的移动门机吊将钢管翻身,然后调整到安装角度,利用移动门机大吊钩、4根钢丝绳和卡环等工器具将钢管下放到安装部位,当钢管与已安装节接近(50 cm距离)时放慢下放速度,调整其管口中心与下节管口对齐。为便于上下节钢管管口对装准确,可在已安装节管口外壁上焊接定位板。当钢管安装定位准确后进行临时加固焊接。

(十)竖井钢管施工人员垂直运输通道设计

1. 人员安全运输通道

竖井压力钢管施工人员上下井运输以及通道设计关系到施工人员的安全,也是竖井施工必须重点考虑的问题之一，竖井载人吊篮系统就是解决人员上下井的主要运输方式，载人吊篮系统设计需要考虑以下几个问题：

(1)必须确保人员安全，因此在设计吊篮系统时，安全系数必须满足相关规范要求，由于竖井内环境复杂，湿度较大，安全系数还应适当加大，如卷扬系统安全系数要大于14。

(2)要考虑布置位置，不得影响钢管的翻身吊装，与门机移动不得发生干涉。

(3)吊篮结构设计要满足强度要求，确保人员运输安全，内部踢脚距离底部高度不得小于300 mm，防止异物坠落，造成竖井内施工人员伤害事故。

(4)载人卷扬机需要双保险设计，即双卷筒双制动。

2. 竖井内安装施工通道平台设计

竖井钢管安装如采用搭设脚手架安装，工程量大、工期长、费用也高，因此常规采用钢管内布置安装平台，平台设计合理与否将直接影响后续钢管安装，平台设计主要考虑以下几方面。

(1)施工安全：这是首先必须考虑的问题，平台强度和刚度要满足安装要求，具体设计要根据安装钢管重量和尺寸确定；

(2)施工方便：平台设计要满足压缝拼装、焊接、检验等工序需要，还需要考虑设备以及零星材料堆放空间；

(3)运输安装便利：平台设计要考虑运输安装的方便，结构要简单实用，如果直径较大，可以设计成便于拆卸结构。

图10为一种大直径竖井压力钢管安装通道平台，平台分为3层，顶层主要进行钢管拼装压缝，为施工安全顶层上部盖板铺设花纹钢板进行防护，防止竖井上面坠落异物；中间层为焊接层，主要存放焊接、防腐设备以及一些零星材料，本层也是主要受力层，在底部布置有临时锁定吊杆，在门机松钩后，利用临时将平台锁定在钢管内壁焊接的吊耳上(此吊耳同时也是钢管翻身用)，锁定机构共计4件，沿钢管内对称分布；底层为检查验收层，主要是焊缝无损探伤以及补漆修磨处理层，设计可以考虑结构简单，主要是操作人员安全通道和作业平台。

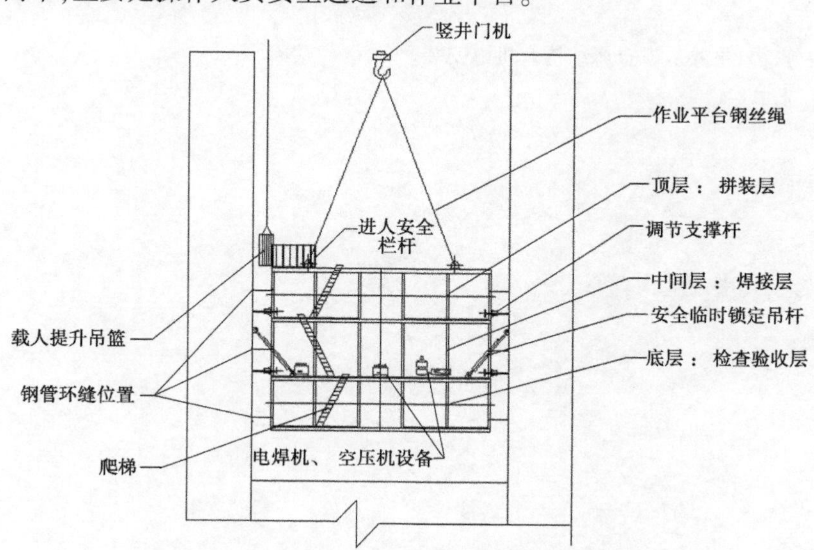

图10 竖井压力钢管安装运输作业平台简图

另外在平台内部布置有调节支撑杆，上下两侧各均布4共计8件，用于在焊接施工中防止平台晃动影响焊接质量，在平台顶部安装有载人吊篮通道和安全爬梯。

为节省时间，平台可以在洞外分三节制作后，整体运输到竖井口，再拼装成整体。

三、工程运用效果

江苏溧阳抽水蓄能电站采用本技术施工费用与原施工方法费用比较，上平段、竖井段近300多节钢管运输安装中得到很好运用，积累了国内超大型、超重量钢管运输翻身工艺，并取得多项专利技术，1#、2#引水系统钢管合计节省资金约734万元，经济效益显著。

施工直接减少了现场拼焊接工程量，引水系统直接缩短工期约5个月，焊接减小现场焊接环缝近一半，有利于钢管焊接质量，取得了技术、经济、质量、安全的综合最优的效益。

四、结　语

本技术在充分论证原方案中单节运输安装存在的各种不利因素基础上，经过多次详细讨论、分析论证，积极优化施工方案，探索超大型、超重量钢管运输工艺的可行性，并最终顺利实施，得到监理业主好评，多次行业内专家到现场检查工作，均对此表示肯定，社会效益显著。

本技术运用为行业超大型钢管现场运输安装工程积累了丰富施工经验，社会效益显著。在我国目前大力发展清洁能源的背景下，施工技术工艺中多项创新技术可以有效减小施工安全隐患、提高焊缝质量、减小能源消耗。

参　考　文　献

[1] 张为明，为书满，陈群运. 三峡压力钢管制作安装技术综述[J]. 水电站压力管道，2010(4)：351-356.
[2] 李伟，于文江，沈志松. 抽水蓄能电站输水系统施工技术[M]. 北京：中国电力出版社，2007.
[3] 杨申仲，李秀中，杨炜. 特种设备管理与事故应急预案[M]. 北京：机械工业出版社，2013.

作者简介：
杨联东（1969—），男，主要从事金属结构及机电安装。

超大型深竖井压力钢管安装施工平台安全风险分析及管控对策

王宽贵　庞萃龙

（中国葛洲坝集团机械船舶有限公司，湖北 宜昌　443000）

摘　要　压力钢管是水电站的重要组成部分之一，压力钢管安装过程中的安全控制显得尤为重要，影响着整个水电站运行的安全性和稳定性。随着工程设计，安装技术难度高，安全控制难度大，特别是超大型压力钢管深竖井作业，安全风险高，本文针对白鹤滩水电站的工程结构特点，介绍深竖井段压力钢管安装施工平台的安全风险分析及管控对策。

关键词　超大型深竖井；压力钢管；施工平台；安全风险分析；管控对策

一、概　　况

水利水电工程建设项目技术性及专业性极强，且往往水电工程投资规模巨大，实施周期长，施工环境恶劣，地质灾害频发，参建单位多，作业情况交叉复杂，流动性强等，导致其面临的风险因素种类繁多、风险具有多样性和多层次性。在项目实施过程中，由于风险控制不当、管理漏洞以及不可预见性因素等，容易发生人员伤亡事故。我国水电工程绝大多数处于西南地区，约占我国水能资源总蕴藏量的70%。该地域地质条件十分复杂，如柱状节理岩体、断层、层间错动带以及溶洞等。这些高难技术的使用解决了狭窄场地上布置众多建（构）筑物的难题，但是在缩短工期、节省投资成本、提高工程建设经济效益的同时，安全管理面临着新的问题和严峻挑战。

白鹤滩水电站是在建世界第一、发电量世界第二的水利水电工程。该电站压力管道采用的是暗埋式，单机单洞竖井式布置，共布置16条压力钢管，由上平段、上弯段、竖井段、下弯段和下平段组成，全长平均为228.74 m，16条压力钢管总长3 659.84 m；材质采用Q345R低合金钢、600 MPa及800 MPa级高强钢。压力钢管内径10.2～8.6 m，单机竖井段的上中轴心到下中轴心高度为164.5 m，其中竖直段高度102 m。结构图如图1所示。

压力钢管施工工序主要包括下料、卷板、组圆焊接、运输、现场组对，焊接等工序，相应的危险因素有：吊装安全、高空作业安全、用电安全、施工平台安拆安全等危险因素。最主要的危险源是竖井段的压力钢管安装，由于竖井段深度大、施工技术难度高、安全危险源众多、地质条件复杂、工序转换频繁，传统的单层焊接平台施工方法已不能满足现在的施工效率、质量安全等要求，需要设计一个运行稳定、安全可靠经济实用的专用施工平台来满足竖井段压力钢管施工，同时制定出施工平台安全控制要点和控制措施，从而保证压力钢管安装质量，保证水电站的安全运行。

二、竖井段压力钢管安装施工平台结构

竖井段起重用桥机单钩荷载为35 t（双钩承受最大荷载重量2×35 t），最重管节单重为30 t，因此整个施工平台总的重量不能超过20 t，并且施工平台还需承受约3 t的设备、施工人员、工器具等荷载。为了节约钢材，本竖井施工平台利用原有压力钢管制作期使用的已经废弃米字型内支撑改

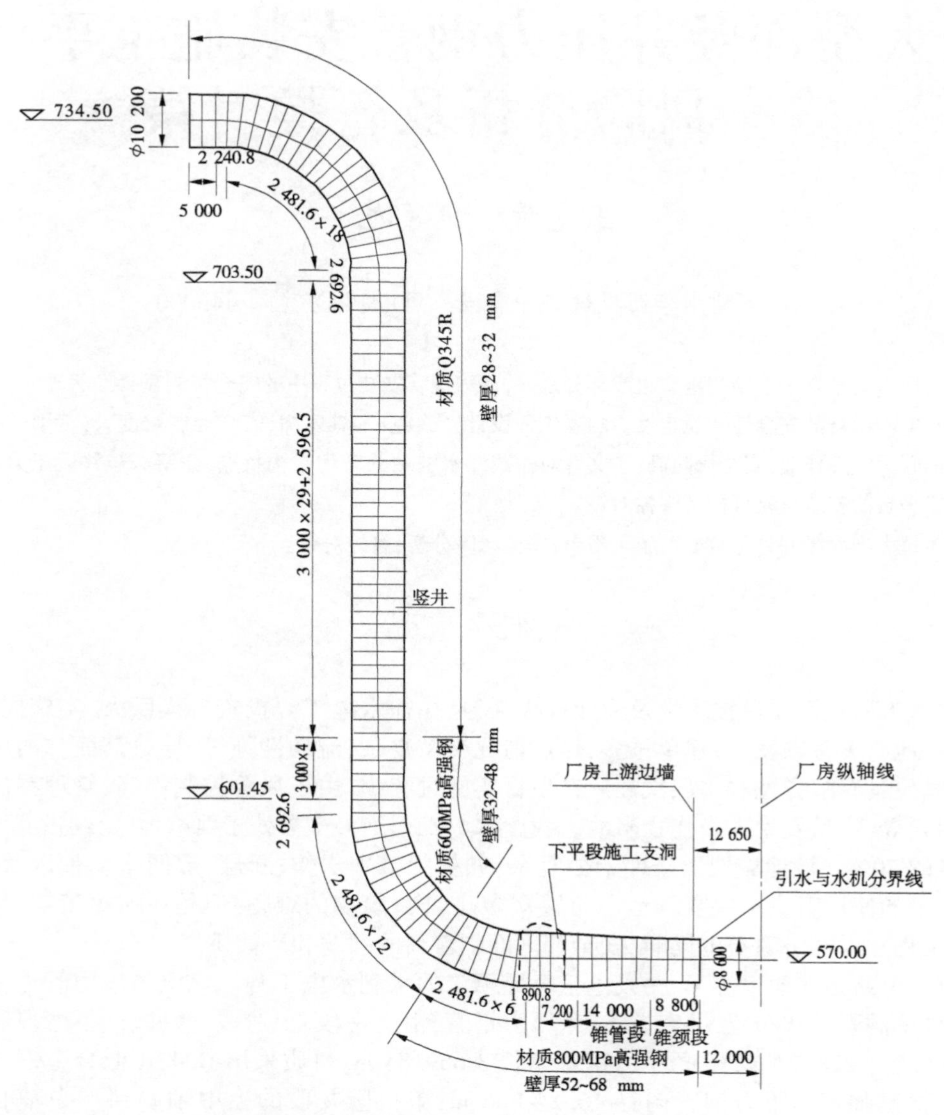

图 1　压力钢管剖面图　(高程单位:m;尺寸单位:mm)

制而成,主要使用[10 槽钢和∠70×7 角钢搭设成平台骨架,每层平台之间通过耳板、槽钢和销轴连接,5 层共计 12 m 如图 2 所示,施工平台正视图,每层根据钢管高度确定为 3 m,各层平台之间通过爬梯上下通行,为方便安装,减小施工成本,竖井平台主梁采用搭接式分布,共分为八个模块分别搭接在米字撑上,每个模块又分成大小两个子模块。大模块采用围裙式结构,主梁采用型钢槽 10(顶层平台主梁采用槽钢[16 加强),次梁采用型钢∠70×7,小模块采用三角形结构,主次梁所用型材与大模块相同。米字撑适合位置处分别焊有 6 个工作吊耳和 4 个提升吊耳,顶、底层(1、5 层)为防止掉物以及保障操作人员视野安全,所以进行了加固并满铺 5 mm 的钢板网,如图 3 所示顶底层(1、5 层)俯视图,其余中间层(2~4 层)平台上部铺设厚度为 3 mm 的钢板网,为减少施工平台重量,中间悬空没有增加加固材料,但四周围有高 1 m 的围栏,如图 4 中间层(2~4 层)俯视图所示。首层平台用于存放焊接设备和各种临时材料,下 4 层分别作为焊缝打磨、焊接、探伤、缺欠返修及防腐施工平台。为了减少竖井平台对管内壁油漆造成损伤,竖井平台行走轮采用尼龙轮,四周加装导向轮,便于平台在管内壁运行。竖井平台具有压力钢管对接、焊接、探伤及防腐的功能。

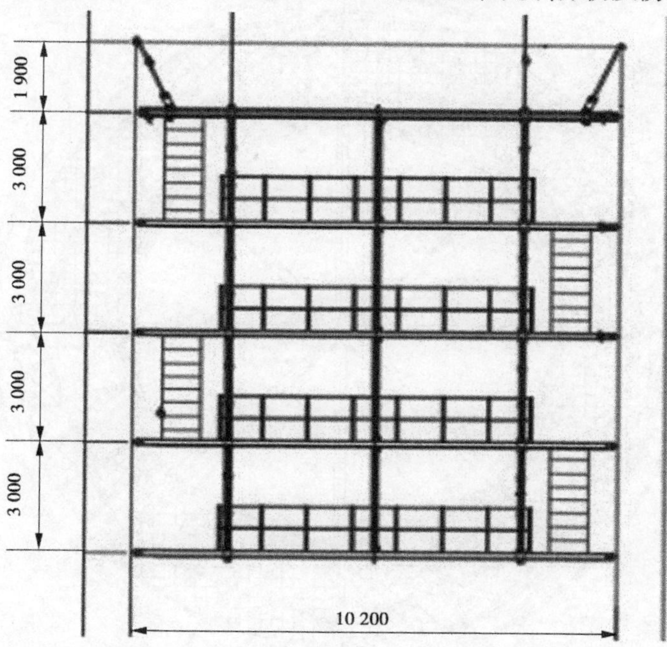

图2 施工平台正视图 (单位:mm)

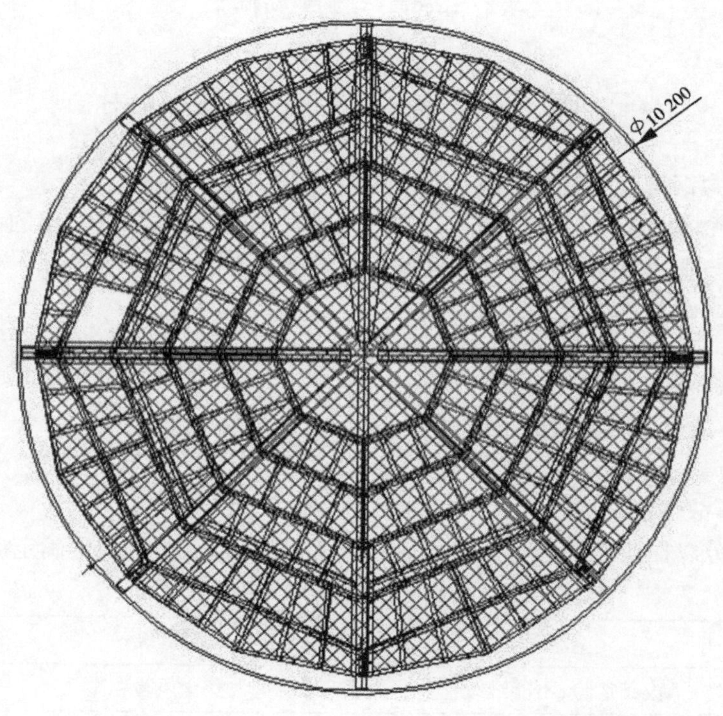

图3 顶、底层(1、5层)俯视图

制作完成后的施工平台自重 14 t,加上设备、施工人员(15 人)、工器具等 2. 6 t,总重 16. 6 t,桥机额定荷载 70 t,远远超过起吊的最大重量 46. 6 t(最重管节单重为 30 t),能够满足竖井段钢管及施工平台同时吊装。

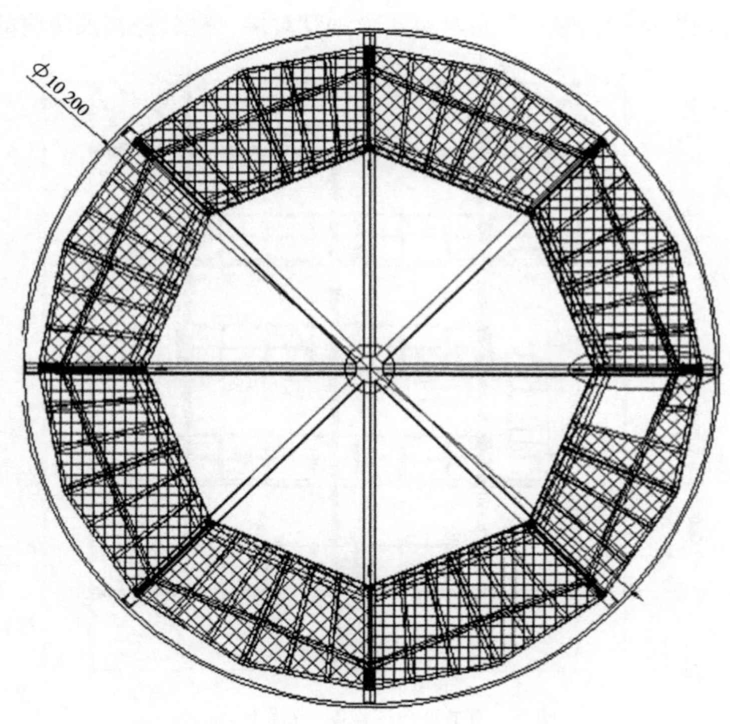

图4 中间层(2~4层)俯视图

三、施工平台安全控制要点及应用

(一)竖井段压力钢管安装时危险源分析及相应对策

作业条件危险性评价法(LEC法)是目前国内外最常用的一种简洁、实用的评价方法。LEC评价方法可以用于白鹤滩竖井段压力钢管安装施工平台作业过程中的风险评价。作业条件危险性评价法中危险性大小值D按下式计算:

$$D = L \times E \times C$$

式中 D——作业条件的危险性大小值;

L——发生事故或危险事件的可能性大小;

E——人体暴露于危险环境频率;

C——发生事故可能造成的后果。

危险性等级划分以作业条件危险性大小D值作为标准,按表1的规定确定。

表1 作业条件危险性评价法危险性等级划分标准

D值区间	危险程度	风险等级		颜色
D>320	极其危险,不能继续作业	一级:重大安全风险	Ⅰ	红
320≥D>160	高度危险,需立即整改	二级:较大安全风险	Ⅱ	橙
160≥D>70	显著危险,需要整改	三级:一般安全风险	Ⅲ	黄
70≥D>20	一般危险,需要注意	四级:低安全风险	Ⅳ	蓝

根据公式计算分析,竖井段压力钢管安装施工平台危险源及相应对策详见表2。

表 2　竖井段压力钢管安装施工平台危险源辨识及相应对策

序号	作业活动	危险源	可能的事故	相应对策	判定评分				评价等级
					可能性 L	频繁程度 E	后果 C	总分值 D	
1	起吊设备	钢丝断绳	设备、吊物受损	加强检查、起重指挥	1	6	15	90	Ⅲ
2		制动失灵	设备、吊物受损	加强检查、起重指挥	1	6	15	90	Ⅲ
3		误操作	设备、吊物受损	专业培训、起重指挥	3	3	15	135	Ⅲ
4		限位失灵	设备、吊物受损	加强检查、起重指挥	1	6	15	90	Ⅲ
5		卡环断裂	设备、吊物受损	加强检查、起重指挥	1	6	15	90	Ⅲ
6		运行停电	设备、吊物受损	加强检查、起重指挥	3	6	3	54	Ⅳ
7		超重超吊	设备、吊物、人员受损	加强检查、起重指挥	0.5	6	15	45	Ⅳ
8		不按操作规程操作	设备受损	班前培训，过程监督	3	6	3	54	Ⅳ
9		无证操作	设备、吊物受损	过程监督，加强培训	1	6	15	90	Ⅲ
10		钢丝绳磨损超标	吊物坠落	加强检查	1	6	7	42	Ⅳ
11		无专人指挥	设备、吊物受损	持证上岗	1	6	15	90	Ⅲ
12		安全责任人未到岗到位	设备、吊物受损	细化安全组织机构，分工到人	3	6	7	126	Ⅲ
13	拖车	方向失灵	人车物受损	加强检查，维修保养	1	6	15	90	Ⅲ
14		刹车失灵	人车物受损	加强检查，维修保养	1	6	15	90	Ⅲ
15		违章作业	人车物受损	持证上岗，加强培训	1	6	15	90	Ⅲ
16		重物偏心捆绑不牢	人车物受损	事前交底，加强监督	1	6	7	42	Ⅳ
17		车速过快	人车物受损	持证上岗，加强培训	1	6	7	42	Ⅳ
18	无安全技术交底	安全作业程序交底	不可预测事件	加强培训	1	6	7	42	Ⅳ
19		安全作业程序交底	不可预测事件	加强培训	1	6	7	42	Ⅳ
20	无防护作业	不戴安全帽不系安全绳	高空坠物或坠落，伤人	加强培训，增加防护，监督检查	1	6	15	90	Ⅲ
21		栏杆固定不牢靠、使用工器具掉落	高空坠物或坠落，伤人	加强培训，增加防护，监督检查	1	6	15	90	Ⅲ

续表 2

序号	作业活动	危险源	可能的事故	相应对策	判定评分				评价等级
					可能性 L	频繁程度 E	后果 C	总分值 D	
22	施工用电	违章作业	人员触电	加强培训，增加防护	1	6	15	90	Ⅲ
23		习惯性违章	人员触电	加强培训，增加防护	1	6	15	90	Ⅲ
24		配电柜	人员触电	加强培训，增加防护	1	6	15	90	Ⅲ
25		电缆绝缘	人员触电	加强培训，增加防护	1	6	15	90	Ⅲ
26		操作证	人员触电	加强培训，增加防护	1	6	15	90	Ⅲ

经上述评价分析，起重设备限位失灵、卡环断裂、钢丝断绳、无防护作业不戴安全帽、不系安全绳、栏杆固定不牢靠、使用工器具掉落等为Ⅲ级安全风险。

（二）施工平台安全要点控制措施

针对压力钢管安装出现的安全问题，必须对施工平台加强安全控制，采取的相关措施如下：

（1）竖井施工平台首层为主要承力部位，通过在首层米字撑上下加扣[14 槽钢进行强度加强，通过对位方向的 6 根拉杆（$\delta=28$ mm，$L=1.57$ m）悬挂于压力钢管管口固定，层与层之间布置 6 个连接吊耳、顶层布置 6 个提升吊耳，通过平台拉杆挂钩将施工平台挂至钢管管口，同时桥机不松钩，保证台车安全，防止台车下坠。工作平台每层间利用[12 槽钢、$\delta=30$ mm 的吊耳板、ϕ 60 轴销进行连接，与传统使用钢丝绳作为连接方式相比，避免了焊接过程中钢丝绳被用作电焊机零线，造成钢丝绳熔断施工平台坠落的危险，并且能够承受较高的抗拉、抗剪力。竖井施工平台设计安全防护如图 5 所示。

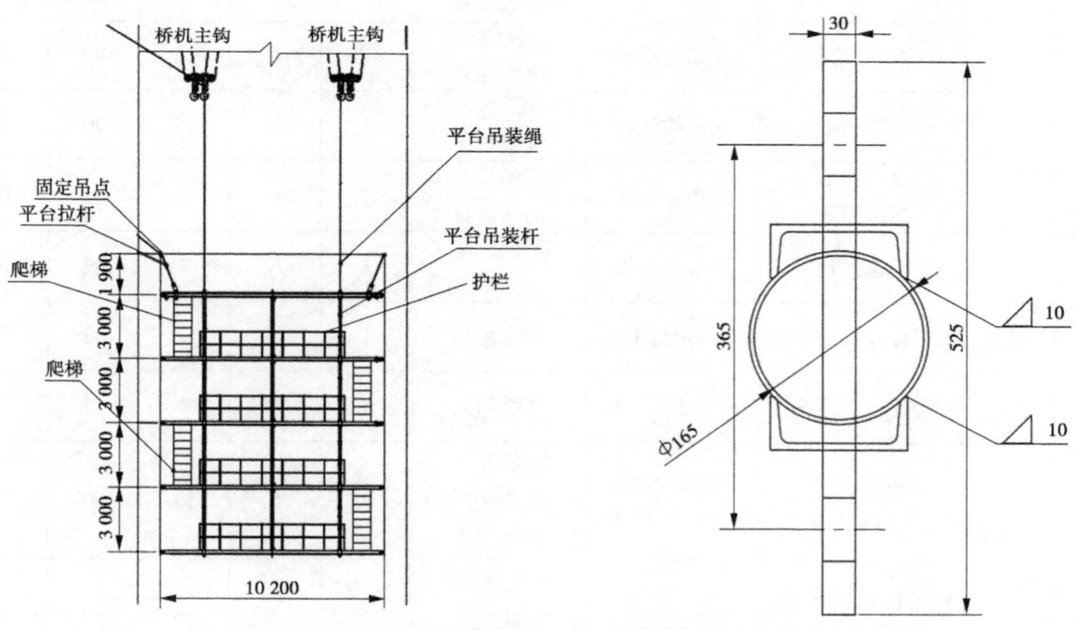

图 5　施工平台安全防护及首层平台框架加强示意图　（单位：mm）

(2)施工平台上铺设钢板网,一方面防止人员、材料、设备坠落,另一方面便于竖井通风及焊接烟尘的排散,钢板网与平台骨架可靠连接,确保不滑移,不脱落,其中顶层与底层满铺,起安全防护作用。

(3)在施工平台内外圈四周安装 1.2 m 的两层栏杆,并铺设密布网,防止施工过程中工器具及人员掉落。

(4)施工人员通过桥机吊笼上下施工平台,每层平台之间通过爬梯上下。人员在平台上施工时必须佩戴安全带,与平台可靠连接。

(5)从安全性考虑,除本身型钢焊接连接外,再在平台连接节点处四周焊接 $\delta=12$ mm 的钢板进行补强,如图 6 所示施工平台焊接节点加强示意图。

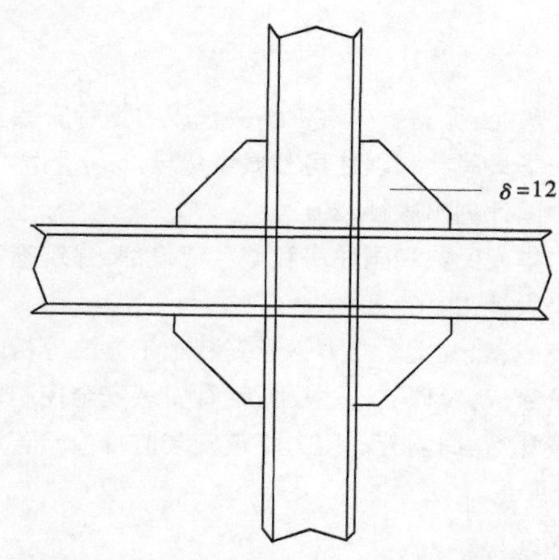

图 6 施工平台焊接节点加强示意图

(6)加强现场监管,定期对作业人员进行相关安全培训,确保按照既定技术方案施工。

(7)定期对使用设备、器具以及桥机运行系统的检查、维护、保养。

四、建立安全管理体系

鉴于白鹤滩水电站规模大、结构形式复杂多变、施工难度大、施工强度高、工程地质条件复杂、施工安全问题突出、施工干扰大等特殊性,必须通过建立健全各项安全生产管理体系来规范施工安全生产,提高安全生产管理水平,防止和避免安全事故的发生。

严格执行安全施工生产的规程、规范和安全规章制度,落实各级安全生产责任制。明确责任主体,对相关管理部门实施责任制,采取"定职、定人、定岗、定责任"的形式进行安全生产管理职责;施工队伍也同工同责,各尽其责,有责必究。

安全教育培训是工程施工中的重点,根据不同部位的环境、结构特点,针对性的进行安全教育培训,严格实行工作人员持证上岗原则,特别是特种作业工作人员,必须持证上岗。施工人员大部分是农民工,安全意识薄弱,把加大对农民工的技术安全方面的培训作为重点,提高他们的安全意识,防微杜渐,促进施工安全文明生产,为水利水电提供了有力的安全保障。

五、结　　语

压力钢管安装的组装压缝、环缝焊接、探伤、涂漆作业,在竖井窄小高空的工作面内,互相干扰,危险性大,条件十分艰苦,因此五层施工作业平台,使高空作业变成平面作业,改善了工人的操作条件,形成了一个单元的竖井压力钢管安装的作业流水线,又可以作为单个单元钢管内支撑防止混凝土浇筑过程变形,在避免上下交叉施工的情况下,可同时进行多种工序的施工作业,有效地提高施工效率,同时也避免单层平台工序转换带来的不安全隐患,既保证了施工人员的安全,亦有利于提高工程质量。

压力钢管是水电站建设的重要组成部分,施工过程中的安全、技术及质量控制是水电站建设必不可少的必要条件。通过采取相应有效的安全措施,确保施工生产顺利进行,不仅提高了工程的效益,还给未来建设水电站压力钢管安装提供了实用性的建议。

参 考 文 献

[1] 金华龙,徐茜．三峡机组引水压力钢管安装安全控制[J]．水利水电施工,2004,90/91(2/3):86-89.
[2] 中华人民共和国住房和城乡建设部.水利水电工程压力钢管制作安装及验收规范:GB 50766—2012[S].北京:中国计划出版社,2012.
[3] 中华人民共和国住房和城乡建设部.建筑施工高处作业安全技术规范:JGJ 80—2016.[S].北京:中国建筑工业出版社,2016.
[4] 姜威,郭友文．压力钢管安装施工方法分析[J]．黑龙江水利科技,2013,41 (11):87-89.
[5] 董家成,贾硕．论述压力钢管安装安全控制要点[J]．安全质量,2017,10(5):276.
[6] 董郑斌,周丽芳．压力管道安装监督检验若干问题探讨[J]．建设监理,2010,136(10):61-64.

作者简介:

王宽贵(1985—),男,工程师,主要从事水工金属结构制造与安装。

大直径 800 MPa 级高强钢压力钢管凑合节整体式安装工艺技术

王宽贵

（中国葛洲坝集团机械船舶有限公司，湖北 宜昌　443000）

摘　要　提出一种大直径 800 MPa 级高强钢压力钢管凑合节整体拼装工艺技术，改变传统的瓦片式凑合节方式，从凑合节整体拼装和焊接工艺两方面出发，控制拼装尺寸和焊接残余应力及内部质量，为管道式凑合节安装提供参考。

关键词　大直径；压力钢管；整体凑合节；安装工艺

在大兴节能环保的水利水电建设时代，压力钢管在发电引水系统是必不可少的安装设备，往往包含平直段、斜井（竖井）段、弯段和岔支管。其安装在工程建设中一般都处于关键线路上，为了压缩安装时间，往往会分多个段进行，以此增加施工作业面，然而在段间就需要布置凑合节。一般凑合节会设置在交通洞与引水隧洞交会处，便于运输安装，传统的安装方法采用瓦片式，这样需要在狭小空间内布置许多吊装系统，然后将多个瓦片拼凑起来，现场需要焊接管节纵缝、加劲环等焊缝，一系列工作将占用很长时间，对整体工期不利，也很难保证凑合节纵缝质量。

如果采用整体式凑合节进行安装，控制拼装尺寸，采取合理的焊接工艺和顺序，有效保证凑合节的拼装焊接质量，也大大减小焊接残余应力，极大提高施工效率，节约施工成本。如图 1 所示。

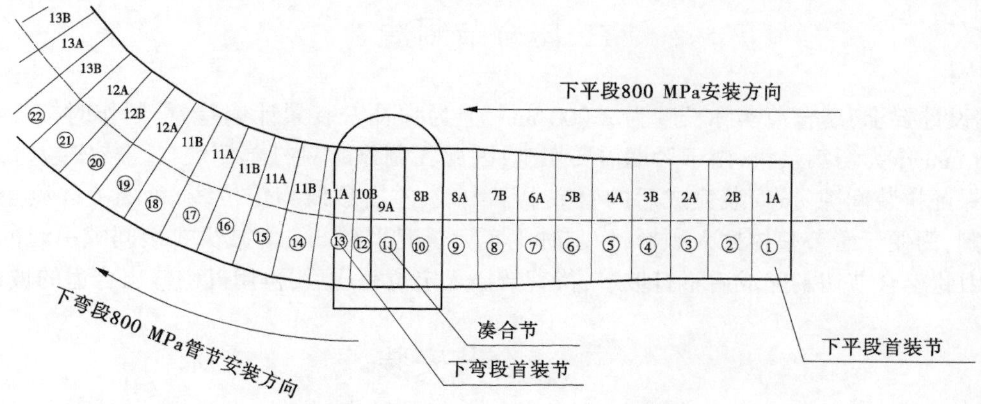

图 1　凑合节布置示意图

一、凑合节设计

以白鹤滩水电站工程为例，引水隧洞是竖井式设计，由上平段、上弯段、竖井段、下弯段、下平段组成，左右岸共 16 条。在下平段设置凑合节，采用鞍钢 SX780CF 材质，壁厚 52 mm，内径 10 200

mm,长度 2 200 mm,重 34.3 t。凑合节布置在施工支洞中心上,具备整体运输、安装条件。如图 2 所示。

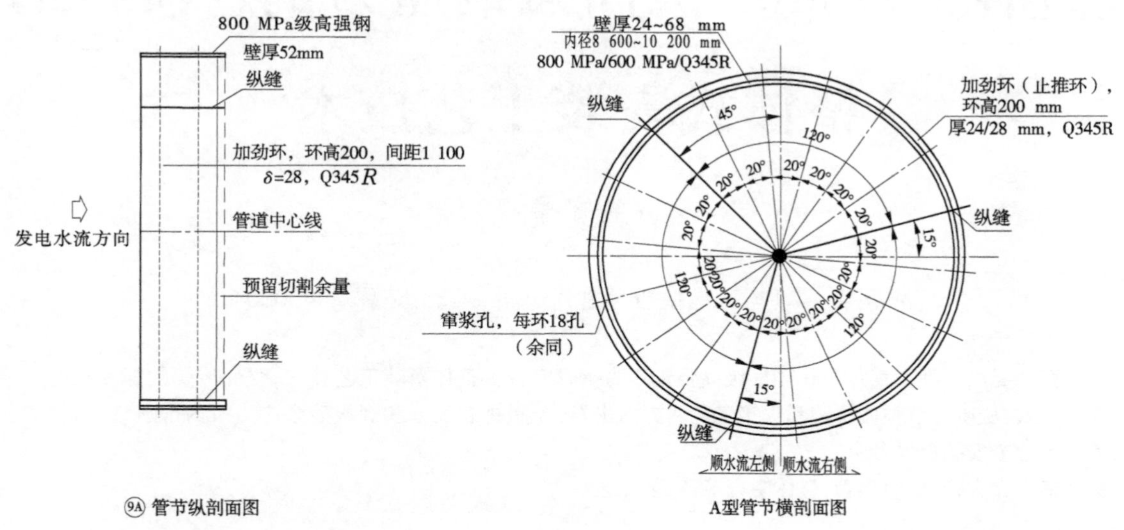

图 2　下平段凑合节设计示意图

凑合节直经达 10.2 m,重 34.3 t。如果采用瓦片式凑合节,至少需三片以上瓦片组成,现场需要焊接环缝、加劲环的连续角焊缝及多条纵缝,焊接量大势必增加残余应力,而且现场焊接条件差,焊接质量难以保证。同时单片瓦片重量和尺寸较大,吊装和尺寸控制难度极大。本工程采取整体式凑合节设计,凑合节在钢管加工厂内完成整体组焊,在长度方向上预留 200 mm 切割余量。安装时待两侧管节初步固定后(为便于拼装间隙均匀调整,两侧管节先不焊接),量测两侧管节间的实际距离,按实际尺寸切割到位,再整体插入安装。

二、凑合节制造

根据设计要求,凑合节实际长度为 2 200 mm,但为弥补安装累计偏差量,制作时按 2 400 mm 制作,200 mm 作为切割余量,由于后期需要切割,因此在制作时只打单侧坡口。待安装时,按实际尺寸(为保证拼装间隙,按安装完成后的管节上下中线、左右腰线为定位线,每隔 1 m 测量一组数据)再切割,为便于管节整体插入顺畅,切割时比实际长度小 8 mm,为减少拼装间隙引起的环缝间隙过大,因此凑合节切割完成后不打坡口,待管节插入定位完成后,再用气刨修出合适的坡口。

三、凑合节安装

(一)凑合节运输

为便于凑合节整体运输,施工支洞的台车轨道中心应与凑合节长度中心重合。这样管节就通过运输台车直接运输至部位,不需要进行上下游侧调整,减少现场安装调整量。如图 3 所示。

(二)凑合节定位

根据白鹤滩水电站凑合节设计以及现场的实际情况,管节⑩、⑪、⑫为最后拼装管节,管节编号⑪为凑合节,由于管节⑫剖面图为直角梯形,在管节⑩、⑫初步定位量测出⑪管节实际尺寸后,将管节⑫竖直向下移约 500 mm,并靠近管节⑬,这样就会给管节⑪避让出更大的间隙,便于整体插入。

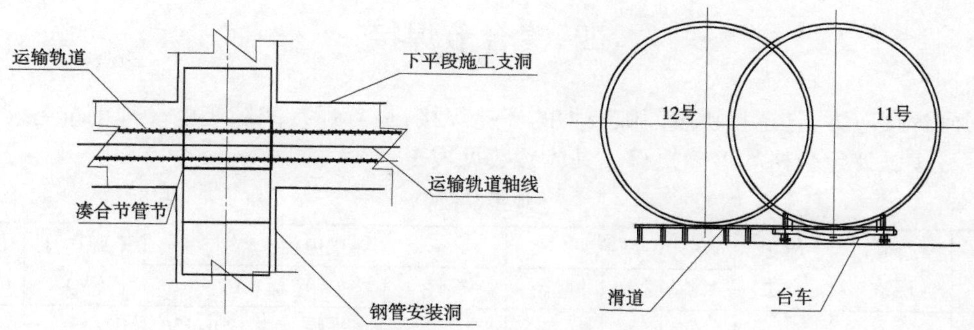

图 3　下平段管节运输轨道布置图

待管节⑪全部就位后，将管节⑫向上顶起，再均布调整管节间的间隙和轴线，保证凑合节安装尺寸满足 DL/T 5017—2007 中有关要求。凑合节组拼主要控制对口间隙和错边（为确保最后拼装错边在规范内，因此在两侧之前安装管节时，要严格控制同轴度，在接近凑合节 5 节管节左右，每装一节必须测量并及时调整偏差，轴线偏差不超过 10 mm 为宜），对口间隙尽量均匀控制在 3 mm 内，错边量控制在 5 mm 以内。具体分三步，如图 4 所示。

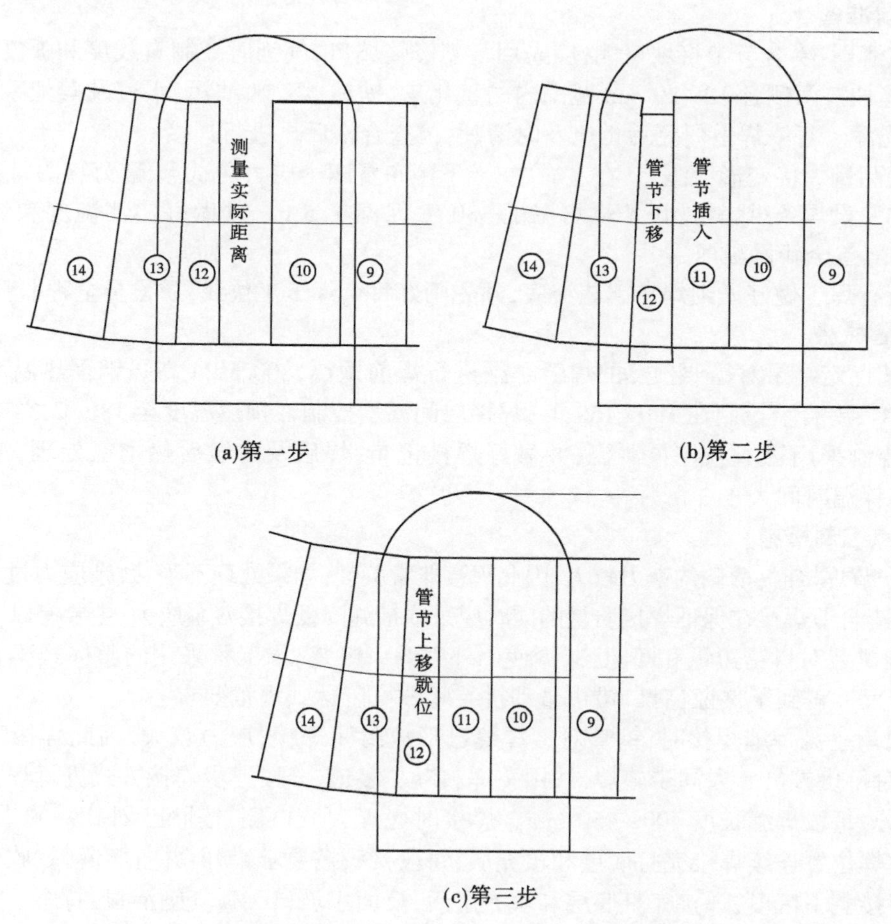

图 4　凑合节拼装过程示意图

四、凑合节焊接

考虑到焊接应力，先选择拼装间隙较大的环缝焊接，最后焊接间隙小的。焊前准备、焊接过程控制及焊后按已评定合格的工艺执行。具体参数见表1。

表1 焊接参数

主材等级	焊接层次	焊接方法	焊条		焊接电流			电弧电压（V）	焊接速度（cm/min）
			牌号	直径	极性	电流（A）			
800 MPa	正、背缝前三层	SMAW	CHE807RH	$\Phi3.2$	直流反接	平焊	120~130	20~24	6~8
						立焊	110~120		
						仰焊	110~120		
	填充盖面层	SMAW	CHE807RH	$\Phi4.0$	直流反接	平焊	170~190	22~26	10~12
						立焊	130~150		
						仰焊	130~150		

（一）焊前准备

（1）焊前清理：凑合节未打坡口侧，应先用气刨修整坡口，气刨时控制直线度和弧度，完成后清理焊缝及焊缝坡口两侧各10~20 mm范围内的氧化皮、铁锈、熔渣、油污、水迹及其他杂物，并打磨坡口出金属光泽。每一焊道焊完后也应及时清理，检查合格后再进行焊接。

（2）设置测量焊接变形检测点，在左右中、上下中布置四个应力测试点，装好应力计。

（3）现场专设焊条烘烤房，焊条烘焙温度380 ℃保温1.5 h。并做好实测温度和焊条发放记录，所有焊工配备全新保温桶。

（4）对所有焊工做好详细焊接工艺交底，预先画好每个焊工工位线，质检员全程监督检查。

（二）焊缝加热

根据工艺评定结果对需要预热的焊缝必须进行焊前预热，800 MPa高强钢预热温度控制范围为100~120 ℃，凑合节控制在120~150 ℃；焊接层间温度控制在预热温度至180 ℃之内，整个焊接过程中温度控制采用智能温控仪测温，并做好焊接记录；焊后及时做后热消氢处理，温度控制在180~200 ℃，保温时间大于3 h。

（三）重点控制措施

由于凑合节焊接时，两侧约束力较大，因此焊接非常关键，如果处理不当、残余应力过大会影响使用寿命，因此凑合节焊接在保证焊接质量的同时应采取措施降低焊接残余应力，主要有以下措施：

（1）控制拼装对口错边量和间隙，减少使用外力约束组装，本工程采用的整体式凑合节安装工艺，实际拼装尺寸得到了保证，对口错边量和拼装间隙可以达到规范要求。

（2）在最后一条焊缝焊接时，钢管对接焊缝已形成封闭焊缝，应力较大，因此焊接工艺有特殊要求。焊接时每班人员8人同步施焊，采用叠焊、多层、多道、分段退步焊接方式进行焊接。焊前对焊道进行划分，每段焊缝长度400~450 mm。焊接时先焊大坡口侧，按照已划分好的焊缝区段，分段跳焊，将跳焊位置连续焊接完打底层和填充层，每段接头按要求错开，并打磨起弧、收弧部位平缓过渡，然后焊接剩下区段，焊接完打底层和填充层后，反面小坡口碳弧气刨清根，打磨至完全露出金属光泽，然后进行背缝焊接，背缝焊接按普通管节焊接顺序进行，背缝全部焊接完成后，完成正缝盖面焊。如图5所示。

（3）焊接过程应连续进行，不得中断，焊接过程中要严格监控焊接热输入不得超过30 kJ/cm，焊缝温度在规定范围内。焊接人员注意控制焊接速度，尽量做到每班人员焊接速度同步。

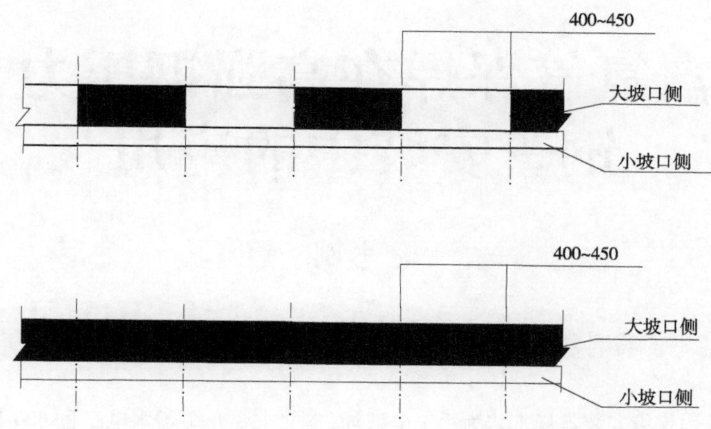

图 5　凑合节焊接顺序示意图

(4)焊接时用风铲锤击焊缝以免焊接收缩产生过大的拘束应力而引起移位变形。焊前检查环缝组装情况,是否有在预热后出现点焊缝迸裂引起错牙。焊接时,要采取措施避免洞内渗漏滴水影响环缝焊接并严格遵守工艺的各项要求。

(5)凑合节合拢缝焊缝检验程序与其他环缝焊接检验程序相同,检验方式及比例为 100%UT+40%TOFD 检测。800 MPa 级高强钢需要等待 48 h 待延迟裂纹发育后方可进行无损检测,考虑到合拢缝的焊接条件比较恶劣,特别规定需要等待 60 h 后进行无损检测。如图 6 所示。

图 6　白鹤滩水电站下平段凑合节安装图

五、结　　语

在白鹤滩水电站项目,根据安装情况有 3 条引水管道下平段进行凑合节安装,3 套整体式凑合节顺利合拢,错边量和对口间隙控制优良,焊后对钢管进行残余应力测试,残余应力值远低于母材屈服强度,和普通钢管环缝在同一水平。整体式安装不仅仅可以保证凑合节的安装质量,单条凑合节安装总用时 15 天,施工工效得到大幅提升,符合节能环保的要求,施工成本也得到了有效的控制。

作者简介:

王宽贵(1985—),男,工程师,主要从事水工金属结构制造与安装。

富氩气保焊在高强钢压力钢管安装中的应用

李志刚

（中国葛洲坝集团机械船舶有限公司，湖北 宜昌 443000）

摘　要　高强钢压力钢管安装常规工艺为手工电弧焊，本文主要介绍了水电工程 600 MPa 级高强钢安装中创新采用富氩气体保护焊接工艺，为保证高强钢焊接质量作出有益的探索，为今后同类型施工提供依据。

关键词　气体保护焊；压力钢管；高强钢

白鹤滩水电站右岸压力管道采用单洞单机竖井式布置，一共布置 8 条压力钢管，每条管道轴线长为 228 m，压力钢管内径 10.2~8.6 m，流速 6.7~9.4 m/s。8 条压力钢管均采用垂直进厂，与机组蜗壳延伸段相接。压力管道内径大，设计最大内水压力约 354 m，HD 值最大达 3 611 m · m，为超大型压力钢管。材质采用 Q345R 低合金钢、600 MPa 及 800 MPa 级高强钢。其中 600 MPa 级高强钢应用于竖井段，工程量 4 800 t。

传统压力钢管安装焊接以手工电弧焊为主，95%以上均采用手工电弧焊完成，手工电弧焊虽然具有适用范围广，施工灵活的优点，但是熔敷系数和熔敷速度较低，施工劳动强度大，因此需要采用更好的焊接方式来替代。富氩气体保护焊的熔敷系数和熔敷速度较高，施工劳动强度合适，是压力钢管安装的发展方向。本文即是对富氩气体保护焊在白鹤滩电站 600 MPa 级高强钢压力钢管安装中的应用进行初步研究。

一、焊接材料分析

（一）母材材质分析

母材的化学成分分析见表 1，力学性能分析见表 2。

表 1　　600 MPa 级高强钢的化学成分　　%

化学成分	C	Si	Mn	P	S	Ni	Cr	Mo	V	Cu	B
质量分数（%）	≤0.09	0.15~0.40	1.20~1.60	≤0.020	≤0.01	≤0.40	≤0.30	0.1~0.30	0.02~0.06	≤0.25	≤0.002

（二）焊材选择

焊接材料的要求一般是等强原则，在施工中选择焊缝金属强度要求略高于母材，右岸压力钢管制作是选用的金桥焊材，故安装施工中延续选择金桥焊材 JQ. MG60-G-1，Φ1.2。

表 2 600 MPa 钢的力学性能及工艺性能

钢板厚度（mm）	拉伸试验			V 型冲击试验		弯曲试验
	屈服强度 ReL（MPa）	抗拉强度 Rm（MPa）	伸长率 A（%）	温度（℃）	冲击功 A_{kv}（横向）（J）	180°冷弯试验 d=弯心直径 a=试样厚度
16~60	≥490	610~730	≥17	-20	≥47	$d=3a$

保护气体则是在富氩气和纯 CO_2 气体间进行选择，通过纯 CO_2 气体和多种不同比例的富氩气的对比试验，80%Ar+20%CO_2 的富氩气体能够有效控制飞溅，焊道表面成型美观，且经济型较好，故选择 80%Ar+20%CO_2 比例的富氩混合保护气。

二、焊接工艺参数

根据焊接工艺评定确认的600 MPa 高强钢焊接工艺参数见表 3。

表 3 焊接工艺参数

焊接层次	焊接方法	焊条		焊接电流		电弧电压（V）	焊接速度（cm/min）	保护气流量（L/min）
		牌号	直径（mm）	极性	电流（A）			
打底层	GMAW	JQ. MG60-G-1	Φ1. 2	直流反接	120~180	19~21	5~9	20
填充/盖面层	GMAW	JQ. MG60-G-1	Φ1. 2	直流反接	120~180	19~21	5~9	20

600 MPa 高强钢焊前预热温度为 60~80 ℃，层间温度控制为 60~180 ℃，焊接完成后立即进行后热处理，后热温度控制在 150~200 ℃，保温 2 h。

三、焊接过程简述

（一）焊接工艺

钢管安装环缝采用不对称 X 型坡口，采用多层多道焊接，多层多道焊接接头的显微组织较细，热影响区窄，接头的延展性和韧性都比较好。高强钢焊接时前焊道对后焊道起预热作用，后焊道对前焊道起热处理作用，这样可以改变接头组织和性能。

每条环焊缝焊接采用多层多道、对称、分断退步的焊接方法。整条环缝每班安排 6 名焊工进行焊接，焊接人员分三班连续施焊。

安装环缝焊接首先焊大坡口侧，焊接完成后，转到小坡口侧，碳弧气刨清根，打磨，然后小坡口侧焊缝打底、填充、盖面，完成小坡口焊接。

（二）焊接过程控制

白鹤滩电站压力钢管属于洞内埋管，因此存在岩壁渗水现象，对焊接有不利影响，故此焊接前对岩壁渗水部位用防水布遮挡，使渗水不至于滴落到焊缝位置，防止渗水影响焊缝质量。

做好施工现场防风措施，现场焊接施工平台与管壁接触位置用薄铁皮等材料进行封闭，防止穿堂风对焊接影响。

从事钢管安装的焊工必须持有技术质量监督部门发给的压力容器焊工考试的有效合格证书。无损检测人员应经过专业培训，通过国家专业部门考试，并取得无损检测资格证书。

所用焊接设备经过检查维修，确认其工艺性能达标后方可用于现场焊接。

压力钢管制作时,采用的是氩气和二氧化碳气体分别装瓶,制作现场混合后进行焊接的工艺,由于安装现场一般都空间有限,富氩气体需要供气商混装入气瓶后用气瓶在现场供气进行焊接。

环缝焊接前清理焊口及焊缝坡口两侧各 20 mm 范围内的氧化皮、铁锈、油污及其他杂物,并打磨坡口至露出金属光泽;对母材部分的缺陷作彻底打磨处理,并做好记录。每一焊道焊完后及时清理,检查合格后再焊。

定位焊焊在背缝坡口内。正缝焊完后用碳弧气刨进行背缝清根。气刨后用砂轮机修整刨槽,磨除渗碳层,并仔细进行检查,确认无缺陷后,再进行背缝焊接。

焊接时,严格按照焊接工艺参数执行,焊接质量控制严格实行“三检制”,即作业人员自检,班组互检、专职质检人员(含无损检测人员)终检的制度,严格控制焊接质量,并且形成文件记录归档,保证可追溯性。

四、焊接结果分析

首个单元压力钢管安装焊接结束后,对 5 条焊缝进行了进行无损检测,3 条焊缝内部有局部缺陷,缺陷长度 460~960 mm(每条环缝总长 32 157 mm),缺陷以夹渣、未熔合为主,位置为背缝根部,经过质量分析会分析研究,对缺陷可能成因进行梳理,分析判定是由于现场施工环境影响,背缝清根后坡口狭小,影响焊工焊丝摆动,因而易产生缺陷。因此后续焊接时对焊缝背缝清根进行控制,适当增大坡口宽度,同时其他措施比如坡口打磨也持续控制,后续焊缝缺陷长度和范围均大幅下降,焊缝一次合格率稳定在 99%以上。

经过对钢管安装过程的统计分析,富氩气体保护焊工艺显示了良好的工艺先进性,焊接时间从 5 班减少为 3 班,节约工时 40%。焊工人数 12 人减少到 6 人,减少人员 6 人,节约增效效果明显,同时现场施工人员减少,也间接增加了竖井作业的安全保障,对施工作业有极大帮助。并且其焊接合格率也在一个很高水平,该工艺在 600 MPa 级高强钢压力钢管的安装焊接上能够满足各项施工要求。

五、结　　语

富氩气保焊在压力钢管安装中和手工电弧焊相比有许多的优点。其优势主要有:①富氩气体保护焊具有优良的工艺性能,焊工操作方便,焊缝成型优良,飞溅等表面缺陷大幅减少;②富氩气体保护自动焊比手工电弧焊生产率高,工人劳动强度及施工条件大为改善,减少了影响质量的不稳定因素的影响。富氩气保焊工艺在今后的水电站压力钢管施工中值得大力推广。

作者简介:

李志刚(1976—),男,高级工程师,主要从事金属结构施工工作。

水电压力钢管加劲环制作安装工艺优化

杨联东

(中国水利水电第三工程局有限公司,陕西 西安 710032)

摘 要 针对蓄能电站压力钢管加劲环生产中的瓶颈制约因素,从下料编程、加劲环的拼装、焊接等关键工序进行了优化,主要从工艺、装备等入手,取得了不错的效果,对于提高现场工效及成本控制有着积极的意义。

关键词 水电站;压力钢管;加劲环;制造安装;工艺优化

水电站洞内埋藏式压力钢管设计中,为了抵抗外水压力,往往在压力钢管外壁设计多道加劲环,局部地质条件较差的围岩部位,会加密布置加劲环,因此在实践压力钢管制作施工中,加劲环制作工序具有工程量大、结构复杂、工人劳动强度高的特点。因此,是现场制约生产效率的主要因素之一,同时也占用制作吊装设备,如何解决以上不足,提高加劲环制作安装工效,减低成本,解决生产中的瓶颈,就显得尤为重要和关键,本施工技术就是研究在现有生产工艺上进行创新,包括下料、拼装到焊接等关键工序,对施工安全起着决定性作用。

一、工程概况

(一)工程简介

河北丰宁抽水蓄能电站位于河北省丰宁满族自治县境内,工程区距丰宁县约 62 km,电站对外有国道、省道和简易乡村道路相通。工程规划装机容量 3 600 MW,为一等工程,大(1)型规模。分两期建设,本期装机容量 1 800 MW,安装 6 台单机容量为 300 MW 的可逆式水泵水轮机组。电站主要由上水库、水道系统、地下厂房系统、蓄能专用下水库及拦沙库等建筑物组成。电站建成后,在京津唐电网系统中承担调峰、调频、调相和事故备用任务。

(二)加劲环工程量

丰宁压力钢管工程量约 2.1 万 t,加劲环重量约 4 500 t,并且在整个生产中,由于钢管加劲环制作安装占用时间长、工效低、成本高,月产量平均在 800 t 左右,成为制约现场生产的关键瓶颈,加之河北丰宁地处塞北,冬季施工受限,一年平均最佳生产月份在 4 月至 10 月,只有 7、8 个月,如何优化现场生产工艺,改善操作人员劳动强度,提高月产量成为钢管生产中的重点和难点。

二、施工优化措施

(一)施工工艺流程

加劲环制造安装工艺流程:

下料工艺编程→加劲环切割→加劲环分类存放→钢管拼装→加劲环拼装→钢管翻身→吊装到滚焊台车上→加劲环角焊缝焊接→检查验收。

(二)编程切割工艺优化

常规加劲环要根据设计图纸,提前在电脑上进行程序编制,原则上要做到省料、简化工艺、操作简单,按照一般的排料方式,每块加劲环作为一个独立的零件,根据数控切割机的工作原理,每块加劲环下料时都需进行穿孔,穿孔不仅消耗大量的时间(穿孔一次耗时 1~1.5 min)而且穿孔对割嘴的损害很大,甚至会堵塞割嘴,严重缩短了割嘴的寿命。因此,我们针对加劲环下料工艺进行改进,实现自动连割下料,下料的效率提高一倍以上,并且节省一个人工,同时工人的劳动强度大大降低。

加劲环的串浆孔位置移动到其他位置,本工艺理论同样适用,如图 1 所示,即为串浆孔在加劲环中间时的切割路径图。调整加劲环的外弧直径,使其与内弧直径相等,并等于钢管外壁的直径。此时加劲环的内弧面即为Ⅱ加劲环的外弧面,当 b 切割线切割完毕后,Ⅰ加劲环已成型,Ⅰ加劲环的外弧面切割成型。图 2 为数控切割机切割现场。

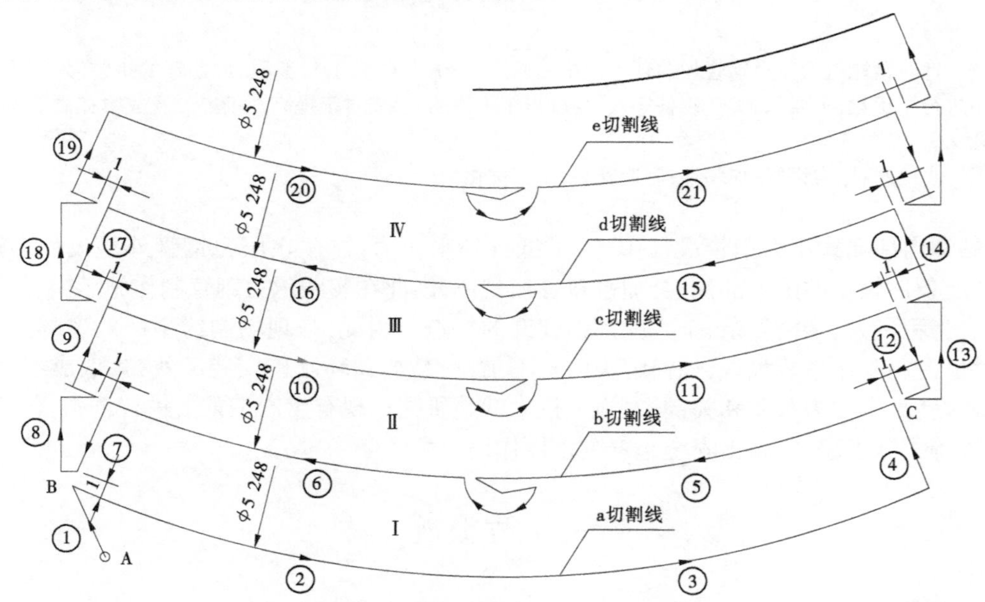

图 1 加劲环制作工艺编程

图 2 数控切割加劲环现场 (单位:mm)

(三)拼装工艺优化

加劲环拼装前,首先要将钢管拼装完成,纵缝焊接并经过检查验收后,方能进行加劲环的拼装,为保证加劲环拼装精度,应该确保钢管拼装精度满足规范要求,纵缝部位需要进行打磨处理,焊缝余高不得大于 2 mm。钢管拼装采用专用拼装平台和压缝工装,与拼装加劲环工位共用,具体钢管拼装工序:测量画线→加劲环吊装定位→定位焊→检查验收。

1. 测量画线工序

测量画线时根据设计图纸上加劲环的布置,在钢管上进行画线做标示,以便拼装人员根据测量画线进行对位拼装。

加劲环测量画线主要技术要求及注意事项:

(1)每个钢管加劲环的道数。

(2)加劲环对接缝与纵缝错开规范允许的 200 mm 以上。

(3)加劲环与钢管管口的距离以及每道加劲环之间的间距。

(4)加劲环上面的串浆孔与纵缝以及加劲环与灌浆孔是否存在干涉等问题。

测量画线采用专利装置,如图 3 所示,将本装置放置在钢管上管口,根据图纸尺寸调整好尺寸,然后将本装置沿管口进行 360°旋转,边旋转边画线,一道加劲环画完线,再刻度尺进行调整规划位置,进行下一道加劲环画线。

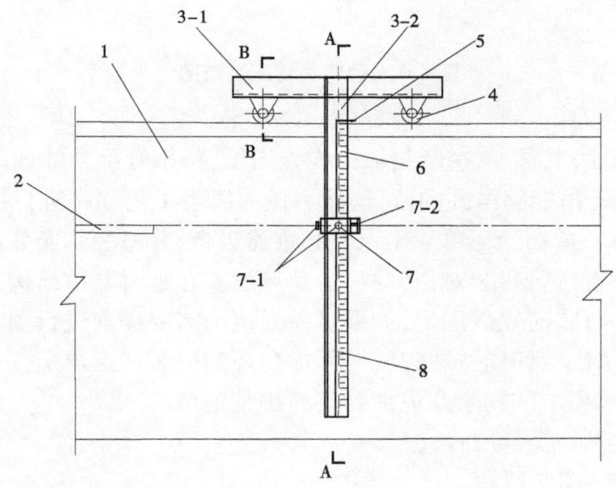

1. 钢管;2. 加劲环;3-1. 上支撑机构;3-2. 中间支架;4. 上滚轮;5. 上定位;
6. 标尺;7. 画线机构;7-1. 锁定螺丝;7-2. 画线笔;8. 标尺固定件

图 3　加劲环测量画线装置简图

2. 加劲环吊装工序

1)专用拼装设备介绍

一般钢管生产车间配备一台或者两台龙门吊,用于钢管的起吊作业,但是,如果加劲环拼装也占用门机,施工效率将大大降低,为解决此矛盾,我们专门设计研制了一种用于钢管加劲环拼装的组装装置,经济实用、操作简便、安全可靠的工装,专门用于加劲环的组装。经过职工实际应用后反馈的感受证明,本加劲环组装工装(如图 4 所示)能明显提高组装效率(可提高 4 倍),并且实用性强,具有一定的推广价值,本工装已经获得国家专利。

本工装与钢管拼装工装共用,在钢管拼装平台上固定,在工作时可以 360°范围内自由旋转,以满足加劲环的轴向组装。工装的起重臂略比钢管直径大些,使加劲环能垂直起吊。加劲环组装工装起重臂上设有一个电葫芦,吊具采用永磁起重器,能方便快捷的吊装加劲环,并且本工装能与瓦片组圆工装有较好的结合性,安装、拆除简便。

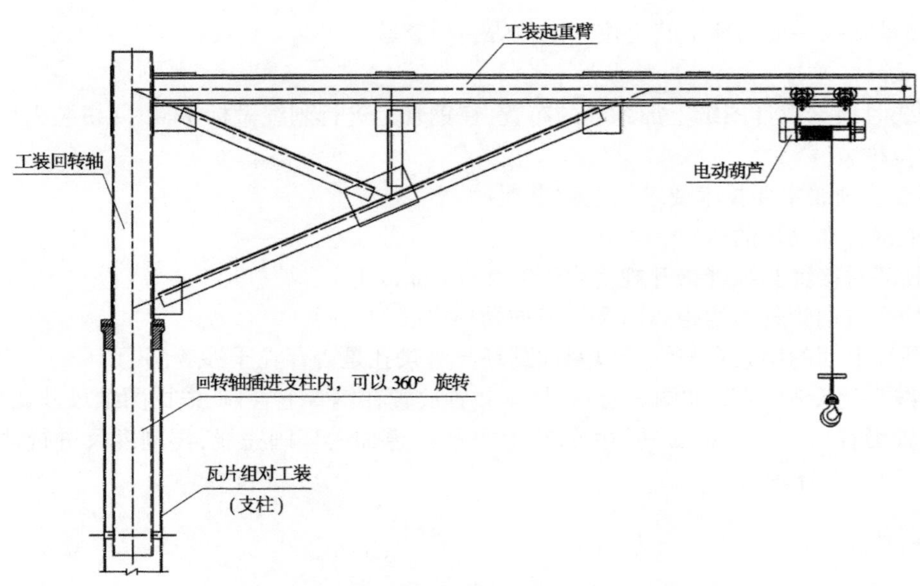

图4 加劲环拼装工装简图

2)加劲环吊装顺序介绍

加劲环的拼装式本工法的重点,拼装是根据设计图纸,将钢管配合的加劲环从下料工序转移到拼装工序,吊装到自制回转吊能够吊到的位置,然后按照以下工艺顺序进行拼装作业

(1)用回转装置将第一道加劲环单片用永磁起重器吸合,并吊装到安装位置。

(2)按照事先画线位置进行拼装对位,并将加劲环放置在临时支撑结构上。

(3)调整好位置后进行临时点焊固定,如果是高强钢则需要提前进行预热。

(4)按照同样方法,依次沿四周拼装完成一圈加劲环的拼装和点焊定位。

(5)同理,完成图纸所要求的剩余几道加劲环的拼装定位。

拼装完成后,进行检查验收合格后,进入下一道工序。

具体拼装过程如图5~图7所示。

图5 加劲环吸合准备

图6 加劲环吊装

图7 加劲环拼装中

(四)钢管翻身及吊装工序

钢管及加劲环拼装属于立式拼装,即钢管轴线垂直地面,拼装完成的钢管及加劲环,需要翻身后吊装到焊接工位,在滚焊台车上进行埋弧自动焊接,即钢管轴线与水平面平行,由于钢管重量较重,翻身吊装设备采用50 t移动门机进行。如图8所示。

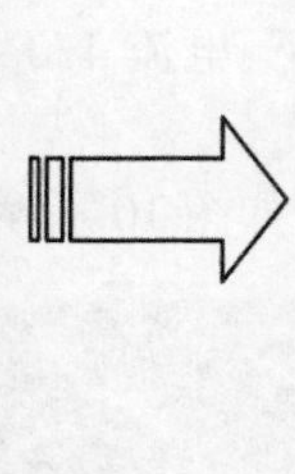

图 8　钢管翻身吊装工序

三、加劲环的焊接

由于压力钢管制作中,加劲环的焊接工程量往往较大,一般约占焊缝总长度的 2/3,本工程焊缝总长度约为焊缝总长度的 98 261 m(其中纵缝长度 1 383 m,环缝长度 24 440 m,角焊缝 73 322 m),如此大的焊接工程量,如果不进行优化工艺,将严重制约钢管生产,成为生产流水线的瓶颈,因此,我们采用:①埋弧自动焊接工艺,生产效率是焊条电弧焊工艺的 10 多倍;②在此基础上,我们进一步优化,采用双机同时焊接(在加劲环角焊缝两端同时布置两台埋弧自动焊机,进行焊接作业,生产效率又提高近一倍,如图 9 所示。

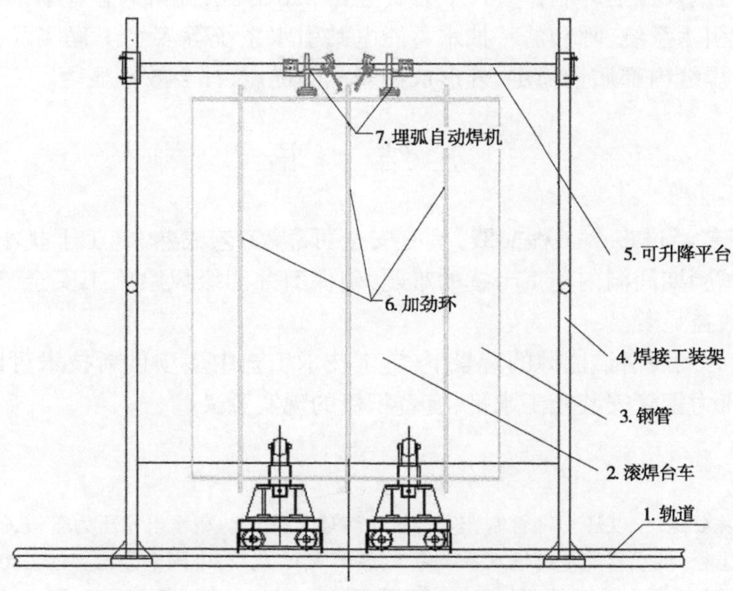

图 9　加劲环的焊接工装示意

焊接中主要焊缝焊接工序为:打底焊接→中间层焊接→盖面层焊接。以下分别简述。

(一)打底焊接

正缝打底层焊接,采用小电流,主要是为中间层焊接提供基础,焊接主要工艺参数如下:电流

380~420 A，电压 29~31 V 左右，焊接速度在 35~45 cm/min，线能量控制在 14~22 kJ/cm。

（二）中间层焊接

正缝中间层焊接时，焊接主要工艺参数如下：电流 400~550 A，电压 29~32 V 左右，焊接速度在 35~75 cm/min，线能量控制在 11~26 kJ/cm。

（三）盖面层焊接

正缝盖面层焊接，焊接主要工艺参数如下：电流 470~550 A，电压 30~32 V 左右，焊接速度在 45~75 cm/min，线能量控制在 11~23 kJ/cm。

焊接完成后的加劲环角焊缝外观质量。如图 10 所示。

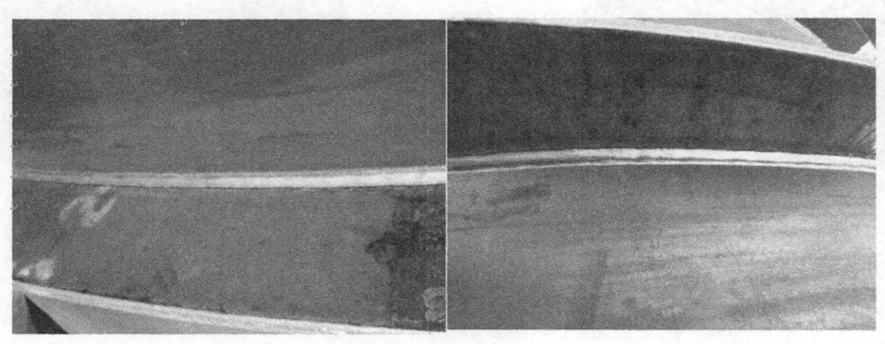

图 10　加劲环角焊缝外观质量

四、工程运用效果

河北丰宁抽水蓄能电站引水系统工程一期、二期压力钢管加劲环合计重量达 9 000 t，采用优化的工艺施工，压力钢管加劲环制作共计节省资金约 220 万元，经济效益显著。制作工艺还在浙江仙居抽水蓄能电站引水系统、呼和浩特抽水蓄能电站引水系统等多个工程实践，具有技术先进、工艺成熟、高效可靠，焊缝内部质量稳定、外形成型美观的优点，社会效益显著。

五、结　　语

本施工技术工艺经过多个工程实践，具有安全可靠、工艺成熟、施工干扰小的优点，推广运用后，可以有效解决试验期间洞内施工干扰的难题，确保斜井四级风险施工安全，现场文明施工也得到很大改善，社会效益显著。

在我国目前大力发展清洁能源的背景下，施工技术工艺中多项创新技术可以有效减小能源消耗，提升水电行业压力钢管安装施工水平，有着积极的现实意义。

参考文献

[1] 张为明，为书满，陈群运. 三峡压力钢管制作安装技术综述[J]. 北京：水电站压力管道，2010(4)：351-356.

[2] 李伟，于文江，沈志松. 抽水蓄能电站输水系统施工技术[M]. 北京：中国电力出版社，2007.

[3] 杨申仲，李秀中，杨炜 . 特种设备管理与事故应急预案[M]. 北京：机械工业出版社，2013.

作者简介：

杨联东（1969—），男，工程师，主要从事金属结构及机电安装。

自动抛丸生产线在引水输水管道上的应用

杨明信[1]　万天明[2]

（1. 河南省防腐企业集团有限公司，河南 长垣 453400；
2. 中国水利水电第七工程局有限公司机电安装分局，四川 彭山 620800）

摘　要　随着国家经济战略规划高速，完善区域经济结构加大经济内循环，改善水资源的空间合理布局，以满足人民生产生活日益增长的生活需求，支撑大型城市群的建设，各地相继启动了水利枢纽工程，引水调水项目也在如火如荼地开工建设。本文主要介绍输水钢管外防腐预处理自动化技术，以供相关人员作为参考依据之一。

关键词　钢管外防腐；抛丸；正棱柱形筒室

依据地质条件，长距水源性引水以钢管+PCCP（预应力混凝土钢筒）敷设为主，PCCP 管多为环氧煤沥青防水防渗封闭，这里不再赘述，主要针对钢管外表面防腐预处理作一探讨，鉴于单项目钢管距离长，工程量大，工期短的特点，为提高钢管使用寿命，对钢管外防腐预处理提出了新的课题要求，表面预处理对防腐蚀效果和质量起至关重要的作用，是防腐蚀涂装的基础工作，开发并研制一套自动化生产装置配合钢管制作（直缝管、螺旋管生产线），可大大提高生产效率，降低成本，实现绿色环保，满足工厂 9S 管理目标实现。

原水主管网，多为钢管和 PCCP 管依据地质条件交错布置，为保证内壁工艺一致，钢管内壁也多采用水泥砂浆衬里，或挂焊金属扩张网（钢板网）后再喷涂水泥砂浆的加强级防腐方式。管道铺设完工，探伤合格后，采用风车桨式喷浆机喷涂，对基层处理要求不高，施工简单，造价底廉，且材料对水质污染小，无毒无害，一直作为引水管道内壁防腐的传统工艺。

自动抛丸生产线在工业化生产领域应用多年，其高效快捷的生产优势得到充分体现，但抛丸生产前期主要用于原材料钢板及型材的车间化处理，在石油天然气行业也主要开发应用于 Φ1 500 mm 小口径 3PE 管道生产线，对调水引水所需的大口径钢管应用不够成熟，一直处于探索改进阶段。我们根据多年施工经验并与专业设备厂家共同开展科研攻关，加大技术创新力度，推出多抛头正棱柱形筒室布置方案，解决了抛束距离不够均匀，除锈不彻底的难题。研制开发出用于大口径钢管 ZDH7020-8 自动环型通过式抛丸生产线，每分钟可预处理钢管 1~6 m，极大满足了钢管生产线的高强度生产需求。

一、抛丸生产线的优势

抛丸生产线的优势见表 1。

（1）抛丸生产线理布局紧凑、占地面积小可以实现工厂化生产，布置在车间内及可解决粉尘污染和噪声，又解决了潮湿空气的二次返锈。

（2）抛丸生产线配备有钢材中频预热系统，可以将需防腐钢材表面温度加热到 40 ℃，保证了防腐层的涂敷条件、增加附着力。

（3）抛丸生产线的喷射头输出压力大、钢丸的硬度高，提高了钢材表面的粗糙度，而且均匀性高。同时生产线配备有尾部清理系统可保证钢材表面的清洁度,改善了涂敷条件,可大大提高防腐涂层的质量,延长涂膜的使用寿命。

(4)抛丸作业是在抛丸室内进行,且钢丸自动回收、自动上料且利用率高。完全有条件将钢丸全部贮存在安装有远红外线加热器的库房内,保证钢丸的干燥性和防止锈蚀。

(5)环保,抛丸生产线工作起来没有粉尘扬砂,无环境污染。且在室内进行不受环境,潮湿多雨、寒冷的影响与限制。

(6)效率高、成本低。本系统提供的钢管及型材预处生产线设备,钢管规格范围更广,效率更高:人工可节省50%,能耗也可大幅降低,平米每吨定额成本可降低30%~50%,且生产线不会影响到其他单位施工,有利于交叉作业,操作简单效率高,施工人员人身安全有保障,真正做到了环保、节能、高效等。

表1　　除锈方法对比

项目内容	自功化抛丸预处理生产线	磨料自回收环保喷砂房	移动式简易喷砂装置	手工/机械除锈	酸洗法
效率	生产效率高,人工可节省50%	一般	一般	低	
能耗	低	高	高	低	
表面清洁度	抛丸后可使表面清理的质量达到Sa2 $\frac{1}{2}$级以上,而且均匀性非常好	人工操作,均匀性得不到保障	人工持喷枪,易产生视觉误差,工件表面受力不均,清理效果不均匀一致		
环保	由于整个系统是相对密闭的,砂尘基本无外泄,除锈环境清新,杜绝了尘肺病的发生,对环境无影响	由于整个系统是相对密闭的,砂尘基本无外泄,除锈环境清新,杜绝了尘肺病的发生、对环境无影响	施工环境开放,砂尘多,易污染环境,对环境影响大,不环保		污染型
劳动强度	操作简单,机械化自动化更高,劳动强度小	操作简单,机械化自动化高,劳动强度中等	生产效率低,操作人员多,劳动强度大		
磨料耗损	少	少	多		
效益(成本)	平米每吨成本造价可降30%~50%	高	高		
适用范围	各种钢板、型钢,钢管	各种钢板、型钢及半封闭内腔	各种钢板、型钢及半封闭内腔、工件成品	小面积局部修补	仅用于电镀业

二、抛丸生产线介绍

(一)抛丸室端面形状及抛丸器布置

抛丸室端面形状及抛丸器布置如图 1~图 4。

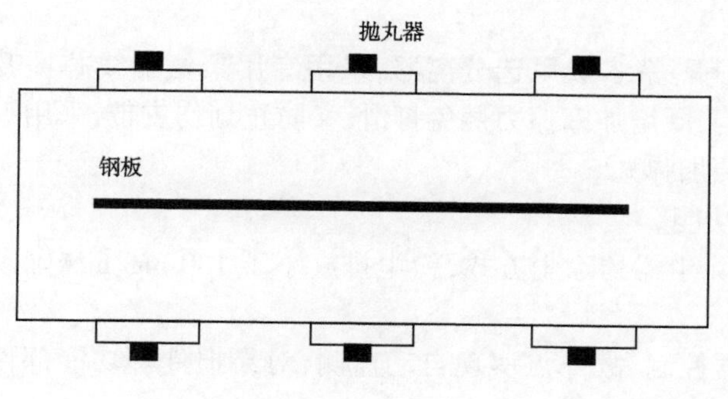

图 1　传统钢板预处理

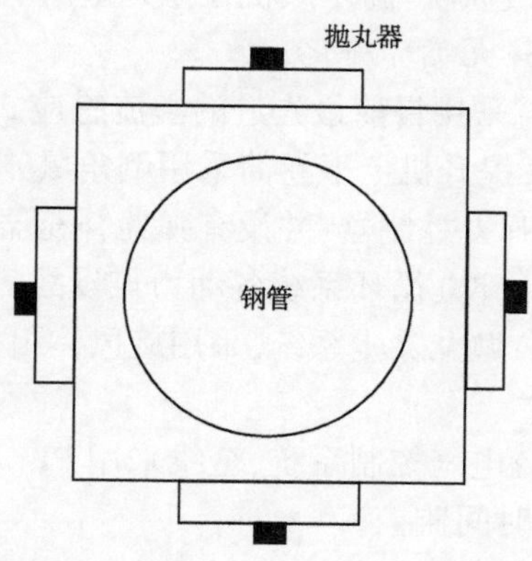

图 2　直径 Φ1 500 mm 以下抛丸

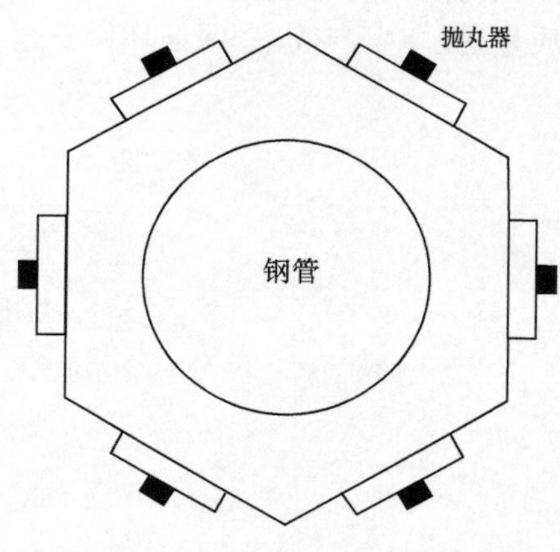

图 3　Φ3 000 mm 以下钢管抛丸

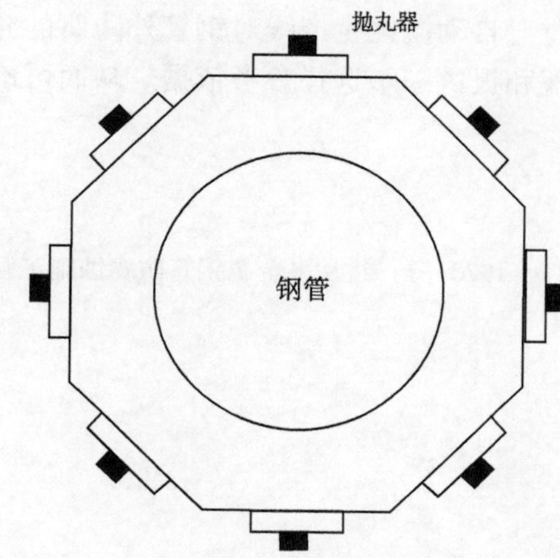

图 4　Φ 5 000 mm 以下钢管抛丸

(二)技术方案综述

针对涂层对钢管表面预处理的要求,ZDH7020-8 型预处理流水线生产中将采用下述关键技术及保证措施:

1. 工件输送系统

(1)送进辊道两侧设有工件对正竖辊。

(2)整套工件输送系统变频无级调速,既能够同步运转,各工部又能够独立动作。

(3)抛丸室辊道装有特殊材料耐磨护套,以防弹丸抛打。

2. 抛丸清理系统

采用 8 台 GF. DISA 公司技术抛丸器,抛丸量 330 kg/min,抛丸速度不小于 80 m/s,叶片寿命不小于 800 h,分丸轮、定向套寿命不小于 1 500 h,衬板、护板寿命不小于 3 000 h,抛丸器采用正棱柱形布置,充分满足抛束磨料对工件表面的均匀覆盖,冲量一致,保障预处理清洁度和粗糙度,且经过计算机仿真，上下抛丸器一一对应，消除薄板变形，一次抛打和二次反弹弹丸避开辊道，弹丸覆盖均匀一致。

3. 弹丸清扫

一级清扫："<形"犁式刮板，聚氨酯材料，三层呈阶梯状分布，效果显著。

二级清扫：1 套高强度尼龙滚刷+收丸螺旋，清扫刷寿命≥5 400 h。

三级风吹：高压风机在抛丸室内吹丸吹灰+预留压缩空气补吹管路。

4. 弹丸循环净化

（1）采用目前最先进的溢流感应式真正满幕帘多级风选分离器，采用专用聚氨酯线芯提升机传动带，提升机上下卷筒采用倒角鼠笼式结构，既增加摩擦力避免打滑，又防止划伤皮带，采用远距离控制弹丸控制器，并设有弹丸补充器以方便加弹丸。

（2）弹丸循环系统各动力点设故障报警功能。

（3）抛丸除尘系统，采用旋风体组+滤筒除尘器的除尘方式，粉尘排放小于 100 mg/m^3（国家标准）。

（4）电气控制系统，全线采用 PLC 控制器控制，故障点实现自动监测，对易损件等功能部件实现运行时间监控。

三、结　　语

通过对自动抛丸生产线对钢管外防腐的介绍，可对从事引水输水管道建设的相关人员，进行一定的了解和提供一个选择参考依据。从而可确保产品质量、提高生产效率、保证环保安全、节省防腐成本。

作者简介：

杨明信（1970—），男，从事金属钢管防腐蚀施工管理工作。

沟埋钢管道防腐及新材料的运用

张荣斌[1]　周伟松[2]　阮　璐[1]　王梅芳[1]

（1. 云南省水利水电勘测设计研究院，云南 昆明　650041；
2. 昆明国松特种涂料有限公司，云南 昆明　650441）

摘　要　沟埋钢管道在当前环境保护要求日益严格的情况下，运用的越加普遍，其具有承压能力强，运行安全可靠，管道渗漏量少，施工敷设方便等特点，且对环境破坏小，对地表建筑物影响及水土保持都是较好的选择。本文介绍了沟埋钢管道的防腐方式，并介绍了一种新型防腐材料的运用，可以为类似工程借鉴。

关键词　沟埋钢管道；防腐方式；新材料的运用

沟埋钢管道具有承压能力强，运行安全可靠，管道渗漏量少，施工敷设方便等特点，其适应性强，接口形式灵活，单位管长重量轻，便于装卸，而且日后的维修也相对容易，因此在输水、发电管道工程中得到广泛运用。

钢管道由于外壁长期与土壤接触，而内部充满液体，因电解质、细菌及氧含量等因素的影响容易在管道的内外表面发生腐蚀。地下管线较长且情况复杂，管线腐蚀穿孔时难以查找检修。因此，对埋地钢管道进行恰当的防腐处理具有重要意义。

一、钢管道腐蚀

在管线系统中，腐蚀是基于特定的管线环境，在管线系统所有的金属和非金属材料中发生的化学反应、电化学反应和微生物的侵蚀，该反应可以导致管线结构和其他材料的损坏和流失。除了腐蚀作用对材料的直接破坏外，由腐蚀产物所引起的管道损坏也可视为腐蚀破坏。管道腐蚀是否会扩散，扩散范围有多大主要取决于腐蚀介质的侵蚀力以及现有管道材料的耐腐蚀性能。温度、腐蚀介质的浓度以及应力状况都会影响管道腐蚀的程度。管道腐蚀机制主要有：①溶解氧的腐蚀机制；②溶解水的腐蚀机制；③酸性土壤腐蚀机制。

腐蚀是金属在周围介质的化学、电化学作用下所引起的一种破坏。金属腐蚀按其性质可分为化学腐蚀和电化学腐蚀。化学腐蚀是金属直接和介质接触起化学作用而引起金属离子的溶解过程。而电化学腐蚀是金属和电解质组成原电池所发生的电解过程。金属在土壤、水或潮气等电解质溶液中，一般都发生电化学腐蚀。埋地管道外腐蚀的原因比较复杂，一般归纳为以下 3 种原因：

（1）电化学腐蚀——由于土壤是固态、液态、气态 3 种物质所组成的复杂混合物，土壤具有电解质溶液的特征，埋地管道裸露的金属，就和土壤电解质组成了原电池，导致金属的电化学腐蚀。

（2）杂散电流对管道的腐蚀——由于外界漏电影响，土壤中有杂散电流通过管道，因而发生电解作用，使管道腐蚀。

（3）细菌作用引起的腐蚀——据研究，微生物参与腐蚀的过程中，不同种类细菌的腐蚀行为，条件各不相同。

二、钢管道防腐技术

对埋地管道腐蚀调查与研究表明,埋地管道外壁绝缘层的损坏是造成管道遭受土壤腐蚀的主要原因,为了保证管线长期安全生产,针对土壤腐蚀的特点,可以从以下几个途径来制止腐蚀的发生和降低腐蚀程度:①选用耐腐蚀的管材;②增加管道与土壤之间的过渡电阻,减小腐蚀电流,如采用石油沥青、煤焦油瓷漆、粘胶带、环氧粉末、三层 PE 等绝缘层,使绝缘层电阻较大,绝缘层的致密性很好(无针孔),从而把腐蚀电流减少到小程度;③采用电法保护(阴极保护和牺牲阳极保护),一般电法保护应与绝缘层保护相结合,以减小保护电流的消耗。

管道外防腐材料选择上有石油沥青、聚乙烯、熔结环氧粉末以及熔结环氧粉末、聚乙烯、聚丙烯三者等结合的方式,这些材料从经济和使用性能上都有各自的优缺点,合理的防腐工艺方法能够有效的增强管道防腐工作水平,也是外防腐工作中的关键环节,现阶段管道外防腐工艺方法主要有热浇涂以及添加内外增强带工艺方法、静电喷涂粉末工艺方法、挤出工艺方法、冷缠绕工艺方法。其中热浇涂添加内外增强带工艺方法具有操作简便容易掌握、上手速度快、设备费用低的优点,但是在其运行过程中对覆盖层的厚度不能有效的进行控制,并且在进行工作时所使用的玻璃带也容易出现褶皱的现象,而且这种工艺方法的污染性高;静电喷涂粉末工艺方法从工作人员劳动强度上有大幅度的降低,拥有强大的智能化、自动化的工艺水平,污染性低,但是在其运行过程当中对于电量的损耗是巨大的,而且对于管道表面的除锈工作要求也非常严格;挤出工艺方法作为新兴的涂敷工艺方法很大程度上解决了冷缠胶带过程中脱胶的问题。

管道内防腐工作同样需要涂层选择以及涂敷工艺方法选择两方面工作:①选择涂层材料时与管道外防腐存在一定的差异,对于所用材料的选择主要有环氧耐温材料、环氧树脂材料、环氧粉末材料等,其中环氧耐温材料不仅能够对油田管道内部进行防腐工作,还能够起到一定程度上的隔热、耐热的作用,有效避免了高温介质对油田管道内部以及涂层的耗损,同时也大大增强了材料本身在涂敷时的防渗透功能以及耐水、耐油、耐化学药物腐蚀的性能;②在实际的管道内防腐涂敷工艺方法中,最为普遍的方法就是静电热喷涂工艺方法,但是这种工艺方法的投入很高,工艺复杂,并且在现场进行涂敷的难度很大。

三、钢管道防腐新材料的应用

聚天门冬氨酸脂重防腐涂料是采用新型结构的聚天门冬氨酸酯做为主体树脂,脂肪族异氰酸酯为固化剂,具有超长耐紫外线功能的脂肪族聚脲重防腐涂料,该涂料具有高固低粘特性、耐紫外线试验超过 4 000 h,耐磨性能优异,是一种优秀的环保型长效重防腐涂料。石墨烯改性聚天门冬氨酸酯防腐涂料是一种 100%固含量、双组分、快速固化、现场喷涂成型的高性能石墨烯防腐新型材料。产品主要由石墨烯改性聚冬氨酸酯树脂、颜料、助剂组成。漆膜具有强度高、性能好、施工快捷等优点,漆膜交联密度和硬度高。涂膜结构致密,吸水率低,涂层抗氧化能力强且耐油、耐化学品腐蚀等性能,涂料漆膜无毒。SHEL 石墨烯改性聚天门冬氨酸酯防腐涂料通过石墨烯改性聚氨酯结构引入脲基官能团,涂膜性能明显上升,突破传统防腐涂料防腐极限,耐盐雾防腐能力提高 1 倍,三防性能效果显著提高。

管道外壁防腐使用 SHEL 石墨烯改性聚天门冬氨酸酯防腐涂料,作为新型材料与目前国内主流应用产品相比,新型产品提供了广泛通用性,具备超强的埋地防腐性能和户外防腐性能,以及比较综合的耐酸碱盐及抗水蒸气的渗透性能,应用范围广,一道成膜厚度高,减少涂料用量提供较强的经济使用价值,使用寿命达 70 年以上。如图 1 所示。

图 1　管外采用 SHEL 石墨烯改性聚天门冬氨酸酯防腐涂料 500 μm

石墨烯改性聚天门冬氨酸酯防腐涂层具有良好的抗阴极剥离性，其性能与环氧粉末涂层相当；石墨烯改性聚天门冬氨酸酯防腐涂层含高质量薄层石墨烯材料（厚度仅为几个原子层），非常致密（具有更大的片层阻隔面积），抗渗性好，没有任何针孔，抗渗性非常好（对所有原子、分子都具有不可渗透性）；石墨烯改性的防腐涂层是高交联度的聚合体，因为更多脲基官能团引入涂层，因此它的化学性质非常稳定，在 30%NaOH、10%硫酸、30%NaCl 和柴油中浸泡 90 d 没有任何变化；石墨烯改性聚天门冬氨酸酯防腐涂层致密无针孔，它的耐击穿电压和体积电阻率指标比环氧粉末涂层好，现场检漏电压实测值达到了 20 000 V/mm，石墨烯及其他微量材料的辅助改性，针对土壤环境腐蚀可以达到 70 年以上（见表 1）。

表 1　石墨烯改性聚天门冬氨酸酯防腐涂层与环氧煤沥青、熔结环氧粉末涂层性能比较表

涂层类型	环氧煤沥青	熔结环氧粉末	石墨烯改性聚天门冬氨酸酯
附着力（ASTM D4541）（MPa）	5.8	6.4	15.8
耐磨性（ASTM D4060，1 kg，1 000 次循环下重量损失）（mg）	122	183	40
耐阴极剥离（ASTM G95，3%NaCl，-1.5 伏特，30 d，20 ℃下剥离半径）（mm）	15	15	7
抗冲击强度（ASTM D2794）（J）	5	5	10
弯曲性能（ASTM D522，2 英寸心轴弯曲 1 800）	未通过	未通过	通过
盐雾试验（ASTM B117，3 000 h）	未通过	未通过	通过
吸水率（ASTM D570，50 ℃，48 h）（%）	2	2	<0.5
耐化学腐蚀（ASTMD714，1 000 h）（20%NaOH，5%NaCl，20%H_2SO_4，汽油）	未通过	通过	通过

通过比较可知，石墨烯改性聚天门冬氨酸酯防腐涂层的各项性能指标等同或优于目前广泛采用的熔结环氧粉末涂层，与其他防腐方法比较有更多的技术和质量优势。

自石墨烯改性聚天门冬氨酸酯防腐涂层研制成功以来，已成功运用于多个工程，并获得了较好的经济效益，客户反映使用情况较好，采用石墨烯改性聚天门冬氨酸酯防腐涂层的工程实例见表 2。

表2　石墨烯改性聚天门冬氨酸酯防腐涂层运用工程一览表

序号	工程名称	防腐方式
1	辽河辽西北供水工程	SHEL石墨烯改性聚天门冬氨酸酯防腐涂料、环氧富锌底漆、环氧云铁中间漆
2	孟糯东山饮水工程倒虹吸管道	SHEL石墨烯改性聚天门冬氨酸酯防腐涂料、环氧煤沥青底漆、环氧煤沥青面漆
3	澜沧县月亮湖水库引水管道工程	SHEL石墨烯改性聚天门冬氨酸酯防腐涂料、环氧煤沥青底漆、环氧煤沥青面漆
4	攀枝花市盐边县益民乡生活用水	SHEL石墨烯改性聚天门冬氨酸酯防腐涂料、环氧煤沥青底漆、环氧煤沥青面漆
5	广州市自来水制管厂广州市西江饮水工程	SHEL石墨烯改性聚天门冬氨酸酯防腐涂料、环氧富锌底漆、耐候型
6	仙桃市给排水工程有限公司钢管防腐	SHEL石墨烯改性聚天门冬氨酸酯防腐涂料、耐候型丙烯酸聚氨酯面
7	双清螺旋钢管集团管道工程	无溶剂聚氨酯涂料、环氧陶瓷涂料无溶剂饮水舱防腐涂料、聚氨酯防腐面漆、SHEL石墨烯改性聚天门冬氨酸酯防腐涂料
8	白鹤滩水电站	SHEL石墨烯改性聚天门冬氨酸酯防腐涂料、无溶剂厚浆型超耐磨环氧涂料
9	老挝水厂	SHEL石墨烯改性聚天门冬氨酸酯防腐涂料、环氧富锌底漆、环氧云

石墨烯改性聚天门冬氨酸酯防腐涂层在10多年的应用历史中，一直保持故障率为零的记录，其预期寿命可达70年，石墨烯改性聚天门冬氨酸酯防腐涂料防腐涂层可有效地对埋地钢管防腐。

四、结　　语

沟埋管宜选用施工简便，步骤快捷，在工厂和现场的工地上都可以进行施工的防腐涂料。石墨烯改性聚天门冬氨酸酯防腐涂层施工相对较简单，无需重大设备和场地，现场操作十分方便，可以在现场一边施工的过程中同时进行防腐。工程造价便宜经济、且环保、产生的污染较小，在讲究绿色环保的今天，此种涂料更符合时代进步的需要，采用石墨烯改性聚天门冬氨酸酯防腐涂层对普通材料进行防腐处理后，其寿命可有效延长，使用上就节省了更换维修及其他成本，因此宜推广运用。

作者简介：

张荣斌(1973—)，男，高级工程师，主要从事水工技术及水工结构设计工作。